"十二五"普通高等教育本科国家级规划教材

高等学校电子信息类精品教材

电子测量技术

（第4版）

林占江　林　放　编著

电子工业出版社

Publishing House of Electronics Industry

北京·BEIJING

内 容 简 介

本书为普通高等教育"十二五"和"十一五"国家级规划教材。

本书系统地阐述电子测量的原理与方法，以及现代电子测量仪器的原理与应用。内容包括：绪论、误差理论与测量不确定度评定、测量用信号发生器、模拟测量方法、数字测量方法、时域测量、频域测量、数据域测量、调制域测量、阻抗域测量、非电量测量、电磁兼容测量、智能仪器、虚拟仪器及自动测试系统。

本书在选材上具有一定的先进性、系统性和实用性，内容丰富，使用面广，可作为高等学校电子信息类（非仪器制造）专业的教材或参考书，对于从事电子技术工作的科技人员也有较大的参考价值。

图书在版编目（CIP）数据

电子测量技术/林占江，林放编著 . —4 版 . —北京：电子工业出版社，2019.5
ISBN 978-7-121-36054-1

Ⅰ . ①电… Ⅱ . ①林… ②林… Ⅲ . ①电子测量技术-高等学校-教材 Ⅳ . ①TM93

中国版本图书馆 CIP 数据核字（2019）第 035368 号

责任编辑：韩同平 特约编辑：邹凤麒 等
印 刷：三河市鑫金马印装有限公司
装 订：三河市鑫金马印装有限公司
出版发行：电子工业出版社
 北京市海淀区万寿路 173 信箱 邮编：100036
开 本：787×1092 印张：21 字数：672 千字
版 次：2003 年 9 月第 1 版
 2019 年 5 月第 4 版
印 次：2024 年 7 月第 10 次印刷
定 价：69.90 元

第4版前言

本书为普通高等教育"十二五"和"十一五"国家级规划教材。

本书第1版、第2版和第3版分别于2003年、2007年和2012年出版,深得广大读者的厚爱,并被国内近百所大学选做教材,期间收到了大量读者的反馈信息。这次的第4版仍然是在广大读者的关怀和鼓励下完成的。

本书自始至终是按电子信息类专业教学要求编写的,宗旨是使书中的内容紧跟现代电子信息技术的飞速发展,使学生更好地了解和掌握现代电子测量的基本原理和方法,熟悉最新型电子测量仪器的应用技术,在科学实验和生产过程中具备制定先进、合理的测量与测试方案,正确选用电子测量仪器,严格处理测量数据,以获得最佳测试结果的能力。通过分析关键器件和典型电路,能极大地提高学生理论联系实际、分析问题、解决问题及独立工作的能力,适应教育部卓越工程师人才培养的要求。

电子测量是一门多学科的综合性课程,它所涉及的范畴非常广泛,这次的第4版又增加了太赫兹技术、阻抗域测量等内容,同时对第3版中的电子测量的方法、模拟示波器、智能仪器等内容进行了较大的更新和充实,并尽量反映现代电子测量的新技术、新水平及新成果。

第4版仍然按采集和处理传输信号的性质与特性划分章节,在内容选材上更具先进性、理论性、系统性。书中内容丰富、由浅入深、重点突出、叙述精练、图文并茂、结构层次分明,有利于教学使用和提高教学质量。

本书内容仍然由两大部分组成。

第一部分　通用基础测量

（1）测量误差与测量不确定度评定。保留并重点介绍测量误差的基本概念、来源、性质、分类、估算方法、减小措施、合成与分配、测量数据的处理及测量方案的设计、测量不确定度等内容。增加了新型电子元器件测试仪器的介绍和太赫兹技术的基本知识。

（2）测量用信号发生器。重点介绍测量用信号发生器的功能、分类、工作特性,以及函数信号发生器和DDS数字式频率合成信号发生器的工作原理。

（3）模拟量与数字量的测量。包括各种电压、频率、时间、相位、失真度、功率及Q值等参数。将模拟量与数字量分别加以阐述,有利于学生全面系统地理解、掌握和应用。

（4）利用屏幕显示技术实现的测量。详细论述波形测试技术(时域),扫频技术与频谱分析(频域),调制信号的测量(调制域),数字系统逻辑量的测量(数据域),器件阻抗的测量(阻抗域)等。其中,在时域测量中删除了模拟示波器的内容,增加了液晶显示器的相关内容;在频域测量中删除了使用扫频仪的要领;在数据域测量中重点介绍逻辑分析仪的主要电路;在阻抗域测量中,重点介绍电阻器、电容器与电感器的基本阻抗特性。

（5）非电量测量和电磁兼容测量。重点介绍非电量及其检测的分类,传感器的分类、特性等内容。通过传感器实现将所有非电量转换成电量,并完成测量的工作原理。详细分析典型智能温度和湿度测量电路的工作原理及应用。由于各种类型电子仪器设备越来越多,使用功率越来越大,电磁污染和危害日趋严重,为消除电磁噪声的有害影响必须对其进行测量。因此本书重点介绍电磁干扰的分类、特点,电磁兼容测量的基本概念、工作原理等。

第二部分　现代电子测量

（1）智能仪器和虚拟仪器。包括智能仪器和虚拟仪器的特点、结构、功能、分类、工作原理、设计、应用及虚拟仪器总线等。

（2）自动测试系统。包括自动测试系统的基本理论、结构、硬件组成、数据库，常用总线和软件开发环境简介、GPIB 系统结构、VXIbus 仪器模块、USB 仪器及 LXI 总线技术简介等内容。

本书可作为高等学校电子信息类专业和其他专业的教材或参考书，内容按 50～65 学时进行设计，书中带有"＊"字号标记的章节应根据具体专业、不同的教学任务和学时数作为必学或选学内容。

本书第 1～10 章由吉林大学林占江编写，第 11～15 章由广东工业大学林放编写，全书由林占江统编定稿。

在此，对在本书编写过程中提供帮助的各位同仁及提供资料的作者，表示衷心的感谢。

由于作者水平有限，编写时间比较仓促，书中难免有不当之处，敬请读者批评指正。

编著者

目　　录

第一部分　通用基础测量

V

第二部分　现代电子测量

第一部分　通用基础测量

第1章　绪　　论

内容摘要

本章重点介绍测量与计量的基本概念、常用术语,电子测量的内容、特点与分类,并对电子测量的方法做详细论述。简介计量基准的划分,计量器具的特征,以及自动化测试系统等电子测量方面的基础知识。

1.1　测量与计量的基本概念

测量是人类对客观事物取得数量概念的认识过程,是人们认识和改造自然的一种不可缺少的手段。在自然界中,对于任何被研究的对象,若要定量地进行评价,必须通过测量来实现。在电子技术领域中,科学的分析只能来自正确的测量。

测量技术主要研究测量原理、方法和仪器等方面的内容。凡是利用电子技术进行的测量都可以称为电子测量。电子测量涉及在宽广频率范围内的所有电量、磁量以及各种非电量的测量。电子测量广泛应用于科学研究、实验测试、工农业生产、通信、医疗及军事等领域。如今电子测量已经成为一门发展迅速、应用广泛、精确度愈来愈高、对现代科学技术发展起着巨大推动作用的独立学科。

测量的定义:为确定被测对象的量值而进行的一组操作。

通常,测量结果的量值由两部分组成:数值(大小及符号)和相应的单位名称。当然测量的结果也可以用一组数据、曲线或图形等方式表示出来,但它们同样包含着具体的数值与单位。没有单位,量值是没有物理意义的。

在测量过程中,不可避免地存在着误差。在表示测量结果时应将测量结果与误差同时标注出来,说明测量结果可信赖的程度。

量:是指现象、物体或物质可定性区别和定量确定的属性。

量是计量学所研究的主要对象,它是表征自然界运动的基本概念,在自然界中任何现象、物体或物质都具有一定的形式,所有形式都要通过量来体现出来。

量分为特性相同的量和特性不相同的量两种。特性相同的量组合在一起称为同类量,如功、热能采用同一个单位"焦耳"来表示,波长、周长、宽度、高度采用长度单位"米"来表示。特性不同的量,它们之间不能相互比较。定性区别是指在特性上的差异,如电磁量、声学量、光学量、化学量及几何量等。定量确定是指具体的量,也称为特定量,它们之间可以相互比较,如元器件引线的长短、导线电阻值的大小等。特定量也称为同种量。

根据量的性质又分为可数量和可测量。可数量是指专门用于确定被计数对象数目多少的量,它只需要经过计数的方法便可得知,如 1 块万用表、5 只电容器等。可数量在理论上不存在误差,不属于计量学研究的范畴。可测量是指通过计量器具和测试仪器进行测量才能获得量值的量。可测量是不可计数的,测量结果必然存在误差。一般情况下,它由数值和计量单位的组合形式表示其大小,没有计量单位的纯数值不能表示量。在这里需要重点指出:本书中的量是可测量的量。

量值:由数值与计量单位的乘积表示量的大小。例如,5 mV,3 A 等。

被测量:被测量的量。它可以是待测量的量,也可以是已测量的量。

影响量:不是被测量,但却影响被测量的量值或计量器具示值的量。例如,环境温度、被测交流电压的频率等。

量的真值:某量在所处的条件下被完美地确定或严格定义的量值。或者可以理解为没有误差的量值。量的真值是一个理想的概念,实际上不可能确切得知,只能随着科学技术的发展及认识的提高去逐渐接近它。然而,也可以说,保存在国际(国家)的基准,按定义规定在特定条件下的值可视为是真值。

近年来,在测量不确定度的表述中,鉴于量的真值是一个理想的概念,已不再使用它,而代之以"量的值"或"被测量的值"。

约定真值:为约定目的而取的可以代替真值的量值。一般来说,约定真值与真值的差值可以忽略不计。故在实际应用中,忽略约定真值的不确定度(或误差)不计,约定真值可以代替真值。

准值:一个明确规定的值,以它为基准定义准值误差。例如,该值可以是被测值、测量范围上限、刻度盘范围、某一预调值,或其他明确规定的值。

示值:对于测量仪器,是指示值或记录值;对于标准器具是标称值或名义值;对于供给量仪器是设置值或标称值。

额定值:由制造者为设备或仪器在规定工作条件下指定的量值。

读数:是仪器刻度盘或显示器上直接读到的数字。例如,以 100 分度表示 50 mA 的电流表,当指针指在 50 处时,读数是 50,而示值为 25 mA。有时为了避免差错和便于查对,在记录测量的示值时应同时记下读数。

实际值:满足规定精确度的用来代替真值的量值。实际值可以理解为由实验获得的,在一定程度上接近真值的量值。在计量检定中,通常将上级计量标准所复现的量值称为下级计量器具的实际值。

测得值(测量值):由测量得出的量值。它可能是从计量器具直接得出的量值,也可能是通过必要的换算查表等(如系数换算、借助于相应的图表或曲线等)所得出的量值。

测量原理:是指测量的理论基础。

1.2 电子测量的内容与特点

1. 电子测量的内容

随着电子技术的不断发展,测量的内容愈来愈多。对于电参数的测量,分为电磁测量与电子测量两类。前者注重研究交直流电量的指示测量法与比较测量法,以及磁量的测量方法等;后者是以电子技术理论为依据,以电子测量仪器和设备为手段,以电量和非电量为测量对象的测量过程。

电子测量的内容包括:

① 电能量的测量(各种信号和波形的电压、电流、电功率等);

② 电信号特性的测量(信号的波形、频率、相位、噪声及逻辑状态等);

③ 电路参数的测量(阻抗、品质因数、电子器件的参数等);

④ 导出量的测量(增益、衰减、失真度、调制度等);

⑤ 特性曲线的显示(幅频特性、相频特性及器件特性等)。

随着电子技术的发展,人们力图通过传感器将许多非电量变换成电信号,再利用电子技术进行测量。例如,天文观测、宇宙航行、地震预报、矿物探测,生产过程检测中的温度、压力、流量、液面、速度、位移,以及成分分析等,都可以转换成电信号进行测量。

电子测量除了对电量进行稳态测量以外,还可以对自动控制系统的过渡过程及频率特性等进行动态测量。例如,通过对一个轧钢的电气传动系统的模拟,计算机可以自动描绘出动态过程曲线;对于化工系统的生产过程进行自动检测与分析等。

当然,其他科学技术领域的发展也对电子测量技术起着巨大的推动作用。例如,半导体技术、计算机技术、近代物理学等,均为电子测量的发展提供了新理论、新材料、新器件及新技术。同时由微型计算机、单片机、数字信号处理器等组成的自动化、智能化仪器不断涌现。各学科和领域这种相辅相成、互相促进的局面表明,掌握电子测量技术是对理工科大学生及科技人员提出的一个基本要求。

2. 电子测量的特点

与其他测量相比,电子测量具有以下几个明显的特点。

(1)频率范围宽

除测量直流电量外,还可以测量交流电量,其频率范围低至 10^{-4} Hz,高至 THz(太赫兹)。电子测量设备能够工作在这样宽的频率范围,使它的应用范围大为扩展。如果利用各种传感器,则几乎可以测量全部电磁频谱的物理量。当然对于不同频段的测量需采用不同的测量方法与测量仪器。

(2)量程范围广

量程是仪器测量范围上限值与下限值之差。由于被测量的大小相差很大,因而要求测量仪器具有足够的量程。对一台电子仪器,通常要求最高量程与最低量程要相差几个甚至十几个数量级。例如,一台数字电压表,要求能测出从纳伏(nV)级至千伏级的电压;用于测量频率的电子计数式频率计,其高低量程相差近 17 个数量级。量程范围广正是电子测量的突出优点。

(3)测量准确度高

电子测量的准确度比其他测量方法高得多。例如,长度测量的准确度最高为 10^{-8},而用电子测量方法对频率和时间进行的测量,由于采用原子频标和原子秒作为基准,可以使测量准确度达到 10^{-15} 的量级,这是目前人类在测量准确度方面达到的最高指标。电子测量的准确度高,正是它在现代科学技术领域得到广泛应用的重要原因之一。由于目前频率测量的准确度最高,所以,为了提高测量的准确度,应尽可能地把其他参数变换成频率信号再进行测量。

(4)测量速度快

由于电子测量是通过电子技术实现的,因而测量速度很快。这也是电子测量在现代科学技术领域内得到广泛应用的一个重要原因。例如,洲际导弹的发射和运行过程中就需要快速测出它的工作参数,通过计算机运算,再对它的运行发出控制信号,以使它达到预期的目标,这个过程如果测量速度较慢,就不能进行及时调整,自动控制系统就会失去作用。

同样道理,工业自动控制系统中,在生产线上进行"在线测量",及时对机械运转状态或物质成分的比例进行调节,这对于提高生产效率和产品质量都具有重大意义。在某些场合,要求对测量结果迅速进行数据处理,再发出控制信号。这样,对测量速度就提出了更高的要求。

在有些测量过程中,希望在相同条件下对同一量进行多次测量,再用求平均值的方法以减小误差。但是测量条件容易随时间变化,这时可以采用提高测量速度的方法,在短时间内完成多次测量,从而提高精密度。

（5）易于实现遥测和测量过程的自动化

对于人体不便于接触和无法达到的区域,如深海、地下、高温炉、核反应堆等,可以将传感器埋入其内部,或者通过电磁波、光、辐射等方式进行测量,这就是一般所说的遥测。

电子测量同电子计算机相结合,使测量仪器智能化,并在自动化系统中占据重要的地位。尤其是大规模集成电路和微处理器的应用,使电子测量呈现了崭新的局面。例如,自动转换量程,自动调节,自动校准,自动记录,自动进行数据处理,自动修正等。

电子测量技术的新水平是科学技术最新成果的反映。因此,一个国家电子测量技术的水平,标志着这个国家科学技术的水平,这就促使电子测量技术获得前所未有的迅速发展。

（6）易于实现仪器小型化、微型化

随着微电子器件集成度的不断提高,可编程器件和微处理器及 ASIC 电路的采用,使电子仪器正向着小型化、微型化发展。特别是随着模块式仪器系统的采用,把多个仪器模块连同计算机一起装入一个机箱内,组成自动测试系统,使之更为紧凑。

1.3　电子测量仪器的分类

测量仪器是指用于检测或测量一个量,或为达到测量目的而提供的测量器具,包括各种指示式仪器、比较式仪器、记录式仪器、信号源、稳压电源及传感器等。利用电子技术构成的测量仪器,称为电子测量仪器。

电子测量仪器广义上是指利用电子元器件和电子电路技术组成的装置,用以测量各种电磁参量或产生供测量用的电信号。配上适当的变换器后,电子测量仪器能测量几乎一切非电物理量,其适用范围包括交直流电压、电流、时间和频率、功率、电阻及阻抗、视听信号测量;温度、湿度、压力、流量测量;半导体器件和集成电路参数、印制电路板、传输参数和微波信号测量以及信号产生和信号波形分析,数据流的检测、处理和分析等。电子测量仪器是以电子技术为基础,融合电子测量技术、通信技术、数字技术、信号处理技术、计算机技术、软件技术、总线技术和自动控制技术等组成单机或自动测试系统,以电量、非电量、光量作为测试对象,测量其各项参数或控制被测系统运行的状态。

电子测试仪器的测量功能包括两大部分:一是定性测试,目的是确定被测目标在特定条件下的性能;二是定量测量,目的是精确测量被测目标的量值。

电子测量仪器的产品种类繁多,应用范围非常广泛。产品种类不同,其应用领域也不相同,一般可将其分为专用仪器和通用仪器两大类。前者是为某一个或几个专门目的而设计的,如电视彩色信号发生器;后者是为了测量某一个或几个电参数而设计的,它能用于多种电子测量,如电子示波器等。

1. 通用电子仪器

通用电子仪器按其功能分为以下几类:

（1）信号发生器

用于提供测量的各种波形信号。例如,低频、高频、脉冲、函数、扫频及噪声信号发生器等。

（2）信号分析仪

用于观测、分析和记录各种电量的变化,包括时域、频域和数据域分析仪。例如,各种示波器、波形分析仪、频谱分析仪和逻辑分析仪等。

（3）频率、时间及相位测量仪器

这类仪器包括各种频率计(常用电子计数器式)、相位计,以及各种时间、频率标准等。

（4）网络特性测量仪

这类仪器有频率特性测试仪（扫频仪）、阻抗测量仪及网络分析仪等，主要用于测量频率特性、阻抗特性及噪声特性等。

（5）电子元器件测试仪

用于测量各种电子元器件的电参数及显示特性曲线等。例如，RLC 测试仪、晶体管参数测试仪、晶体管特性图示仪、模拟或数字集成电路测试仪等。

（6）电波特性测试仪

用于测量电波传播、电磁场强度及干扰强度等。例如，场强仪、测试接收机、干扰测量仪等。

（7）辅助仪器

与上述各种仪器配合使用的仪器。例如，各种放大器、衰减器、检波器、滤波器、记录器，以及各种交直流稳压电源等。

2. 通信测试仪器

这类仪器的测试包括从模拟到数字、从低频到微波、从用户信息到信令、协议，从系统质量测试到网络监视和管理等功能。例如，矢量信号分析仪、误码抖动测试仪、数字/数据传输分析仪、网络检测仪、信令测试仪、移动通信综合测试仪等。

3. 光电测试仪器

这类仪器主要用于光纤测量和光纤通信系统中各种数据传输特性的测量。例如，光源、光功率计、光时域反射计、光谱分析仪、激光参量测试仪器、光纤熔接机和光纤切割机等。

除上述各类电子仪器外，还有功能更加强大的自动测试系统。自动测试系统完全可以满足对测试项目、范围、速度、精确度等综合性技术指标的测试要求。

按显示方式分，电子测量仪器有模拟式和数字式两大类。前者主要是用指针方式直接将被测量的电参数转换为机械位移，在标度尺上指示出测量数值，如各种电子电压表等。后者是将被测的连续变化的模拟量转换为数字量，并以数字方式显示其测量数据，达到直观、准确、快速的效果，如各种数字电压表、数字频率计等。

通过上述介绍，电子测量仪器品种繁多，用途各异，在实际工作中应合理地选择使用。

近年来，电子测量仪器的发展十分迅速。从 20 世纪 50 年代起，晶体管仪器相继出现，并逐步取代了大部分电子管仪器。从 20 世纪 60 年代开始，集成电路问世，数字仪器不断涌现，使仪器的体积、重量、功耗等大幅度减小，准确度明显提高，在工业、科技及军事上的应用越来越多。从 20 世纪 70 年代起，随着微处理器研制成功，微机化仪器迅速发展，多功能、高性能的智能仪器达到成千上万种，已逐步取代了传统仪器。

从总的发展趋势来看，我国常规的以晶体管和集成电路为主体的仪器，正在进行由模拟到数字化的转变，带微处理器的仪器品种繁多，以个人计算机为基础构成的个人仪器及自动测试系统正处在大力研制和开发生产阶段。目前，各研制单位为提高仪器的质量、稳定性及可靠性，实现仪器的多功能、高性能、集成化、数字化、智能化、网络化、虚拟化和机电一体化（含传感器等）正进行着不懈的努力。

1.4　电子测量方法

为实现测量目的，正确选择测量方法是极其重要的。它直接关系到测量工作能否正常进行和测量结果的有效性。

1. 电子测量方法的分类

（1）按测量方法分类

① 直接测量

无须通过被测量与其他实际测得量之间的函数关系进行计算,而是直接得出被测量值的一种测量方法。

注:ⓐ即使需要借助图表才能将测量仪器的标度值转换成测量值,该测量值也认为是直接测得的;ⓑ即使为了进行校正而需要做一些补充测量,以确定影响量的值,也仍认为是直接测量的。例如,用电压表测量晶体管各极的工作电压等。

② 间接测量

利用直接测量的量与被测量之间已知的函数关系,得到该被测量值的测量方法叫间接测量。例如,测量电阻的消耗功率 $P = UI = I^2R = U^2/R$,可以通过直接测量电压、电流或测量电流、电阻等方法求出。

当被测量不便于直接测量,或者间接测量的结果比直接测量更为准确时,多采用间接测量方法。例如,测量晶体管的集电极电流,较多采用直接测量集电极电阻（R）上的电压,再通过公式 $I_c = U_R/R$ 算出,而不用断开电路串入电流表的方法。测量放大器的电压放大倍数 A,一般是分别测量输出电压 U_o 与输入电压 U_i 后,再计算出 $A_u = U_o/U_i$。

③ 组合测量

它是兼用直接测量与间接测量的方法。将被测量和另外几个量组成联立方程,通过测量这几个量来最后求解联立方程,从而得出被测量的大小。用计算机来求解,是比较方便的。

（2）直读测量法与比较测量法

① 直读测量法

直接从仪器仪表的刻度线上读出测量结果的方法叫直读测量法。例如,一般用电压表测量电压,利用温度计测量温度等都是直读测量法。这种方法是根据仪器仪表的读数来判断被测量的大小的,作为计量标准的实物并不直接参与测量。

这种方法具有简单方便等优点,被广泛应用。

② 比较测量法

在测量过程中,被测量与标准量直接进行比较而获得测量结果的方法叫比较测量法。电桥就是典型的例子,利用标准电阻（电容,电感）对被测量进行测量。

由上述可见,直读法与直接测量、比较法与间接测量并不相同,二者互有交叉。例如,用电桥测电阻,是比较法,属于直接测量;用电压表、电流表测量功率,是直读法,但属于间接测量。

测量方法还可以根据测量的方式分为自动测量和非自动测量,原位测量和远距离测量等。

根据测量精确度划分,有精密测量与工程测量两类。前者多在计量室或实验室进行,要深入研究测量误差和测量不确定度等问题。后者也要研究测量误差,但不是很严格,所选用的仪器仪表的准确度等级必须满足实际使用的需要。

（3）按测量性质分类

尽管被测量的种类繁多,但它们总要在一定的电路中反映出自己的特点。大致有四种情况:

① 时域测量

例如,测量电压、电流等,它们有稳态量和瞬态量。前者多用仪器仪表直接指示,后者通过示波器显示其波形,观察其变化规律。

② 频域测量

例如,测量增益、相移等,可通过分析电路的幅频特性或频谱特性等进行测量。

③ 数据域测量

这是用逻辑分析仪对数字量进行测量的方法,它具有多个输入通道,可以同时观测许多单次并行的数据。例如,微处理器地址线、数据线上的信号,不仅显示其时序波形,而且用"1"和"0"显示其逻辑状态。

④ 随机量测量

例如,各类噪声、干扰信号等,可利用噪声信号源等进行动态测量,这是一种比较新的测量技术。

在电子测量中,经常要用到各种变换技术。例如,变频、分频、检波、斩波,以及电压-频率(U-F)、电压-时间(U-T)、模/数(A/D)、数/模(D/A)变换等,这些将在后续内容中讨论。

2. 电子测量仪器的发展阶段

电子测量仪器的发展大体经历了如下几个阶段:

① 模拟仪器:它的基本结构是电磁机械式的,借助指针来显示测量结果。

② 数字仪器:它将模拟信号的测量转换为数字信号的测量,并以数字方式输出测量结果。

③ 智能仪器:它内置微处理器和 GPIB 等各种接口,既能进行自动测量又具有一定的数据处理能力。它的功能模块全部以硬件或固化的软件形式存在,但在开发或应用上缺乏灵活性。

④ 虚拟仪器:它是一种功能意义上的仪器,在微计算机上添加强大的测试应用软件和一些硬件模块,具有虚拟仪器面板和测量信息处理系统,使用户操作微型计算机就像操作真实仪器一样。虚拟仪器强调软件的作用,提出软件就是仪器的概念。

⑤ 合成仪器:合成仪器(Synthetic Instrument,简称 SI)是由通用的硬件模块和用标准语言编写的软件构件,以及与其相配套的部件所组成的具有自动测试功能的仪器系统,又被称为综合仪器。合成仪器强调软件是仪器的基础,尽可能采用软件替代硬件,使用少量的通用硬件模块,选择标准接口与外部设备进行连接。其特点是能够实现校正、标定等功能,以完成不同的测试任务,并建立开放的软、硬件平台,为各种测试系统提供维护和保障。随着微电子技术、信号处理技术、计算机技术与网络技术的不断进步,合成仪器必将成为下一代自动测试系统的发展方向。

⑥ 云智慧仪器:云智慧仪器是一个应用大量的软件和嵌入式系统,来发展人脑工程的各种智慧的专家系统,其将 VI 技术与互联网(物联网)、云计算、网络高性能数采仪、智能传感器等高端技术融合在一起,形成云智慧测试分析系统,并使之成为未来智慧机器人的核心。多功能、高精度、更快速的计算模式和计算软件的不断产生与结合为云智慧仪器的诞生奠定了坚实的基础。云智慧仪器最大的特点就是云计算与嵌入式系统的紧密结合,并采用物联网、Wi-Fi 等新兴技术。

3. 电子测量仪器的发展趋势

(1) 由于微电子技术、新型元器件、通信技术、计算机技术和软件技术的广泛应用,微处理器(MPU)、数字信号处理器(DSP)、现场可编程门阵列(FPGA)、单芯片系统(SoC)以及由用户定义的测试软件日益融入电子测量仪器中,这就需要电子测量仪器必须实现多功能、数字化、智能化、网络化、集约化与微型化。

(2) 模块化结构。硬件模块化,软件也要模块化。模块化结构通过共享的元器件、高速总线和用户定义的开放式软件,完全能够满足多功能自动化测量的各种要求,使测量系统变得更加合理、灵活、便捷。模块化的优势是在固定体积中提供更多的端口,能极大地帮助用户实现多通道、多功能的测试系统。如模块化的任意波形发生器,模块化的信号分析仪,模块化的矢量网络分析仪。模块化技术是国际电子测量仪器的发展方向。

(3) 测量功能软件化。软件改变了仪器的设计,采用软件设计使得一些实时性要求很高,原本必须由硬件电路完成的测试功能可以通过软件来实现。甚至很多原本用硬件电路难以解决或根本无法解决的问题,若采用软件技术便可容易地加以解决。当前,软件技术已经成为现代电子测量仪器的重要组成部分。如果采用以软件技术为核心仪器系统则可根据用户需求来定义其功能和技术指标,通过软件技术和测试功能模块合理组合,即能组成任何一种仪器,而且能实现标准化、通用化。软件技术已经成为现代高性能测试系统最关键的核心技术。

（4）逐步向无面板测量仪器方向进化。无面板测量仪器可以缩小仪器的高度和堆叠尺寸,使仪器达到小型化、微型化及便携式。

电子测量仪器产业是知识经济的一个重要分支,也是信息社会的一个重要组成部分。如今它已成为科学研究、现代工农业生产、国防安全和人类日常生活所必不可少的重要工具。在电子信息产业链条中,从基础元器件到整机设备的研究、实验、分析、设计、加工、装配、调试、检验、鉴定及应用等各个环节中,电子测量仪器都起着不可替代的作用。电子测量仪器是技术密集、知识密集型产品,是几乎所有现代产业科研、生产、试验、维修的基本条件和重要手段,其在现代经济建设和国防建设中具有战略性的基础地位。

4. 新型电子元器件测试仪器

电子测量仪器使用大量的各种类型的电子元器件,而电子元器件是信息产业用量最大,也是最基础的"零件"。电子元器件主要是指元件和器件两大部分。

元件包括:R、L、C、磁元件和各种连接件等。为保障生产和使用元件的特性参数、规格参数与质量参数,需要各种元件测试仪器进行测量。电子元件测试仪器的类型有:RLC 测试仪、低频阻抗分析仪、矢量阻抗分析仪、数字电容计、毫欧表、兆欧表、Q 表、阻抗电桥、电容电桥等。按照测试仪器的应用领域进行划分,有以下几种类型:生产型元件测试仪,主要用于整机生产单位,以保障使用元件的性能参数,如自动全数字 RLC 测试仪、磁元件自动测试仪等;试验型元件测试仪,应用于整机研究单位、教学单位等的实验室中,以保障所有元件的性能参数;维修型元件测试仪,应用于现场维修检测,如手持 RLC 测试仪等。

器件包括:各种分立器件,集成电路与单芯片系统(SoC)等。分立器件根据测试参数项目的不同,其测试仪器大致划分为四类:直流参数测试仪、交流参数测试仪、极限参数测试仪和半导体器件特性图示仪等。最常用的是直流参数测试仪和半导体特性图示仪。集成电路测试仪是保证集成电路性能、质量的关键措施之一,是一种测量集成电路直流参数、交流参数与逻辑功能的仪器。其他测试仪器有:模拟集成电路测试仪、数字电路测试仪、集成运放测试仪、存储器测试仪与集成稳压电路测试仪等。

新型电子元器件测试仪器的发展趋势:

（1）更多的测量功能,更高的性能指标,更宽的测量范围。

（2）能实现自动化、智能化测量,主要表现在计算机控制,采用总线技术、软件技术、模块化结构,便于形成精确的测试系统,提高测量的灵敏度和准确度。

（3）形成系统高效的综合测试能力。

电子工业是国家经济中的战略性工业,而其基础是电子元器件产业。电子元器件是一个品种众多、数量庞大的电子基础产品,任何一种电子装置、设备或系统都离不开它,尤其是新型电子元器件更是新技术的基础。实践证明,一种新型元器件的出现,不仅促进科学技术的发展,而且能引发一场新技术的突破。随着半导体技术的飞速发展,电子元器件功能和性能指标越来越高,集成度和规模越来越大,体积越来越小,价格和能耗越来越低,电子元器件所具有的上述优点,使得电子元器件产业在整个电子装备产业链中占有独立的、不可缺少的战略性地位。并且是满足高性能电子测量仪器发展所需要的高频率、多功能、多参量、小型化、微型化的重要保证。由于高速、射频、高密度集成模块等新型芯片的不断出现,对电子元器件测试仪器提出了高灵敏度、高性价比、高可靠性等多方面的技术要求。

5. 选择测量方法的原则

在选择测量方法时,应首先研究被测量本身的特性,所需要的精确程度、环境条件,以及所具有的测量设备等因素,综合考虑后,再确定采用哪种测量方法和选择哪些测量设备。

正确的测量方法,可以得到精确的测量结果。否则就会出现:① 得出的测量数据是错误的,不可信赖;② 损坏测量仪器、仪表;③ 损坏被测设备或元器件等。

【例1】 用万用表的 R×1 挡测试晶体三极管的发射结电阻或用图示仪显示输入特性曲线时,由于限流电阻较小而使基极注入电流过大,结果使晶体管尚未工作就在测试过程中被损坏了。

【例2】 用数字式频率计测量一振荡电路(图 1.4.1)的谐振频率。

此仪器的测量范围为 10 Hz ~ 200 MHz,当被测频率约为 1 MHz,取样时间为 1 s 时,其准确度可达 $\pm10^{-6}$ 量级。可见,测量结果相当准确。

由于此频率计的输入电阻很低(50 Ω),与谐振回路并联后,将严重影响振荡频率,甚至会使其停振而无法测量。这时用准确度较高的示波器(先进行校准)进行测量,其效果会更好些。本测量实例说明,欲使测量结果准确,必须使测量方法与测量仪器相配合。所以,正确地选择测量方法、仪器设备及编制测试程序是十分重要的。

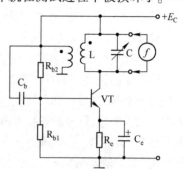

图 1.4.1 用数字频率计直接测量振荡频率的电路原理图

【例3】 测量如图 1.4.2(a)所示的恒流式差动放大电路中 VT_1 管的集电极电位。在集电极与地之间用一台内阻为 10 MΩ 的数字电压表测量,示值为 5 V;而用电压灵敏度为 20 kΩ/V 的万用表直流电压 6 V 挡测量,示值只有 3 V(仪表的准确度影响不计)。其测量电路用如图 1.4.2(b)所示的等效电路来说明。

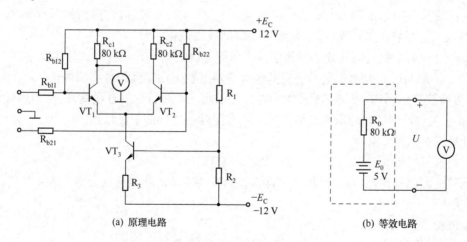

(a) 原理电路　　　　　　　　　　　　(b) 等效电路

图 1.4.2 用万用表测高内阻回路电压的电路

电压表的内阻 R_V = 20 kΩ/V×6 V = 120 kΩ,R_V 与等效电阻 R_0 的分压就是电压表的示值

$$U = \frac{R_V}{R_0+R_V}E_0 = \frac{120}{80+120}\times5 = 3\ V$$

由此可以算出其相对误差

$$\gamma_V = \frac{U - E_0}{E_0} \times 100\% = \frac{3 - 5}{5} \times 100\% = -40\%$$

经计算,由于万用表内阻较小,在测量高内阻回路的电压时将会造成较大的方法误差,这时应当选用较高内阻的仪器仪表进行测量。

1.5 计量的基本内容

计量是为了保证量值的统一和准确一致的一种测量。其定义是为了实现单位统一,量值准确可靠的活动,计量属于测量的范畴。它的三个主要特征是统一性、准确性和法制性。

计量学是研究测量、保证测量统一和准确的科学。计量学研究计量单位及其基准、标准的建立、保存和使用;测量方法和计量器具;测量的准确度及计量法制和管理等。计量学也包括研究物理常数、标准物质及材料特性的准确测定等。

计量是国民经济的一项重要的技术基础。计量工作在国民经济建设中占有十分重要的地位,对于改善企业管理、提高产品质量、节约能源,为实现标准化、自动化提供科学数据等方面都起着重要的作用。同样道理,计量科学技术的水平也是标志着一个国家科学技术发展的水平。

计量工作对电子产品的质量管理尤为重要。产品出厂前要经过严格的计量检定,仪器仪表在使用过程中要定期进行检验和校准,以确保测量的准确性。

计量与测量不同,但二者又有密切的联系。测量是用已知的标准单位量与同类物质进行比较,以获得该物质数量的过程,这时认为被测量的真实数值是客观存在的,其误差是由测量仪器仪表和测量方法等引起的。而计量则认为使用的仪器仪表是标准的,误差是由受检仪器仪表引起的,它的任务是确定测量结果的可靠性。计量学把测量技术和测量理论加以完善和发展,对测量起着推动作用。例如,原子频率基准具有极高的精确度,因而使频率测量的精确度随之大为提高。反之,随着测量技术的发展,也在不断出现各种新的计量仪器仪表,推动计量学的发展。

1. 计量基准

计量基准,是计量基准器具的简称,是在特定计量领域内复现和保存计量单位(或其倍数或分数)并且有最高计量特性的计量器具,是统一量值的最高依据。

经国家正式确认,具有当代或本国科学技术所能达到的最高计量特性的计量基准,称为国家计量基准(简称国家基准),是给定量的所有其他计量器具在国内定度的最高依据。

经国际协议公认,具有当代科学技术所能达到的最高计量特性的计量基准,称为国际计量基准(简称国际基准),是给定量的所有其他计量器具在国际上定度的最高依据。

2. 计量基准的基本条件

① 符合或最接近计量单位定义所依据的基本原理;

② 具有良好的复现性,并且所复现和保存的计量单位(或其倍数或分数)具有当代(或本国)的最高精确度;

③ 性能稳定,计量特性长期不变;

④ 能将所复现和保存的计量单位(或其倍数或分数)通过一定的方法或手段传递下去。

3. 计量基准的划分

计量基准通常划分为主基准、副基准和工作基准。

(1)国家基准(主基准)

它是用来复现和保存的计量单位,具有现代科学技术所能达到的最高精确度的计量器具,经国家鉴定并批准,作为统一全国计量单位量值的最高依据。主基准一般不轻易使用,只用于对副基准、工作基准的定度或校准,不直接用于日常计量。主基准通常简称为基准。

（2）副基准

通过直接或间接与国家基准比对来确定其量值并经国家鉴定批准的计量器具。它在全国作为复现计量单位的地位仅次于国家基准。副基准主要是为了维护主基准而设立的,一般亦不用于日常计量。

（3）工作基准

经与国家基准或副基准校准或比对,并经国家鉴定,实际用以检定计量标准的计量器具。它在全国作为复现计量单位的地位仅在国家基准及副基准之下。设立工作基准的目的是不使国家基准由于使用频繁而丧失其应有的精确度或遭到破坏。

计量标准是按国家规定的精确度等级,作为检定依据用的计量器具或物质。

另外,有时也设立"作证基准",其计量特性相当于主基准,主要是用以验证主基准的计量特性,必要时代替主基准工作。

主基准、作证基准、副基准和工作基准的原理、方案与结构可以相同,亦可不同,但计量特性应基本一致或非常接近。有时,可同时研制两套或更多套基准,分别作为主基准、作证基准、副基准和工作基准。另外,作证基准、副基准和工作基准应是主基准的复制品。

4. 量具

以固定形式复现量值的计量器具称为量具。量具可用或不用其他计量器具而进行测量工作,而且一般没有指示器,在测量过程中也没有运动的测量元件。量具分为单值量具(例如,砝码、标准电池、固定电容器等)、多值量具和成套量具。

应当指出,量具本身的数值并不一定刚好等于一个计量单位,如标准电池复现的是 1.0186 V,而不是 1 V。

上述这些有关计量学方面的基本知识,对于从事电子测量技术的科技工作者应当了解,并应正确使用这些名词术语。

5. 单位制

单位的确定和统一是非常重要的,必须采用公认的而且是固定不变的单位,只有这样,测量才有意义。

计量单位是有明确定义和名称,并规定其数值为 1 的一个固定的量。例如,1 m,1 s 等。

单位制是经过国际或国家计量部门以法律形式规定的。在国际单位制(代号 SI)中包括了整个自然科学的各种物理量的单位,经 1960 年第 11 届国际计量大会(CGPM)通过,并经 1971 年第 14 届 CGPM 修订,有 7 个基本单位。我国于 1984 年 3 月 4 日公布了《中华人民共和国法定计量单位》。

6. 计量器具的特征

计量器具的特征主要有以下几个方面。

（1）标称范围

计量器具所标定的测量范围称为标称范围,系在给定的误差范围内可测量的最低与最高量值区间。标称范围有时也称为示值范围。

通常,标称范围用被测量的单位表示,与标在标尺上的单位未必相同,一般用测量的上、下限来表示,如 1～10 A。当下限为 0 时,只用上限表示,如 0～10 A 可表示为 10 A。

计量器具标称范围的上、下限之差的模,称为量程。例如,标称范围为 -10～+10 V 的计量器具的量程为 20V。应注意,不要将标称范围与量程相混淆。

（2）测量精确度（准确度）

测量精确度系指测得值的精确程度，包括测得值之间的一致程度及与其真值的接近程度，一般以被测量的测得值与其实际值（或约定真值）之间的偏差范围来表示。实际上精确度是以可疑程度（误差范围）来体现的。

近年来，已比较普遍地认为，表示测得值的可疑程度，用不确定度比用误差更为合适。

（3）灵敏度

灵敏度系指计量器具响应的变化与引起该变化的激励值（被测量值）变化之比。通常，对于带刻度指示器的计量器具，可以用它的长度与其值之比作为灵敏度。

当激励和响应为同种量时，灵敏度也称为放大比或放大倍数。

（4）鉴别力

计量器具对激励值（被测量值）微小变化的响应能力称为鉴别力。

（5）鉴别力阈

鉴别力阈系指计量器具的响应产生可察觉变化的激励值（被测量值）的最小变化值。鉴别力阈也称为灵敏阈或灵敏限。

（6）分辨力

指示器的分辨力是指能够肯定区分的指示器示值的最邻近值。

（7）作用速度

作用速度系指稳定显示的时间或单位时间内测量的最大次数（具有规定的精确度或不确定度）。

（8）稳定度

稳定度系指在规定条件下计量器具保持其计量特性不变的能力。通常，稳定度是对时间而言的；若对其他量来讲，则应注明。

7. 计量的分类

（1）科学计量

科学计量主要是指基础性、探索性及先行性的计量科学研究。例如，关于计量单位与单位制、计量基准与标准、物理常数、测量误差、测量不确定度与数据处理等。科学计量通常是计量科学研究单位，特别是国家计量科学研究单位的主要任务。

（2）工程计量

工程计量，在国内外的计量文献中通常称为工业计量，系指各种工程、工业企业中的应用计量。例如，关于电磁学、无线电领域中的应用，电子元器件工程流程的监控，以及产品品质与性能的计量测试等。工程计量涉及面广，是各行各业普遍开展的一种计量。

（3）法制计量

法制计量，是为了保证公众安全，以及国民经济和社会发展，根据法制、技术和行政管理的需要，由政府或官方授权进行强制管理的计量，包括对计量单位、计量器具（特别是计量基准、标准）、计量方法和计量精确度（或不确定度）及计量人员的专业技能等的明确规定和具体要求。

计量的上述分类是相对的。如果把科学计量称为基础计量，而将工程计量和法制计量统称为应用计量，这看起来似乎概括性较强，但实际上却忽略了法制计量的特殊性，它是工程计量所不能类比的。两者必须分别对待，不应相提并论。

8. 测量与计量之间的相互关系

测量是一个广义的概念，它是以确定量值为目的的一组操作。测量是一个操作过程，任何一个测量过程均包括被测量、测量操作人员、测量仪器、测量方法与测量环境等五个要素。首先要确定被测量,然后合理地设计测量方法,正确选择测量仪器,明确测量操作人员和测量环境,在测量过程中严格地按照事先设计的测量方法和步骤完成全部测量程序。测量的全部过程直接决定测量质量的结果。

计量属于测量的范畴,同时计量又是一种特殊的测量,即在实现单位统一的前提条件下,使量值准确可靠为准则的测量。计量的各种要素均有特殊要求,具体包括以下几个方面。

(1)计量人员必须持有计量职业资格证书或相应计量项目的计量检定员证书。

(2)用于计量的计量仪器必须经过计量技术机构的计量检定,并且具有在有效期内的计量检定合格证书。

(3)计量环境必须满足相应计量技术规范的要求。

(4)计量方法、程序步骤与计量结果的处理必须严格按照相应计量技术规范的规定进行。

(5)计量结果要给出被测量的量值大小,同时要给出其测量误差或测量不确定度。

按计量性质的不同分为计量检定和校准两种:

计量检定:是指查明和确认计量器具是否符合法定要求的程序,其中包括检查、加标记和出具检定证书。

校准:是指在规定条件下,为确定测量仪器或测量系统所指示的量值、实物量具或参考物质所代表的量值,与相对应的标准所复现的量值之间关系的一组操作。

计量是测量的基础,而且又是最高层次的测量。在实际工作中,正确理解和运用测量与计量的基本概念和理论能极大地提高测量结果的精确度。

1.6　太赫兹技术

太赫兹波是一种电磁波,它的波长介于红外线与微波之间。近年来,太赫兹波越来越受到关注,已被国际科技界公认为是高科技领域的必争之地,其研究和应用对于未来军事作战与国家安全将具有重大的战略意义,甚至被评为"改变未来世界的十大技术之一"。

随着移动通信技术的快速发展,高速多媒体传输业务的不断涌现,对无线通信传输速率的需求呈现出指数级的增长。而无线的资源是有限的,在特定频率下,所能实现的传输也不是无限的,如何有效地利用频谱,在有限的频谱中获得更高的传输速率,太赫兹技术无疑将成为最佳的通信方式。

1. 太赫兹技术概述

2004 年,美国首次提出太赫兹(THz,10^{12}Hz)技术。THz 在电磁波频谱上是指波长为 3~1000μm,频率为 0.1~10THz,介于微波与红外线之间的电磁波,是"光"能量的一种,也称为 T 射线,又被称为"生命光线"。

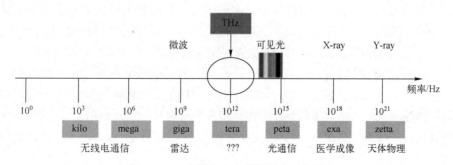

图 1.6.1　太赫兹在电磁频谱中的位置

从图 1.6.1 可以看出,太赫兹波介于无线电波和光波之间,兼具微波通信以及光波通信的优点,即传输速率高、容量大、方向性强、安全性高及穿透性强等,可应用于生命科学、材料科学、天文学、大气与环境监测、通信、反恐、国家安全等方面。在电磁频谱上,太赫兹波段两侧的红外线和微波技术已经非常成熟,但是太赫兹测试与测量仪器设备因技术难度大,发展相对缓慢,造成了太赫兹技术研究相对滞后,更谈不上应用和开发了。进入 20 世纪 80 年代后,激光技术的迅速发展为研究有效太赫兹波的产生和探测技术孕育了基础,也为科研人员研究太赫兹波与物质相互作用提供了必备的实验手段。

2. 太赫兹波的主要特征

太赫兹技术是一个非常重要的交叉前沿领域,给技术创新、国民经济发展和国家安全提供了一个非常诱人的机遇。它之所以能够引起科学界的广泛关注,是由于太赫兹波在电磁波谱上所处的特殊位置决定了它与其他频率的电磁波相比,具有很多独特的特征。

(1) 与可见光相比,太赫兹辐射的穿透能力特别强,可轻易穿透纺织品、皮革等材料,还可无损穿透墙壁、沙尘烟雾,使得其能在某些特殊领域发挥作用。

(2) 与 X 光相比,太赫兹的光子能量很低,不容易破坏被检测物质,探测的安全性非常高。如果用太赫兹检测物质,既可以发现内部瑕疵而又不损害该物质,特别适合于对生物组织进行活体检查。

(3) 跟其他波段的成像技术一样,太赫兹波的成像技术也是利用太赫兹射线照射被测物,通过物品的透射或反射获得样品的信息,进而成像。太赫兹波成像的一个显著特点是信息量大,目前太赫兹显微成像的分辨率已达到几十微米,可准确显示物质的内外部信息。

(4) 与微波、毫米波相比,太赫兹波的频率很高,所以其空间分辨率也很高;太赫兹脉冲很短,所以具有更高的时间分辨率。

(5) 太赫兹波的频带宽、测量信噪比高,适合于大容量与高保密的数据传输,而且太赫兹波处于高载波频率范围,是目前手机通信频率的 1000 倍左右,可提供 10 GB/s 的无线传输速率。

3. 太赫兹技术的应用

太赫兹技术具有非常大的技术潜力和极为广泛的应用前景,因此受到了国际学术界、产业界和各国政府极大的重视与关注。美国、欧洲、日本等国家和地区都将太赫兹技术作为一个重要的研究领域。太赫兹波谱学、太赫兹成像和太赫兹通信是当前研究的三大方向,在安全检查、无损探测、天体物理、生物、医学、大气物理、环境生态以及军事科学等诸多科学领域有着重要的应用。

(1) 公共安全检测

随着近年来国内外恐怖事件的增加,大型公共场所的安检需求日益增加。目前在机场、车站等公共场所广泛使用的是 X 光检测。X 光的光子能量高,会对人体造成一定的伤害。现有金属安检门和手持金属探测器等设备无法识别陶瓷刀具、3D 打印枪支、塑胶炸药等新型作案工具或武器,具有检查漏洞大、相对效率低、人为因素不可排除等不足。而太赫兹波本身光子能量低,对人体几乎没有危害,同时它有较好的穿透性,因此越来越多的研究人员将目光投向太赫兹安检成像。太赫兹安检仪是人工安检效率的 20 倍以上,正常通过即可被探知,不仅能够检测出携带有武器的乘机者,还可以检测旅客携带的特殊物品,例如鉴别毒品、爆炸物等违禁品,如图 1.6.2 所示。

在城市及反恐作战中,借助太赫兹特有的"穿墙术",太赫兹探测器可直接发射太赫兹波透过墙壁,对"墙后"物体进行三维立体成像,于室外对室内进行探测,免去须将探测设施置于室内的麻烦,探测隐蔽的武器、伪装埋伏的武装人员和显示沙尘或烟雾中的坦克、火炮等装备。这特别适于防暴警察与室内歹徒对峙时,可从墙外掌握室内情况,如歹徒位置、武器配置等,极大地确保警方安全。

(2) 通信

太赫兹波比微波能做到的宽带和信道数要多得多,尤其适合作为卫星间和局域网的宽带移动通信。太赫兹波方向性好,散射小,在通信领域会大有作为,如卫星间星际通信、同温层内空对空通信、短程地面无线局域网、短程安全大气通信等。利用太赫兹波进行无线电通信,可以极大地增宽无线电通信网络的频带,使无线移动高速信息网络成为现实。国际电信联盟已指定下一代地面无线通信的频段0.12 THz,太赫兹技术将成为6G或7G通信的基础,人类将全面进入太赫兹通信时代。

图 1.6.2 太赫兹成像技术用于安检系统

（3）雷达

利用取样测量技术,太赫兹探测器能够有效地抑制背景辐射噪声的干扰。目前太赫兹辐射强度测量的信噪比在10倍以上。而且,太赫兹波具有非常宽的频谱,可工作在目前隐身技术所能对抗的波段之外,因此它还能探测隐身目标。以太赫兹波作为辐射源的超宽带雷达可以探测比微波雷达更小的目标和实现更精确的定位,太赫兹波具有更高的分辨率和更强的保密性,隐身飞机也难逃它的"法眼"。

4. 小结

太赫兹技术是一门极具活力的前沿科技,其应用非常广泛。随着科学技术的不断发展,太赫兹技术领域的新理论、新现象、新方法和新应用层出不穷,其研究和应用对于未来军事作战与国家安全将具有重大的战略意义,太赫兹人体安检仪的诞生就是太赫兹技术在安检领域应用的成功典范。太赫兹技术在未来通信、生物医学、太空探测、无损检测等方面的应用也正在不断突破,将在基础科学、国民经济和国家安全的许多领域发挥重大作用,甚至被评为"改变未来世界的十大技术"之一,影响和改变人类的生活。

习　题

1.1　什么是电子测量？下列三种情况是否属于电子测量？

（1）用红外测温仪测量温度。

（2）利用压力传感器将压力转换为电压,再通过电压表测量电压值以实现对压力的测量。

（3）通过频谱分析仪测量方波的频谱密度。

1.2　简述电子测量的内容、特点及分类。

1.3　计量基准划分为几个等级？

1.4　测量和计量各有何特点？

1.5　测量和计量之间的关系是什么？

第 2 章　误差理论与测量不确定度评定

内 容 摘 要

本章重点介绍误差理论与数据处理。误差理论是专门研究有关测量误差的科学理论;数据处理则是应用数学方法和计算工具,对测量数据进行科学的分析、研究、处理的原则和方法。

本章主要内容包括:误差的基本概念和定义;误差的来源、分类及各种误差的特性;最小二乘法原理;误差的合成与分配,微小误差准则。测量不确定度的基本概念、分类与评定。通过误差理论和数据处理知识的学习,为掌握、分析、熟练运用测量误差、测量不确定度,以及进行数据处理的基本原则和方法打下坚实的理论基础。

2.1　测量误差的基本原理

2.1.1　研究测量误差的目的

任何测量仪器的测得值都不可能完全准确地等于被测量的真值。

在实际测量过程中,人们对于客观事物认识的局限性,测量工具不准确,测量手段不完善,受环境影响或测量工作中的疏忽等,都会使测量结果与被测量的真值在数量上存在差异,这个差异称为测量误差。随着科学技术的发展,对于测量精确度的要求越来越高,要尽量控制和减小测量误差,使测量值接近真值。所以测量工作的价值取决于测量的精确程度。当测量误差超过一定限度时,由测量工作和测量结果所得出的结论将是没有意义的,甚至会给工作带来危害。因此对测量误差的控制就成为衡量测量技术水平乃至科学技术水平的一个重要方面。但是,由于误差存在的必然性与普遍性,因而人们只能将它控制在尽量小的范围内,而不能完全消除它。

实验证明,无论选用哪种测量方法,采用何种测量仪器,其测量结果总会含有误差。即使在进行高准确度的测量时,也会经常发现同一被测对象的前次测量和后次测量的结果存在差异。用这一台仪器和用那一台仪器测得的结果也存在差异。甚至同一位测量人员在相同的环境下,用同一台仪器进行的两次测量均存在误差,且这些误差又不一定相等,以至于被测对象只有一个,而测得的结果却不相同。当测量方法先进,测量仪器准确时,测得的结果会更接近被测对象的实际状态,此时测量的误差小,准确度高。但是,任何先进的测量方法,任何准确的测量仪器,均不可能使测量的误差等于 0。所有的科学实践反复证明,只要有测量,必然有测量结果,有测量结果必然产生误差。误差自始至终存在于一切科学实验和测量的全过程之中,不含误差的测量结果是不存在的。

重要的是要知道实际测量的精确程度和产生误差的原因。研究测量误差的目的,归纳起来有如下几个方面:

① 正确认识误差的性质和来源,以减小测量误差。

② 正确处理测量数据,以得到接近真值的结果。

③ 合理地制订测量方案,组织科学实验,正确地选择测量方法和测量仪器,以便在条件允许的情况下得到理想的测量结果。

④ 在设计仪器仪表时,由于理论不完善,计算时采用近似公式,忽略了微小因素的作用,从而

导致了仪器仪表原理设计误差,它必然影响测量的准确性。设计中需要运用误差理论和测量不确定度进行分析并适当控制这些误差因素,使仪器仪表的测量准确程度达到设计要求。

实践证明,误差理论和测量不确定度已经成为从事测量技术和仪器仪表设计、制造技术的科技人员的必不可少的理论知识,它同任何其他科学理论一样,将随着生产和科学技术的发展而进一步得到发展和完善,正确认识与处理测量误差和测量不确定度是十分重要的。

2.1.2 测量误差的表示方法

测量误差按表示方法划分,有绝对误差和相对误差;当用于表示测量仪器仪表时还有"引用误差"。

按误差的来源划分,有器具误差、人员误差、影响误差及方法误差等。

按误差的性质划分,有系统误差、随机(偶然)误差和疏失(粗大)误差。

1. 绝对误差

(1) 定义

由测量所得到的被测量值 x 与其真值 A_0 的差,称为绝对误差。

$$\Delta x = x - A_0 \tag{2.1.1}$$

当 $x > A_0$ 时,Δx 是正值;当 $x < A_0$ 时,Δx 是负值。所以 Δx 是具有大小、正负和量纲的数值。它的大小和符号分别表示测得值偏离真值的程度和方向。

【例 2.1.1】 一个被测电压,其真值 U_0 为 100 V,用一只电压表测量,其指示值 U 为 101 V,则绝对误差

$$\Delta U = U - U_0 = 101 - 100 = +1 \ (\text{V})$$

这是正误差,表示以真值为参考基准,测得值大了 1 V。

式(2.1.1)中的 A_0 表示真值,对于测量者来说,是测不出来的,只能尽量接近它。

计量学上的真值不能得到,可以用高一级或数级的标准仪器或计量器具所测得的数值代替真值。为了区别起见,称满足规定标准度的用来代替真值使用的量值为实际值,用 A 表示。这时的绝对误差写成

$$\Delta x = x - A \tag{2.1.2}$$

这是通常使用的表达式。

(2) 修正值(校正值)

它与绝对误差的绝对值大小相等、但符号相反的量值称为修正值,用 C 表示

$$C = -\Delta x = A - x \tag{2.1.3}$$

通过检定(校准)由上一级标准(或基准)以表格、曲线或公式的形式给出受检仪器仪表的修正值。

在测量时,利用测得值与已知的修正值相加,即可算出被测量的实际值。

$$A = x + C \tag{2.1.4}$$

【例 2.1.2】 一台晶体管毫伏表的 10 mV 挡,当用其进行测量时,示值为 8 mV,在检定时 8 mV 刻度处的修正值是 -0.03 mV,则被测电压的实际值为

$$U = 8 + (-0.03) = 7.97 \ (\text{mV})$$

这说明含有误差的测得值加上修正值后就可以减小误差影响,这是经常采用的一种方法。测量仪器仪表应当定期送计量部门进行检定,其主要目的就是获得准确的修正值,以保证量值传递的准确性。同理,利用修正值,应在仪器仪表的检定有效期内使用,否则要重新检定。必须指出,由于理论真值具有不可知性,约定真值又是理论真值的近似值,故得到的误差是一个近似误差,其修正

值本身也有误差,修正后的数据只是比较接近实际值而已。

对于自动化程度较高的测量仪器仪表,可以将修正值编成程序储存在仪器仪表中。在测量时,仪器仪表会自动进行修正。

一般规定,绝对误差和修正值的量纲必须与测得值一致。

绝对误差虽然可以说明测得值偏离实际值的程度,但不能说明测量的准确程度。

【例 2.1.3】 测量两个电压,其实际值为 $U_1 = 100\ \text{V}$,$U_2 = 5\ \text{V}$;而测得值分别为 101 V 和 6 V。则绝对误差为

$$\Delta U_1 = 101 - 100 = 1, \quad \Delta U_2 = 6 - 5 = 1$$

二者的绝对误差相同,但其误差的影响是不同的,前者比后者测量准确。为了表征这一特点,应当采用相对误差。

2. 相对误差

（1）定义

测量的绝对误差与被测量的真值之比（用百分数表示）,称为相对误差,用 γ_0 表示。

$$\gamma_0 = \frac{\Delta x}{A_0} \times 100\% \tag{2.1.5}$$

因为一般情况下得不到真值,所以可用绝对误差与实际值之比表示相对误差（有必要区分时称为实际相对误差）,用 γ_A 表示

$$\gamma_A = \frac{\Delta x}{A} \times 100\% = \frac{x - A}{A} \times 100\% \tag{2.1.6}$$

继续用前面的例 3 来说明
$$\gamma_{A1} = \frac{\Delta U_1}{U_1} \times 100\% = \frac{1}{100} \times 100\% = 1\%$$

$$\gamma_{A2} = \frac{\Delta U_2}{U_2} \times 100\% = \frac{1}{5} \times 100\% = 20\%$$

用相对误差可以恰当地表征测量的准确程度。相对误差是一个只有大小和符号,而没有量纲的数值。

在误差较小或要求不太严格的场合,也用仪器的测得值代替实际值。这时的相对误差称为示值相对误差,用 γ_x 表示。

$$\gamma_x = \frac{\Delta x}{x} \times 100\% \tag{2.1.7}$$

式中,Δx 由所用仪器仪表的准确度等级（详见后述）定出。由于 x 中含有误差,所以 γ_x 只适用于近似测量。对于一般的工程测量,用 γ_x 来表示测量的准确度比较方便。

（2）分贝误差

用对数形式表示的误差称为分贝误差,常用于表示增益或声强等传输函数的值。

设输出量与输入量（如电压）测得值之比为 U_o / U_i,则增益的分贝值

$$G_x = 20 \lg \frac{U_o}{U_i} = 20 \lg A_u \ (\text{dB}) \tag{2.1.8}$$

式中,$A_u = U_o / U_i$,是电压放大倍数的测得值。又因为
$$A_u = A + \Delta A$$

式中,A 是放大倍数的实际值,ΔA 是放大倍数的绝对误差。则

$$G_x = 20 \lg (A + \Delta A) = 20 \lg \left[A \left(1 + \frac{\Delta A}{A} \right) \right] = 20 \lg A + 20 \lg (1 + \gamma_A)$$

式中，$\gamma_A = \Delta A / A$。所以

$$G_x = G + 20 \lg (1 + \gamma_A)$$

式中，$G = 20 \lg A$，是增益的实际值；$20 \lg (1 + \gamma_x)$ 是 G_x 的误差项。

令分贝误差

$$\gamma_{dB} \approx 20 \lg (1 + \gamma_A) \approx 20 \lg (1 + \gamma_x) \qquad (2.1.9)$$

式中，$\gamma_x = \Delta A / A_u$。取 $\gamma_x \approx \gamma_A$。

【例 2.1.4】 测量一个放大器，已知 $U_i = 1.2 \text{ mV}$，$U_o = 6000 \text{ mV}$。设 U_i 的误差忽略不计，而 U_o 的测量误差 γ_u 为 $\pm 3\%$ 时，求放大倍数的绝对误差 ΔA、相对误差 γ_x 及分贝误差 γ_{dB}。

电压放大倍数

$$A_u = U_o / U_i = 6000/1.2 = 5000$$

增益

$$G_x = 20 \lg A_u = 20 \lg 5000 = 74 \text{ (dB)}$$

U_o 的绝对误差 $\Delta U_o = \gamma_u \cdot U_o = (\pm 3\%) \times 6000 = \pm 180 \text{ (mV)}$。因为仅考虑 U_o 的误差，所以

$$\Delta A = \frac{\Delta U_o}{U_i} = \frac{\pm 180}{1.2} = \pm 150 \qquad \gamma_u = \frac{\Delta A}{A_u} = \frac{\pm 150}{5000} \times 100\% = \pm 3\%$$

当仅考虑 U_o 有误差时，$\gamma_x = \gamma_u = \pm 3\%$。所以

$$\gamma_{dB} = 20 \lg (1 + \gamma_x) = 20 \lg [1 + (\pm 3\%)] \approx \pm 0.26 \text{ (dB)}$$

测量的报告值写为

$$G_x = 74 \pm 0.26 \text{ (dB)}$$

式 (2.1.9) 也用下列近似公式表示

$$\gamma_{dB} \approx 8.69 \gamma_x \qquad (2.1.10)$$

$$\gamma_x \approx 0.115 \gamma_{dB} \qquad (2.1.11)$$

上面例 2.1.4 中

$$\gamma_{dB} \approx 8.69 \times (\pm 3\%) \approx \pm 0.26 \text{ (dB)}$$

当表示功率增益时

$$\gamma_{dB} = 10 \lg (1 + \gamma_p) \text{ (dB)} \qquad (2.1.12)$$

式中，γ_p 是功率放大倍数的相对误差。因为 γ_x 及 γ_p 都是有正负号的量，所以分贝误差 γ_{dB} 也有正负号。

通过上述计算，测得值的相对误差越小，表示它的准确度越高。所以评价测量质量时应当用相对误差来评定，它是误差计算中最常用的一种表达形式。

2.1.3 电子测量仪器误差的表示方法

测量误差，除了用于表示测量结果的准确程度以外，也是电子测量仪器重要的质量指标。为了保证仪器仪表示值的准确，必须在出厂时由检验部门对其误差指标进行严格检验。我国部颁标准规定用工作误差、固有误差、影响误差、稳定误差和环境误差等来表征其性能。

1. 工作误差

它是指在额定工作条件下测定的仪器仪表误差极限。即来自仪器仪表外部的各种影响量(例如，温度、湿度、大气压力、供电电源等)和影响特性(仪器的一个工作特性的变化对另一个工作特性的影响，如低频信号发生器的频率变化对输出电压的影响)为任意可能的组合时，仪器仪表的工作误差可能达到的最大极限值。这种表示方法的优点是，对使用者非常方便，利用工作误差直接估计测量结果误差的最大范围。缺点是，它是在最不利的组合条件下给出的，而实际使用中构成最不利组合的可能性很小。因此，用仪器仪表的工作误差来估计测量结果的误差会偏大。

2. 固有误差

它是指当仪器仪表的各种影响量与影响特性处于基准条件时，仪器仪表所具有的误差。基准条件是比较严格的，所以这种误差指标能够更准确地反映仪器仪表所固有的性能，便于在相同条件下对同类仪器仪表进行比较和校准。

3. 影响误差

它是指当一个影响量在其额定使用范围内(或一个影响特性在其有效范围内)取任一值,而其他影响量和影响特性均处于基准条件下所测得的误差。例如,线性误差、频率误差等。只有当某一影响量在工作误差中起重要作用时才给出,它是一种误差极限。

4. 稳定误差

稳定误差是指仪器仪表的标称值在其他影响量及影响特性保持恒定的情况下,于规定时间内所产生的误差极限。习惯上以相对误差形式给出或者注明最长连续工作时间。

例如,DS—33 型交流数字电压表就是用这四种误差标注的。工作误差:50 Hz～1 MHz,10 mV～1 V 量程为(±1.5%读数±满量程的 0.5%);固有误差:1 kHz,1 V 时为读数的±0.4%±1 个字;温度影响误差:1 kHz,1 V 时温度系数为 $10^{-4}/℃$;频率影响误差:50 Hz～1 MHz 为 (±0.5%读数±满量程的 0.1%);稳定误差:在温度 $-10～+40℃$,相对湿度 80%以下,大气压力 86～106 kPa 的环境内,连续工作 7 小时。

5. 环境误差

任何测量总是在一定的环境中进行的。环境由多种因素所组成,如测量环境的温度、湿度、大气压力等。环境误差系指测量中由于各种环境因素引起的测量误差。

目前还有一些电子测量仪器仍根据 1965 年制定的《无线电测量仪器总技术条件(草案)》按使用条件给出基本误差及附加误差。

(1) 基本误差

它是指仪器仪表在规定的正常工作条件下所具有的误差。与前述固有误差的意义基本相同,但这里所限定的测试条件较宽。

由于绝对误差不能说明测量的准确程度,所以很少单独用它来表示仪器仪表误差。用前述的相对误差虽然可以较好地反映测量的准确程度,但它不能评价仪器仪表的准确程度,也不便于划分仪器仪表的准确度等级。因为仪器仪表的可测量范围不是一个点而是一个量程。在此量程内,被测量可能处于不同的位置,用式(2.1.6)计算时,式中的分母需取不同的数值,使仪器仪表的误差数值难以标注。所以又提出了满度相对误差,亦称引用误差。这里所指的"满度"和"量程"的意义基本相同,但与"测量范围"是不同的。测量范围是指在允许误差限内计量器具的被测量值的范围。例如,中心指 0 的电压表的测量范围为 $-10～+10 V$,而其量程则为 20 V。所以对一只仪器仪表仅给出量程是无法判断其测量范围的,这时只能认为其刻度线起始点数字为 0。

满度相对误差是绝对误差与测量范围上限值或量程满度值 x_m 的比值(用百分号表示),即:

$$\gamma_m = \frac{|\Delta x_m|}{x_m} \times 100\% \tag{2.1.13}$$

式中,Δx_m 是仪器仪表整个刻度线上出现的最大绝对误差。

仪器仪表刻度线上各点示值的绝对误差并不相等,为了评价仪器仪表的准确度,应取最大的绝对误差(绝对值)。

γ_m 是仪器仪表在正常工作条件下不应超过的最大相对误差。仪器仪表的刻度线上各处都可能出现 Δx_m 的值,所以从最大误差出发,对测量者来说,在没有修正值的情况下,应当认为指针在不同偏转角时的示值误差处处相等,即在一个量程内各处示值的最大绝对误差 Δx_m 是个常数,一般称此为误差的整量化。

这种误差表示方法比较多地用在电工仪表中,其准确度等级分为 0.1,0.2,0.5,1.0,1.5,2.5,5.0 共 7 级,分别表示它们满度相对误差百分数的分子可能出现的最大数值(指绝对值)。对于电子测量仪器,引用误差的优先数列为 1,2,3,5,7。上述等级值通常用 S 表示。例如,$S=1$,说明仪器仪表的满度相对误差不超过±1%。

对于某些测量仪器仪表的准确度通常用误差的绝对数值和相对数值两项代数和的形式来表示。例如,一种数字电压表的基本误差为(±0.1%读数±1个字),其中±0.1%是相对数值,而±1个字是绝对数值。仅就绝对数值而言,当用最末一位数码管显示电压值(mV)时,就会有±1 mV的误差。显然,在测量5 mV电压时,可能显示4 mV或6 mV,绝对误差起主要作用;而在测量10 000 mV时,可能显示9 999 mV或10 001 mV,这是相对数值(±0.1%)在起主要作用。在实际测量过程中,当使其显示的位数尽量多时,可以减小测量误差。这是在使用时应当注意的。

(2)附加误差

它是指由于仪器仪表超出规定的正常工作条件时所增加的误差。例如,环境温度、电源电压等因素偏离正常条件所引起的示值相对于正常条件下示值的最大偏差。与前述的影响误差相似,也用百分数表示。

例如,MF—20型晶体管万用表就是用这种误差标注的。基本误差:直流电压、电流为±2.5%;附加误差:电池电压降至4.5~5.5 V时(额定值为6 V),附加误差为±1%。环境温度在0~40℃范围内(额定值为20℃±2℃)每变化10℃附加误差为±2.5%。

在使用时,除考虑仪器仪表本身的基本误差外,还要加上附加误差。

采用基本误差和附加误差的形式,对使用者来说,掌握各分项误差的大小是有利的,但在估计仪器仪表的总误差时要进行误差合成计算。

*2.1.4 一次直接测量时最大误差的估计

实际工作中,在要求不高的情况下,通常只做一次直接测量而取得测量结果。这时如何从测量仪器仪表的准确度等级来确定测量误差的大小呢?

设在只有基本误差的情况下,仪器仪表的最大绝对误差为

$$\Delta x_{\rm m} = \pm S\% \cdot x_{\rm m} \qquad (2.1.14)$$

$\Delta x_{\rm m}$与示值x的比值,即最大的示值相对误差

$$\gamma_{xm} = \frac{\Delta x_{\rm m}}{x} \times 100\% = \pm S\% \cdot \frac{x_{\rm m}}{x} \qquad (2.1.15)$$

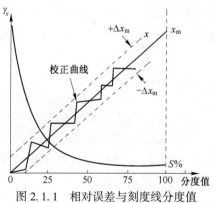

图2.1.1 相对误差与刻度线分度值的关系曲线

γ_{xm}不仅与仪器仪表的准确度S有关,而且与满度值$x_{\rm m}$和示值x的比值有关。其比值越大,γ_{xm}越大,即测量误差越大。

这个关系用图2.1.1近似说明,示值x大时,相对误差γ小。当x等于满度值时(图中分度值为100处,即$x = x_{\rm m}$),$x_{\rm m}/x = 1$,这时由式(2.1.15)可知,$\gamma_{xm} = \pm S\%$。通过分析,仪器仪表给出的准确度$\pm S\%$是相对误差的最小值,离开满度值越远,误差越大。

所以,当仪器仪表的准确度给定时,示值越接近满度值,示值的准确度越高。当使用一般电压或电流表时,应尽可能使指针偏转位置在靠近满刻度值的1/3区域内。反之,在选择仪器仪表量程时,应该使其满度值尽量接近被测量的值,至少不应比被测量的值大得太多。

【例2.1.5】 用MF—20型晶体管万用表交流电压的30 V挡,分别测量6 V及20 V电压,求最大示值相对误差。此表交流电压挡的准确度等级为4级。

当$U_x = 6$ V时

$$\gamma_{xm} \pm S\% \cdot \frac{U_{\rm m}}{U_x} = \pm 4\% \times \frac{30}{6} = \pm 20\%$$

当 $U_x = 20$ V 时 $\qquad\qquad \gamma_{xm} = \pm 4\% \times \dfrac{30}{20} = \pm 6\%$

经计算,指针偏转角度较大时,测量误差较小。

【例 2. 1. 6】 被测量的实际值 $U = 10$ V,现有:①150 V,0. 5 级和 ②15 V,2. 5 级两只电压表,问选择哪只电压表测量误差较小?

用①表时,$\Delta U_m = \pm S\% \times U_m = \pm 0. 5\% \times 150 = \pm 0. 75$ V,示值范围(10±0. 75) V。

用②表时,$\Delta U_m = \pm 2. 5\% \times 15 = \pm 0. 375$ V,示值范围为(10±0. 375) V

此例说明,选择 2. 5 级的电压表比选 0. 5 级的电压表测量误差要小。所以要合理选择仪器仪表的量程及准确度等级,不能单纯追求仪器仪表的级别(当然还有仪器仪表内阻的影响问题)。

上述根据式(2. 1. 15)得出的应尽可能使仪器仪表指针偏转的位置靠近满度值的结论,只适用于正向刻度的一般类型的仪器仪表,如电压表、电流表等。

综上所述,仪器仪表准确度的级别对测量结果的影响很大。应当特别指出的是,所用仪器仪表的准确度并不是测量结果的准确度,只有在示值和满度值相同时,二者才相等。否则测得值的准确度数值将低于仪器仪表的准确度等级。仪器仪表的准确度等级 S 只能说明在规定的条件下使用时,它的最大绝对误差不超过满度值的 $\pm S\%$。所以一定不要把仪器仪表的准确度等级和测量结果的准确度混为一谈。

2. 2　测量误差的分类

2. 2. 1　误差的来源

(1) 仪器误差

仪器仪表本身及其附件所引入的误差称为仪器误差。例如,电桥中的标准电阻,天平的砝码。示波器的探极线等都含有误差。仪器仪表的 0 位偏移,刻度不准确,以及非线性等引起的误差均属此类。

(2) 影响误差

由于各种环境因素与要求的条件不一致所造成的误差称为影响误差。例如,温度、电源电压、电磁场影响等所引起的误差。

(3) 方法误差和理论误差

由于测量方法不合理所造成的误差称为方法误差。例如,用普通万用表测量高内阻回路的电压,由于万用表的输入电阻较低而引起的误差。另外,用近似公式或近似值计算测量结果时所引起的误差称为理论误差。

(4) 人员误差

由于测量者的分辨能力、视觉疲劳、固有习惯或缺乏责任心等因素引起的误差称为人员误差。例如,读错刻度、念错读数及操作不当等。

在测量工作中,对于误差的来源必须认真分析,采取相应措施,加强对测量者责任心的教育,制定完善的操作规章制度,以减小误差对测量结果的影响。

2. 2. 2　测量误差的分类

根据误差的性质,测量误差分为系统误差、随机误差和疏失误差三类。

1. 系统误差

在相同条件下,多次测量同一个量值时,误差的绝对值和符号保持不变,或在条件改变时,按一定规律变化的误差称为系统误差。

产生系统误差的原因有：

① 测量仪器仪表设计原理及制作上的缺陷。例如，刻度的偏差，刻度盘或指针安装偏心，使用时 0 点偏移，安放位置不当等。

② 测量时的实际温度、湿度及电源电压等环境条件与仪器仪表要求的条件不一致等。

③ 采用近似的测量方法或近似的计算公式等。

④ 测量人员估计读数时，习惯偏于某一方向或有滞后倾向等原因所引起的误差。

对于在条件改变时，仍然按一定规律变化的误差，以标准电池为例，它的电动势随环境温度变化时，其误差遵循下列规律：

$$\Delta E = E_{20} - E_t$$

$$= [39.94(t-20) + 0.929(t-20)^2 - 0.0092(t-20)^3 + 0.00006(t-20)^4] \times 10^{-6}(V)$$

式中，t 是测量时的环境温度（℃），E_{20} 及 E_t 分别是 20 ℃ 及 t ℃时电池的电势（V）。这个规律是确定的，所以这种误差也是系统误差。

需要指出的是，前面提到的理论误差，它是通过直接测量的数据再用理论公式推算出来的。用平均值电压表测量非正弦电压进行波形换算时的定度系数为 K_α，且

$$K_\alpha = \frac{\pi}{2\sqrt{2}} \approx 1.11$$

式中，π 与 $\sqrt{2}$ 均为无理数，所取的 1.11 是一个近似数，由它计算出来的结果显然是一个近似值。因为是由间接计算造成的，用提高测量准确度或多次测量取平均值的方法均无效，只有用修正理论公式的方法来消除，这是它的特殊性。因为产生的误差是有规律的，所以一般也把它归到系统误差范畴内。

系统误差的特点是，测量条件一经确定，误差就为一确切的数值。用多次测量取平均值的方法，并不能改变误差的大小。系统误差的产生原因是多方面的，但总是有规律的。针对其产生的根源采取一定的技术措施，以减小它的影响。例如，仪器仪表不准时，通过校验取得修正值，即可减小系统误差。

2. 随机误差(偶然误差)

在相同条件下，多次测量同一个量值时，误差的绝对值和符号均以不可预定方式变化的误差称为随机误差。

产生这种误差的原因有：

① 测量仪器仪表中零部件配合的不稳定或有摩擦，仪器仪表内部器件产生噪声等；

② 温度及电源电压的频繁波动，电磁场干扰，地基振动等；

③ 测量人员感觉器官的无规则变化，读数不稳定等原因所引起的误差均可造成随机误差，使测量值产生上下起伏的变化。

就一次测量而言，随机误差没有规律，不可预定。但是当测量次数足够多时，其总体服从统计的规律，多数情况下接近于正态分布。

这一类误差的特点是，在多次测量中误差绝对值的波动有一定的界限，即具有有界性；正负误差出现的机会相同，即具有对称性。如图 2.2.1 所示，图中 A_0 是假设无系统误差情况下的实际值。当测量次数 n 足够多时，随机误差的算术平均值趋近于 0，即具有抵偿性。

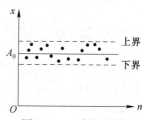

图 2.2.1 随机误差的
有界性和对称性曲线

根据上述特点,通过对多次测量值取算术平均值的方法来消弱随机误差对测量结果的影响。因此,对于随机误差可以用数理统计的方法来处理。

3. 疏失误差(粗大误差)

在一定的测量条件下,测量值明显地偏离实际值所形成的误差称为疏失误差。

产生这种误差的原因有:

① 一般情况下,它不是仪器仪表本身固有的,主要是测量过程中由于疏忽而造成的。例如,测量者身体过于疲劳,缺乏经验,操作不当或工作责任心不强等原因造成读错刻度、记错读数或计算错误。这是产生疏失误差的主观原因。

② 由于测量条件的突然变化,如电源电压、机械冲击等引起仪器仪表示值的改变。这是产生疏失误差的客观原因。

凡确认含有疏失误差的测量数据称为**坏值**,应当剔除不用。

上述三种误差同时存在的情况下用图 2.2.2 来表示。图中 A_0 表示真值,小黑点表示各次测量值 x_i,E_x 表示 x_i 的平均值,δ_i 表示随机误差,ε 表示系统误差,x_k 表示坏值,它远离真值 A_0。

由图可知:

① 由于 x_k 的存在,将严重影响平均值 E_x,使其失去意义,因此在整理测量数据时,必须首先将坏值剔除。

② 随机误差

$$\delta_i = x_i - E_x \qquad (2.2.1)$$

当剔除 x_k 以后,采用对多次测量数据取算术平均值的方法,以消除随机误差 δ_i 的影响。

③ 在 δ_i 消除后,系统误差 ε 越小,表示测量越准确。

$$\varepsilon = E_x - A_0 \qquad (2.2.2)$$

当 $\varepsilon = 0$ 时,平均值 E_x 等于真值 A_0。

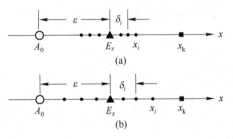

图 2.2.2　三种误差同时存在的示意图

4. 测量误差的相互转化

系统误差、随机误差和疏失误差的划分方法只是相对的,并可以相互转化。较大的系统误差或随机误差,也视为疏失误差。系统误差与随机误差之间也不存在严格的界限。误差在一定条件下可以互相转化,在除掉疏失误差的情况下,系统误差在一定条件下可转化为随机误差,同理,随机误差在一定条件下可转化为系统误差。例如,当电磁干扰所引起的测量误差比较小时,使用类似随机误差取平均值的方法来处理;如果其影响有利于掌握规律时,按系统误差引入修正值的方法来处理。这样,掌握了误差转化的特点,采用数据处理的方法,减小误差的影响,这对于测量技术是很有意义的。

综上所述,对于含有疏失误差的测量值,一经确认后,应当首先予以剔除;对于随机误差采用统计学求平均值的方法来消弱它的影响;系统误差难以发现,是测量中的最大危险,需在测量工作之前或在测量工作过程中采取一定的技术措施来减小它的影响。

2.2.3　测量结果的评定

比较图 2.2.2(a)与(b)可知,评定测量结果时,不能单纯用系统误差来衡量,两个图的系统误差 ε 相同,但是图(b)中测量数据 x_i 比图(a)的分散程度严重,即图(a)的数据比较集中,说明随机误差较小。

为了正确地说明测量结果,通常用准确度、精密度和精确度来评定测量结果。

（1）准确度

准确度是指测量值与真值的接近程度,它反映系统误差的影响,系统误差小则准确度高。

（2）精密度

精密度是指测量值重复一致的程度。说明测量过程中,在相同的条件下用同一方法对某一量进行重复测量时,所测得的数值相互之间接近的程度。数值越接近,精密度越高。它说明,精密度用以表示测量值的重复性,反映随机误差的影响。

对于"精度"一词,有时指准确度,有时指精密度,意义比较含混,故本书不采用。

（3）精确度

精确度反映系统误差和随机误差综合的影响程度。精确度高,说明准确度及精密度都高,意味着系统误差及随机误差都小。一切测量都应力求实现既精密又准确。

我们可以用打靶的例子来说明上述三种情况。如图2.2.3所示,图(a)准确度高而精密度低;图(b)精密度高而准确度低;图(c)精确度高,既准确又精密。

(a)准确度高而　(b)精密度高而　(c)精密度高,既
　精密度低　　　准确度低　　　准确又精密

图2.2.3　表示三种误差大小的示意图

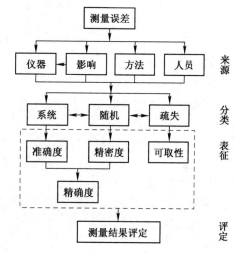

图2.2.4　误差来源、分类及精确度的关系流程图

上述误差来源、分类及精确度的关系如图2.2.4所示,最后给出测量的评定结果。

2.3　随机误差的统计特性及其估算方法

2.3.1　测量值的数学期望与标准差

*1. 数学期望

在相同条件下,用相同的仪器和方法,由同一测量者以同样细心的程度进行多次测量,称为等精密度测量。

设对某一被测量 x 进行测量次数为 n 的等精密度测量,得到的测量值 $x_i(i=1,2,\cdots,n)$ 为随机变量,其算术平均值为

$$\bar{x} = \frac{1}{n}\sum_{i=1}^{n} x_i \tag{2.3.1}$$

式中,$\bar{x}$ 也称为样本平均值。

当测量次数 $n\to\infty$ 时,样本平均值 $\bar{x}$ 的极限称为测量值的数学期望

$$E_x = \lim_{n\to\infty}\left(\frac{1}{n}\sum_{i=1}^{n} x_i\right) \tag{2.3.2}$$

这里的 E_x 也称为总体平均值。

由式(2.2.1)及式(2.2.2)可知

随机误差　　　　　　　　$\delta_i = x_i - E_x$,　即 $x_i = E_x + \delta_i$

系统误差 $\qquad$ $\varepsilon = E_x - A_0$，即 $A_0 = E_x - \varepsilon$

测量值 x_i 与真值 A_0 之差

$$x_i - A_0 = (E_x + \delta_i) - (E_x - \varepsilon) = \delta_i + \varepsilon$$

即绝对误差 $\qquad$ $\Delta x_i = \delta_i + \varepsilon$ $\qquad$ (2.3.3)

说明绝对误差等于随机误差和系统误差的代数和。

若一组测量数据中不含有系统误差和疏失误差时

$$\Delta x_i = \delta_i = x_i - E_x$$

这时因 $\varepsilon = 0, E_x = A_0$，则

$$\delta_i = x_i - A_0 \qquad (2.3.4)$$

即当消除了系统误差之后，随机误差等于绝对误差。

*2. 算术平均值原理

（1）算术平均值的意义

由随机误差的抵偿性可知，当测量次数为无穷大时，$E_x = A_0$，随机误差的算术平均值 $\bar{\delta}$ 将趋于 0，即

$$\bar{\delta} = \lim_{n \to \infty} \left(\frac{1}{n} \sum_{i=1}^{n} \delta_i \right) = 0 \qquad (2.3.5)$$

则随机误差的数学期望等于 0。

对于有限次测量，当测量次数足够多时则近似认为

$$\bar{\delta} = \frac{1}{n} \sum_{i=1}^{n} \delta_i \approx 0 \qquad (2.3.6)$$

即 $\qquad$ $E_x \approx A_0$ $\qquad$ (2.3.7)

这就是由算术平均值原理得出的结论。由此可知，当 $\varepsilon = 0$（且无 x_k 值）时，测量值的数学期望被视为被测量的相对真值。即在仅有随机误差的情况下，当测量次数足够多时，测量值的平均值接近于真值。因此通常把这时经多次等精密度测量的算术平均值称为真值的最佳估计值，写为

$$\hat{A}_0 = \bar{x} = E_x \qquad (2.3.8)$$

在实际测量工作中，采用某些技术措施基本消除系统误差的影响，并且剔除疏失误差后，虽然有随机误差存在，但仍用多次测量值的算术平均值作为最后的测量结果。

（2）剩余误差

各次测量值与其算术平均值之差，称为剩余误差（又称残差），用 u_i 表示，则

$$u_i = x_i - \bar{x} \qquad (2.3.9)$$

对剩余误差求和 $\qquad$ $\displaystyle\sum_{i=1}^{n} u_i = \sum_{i=1}^{n} x_i - n\bar{x}$

因为 $\qquad$ $\displaystyle\frac{1}{n} \sum_{i=1}^{n} x_i = \bar{x}$，$\displaystyle\sum_{i=1}^{n} x_i = n\bar{x}$

所以 $\qquad$ $\displaystyle\sum_{i=1}^{n} u_i = n\bar{x} - n\bar{x} = 0 \qquad (2.3.10)$

即当 n 足够大时剩余误差的代数和为 0。利用这一性质可以检验所计算的算术平均值是否正确。

【例 2.3.1】 用电压表对某一被测电压测量 10 次，设已消除系统误差及疏失误差，得到数据如表 2.3.1 所示（单位：V）。

表 2.3.1　10 次测量数据表

n	x_i	$u_i = x_i - \bar{x}$	u_i^2
1	75.01	−0.035	0.001 225
2	75.04	−0.005	0.000 025
3	75.07	+0.025	0.000 625
4	75.00	−0.045	0.002 025
5	75.03	+0.015	0.000 225
6	75.09	+0.045	0.002 025
7	75.06	−0.015	0.000 225
8	75.02	+0.025	0.000 625
9	75.05	+0.005	0.000 025
10	75.08	+0.035	0.001 225
计算值	$\bar{x} = 75.045$	$\sum u_i = 0$	$\sum u_i^2 = 0.008\ 25$

通过上表显示，$\sum u_i = 0$，表明 $\bar{x}$ 的计算值是正确的。

3. 方差与标准差

在实际测量中，只知道算术平均值是不够的，还需要说明测量数据的分散程度，通常情况下采用方差来表示，其定义是当 $n \to \infty$ 时测量值与期望值之差的平方的统计平均值，写为

$$\sigma^2 = \frac{1}{n} \sum_{i=1}^{n} (x_i - E_x)^2 \tag{2.3.11}$$

因 $\delta_i = x_i - E_x$，故

$$\sigma^2 = \frac{1}{n} \sum_{i=1}^{n} \delta_i^2 \tag{2.3.12}$$

将此式开方，取正平方根，得

$$\sigma = \sqrt{\frac{1}{n} \sum_{i=1}^{n} \delta_i^2} \tag{2.3.13}$$

上式中，σ^2 称为测量值数列的样本方差，σ 称为测量值数列的标准偏差或样本标准差，简称标准差。它是随机变量的一个重要统计量。

δ_i 取平方的目的是，不论 δ_i 是正还是负，其平方总是正的，相加之和不会等于0，以用来描述随机误差的分散程度。这样在计算过程中就不必考虑 δ_i 的符号。求和再平均后，使个别较大的误差在式中占的比例也较大，即标准差对较大的误差反映灵敏，所以它是表征精密度的参数。σ 小表示测量值集中，σ 大则分散。

2.3.2 贝塞尔公式及其应用

1. 随机误差的正态分布

根据概率论中的中心极限定理和随机误差的性质可知，在多数情况下，随机误差服从正态分布。

中心极限定理说明，假设被研究的随机变量表示为大量独立的随机变量之和，其中每一个随机变量对于总和只起微小的作用，则认为这个随机变量服从正态分布，又称高斯分布。

测量中的随机误差正是由相互独立的多种因素综合造成的许多微小误差的总和，因而在 δ_i 影响下测量数据 x_i 的分布大多服从正态分布，其分布密度采用下式表示：

$$\varphi(x_i) = \frac{1}{\sigma \sqrt{2\pi}} e^{-\frac{(x_i - E_x)^2}{2\sigma^2}} \tag{2.3.14}$$

式中，σ 是标准差。$\varphi(x_i)$ 与 x_i 的曲线如图2.3.1所示。由图2.3.1可见，测量值对称地分布在数学期望值的两侧。

由图2.3.2可见，σ 越小，$\varphi(u_i)$ 曲线越高越陡，表示测量值越集中，精密度越高；反之，σ 越大，曲线越平坦，表示测量值越分散，精密度越低。

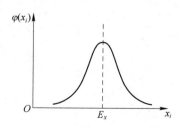

图2.3.1　x_i 的正态分布曲线

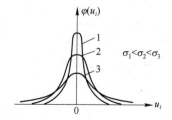

图2.3.2　u_i 的正态分布曲线

2. 贝塞尔(Bessel)公式

上述的标准差是在 $n \to \infty$ 条件下推导出的。

当 n 为有限次测量时,使用剩余误差来表示标准差。因为当仅有随机误差存在时,由式(2.3.4)可知

$$\delta_i = x_i - A_0$$

也写成

$$\begin{cases} \delta_1 = x_1 - \bar{x} + \bar{x} - A_0 \\ \delta_2 = x_2 - \bar{x} + \bar{x} - A_0 \\ \vdots \\ \delta_n = x_n - \bar{x} + \bar{x} - A_0 \end{cases} \tag{2.3.15}$$

设 $\delta_{\bar{x}} = \bar{x} - A_0$,称为算术平均值误差。对应一组测量值,$\delta_{\bar{x}}$ 有确定的数值。又因 $u_i = x_i - \bar{x}$,可将式(2.3.15)写成

$$\begin{cases} \delta_1 = u_1 + \delta_{\bar{x}} \\ \delta_2 = u_2 + \delta_{\bar{x}} \\ \vdots \\ \delta_n = u_n + \delta_{\bar{x}} \end{cases} \tag{2.3.16}$$

将式(2.3.16)中各式相加($i = 1, \cdots, n$,下同)

$$\sum \delta_i = \sum u_i + n\delta_{\bar{x}}$$

得出

$$\delta_{\bar{x}} = \frac{\sum \delta_i}{n} - \frac{\sum u_i}{n} \tag{2.3.17}$$

因为剩余误差的代数和为 0,所以

$$\delta_{\bar{x}} = \frac{\sum \delta_i}{n} \tag{2.3.18}$$

将式(2.3.16)中各式平方后相加,得

$$\sum \delta_i^2 = \sum u_i^2 + \sum \delta_{\bar{x}}^2 + 2\delta_{\bar{x}} \cdot \sum u_i$$

因 $\sum u_i = 0$,故

$$\sum \delta_i^2 = \sum u_i^2 + \sum \delta_{\bar{x}}^2 = \sum u_i^2 + n\delta_{\bar{x}}^2 \tag{2.3.19}$$

将式(2.3.18)平方

$$\delta_{\bar{x}}^2 = \left(\frac{\sum \delta_i}{n} \right)^2 = \frac{(\delta_1 + \delta_2 + \cdots + \delta_n)^2}{n^2} = \frac{\sum \delta_i^2 + k \sum \delta_i \delta_j}{n^2}, \ (i \neq j) \tag{2.3.20}$$

式中,当 n 足够大时,由于随机误差的对称性(其中约有一半是正的,约有一半是负的),$\sum \delta_i \delta_j$ 的代数和趋近于 0,于是

$$\delta_{\bar{x}}^2 \approx \frac{\sum \delta_i^2}{n^2}$$

将上式代入式(2.3.19)得

$$\sum \delta_i^2 \approx \sum u_i^2 + n\left(\frac{\sum \delta_i^2}{n^2} \right) = \sum u_i^2 + \frac{\sum \delta_i^2}{n} \tag{2.3.21}$$

由标准差定义[见式(2.3.13)]可知

$$\sigma = \sqrt{\frac{\sum \delta_i^2}{n}}$$

即
$$n\sigma^2 = \sum \delta_i^2$$

将上式代入式(2.3.21),考虑到用剩余误差表示有限次测量的结果,所以将 σ 的符号改用 $\hat{\sigma}$,称做标准差的估计值。

$$n\hat{\sigma}^2 = \sum u_i^2 + \frac{n\hat{\sigma}^2}{n} = \sum u_i^2 + \hat{\sigma}^2$$

$$(n-1)\hat{\sigma}^2 = \sum u_i^2$$

$$\hat{\sigma}^2 = \frac{1}{n-1} \sum u_i^2$$

则
$$\hat{\sigma} = \sqrt{\frac{1}{n-1} \sum_{i=1}^{n} u_i^2} = \sqrt{\frac{1}{n-1} \sum_{i=1}^{n} (x_i - \bar{x})^2} \qquad (2.3.22)$$

这就是贝塞尔公式。式中,$(n-1)$ 称为自由度,常用 ν 表示,即 $\nu = n-1$。

当 $n=1$ 时,$\hat{\sigma}$ 的值不定,所以一次测量的数据是不可靠的。

仍用本节例 1 中的数据,可以算出

$$\hat{\sigma} = \sqrt{\frac{1}{n-1} \sum_{i=1}^{n} u_i^2} = \sqrt{\frac{1}{10-1} \times 0.00825} \approx 0.0303$$

标准差的估计值也采用下式求出

$$\hat{\sigma} = \sqrt{\frac{\sum_{i=1}^{n} x_i^2 - n\bar{x}^2}{n-1}} \qquad (2.3.23)$$

式(2.3.23)是贝塞尔公式的另一种表达形式。

贝塞尔公式是一个很有用的公式,已广泛应用于生产及科研部门。功能较多的电子计算器都带有 $\hat{\sigma}$ 按键,其程序多用式(2.3.23)来编制,用符号 s 表示。只要从按键上输入几个数据,即可迅速算出 $\bar{x}$ 及 $\hat{\sigma}$ 的值,非常方便。

3. 算术平均值的标准差

在有限次等精密度测量中,以算术平均值作为测量结果。如果在相同条件下对同一个量值作 m 组划分,每组重复 n 次测量,每一组数据列都有一个平均值。由于随机误差的存在,这些算术平均值并不相同,围绕真值有一定的分散性,这说明算术平均值还存在着误差。当对精密度要求更高时,用算术平均值的标准差 $\sigma_{\bar{x}}$ 来评定。

由概率统计学可知
$$\sigma_{\bar{x}}^2 = \sigma^2 \left(\frac{1}{n} \sum_{i=1}^{n} x_i \right) = \frac{1}{n^2} \sigma^2 \left(\sum_{i=1}^{n} x_i \right)$$

因为是等精密度测量,有 $\sigma_1 = \sigma_2 = \cdots = \sigma_n$,即

$$\sigma^2 \left(\sum_{i=1}^{n} x_i \right) = n\sigma^2$$

$$\sigma_{\bar{x}}^2 = \frac{1}{n^2} \cdot n \cdot \sigma^2$$

则
$$\sigma_{\bar{x}} = \sigma / \sqrt{n} \qquad (2.3.24)$$

当 n 为有限次测量时,用 $\hat{\sigma}$ 代替 σ,则

$$\hat{\sigma}_{\bar{x}} = \hat{\sigma}/\sqrt{n} \tag{2.3.25}$$

此式说明算术平均值的标准差是任意一组 n 次测量样本标准差的 $1/\sqrt{n}$。而 $\sigma(\bar{x})$ 及 $\hat{\sigma}(\bar{x})$ 是平均值的标准偏差及其估计值，它们相差 $\sqrt{n}$ 倍，使用时不要混淆。公式(2.3.35)表明，各组平均值的数值更集中了。

这个结论是以每组测量数据的标准差 σ 都相等为前提得出的，它表明每组测量次数相同，做两组测量与做上百组测量，两者的 $\sigma_{\bar{x}}$ 值相同(即把多组测量等效为一组来计算 $\sigma_{\bar{x}}$)，但是各组的 $\bar{x}$ 值并不相同,将各组的 $\bar{x}$ 值再平均一次后的数值更接近于真值。所以多组测量比单组测量的准确度高。

在运用上面公式运算时需注意, $\hat{\sigma}$ 是进行 n 次测量得到的一组数据时标准差的估计值，而 $\hat{\sigma}_{\bar{x}}$ 是进行 m 组、每组都有 n 次测量数据时标准差的估计值,在使用时不要混淆。用标准差表征测量结果的分散性，既具有很高的统计价值，同时又具有较为灵敏的优点，因此，在统计检验中都以标准差为基础。

2.3.3 均匀分布情况下的标准差

1. 均匀分布的概率密度

在测量实践中，除了正态分布以外，均匀分布也是经常遇到的。它的特点是，在误差范围内误差出现的概率各处相同。在电子测量中常有下列几种情况：

① 模拟仪器仪表度盘刻度误差。由仪器仪表分辨力决定在某一范围内，所有的测量值都认为是一个值。例如，用 500 V 量程交流电压表测量 220 V 电压，在 219~221 V 之间，分辨力不清，那么在这个范围内认为有相同的误差。

② 数字仪器仪表的最低位"±1(或几)个字"的误差。在数字电压表与数字频率计中都有这种现象，例如，末尾显示 5，实际值可能是 4 或 6，也认为在此范围内具有相同的误差。

③ 由于舍入引起的误差。舍去的或进位的低位数字的概率也是相同的。例如，被舍去的数字可以认为是 4,3,2 或 1，被进位的数字可以认为是 5~9 中任何一个。

在测量中，均匀分布是仅次于正态分布的一种重要分布。均匀分布的概率密度曲线如图 2.3.3 所示。图中

$$\varphi(x) = \begin{cases} K & a \le x \le b \\ 0 & x < a \text{ 或 } x > b \end{cases}$$

均匀分布范围在 $a \sim b$ 之间，设

$$\int_a^b K dx = 1$$

则

$$K(b-a) = 1$$

$$K = \frac{1}{b-a} \tag{2.3.26}$$

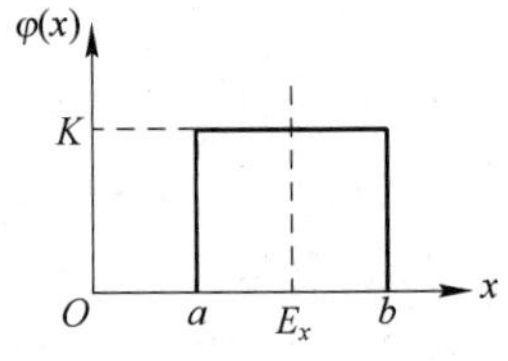

图 2.3.3　均匀分布的概率密度曲线

2. 均匀分布的数学期望与方差

由于在均匀分布区间内数值是相等的，所以它的数学期望

$$E_x = \int_a^b x\varphi(x) dx = \int_a^b K x dx = K \int_a^b x dx = \frac{1}{b-a} \cdot \frac{b^2 - a^2}{2}$$

即

$$E_x = \frac{a+b}{2} \tag{2.3.27}$$

均匀分布的方差

$$\sigma^2 = \int_a^b (x - E_x)^2 \varphi(x) \mathrm{d}x = \int_a^b \left(x - \frac{a+b}{2}\right)^2 \frac{1}{b-a} \mathrm{d}x = \frac{(b-a)^2}{12}$$

测量值的标准差

$$\sigma = \frac{b-a}{\sqrt{12}} \qquad\qquad\qquad (2.3.28)$$

【例 2.3.2】 用一只 150 V 的电压表进行测量，示值为 $U_x = 100$ V，仪表的分辨力为 1 V，求 E_x 及 σ 的值。

这时的示值可以认为在 99～101 V 之间，因而 $a = 99$ V，$b = 101$ V

$$E_x = \frac{a+b}{2} = \frac{99+101}{2} = 100 \ (\text{V}), \qquad \sigma = \frac{b-a}{\sqrt{12}} = \frac{101-99}{\sqrt{12}} \approx 0.58 \ (\text{V})$$

此例说明，对于均匀分布，先找出其分布范围，即可求出期望值和标准差。

2.3.4 非等精密度测量

1. 权的概念

前面介绍的内容均属于等精密度测量，一般的测量基本上属于这种类型。但在科学研究或精密测量中需要更换一个环境，更换一种仪器或测量方法，选择不同的测量次数，以及更换测量者进行测量等。这种测量称为非等精密度测量。

在这种测量中，各次（或组）的测量值可靠程度不同，因而不能简单地取某一组测量值的算术平均值作为最后的测量结果，也不能简单地用公式 $\sigma_{\bar{x}} = \sigma/\sqrt{n}$ 来计算。例如，就测量次数而言，第一组的测量次数 $n_1 = 36$，第二组的测量次数 $n_2 = 4$，假设两组的 σ 相同，但 $\sigma_{\bar{x}_1} = \sigma/\sqrt{36} = \sigma/6$，而 $\sigma_{\bar{x}_2} = \sigma/\sqrt{4} = \sigma/2$，表示第一组的平均值更可靠。因而应当让可靠程度大的测量结果在最后报告值中占的比重大一些，可靠程度小的占的比重小一些。表示这种可靠程度的量称为"权"，记做 W。

测量条件优越，采用先进的测量仪器及方法，测量次数多，测量者水平高，测量精密度就高，应给予较多的权。

在多组测量过程中，若系统误差为 0，则权的定义

$$W_i = k/\sigma_{\bar{x}_i}^2 \qquad\qquad i = 1, 2, \cdots, m \qquad\qquad (2.3.29)$$

式中，k 是常数。当 $W_i = 1$ 时，$k = \sigma_{\bar{x}_i}^2$，称为单位权的方差。

假定同一个被测量，有 m 个算术平均值，设每组的测量次数 n_i 不同，而标准差相同，这时它们的权 W_i 就取决于测量次数 n_i，这时

$$\sigma_{\bar{x}_i} = \sigma/\sqrt{n_i}$$

$$n_1 \sigma_{\bar{x}_1}^2 = n_2 \sigma_{\bar{x}_2}^2 = \cdots = n_m \sigma_{\bar{x}_m}^2 = \sigma^2$$

$$W_1 \sigma_{\bar{x}_1}^2 = W_2 \sigma_{\bar{x}_2}^2 = \cdots = W_m \sigma_{\bar{x}_m}^2 = \sigma^2$$

则

$$W_1 : W_2 : \cdots : W_m = \frac{1}{\sigma_{\bar{x}_1}^2} : \frac{1}{\sigma_{\bar{x}_2}^2} : \cdots : \frac{1}{\sigma_{\bar{x}_m}^2} \qquad\qquad (2.3.30)$$

由此可知，若已知各组算术平均值的标准差，即可确定各组权的大小。

【例 2.3.3】 对于电压有三组不等精密度测量值的算术平均值 $\bar{x}_1 = 20.5$ V，$\bar{x}_2 = 20.1$ V，$\bar{x}_3 = 20.3$ V，又知 $\sigma_{\bar{x}_1} = 0.05$，$\sigma_{\bar{x}_2} = 0.20$，$\sigma_{\bar{x}_3} = 0.10$，则

$$W_1 : W_2 : W_3 = \frac{1}{0.05^2} : \frac{1}{0.20^2} : \frac{1}{0.10^2} = 16 : 1 : 4$$

2. 加权平均值

加权平均是将非等精密度测量等效为等精密度测量，从而求出非等精密度测量的估计值的方

法。即将每个权为 W_i 的测量值 x_i(或一组测量值的算术平均值 $\bar{x}_i$)看成 W_i 次等精密度测量的平均值。上例三组测量值权的比为 $16:1:4$,可以把它等效成 $16+1+4=21$ 组等精密度测量的结果。

考虑各组数据加权以后的平均值,称为加权平均值,即

$$\bar{x}_W = \frac{1}{N} \sum_{i=1}^{N} \bar{x}_i \qquad (2.3.31)$$

式中,$N = \sum_{i=1}^{m} W_i = W_1 + W_2 + \cdots + W_m$,$m$ 是非等精密度测量数据的组数(本例 $m=3$),N 是等效后的次数(本例 $N=21$)。得出

$$\sum_{i=1}^{N} \bar{x}_i = \sum_{i=1}^{m} W_i \bar{x}_i \qquad (2.3.32)$$

即把 N 次非等精密度测量值的和等效为 $\sum_{i=1}^{m} W_i$ 次等精密度测量值的和。则

$$\bar{x}_W = \frac{1}{\sum_{i=1}^{m} W_i} \sum_{i=1}^{m} W_i \bar{x}_i \qquad (2.3.33)$$

仍用例 2.3.3 的数据,计算出

$$\bar{x}_W = \frac{1}{16+1+4} \times (16 \times 20.5 + 1 \times 20.1 + 4 \times 20.3) = 20.44 \ (\text{V})$$

这个数值接近 $\bar{x}_1$,因为它的权较大。

2.4 系统误差的特征及其减小的方法

2.4.1 系统误差的特征

由式(2.3.3),已知

$$\Delta x_i = \varepsilon + \delta_i$$

当测量次数 n 足够大时,考虑到在系统误差不变的情况下,Δx_i 的算术平均值

$$\frac{1}{n} \sum_{i=1}^{n} \Delta x_i = \varepsilon + \frac{1}{n} \sum_{i=1}^{n} \delta_i$$

由于随机误差的抵偿性,当 n 足够大时,δ_i 的算术平均值趋于 0,则

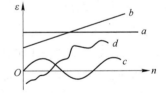

图 2.4.1　系统误差的特征

$$\varepsilon = \frac{1}{n} \sum_{i=1}^{n} \Delta x_i = \bar{x} - A_0 \qquad (2.4.1)$$

当 ε 与 δ_i 同时存在,n 足够大时,各次测量绝对误差的算术平均值就等于系统误差 ε,说明测量结果的精确度不仅取决于随机误差,更重要的是受系统误差的影响。由于它不容易被发现,所以更要重视。由于它不具有抵偿性,取平均值对它无效。其变化情况用图 2.4.1 表示。分下列几种情况:

① 恒值系统误差。见图中直线 a。这是大量存在的。在整个测量过程中,误差的大小和符号固定不变。例如,由于仪器仪表的固有(基本)误差引起的测量误差均属此类。

② 线性系统误差。见图中直线 b。在整个测量过程中,误差值逐渐增大(或减小)。例如,电路用电池供电,由于电池电压逐渐下降,将产生线性系统误差。

③ 周期性系统误差。见图中曲线 c。在整个测量过程中,误差值周期性变化。例如,晶体管的 β 值随环境温度的周期性变化而变化,将产生周期性系统误差。

④ 复杂变化的系统误差。见图中曲线 d。在整个测量过程中,误差的变化规律很复杂。上述第②,③,④种情况,统称为变值系统误差。

2.4.2 判断系统误差的方法

在测量过程中产生系统误差的原因是复杂的,发现它和判断它的方法也有很多种,现介绍几种常用方法。

1. 实验对比法

这种方法是改变测量条件及测量仪器或测量方法。例如,采用普通仪器仪表进行测量之后,对其测量结果不能完全相信时,再用高一级或几级的仪器仪表进行重复测量。平时用普通万用表测量电压时,由于仪器仪表本身的误差或者因为仪器仪表的内阻不够高而引起测量误差,再用数字电压表重复测量一次,即能发现用万用表测量时所存在的系统误差。这种方法只适用于发现恒值系统误差。

2. 剩余误差观察方法

根据测量数据系列的各个剩余误差大小和符号的变化规律,制成表格或曲线来判断有无系统误差。

通常将剩余误差画成曲线,如图 2.4.2 所示。图(a)表示剩余误差 u 大体正负相同,无明显变化规律,认为不存在系统误差;图(b)中 u 呈有规律的递增(或递减),认为存在线性系统误差;图(c)中 u 的符号呈有规律的变化,逐渐由正到负,再由负到正,循环交替重复变化,认为存在周期性系统误差;图(d)认为同时存在线性及周期性系统误差。可见,剩余误差观察法主要用于发现变值系统误差。

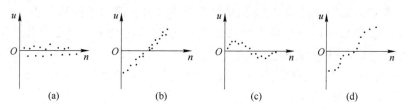

图 2.4.2　判断系统误差的曲线

【例 2.4.1】 对某电压测量 10 次,数据如表 2.4.1 所示。

平均值 $\bar{U} = \sum\limits_{i=1}^{n} U_i = 20.12\ \text{V}$,剩余误差 $u_i = U_i - \bar{U}$。由算出的 u_i 数列看出:$n = 1 \sim 5$,u_i 是负值;$n = 7 \sim 10$,u_i 是正值,认为存在线性系统误差。

表 2.4.1　10 次测量数据表

n	U_i	u_i	n	U_i	u_i
1	20.06	-0.06	6	20.12	0
2	20.07	-0.05	7	20.14	+0.02
3	20.06	-0.06	8	20.18	+0.06
4	20.08	-0.04	9	20.17	+0.05
5	20.10	-0.02	10	20.20	+0.08

3. 马利科夫判据

这个判据用于发现是否存在线性系统误差。首先将测量数据按测量条件的变化顺序(例如按测量时间的先后次序)排列起来,分别求出剩余误差,然后把这些剩余误差分为前后两部分求和,再求其差值 Δ,即

$$\Delta = \begin{cases} \sum\limits_{i=1}^{\frac{n}{2}} u_i - \sum\limits_{i=\frac{n}{2}+1}^{n} u_i & \text{当 } n \text{ 为偶数时} \\[4mm] \sum\limits_{i=1}^{\frac{n-1}{2}} u_i - \sum\limits_{i=\frac{n+3}{2}}^{n} u_i & \text{当 } n \text{ 为奇数时} \end{cases} \quad (2.4.2)$$

如果前后两部分的 u_i 值符号不同,则 Δ 值明显不为 0;若 Δ 的绝对值大于最大的 u_i 值($|u_{imax}|$),则认为存在线性系统误差。若 $\Delta \approx 0$,表明不存在线性系统误差。

需要说明的是,有些特殊情况(例如有个别异常数据时),会产生 $\Delta > |u_{imax}|$,但并不存在线性系统误差。

4. 阿卑-赫梅特(Abbe-Helmert)判据

这个判据用于发现是否存在周期性系统误差。首先将测量数据按测量条件的变化顺序排列起来,求出剩余误差,依次两两相乘,然后取和的绝对值,再用此列数据求出标准差的估计值。若下式成立

$$\left| \sum_{i=1}^{n-1} u_i \cdot u_{i+1} \right| > \sqrt{n-1}\hat{\sigma}^2 \tag{2.4.3}$$

则认为存在周期性系统误差。

对于存在变值系统误差的测量数据,原则上应舍弃不用。但是,其剩余误差的最大值明显地小于测量允许的误差范围或仪器仪表规定的系统误差范围,其测量数据应考虑使用。若继续测量,则需密切注意误差变化情况。

2.4.3 减小系统误差的方法

对于测量者,善于找出系统误差的原因并采取有效的措施以减小系统误差的有害作用是很重要的。它与测量对象、测量方法及测量人员的实践经验有密切的关系。这里介绍几种常用的方法。

1. 从产生系统误差的根源上采取措施

这是最根本的方法。例如,所采用的测量方法及其原理应当是正确的;所选用的仪器仪表的准确度、应用范围等必须满足使用要求;还要注意仪器仪表的使用条件和方法,如仪器仪表的摆放位置(应当平放的仪器仪表不应当垂直放置),接线方法及其附件使用规定等。仪器仪表要定期校准,正确调节 0 点,以保证测量的准确度。

测量工作的环境(温度、湿度、气压、交流电源电压及电磁干扰等)要安排合适。必要时应采取稳压、散热、空调及屏蔽等措施。

测量人员需要提高测量技术水平,增强工作责任心,克服主观原因等因素所造成的系统误差。必要时选用数字式仪表来代替指针式仪表,用打印设备代替手抄数据等措施。

总之,在测量工作开始以前,尽量消除产生误差的来源,或设法防止受到这些误差来源的影响,这是减小系统误差最好的方法。

2. 用修正法减小系统误差

预先将测量仪器仪表的系统误差检定出来,整理出误差表格或误差曲线,作为修正值,与测量值相加,即可得到基本上不包含系统误差的结果。这是一般测量仪器仪表常用的方法。由于修正值本身还有一定的误差,因而这种方法只适用于工程测量。

3. 减小恒值误差的技术措施

(1) 零示法

将被测量与已知标准量相比较,当二者的效应互相抵消时,指零仪器仪表示值为 0,达到平衡,这时已知量的数值就是被测量的数值。电位差计是采用零示法的典型例子。

图 2.4.3(a)是电位差计的原理电路图。E_B 是稳定电源,R_B 是标准电阻,G 是平衡指示器(常用检流计)。调节 R_B 的阻值,使 $I_G = 0$,则被测量 $U_x = U_B$,即

$$U_x = \frac{R_2}{R_B}E_B \tag{2.4.4}$$

图 2.4.3(b)是电子自动电位差计的原理电路图。热电偶电势 E_x 随炉温而变化,M 是微电机,用来代替图(a)中的检流计。

当 N 点电位 $U_N = E_x$ 时,差值 $\Delta U = 0$,放大器 A 输出为 0,电机 M 停转;当炉温升高,$E_x > U_N$ 时,$\Delta U = E_x - U_N > 0$,电机 M 正转,使 U_N 增加;达到 $U_N = E_x$ 时,$\Delta U = 0$,电机 M 又停转;当炉温降低使 $E_x < U_N$ 时,$\Delta U = E_x - U_N < 0$,M 反转;使 U_N 降低至 $U_N = E_x$ 时,$\Delta U = 0$,M 又停转。如此反复,使炉温稳定在预先设定的值上。

在 R_B 上有温度刻度,并在 N 点装置笔尖,由另一恒速电机带动的纸带上自动记录。

上述方法的优点是:

① 在测量过程中只需判断检流计 G 有无电流,不需要读数。只要求它具有足够的灵敏度,而测量的准确度主要取决于标准量。

② 在测量回路中没有电流,导线上无压降,误差很小。

缺点是需要稳定而准确的直流电源 E_B 及标准电位器 R_B。

零示法是减小测量误差的一种较好的方法,所以应用很广泛。

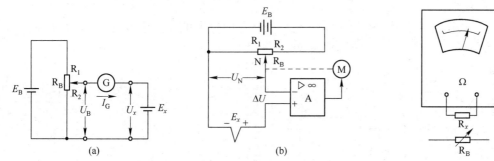

图 2.4.3 电位差计电路原理图　　　　图 2.4.4 用替代法测量电阻示意图

（2）替代法

用已知标准量替代被测量,通过改变已知量使两次的指示值相同,则根据已知标准量的数值得到被测量。如图 2.4.4 所示,用普通欧姆表或万用表电阻挡测电阻 R_x 的值,得到一个合适的指针偏转角度;再换接标准电阻 R_B,调节 R_B 使指针偏转角度与上次相同,则这时的标准电阻值即为被测电阻 R_x 的值。这样,与欧姆表的准确度等级基本无关,测试结果准确。

由于已知量接入时,不改变被测电路的工作状态,对被测电路没有影响,而且对测量电路中的电源、元器件等均用原电路参数,所以对其没有特殊要求。

由于不改变原电路的工作环境,其内部特性及外界因素所引起仪器仪表示值的误差,对测量结果不产生影响,它是一种比较精密的测量方法。

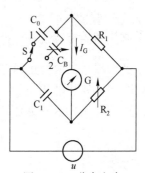

例如,测量电路的分布电容 C_0。如图 2.4.5 所示,先将开关 S 置"1"位,调 R_2 使 $I_G = 0$,得一工作状态;再将开关 S 接至"2"位,调节标准电容(箱)C_B,使 I_G 再次为 0,则被测量 $C_0 = C_B$。

图 2.4.5 分布电容
测量电路原理图

这种方法虽然很简单,但有局限性,只用在便于替换参数的场合,而且需要有一套参数可调的标准器件。

（3）微差法

将被测量 x 与已知量 B 比较,只要求二者接近,而不必完全抵消,其差值 δ 可由小量程仪器仪表读出(或指示出与此差值成正比的量),如图 2.4.6 所示。设 $x > B$,其微差量 $\delta = x - B$,或被测量

$x = B + \delta$。微差 δ 越小,测量结果的准确度越高。

绝对误差 $\qquad\qquad \Delta x = \Delta B + \Delta \delta$

相对误差 $\qquad \dfrac{\Delta x}{x} = \dfrac{\Delta B}{x} + \dfrac{\Delta \delta}{x} = \dfrac{\Delta B}{B+\delta} + \dfrac{\delta}{B+\delta} \cdot \dfrac{\Delta \delta}{\delta}$

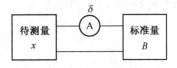

图 2.4.6 微差法原理框图

设 $B + \delta \approx B$,并令 $\gamma_\delta = \dfrac{\Delta \delta}{\delta}$,得

$$\gamma_x = \frac{\Delta x}{x} \approx \frac{\Delta B}{B} + \gamma_\delta \frac{\delta}{B} \qquad\qquad (2.4.5)$$

式中,$\Delta B/B$ 为已知标准量的相对误差,很小;γ_δ 为测微差用电压表的示值相对误差;δ/B 为微差与标准量之比,称为相对微差。

由于 $\delta \ll x$,将相对微差 δ/B 与仪器仪表的误差 γ_δ 相乘,使 γ_δ 对测量误差 γ_x 的影响大为减弱。如果 $\delta = 0.1B$,则测量 δ 时的不准确度以其 1/10 反映在 x 的准确度上。减小微差值,能提高测量准确度。由式(2.4.5)看出,测量误差 γ_x 主要由标准量的相对误差 $\Delta B/B$ 决定,而与测量仪器仪表的示值误差 γ_δ 关系较小。

【例 2.4.2】 用图 2.4.7 所示电路测量直流稳压电源的稳定度。图中电压表 V_2 用于测量微差电压,当 U_o 接近 E_B 时,选 V_2 为小量程仪器仪表(例如 1 V)。

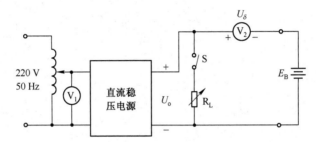

图 2.4.7 用微差法测量直流稳压电源稳定度的原理图

设图 2.4.7 中,$E_B = 25$ V,准确度为 $\pm 0.1\%$,$U_\delta = 0.5$ V,电压表 V_2 的准确度等级 $S = 1.5$(这些都是常见的数据)。由式(2.1.15)得出

仪器仪表示值相对误差 $\qquad \gamma_\delta = \pm S\% \times \dfrac{x_m}{x} = \pm 1.5\% \times \dfrac{1}{0.5} = \pm 3\%$

测量值的相对误差 $\qquad \gamma_x = \dfrac{\Delta U_o}{U_o} \approx \dfrac{\Delta E}{E_B} + \gamma_\delta \dfrac{U_\delta}{E_B} = \pm 0.1\% + (\pm 3\%) \times \dfrac{0.5}{25} = \pm 0.16\%$

其误差主要取决于标准量 E_B 的准确度,而测量仪器仪表所引起的误差是较小的(此例只有 $\pm 0.06\%$)。这里选用的是 1.5 级仪表,达到 0.06% 的准确度。

微差法比零示法更容易实现,在测量过程中已知量不必调节,仪器仪表直接读数,比较直观。

2.5 疏失误差及其判断准则

2.5.1 测量结果的置信概率

由于随机误差的影响,测量值偏离数学期望的多少和方向是随机的。但是随机误差的绝对值是不会超过一定的界限的,这个界限如何决定呢?

1. 置信概率与置信区间

由概率积分得知,随机误差正态分布曲线的全部面积相当于全部误差出现的概率。

$$\frac{1}{\sigma\sqrt{2\pi}}\int_{-\infty}^{+\infty}e^{-\frac{\delta^2}{\sigma^2}}d\delta = 1 \tag{2.5.1}$$

由上式得出在 $\pm\delta$ 范围内随机误差的概率

$$P(\pm\delta) = \frac{2}{\sigma\sqrt{2\pi}}\int_{0}^{\delta}e^{-\frac{\delta^2}{2\sigma^2}}d\delta$$

设 $t = \delta/\sigma$,得 $P(\pm\delta) = 2\left(\frac{1}{\sqrt{2\pi}}\int_{0}^{t}e^{-\frac{t^2}{2}}dt\right) = 2\phi(t) \tag{2.5.2}$

式中,$\phi(t)$ 为概率积分,与 t 的关系见表2.5.1。

由 t 写出随机误差 δ 的表达式,并取绝对值

$$|\delta| = t\sigma \tag{2.5.3}$$

由式(2.5.1)减去式(2.5.2),得出超出 $|\delta|$ 的概率,如图2.5.1所示。

$$\alpha = 1 - 2\phi(t) \tag{2.5.4}$$

由表2.5.1查出对应不同 t 的 $\phi(t)$ 的值,算出 α,如表2.5.2所示。

表 2.5.1 $\phi(t)$ 与 t 的关系表

t	$\phi(t)$	t	$\phi(t)$
0.50	0.1916	2.00	0.4772
0.60	0.2257	2.10	0.4821
0.70	0.2580	2.20	0.4861
0.80	0.2281	2.30	0.4893
0.90	0.3159	2.40	0.4918
1.00	0.3413	2.50	0.4938
1.10	0.3643	2.60	0.4953
1.20	0.3849	2.70	0.4974
1.30	0.4032	2.80	0.4974
1.40	0.4192	2.90	0.4981
1.50	0.4332	3.00	0.49865
1.60	0.4452	3.20	0.49931
1.70	0.4554	3.40	0.49966
1.80	0.4641	3.80	0.499928
1.90	0.4713	4.00	0.499968

图 2.5.1 $P(\pm\delta)$ 与 α 的关系曲线

表 2.5.2 $\phi(t)$ 与 α 的关系表

t	$|\delta|=t\sigma$	$\phi(t)$	$\alpha=1-2\phi(x)$	$n=1/\alpha$
1	1σ	0.3413	0.3174	3
2	2σ	0.4772	0.0456	22
3	3σ	0.49865	0.0027	370

表2.5.2中的 n 是测量次数。因为超出 $|\delta|$ 的概率为 α(以超出1次算起),包括超出的这一次在内所进行的测量次数 $n=1/\alpha$。以 $t=2$ 为例,即 $|\delta|=2\sigma$ 时,在22次测量中,只有一次的误差超出 2σ 范围。当 $t=3$ 时,表明在370次测量中只有一次超出 3σ 范围。或者不出现超出 $|\delta|$ 的概率应为:

$$1-\alpha = 1-[1-2\phi(t)] = 2\phi(t) \tag{2.5.5}$$

当 $t=1$ 时 $2\phi(t) = 2\times0.3413 = 68.26\%$

当 $t=2$ 时 $2\phi(t) = 2\times0.04772 = 95.44\%$

当 $t=3$ 时 $2\phi(t) = 2\times0.49865 = 99.73\%$

此结果说明,对于正态分布的误差,不超过 2σ 的概率为95.44%,不超过 3σ 的概率为99.73%。

把上述用来描述在进行测量时测量结果的误差处于某一范围内的可靠程度的量,称为置信度或置信概率,用字母 P 表示(一般用百分数表示)。

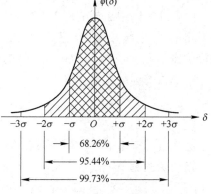

图 2.5.2 置信概率与置信区间曲线

所选择的极限误差范围,称为置信区间。显然,对于同一个测量结果来说,所取置信区间越宽,则置信概率越大,反之越小。这一结论如图2.5.2所示。

将误差落在置信区间以外的概率称为显著度或显著性水平,用字母 α 表示。

2. 有限次测量时的置信概率

在有限次测量情况下,只能根据贝塞尔公式求标准差估计值 $\hat{\sigma}$。

当测量值 x_i 服从正态分布时,$\hat{\sigma}$ 不服从正态分布,而是服从 t 分布。t 分布的曲线与正态分布曲线略有不同,如图 2.5.3 所示。当自由度 $\nu(\nu=n-1)$ 较大时,例如 $\nu>20$ 以后,t 分布与正态分布曲线基本接近,这时就可以按前述置信区间来考虑,所以取测量次数 n 大于 20 次是最合适的。

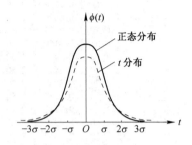

图 2.5.3　正态分布与 t 分布曲线

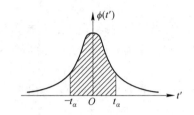

图 2.5.4　在 $\pm t_\alpha$ 区间内的置信概率曲线

用 t 分布求置信区间的方法与正态分布类似,确定置信因子 t_α。求得对称区间 $(-t_\alpha<t'<t_\alpha)$ 内期望值处于 $\bar{x}$ 附近 $(\bar{x}-t_\alpha\hat{\sigma}_{\bar{x}},\bar{x}+t_\alpha\hat{\sigma}_{\bar{x}})$ 内的置信概率,如图 2.5.4 所示。图中

$$t'=\frac{\bar{x}-E_x}{\hat{\sigma}/\sqrt{n}} \qquad (2.5.6)$$

置信因子 t_α 可用表 2.5.3 由已知的置信概率 P 及测量次数 n 查出。置信概率通常取 95% 或 99%,表中只给出这两种情况。

置信因子的定义是服从一定概率分布的某项误差对应于所给置信概率的误差限与标准差之比值。即

$$t_\alpha=\lambda/\sigma \qquad (2.5.7)$$

式中,λ 为误差限(随机不确定度),σ 为标准差

由此确定已知置信概率的置信区间,或者由已知概率区间求出置信概率。

【例1】 仍用 2.3 节例 1 的数据,已知 $n=10$,等精密度测量,无系统误差,并已知 $x=75.045$,$\hat{\sigma}=0.0303$,当置信概率为 95% 时,估计被测量的真值范围。

平均值的标准差估计值

表 2.5.3　置信因子 t_α 表

t_α ＼ P ＼ n	95%	99%	t_α ＼ P ＼ n	95%	99%
1	12.71	63.66	20	2.09	2.85
2	4.30	9.92	22	2.07	2.82
3	3.18	5.84	24	2.06	2.80
4	2.78	4.60	26	2.06	2.78
5	2.57	4.03	28	2.05	2.76
6	2.45	3.71	30	2.04	2.75
7	2.36	3.50	40	2.02	2.70
8	2.31	3.36	50	2.01	2.68
9	2.26	3.25	60	2.00	2.66
10	2.23	3.17	70	1.99	2.65
12	2.18	3.05	80	1.99	2.65
14	2.14	2.98	90	1.99	2.63
16	2.12	2.92	100	1.98	2.63
18	2.10	2.88	∞	1.96	2.58

$$\hat{\sigma}_{\bar{x}}=\hat{\sigma}/\sqrt{n}=0.0303/\sqrt{10}=0.009\,58$$

自由度

$$\nu=n-1=10-1=9$$

已知置信概率 $P=95\%$,由表 2.5.3 中查出 $t_\alpha=2.26$。

被测量的真值范围:

$$x-t_\alpha\hat{\sigma}_{\bar{x}}=75.045-2.26\times0.00958=75.0233$$

$$x+t_\alpha\hat{\sigma}_x=75.045+2.26\times0.00958=75.0667$$

所以真值的范围在 75.0233～75.0667 之间。

2.5.2　坏值的剔除准则

由上述已知,当置信概率为 99.73% 时,在 370 个随机误差中,仅有一个误差大于 3σ。在实际测量中,认为大于 3σ 的误差其出现的可能性极小,通常把等于 3σ 的误差称为极限误差(又称误差限)或随机不确定度,用 λ 表示

$$\lambda = 3\sigma \qquad (2.5.8)$$

或用估计值
$$\lambda = 3\hat{\sigma} \qquad (2.5.9)$$

这个数值说明测量结果在数学期望附近某一确定范围内的可能性有多大,即由测量值的分散程度来决定,使用标准差的若干倍来表示。

根据上述理由,在测量数据中,如果出现大于 $3\hat{\sigma}$ 的误差,则认为该次测量值是坏值,应予剔除。或者通过误差限 λ,确定出某个测量数据 x_i 的剩余误差的绝对值。若下式成立:

$$|u_i| > 3\hat{\sigma} \qquad (2.5.10)$$

则认为该次测量值 x_i 就是坏值,予以剔除。这就是通常采用的拉依达(PαйTa)准则(亦称 3σ 准则)。

当重复测量次数足够多时,按拉依达准则剔除坏值是客观的。如果测量次数较少,例如少于 20 次,其结果就不一定可靠。这时可采用格拉布斯(Grubbs)准则,它是根据数理统计方法推导出来的,其概率意义比较明确。

在等精密度测量数据中存在剩余误差(绝对值),若下式成立:

$$|u_i| > G\sigma \qquad (2.5.11)$$

则认为与该 u_i 相对应的测量数据 x_i 是坏值,应剔除不用。式中,G 为格拉布斯系数,由表 2.5.4 查出。

算术平均值不确定度的数学表达式为

当测量次数 n 足够多时　　$\lambda_{\bar{x}} = 3\hat{\sigma}_{\bar{x}}$ 　(2.5.12)

当测量次数 n 较少时　　$\lambda_{\bar{x}} = t_\alpha \hat{\sigma}_{\bar{x}}$ 　(2.5.13)

$\lambda_{\bar{x}}$ 表示算术平均值 $\bar{x}$ 与期望值 E_x 之间的偏差。

需要注意的是,剔除异常数据一定要慎重。有时一个异常数据可能反映出一种异常现象(例如放大器在某一频率下自激振荡),或者包含有一种尚未发现的物理现象,如果轻易剔除,有可能放过发现问题的机会。

通过对各种性质误差的分析和研究,误差的分类可归纳为:

表 2.5.4　格拉布斯系数 G 表

n	G P 95%	99%	n	G P 95%	99%
3	1.15	1.16	17	2.47	2.78
4	1.46	1.49	18	2.50	2.82
5	1.67	1.75	19	2.53	2.85
6	1.82	1.94	20	2.55	2.88
7	1.94	2.10	21	2.58	2.91
8	2.03	2.22	22	2.60	2.94
9	2.11	2.32	23	2.62	2.96
10	2.18	2.41	24	2.64	2.99
11	2.23	2.48	25	2.65	3.01
12	2.29	2.55	30	2.74	3.10
13	2.33	2.61	35	2.81	3.18
14	2.37	2.66	40	2.87	3.24
15	2.41	2.70	50	2.96	3.34
16	2.44	2.75	100	3.17	3.59

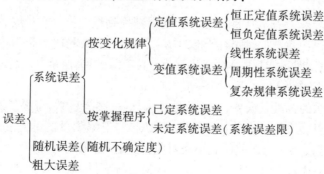

误差分类:

- 误差
  - 系统误差
    - 按变化规律
      - 定值系统误差
        - 恒正定值系统误差
        - 恒负定值系统误差
      - 变值系统误差
        - 线性系统误差
        - 周期性系统误差
        - 复杂规律系统误差
    - 按掌握程序
      - 已定系统误差
      - 未定系统误差(系统误差限)
  - 随机误差(随机不确定度)
  - 粗大误差

39

2.6 测量数据的处理

所谓的数据处理,就是从测量所得到的原始数据中求出被测量的最佳估计值,并计算其精确程度。通过误差分析对测量数据进行加工、整理,去粗取精,去伪存真,最后得出正确的科学理论。必要时还要把测量数据绘制成曲线或归纳成经验公式。

2.6.1 数据舍入规则

由于测量数据,或者用测量数据得到的算术平均值都会含有误差,是近似数字,在处理数据时要进行舍入处理。

通常的"四舍五入"规则中对于5只入不舍是不合理的。它是1~9的中间数字,应当有舍有入。在测量技术中规定:"小于5舍,大于5入,等于5时采取偶数的法则。"即以保留数字的末位(设为第 n 位)为基准,它后面的数(第 $n+1$ 位)大于5时第 n 位数字加1;小于5时舍去(即第 n 位数不变);恰好等于5时,将末位凑成偶数(即第 n 位原为奇数时加1,原为偶数时不加1)。

【例2.6.1】 将下列数字保留三位

$$12.34 \rightarrow 12.3(因为4<5)$$
$$12.36 \rightarrow 12.4(因为6>5)$$
$$12.35 \rightarrow 12.4(因为3是奇数,5入)$$
$$12.45 \rightarrow 12.4(因为4是偶数,5舍)$$

当舍入次数足够多时,第 n 位数字为奇数和偶数的概率相同,舍和入的概率也相同,从而使舍入误差基本上抵消。又考虑到这种规则使数据尾数为偶数的机会变大,而偶数在做除数时被除尽的机会比奇数多一些,可以减小计算上的误差。

根据上述规则,每个数据经舍入后,末位是欠准数字,末位以前的数字是准确数字。其舍入误差基本不大于末位单位的一半,这个"一半"即为该数据的最大舍入误差。当测量结果未注明误差时,则认为最后一位数字有0.5的误差,称为"0.5误差原则"。

在测量过程中,由于存在误差,测量结果数字的位数不能写得太多,当然也不宜太少。如何合理地确定测量结果的位数,即有效数字的处理问题必须重视。

有效数字,按数学严格定义是指它的绝对误差不超过末位数字单位的一半时,从它左边第一个不为0的数字算起,到最末一位数为止(包括0,都是有效数字)。0在一个数中,可能是有效数字,也可能不是有效数字。例如0.02080 V,2前面的两个0不是有效数字,中间及末尾0都是有效数字。因为前面的0与测量准确度无关,当转换成另一种单位时,它可能就不存在了。例如,写成20.80 mV 时前面0即消失。

数字尾部的0很重要。写成20.80表示测量结果精确到百分位。而写成20.8时,则表示精确到十分位。由此可见,整理测量数据时应有严格的规定。再比如,被测电流记为1000 mA,是四位有效数字,表示精确到mA级,这时不能写成1A,否则只有一位有效数字,但是可以写成1.000 A,仍为四位有效数字。反之,如果测量结果是1A就不能写成1000 mA。

决定有效数字位数的标准是误差,并非位数越多越好,多写位数,夸大了测量的准确度;少记位数将带来附加误差。对测量结果有效数字的处理原则是:根据测量的准确度来确定有效数字的位数(允许保留一位欠准数字),与误差的大小相对应,再根据舍入规则将有效位以后的数字舍去。

【例2.6.2】 用一块0.5级电压表的100 V量程进行测量,指示值为85.35 V,试确定有效数字位数。

该量程的最大绝对误差

$$\Delta U_m = \pm 0.5\% U_m = \pm 0.5\% \times 100 = \pm 0.5 (V)$$

可见示值的范围为 84.85~85.85 V，因为误差为±0.5 V，根据"0.5 误差原则"，此数据的末位应是整数，所以测量结果应写成两位有效数字。根据舍入规则，示值末尾的 0.35<0.5，如果不标注误差，其报告值应为 85 V。

一般习惯于使结果数据的末位与绝对误差对齐，此例的误差为 0.5 V，因此写成 85.4 V。当给出标注误差的报告值时写为 85.4 V±0.5 V，这样就保留了两位欠准数字。

通过上述分析，测量结果有效数字客观反映了测量数据的准确程度。例如，123 V 末位是个位，表明其绝对误差在±0.5 V 以内；又如，1.23 V 的末位是百分位，表明其绝对误差在±0.005 V 以内。这两个数均为三位有效数字。

有效数字的位数与小数点的位置无关，与所采用的单位无关，只由误差的大小决定，这是应当十分明确的。

2.6.2　等精密度测量结果的处理步骤

对某一量进行等精密度测量时，其测量值可能同时含有系统误差、随机误差和疏失误差。为了得到合理的测量结果，做出正确的报告，必须对所测得的数据进行分析处理。

基本处理步骤如下：

（1）用修正值等方法，减小恒值系统误差的影响。

（2）求算术平均值

$$\bar{x}' = \frac{1}{n} \sum_{i=1}^{n} x_i \qquad (2.6.1)$$

式中，$\bar{x}$ 是指可能包含疏失误差在内的平均值。

（3）求剩余误差

$$u_i = x_i - \bar{x} \qquad (2.6.2)$$

（4）求标准差的估计值，利用贝塞尔公式

$$\hat{\sigma} = \sqrt{\frac{1}{n-1} \sum_{i=1}^{n} u_i^2} \qquad (2.6.3)$$

（5）判断疏失误差，剔除坏值。

当测量次数 n 足够多时，先求随机不确定度

$$\lambda = 3\hat{\sigma} \qquad (2.6.4)$$

当 $|u_i|>\lambda$ 时，该数据可认为是坏值，应予以剔除。

（6）判断有无变值系统误差。

用剩余误差观察法判断是否存在变值系统误差，或者用马利科夫判据和阿卑-赫梅特判据判断有无线性及周期性系统误差。

（7）给出测量结果的表达式（报告值）。

上述计算过程中，需考虑有效数字的位数，但为了避免多余误差的出现，应保留两位欠准数字。

*2.6.3　最小二乘法原理

最小二乘法是对测量数据进行处理的重要方法。

在一系列等精度测量的测得值中，最佳值是使所有测得值的剩余误差平方和为最小的值。这

就是最小二乘法的基本原理,所得测量结果通常称为最佳值或最可信赖值。

设对某变量 x 的一系列等精度测量的测得值为 $x_1, x_2, \cdots, x_n$,其最佳值为 a;并设测量误差均为随机误差,且服从正态分布。于是,误差 $x_i - a(i = 1, 2, \cdots, n)$ 在微分子区间 $\mathrm{d}x_i$ 中出现的概率为

$$P_i = \frac{1}{\sigma\sqrt{2\pi}}\mathrm{e}^{-\frac{(x_i-a)^2}{2\sigma^2}}\mathrm{d}x_i \tag{2.6.5}$$

或 $\quad P_1 = \frac{1}{\sigma\sqrt{2\pi}}\mathrm{e}^{-\frac{(x_1-a)^2}{2\sigma^2}}\mathrm{d}x_1, \quad P_2 = \frac{1}{\sigma\sqrt{2\pi}}\mathrm{e}^{-\frac{(x_2-a)^2}{2\sigma^2}}\mathrm{d}x_2, \quad \cdots, \quad P_n = \frac{1}{\sigma\sqrt{2\pi}}\mathrm{e}^{-\frac{(x_n-a)^2}{2\sigma^2}}\mathrm{d}x_n$

式中,$x_1, x_2, \cdots, x_n$ 设定为彼此独立的,故它们同时出现的概率为

$$P = P_1 P_2 \cdots P_n = \prod_{i=1}^{n} P_i = \prod_{i=1}^{n} \frac{1}{\sigma\sqrt{2\pi}}\mathrm{e}^{-\frac{(x_i-a)^2}{2\sigma^2}}\mathrm{d}x_i$$

$$= \left(\frac{1}{\sigma\sqrt{2\pi}}\right)^n \mathrm{e}^{-\frac{1}{2\sigma^2}[(x_1-a)^2+(x_2-a)^2+\cdots+(x_n-a)^2]}\mathrm{d}x_1\mathrm{d}x_2\cdots\mathrm{d}x_n \tag{2.6.6}$$

根据随机误差的基本性质,对于正态分布,在一系列等精度测量中,绝对值小的误差比绝对值大的误差出现的机会多。即概率最大时的误差最小,与之相对应的值为最佳值或最可信赖值。

由式(2.6.6)可知,当

$$(x_1 - a)^2 + (x_2 - a)^2 + \cdots + (x_n - a)^2 = Q \tag{2.6.7}$$

为最小时,P 有最大值。

Q 有最小值的条件是其导数 $\mathrm{d}Q/\mathrm{d}a$ 为 0,即

$$\frac{\mathrm{d}Q}{\mathrm{d}a} = -2(x_1 - a) - 2(x_2 - a) - \cdots - 2(x_n - a) = 0 \tag{2.6.8}$$

于是有 $$na = \sum_{i=1}^{n} x_i$$

即 $$a = \frac{1}{n}\sum_{i=1}^{n} x_i = \bar{x} \tag{2.6.9}$$

对于等精度测量的一系列测得值来说,它们的算术平均值即为最佳值或最可信赖值;各测得值与算术平均值偏差的平方和最小。

2.7 测量不确定度

测量的目的是为了获取准确可靠的测量结果,这是设计仪器仪表、合理选用仪器仪表的重要理论依据。由于测量误差的客观存在,使被测量的真值难以确定,其测量结果只能得到一个真值的近似估计值。测量误差和测量不确定度是误差理论中的两个主要内容,它们具有相同的特点,均是评定测量结果质量高低的重要指标,但两者之间又有明显的区别。由于测量误差为一个确定值,因此,在实际测量过程中,即使是同一个被测量在相同的测量原理、方法、仪器、人员、环境等条件下,测量结果也会因评定方法不同而不一样。从而引起测量数据的处理方法与测量结果在表达方式上的不统一,结果是降低了测量数据的可信赖程度,这是测量误差在评定中存在的难以克服的缺陷。测量不确定度表示测量误差的范围,是一个区间,测量不确定度作为评定测量结果质量高低的主要指标参数,可以弥补测量误差本身固有的缺陷。近年来,在测量领域中越来越普遍地认为,在测量结果的定量表述中,用"不确定度"比"误差"更为合适。

国际测量不确定度工作组在 1993 年起草制定了《测量不确定度表示指南》,缩写为 GUM,并在 1995 年又做了修订。GUM 在术语定义、概念评定方法和报告的表达方式上都做了明确的统一规定。它代表当前国际上表示测量结果及其不确定度的约定做法,从而使不同国家、不同地区、不同领域及不同学科在表示测量结果和测量不确定度时具有统一的含义。因此,GUM 在世界各国取得了广泛的执行和应用。我国为了在 GUM 领域同国际接轨和交流,全国法制计量委员会委托中国计量科学研究院起草制定了国家计量技术范围《测量不确定度评定与表示》(JJF1059—1999)。该规范原则上等同 GUM 的基本内容,作为我国统一准则对测量结果及其质量进行评定、表示和比较,有利于我国同世界各国进行接轨和交流。

2.7.1　测量不确定度基本知识

1. 测量不确定度基本定义

它表征赋予被测量之值的分散性,是与测量结果相关联的参数。

注:(1) 此参数可以是标准偏差(或其倍数),说明了置信水平的区间半宽度,其值为正值。参数是统计学中描述随机变量的概率分布的量。

(2) 测量不确定度一般由多个分量组成,其中一些分量用一系列测量结果的统计分布评估,以实验标准偏差表征。另一些分量由基于经验或其他信息的假定概率分布评估,亦可以用标准偏差表征。

(3) 应了解测量结果是被测量值的最佳估计值,所有的不确定度,包括由系统影响引起的分量,如与修正值和参考标准有关的分量,均对分散性有影响。

不确定度这一概念的含义从广义上讲,系指对测量结果正确性的可疑程度。另外,测量不确定度还有以下不同形式的定义:

- 由测量结果给出的被测估计值可能误差的度量。
- 表征被测量的真值所处范围的评定。
- 由于测量误差的存在,使得测量结果不能肯定的程度。
- 基于使用的信息,表征赋予被测量之值分散性的参数。

上述几个测量不确定度的定义在表述上有差别,但是,在定义实质上没有区别,其评定方法完全相同,表达形式也一致,只是在概念上是相似的。

一个准确合理的测量结果应包含被测量值的最佳估计值和测量不确定度两部分。例如,被测量 X 的测量表达式为 $X = x \pm U$,其中,x 是 X 的最佳估计值,U 是 x 的测量不确定度。测量结果可展开成 $(x+U, x-U)$,从表达式可以看出,被测量 X 的测量结果不是一个确定值,而是被测量 X 的真值所处范围的评定。

2. 术语和定义

标准不确定度:以标准差表示的测量不确定度。

合成标准不确定度:当测量结果由若干个其他分量求得时,按其他各分量的方差或(和)协方差算得的标准不确定度。

扩展不确定度:确定测量结果区间的量,要求赋予被测量之值分布的大部分可望含于此区间。

2.7.2　测量不确定度的分类及评定方法

1. 测量不确定度的分类

测量不确定度分为两类:A 类——用统计方法评定的分量;B 类——用非统计方法评定的分量。

测量不确定度是按评定的方法分类的；而传统的测量误差则是根据误差本身的性质分类的。A 类不确定度大体上相应于传统的随机误差；而 B 类不确定度则不一定相应于传统的系统误差，其具体评定可能含有主观鉴别的成分。以前关于测量不确定度的文献中，曾经将不确定度分为"随机不确定度"和"系统不确定度"两类。这种分类在实际工作中容易含糊不清。比如，当某一测量结果作为另一测量的输入数据时，前者的"随机不确定度"便成为后者的"系统不确定度"。所以，在测量不确定度的表述中，应避免使用"随机不确定度"分量和"系统不确定度"分量的提法。

2. 标准不确定度及其评定

（1）标准不确定度

被测量 Y 通过与其有函数关系的其他可测量 $X_1, X_2, \cdots, X_n$ 来表述

$$Y = f(X_1, X_2, \cdots, X_n) \tag{2.7.1}$$

即 Y 是由 $X_1, X_2, \cdots, X_n$ 通过函数关系得出的，故可将 Y 称为"输出量"，而将 $X_1, X_2, \cdots, X_n$ 称为"输入量"。

若输出量 Y 的估计值为 y，输入量 $X_1, X_2, \cdots, X_n$ 的估计值为 $x_1, x_2, \cdots, x_n$，则有

$$y = f(x_1, x_2, \cdots, x_n) \tag{2.7.2}$$

每个输入量的估计值 x_i 及其估计标准差 $u(x_i)$ 都是通过输入量 X_i 的可能值的分布求出的。该概率分布通常以对 X_i 的一系列测得值 $X_{i,k}(k = 1, 2, \cdots, n)$ 为依据，或者是一个主观估计，或者是一个先验分布。估计标准差 $u(x_i)$ 便称为标准不确定度。

输出量估计值 y 的估计标准差 $u_c(y)$，称为合成标准不确定度，是根据每个输入量的估计标准差 $u(x_i)$ 得出的。

通过标准差来表述的不确定度，通常称为标准不确定度。鉴于对标准差的认识一致和应用普遍，用标准差来表述不确定度已得到了广泛的共识。所以，标准不确定度提法中的"标准"一般可省略。

（2）不确定度的 A 类评定

通常，若对随机变量 δ 在相同条件下进行 n 次独立测量，则 δ 的期望值的最佳估计是所有测得值 δ_k 的算术平均值 $\bar{\delta}$，即

$$\bar{\delta} = \frac{1}{n} \sum_{k=1}^{n} \delta_k \tag{2.7.3}$$

于是，对于由 n 次测得值 $X_{i,k}$ 估计出的输入量 X_i 亦可利用式（2.7.3）求出样本平均值 $\bar{X}_i$，并可将其作为式（2.7.2）中的输入估计值 x_i，即 $x_i = \bar{X}_i$，以确定输出量（即被测量）Y 的估计值 y。

由于影响量的随机变化或随机影响，对 δ 的每次测得值 δ_k 各不相同，即存在着分散性。该分散性可用方差来表述。δ 的概率分布方差 σ^2 由测得值 δ_k 的实验方差 $S^2(\delta_k)$ 来估计，即

$$S^2(\delta_k) = \frac{1}{n-1} \sum_{k=1}^{n} (\delta - \bar{\delta}_k)^2 \tag{2.7.4}$$

该概率分布方差的样本估计值 $S^2(\delta_k)$ 或其正平方根 $S(\delta_k)$，表征测得值 δ_k 对于平均值 $\bar{\delta}$ 的分散性。$S(\delta_k)$ 称为样本标准差或实验标准差。

平均值 $\bar{\delta}$ 的概率分布方差 $\sigma^2(\bar{\delta})$ 的最佳估计为平均值的实验方差，即

$$S^2(\bar{\delta}) = \frac{S^2(\delta_k)}{n} \tag{2.7.5}$$

平均值的实验方差 $S^2(\bar{\delta})$ 或其正平方根，即平均值的实验标准差 $S(\bar{\delta})$，用来定量地说明平均值 $\bar{\delta}$ 与 δ 的期望 μ_δ 的接近程度，故可用其作为 $\bar{\delta}$ 的不确定度的度量。

于是，对于 n 次测得值 $X_{i,k}(k=1,2,\cdots,n)$ 的输入量 X_i 来说，其估计值 $x_i=\overline{X}_i$ 的标准不确定度为 $u(x_i)=S(\overline{X}_i)$，方差为 $u^2(x_i)=S^2(\overline{X}_i)$。$S^2(\overline{X}_i)$ 可根据式（2.7.5）求出。为了简便，有时将 $u^2(x_i)=S^2(\overline{X}_i)$ 和 $u(x_i)=S(\overline{X}_i)$ 分别称为 A 类方差和 A 类标准不确定度。

应当指出，测量次数 n 应足够多，才能使 $\overline{\delta}$ 成为 δ 的期望 μ_δ 的可靠估计值，$S^2(\delta_k)$ 成为 δ 的概率分布方差 σ^2 的可靠估计值，以及 $S^2(\overline{\delta})$ 成为 $\overline{\delta}$ 相对于期望 μ_δ 的方差 $\sigma^2(\overline{\delta})=\sigma^2/n$ 的可靠估计值。当构成置信区间时，必须考虑 $S^2(\overline{\delta})$ 与 $\sigma^2(\overline{\delta})$ 之间的差别。

尽管方差 $S^2(\overline{\delta})$ 是最基本的量，但在实际应用中标准差 $S(\overline{\delta})$ 则更为方便，因为它具有与 δ 相同的量纲和更容易理解的值。

当然，作为统计量，在进行 A 类不确定度的评定时，必须考虑估计值 x_i 和 $u(x_i)$ 的自由度 ν_i。

（3）A 类评定的其他方法

除了以上基于用贝塞尔公式计算标准偏差的方法之外，还采用极差法和最大残差法等方法计算实验标准偏差。

① 极差法

在重复性或复现性条件下，对同一被测量 X 进行连续的独立测量，得到一组测量值，用测量结果中的最大值减去最小值得到的差值 R 谓之极差，若估计测量结果近似正态分布，用表 2.7.1 给出的与测量次数 n 有关的极差系数 C，按下式计算单次测量的标准偏差：

$$s(\overline{\delta})=R/C \tag{2.7.6}$$

表 2.7.1　极差系数 C

n	2	3	4	5	6	7	8	9	10	15	20
C	1.13	1.69	2.06	2.33	2.53	2.70	2.85	2.97	3.08	3.47	3.73

② 最大残差法

最大残差 $|U_i|_{max}$ 是测量值 X_i 减去平均值 $\overline{x}$ 的差值的最大绝对值。和极差法不一样的是，通过计算找到其中最大残差后，用表 2.7.2 给出的与测量次数 n 有关的最大残差系数 C_n，按下式计算单次测量的标准偏差：

$$S(\overline{\delta})=C_n\cdot|U_i|_{max} \tag{2.7.7}$$

表 2.7.2　最大残差系数 C_n

n	2	3	4	5	6	7	8	9	10	15	20
C_n	1.77	1.02	0.83	0.74	0.68	0.64	0.61	0.59	0.57	0.51	0.48

极差法和最大残差法的优点是操作简便、容易掌握，当 $n<10$ 时，可靠性略高于贝塞尔法。

这里需要补充说明的是，用极差和最大残差能计算标准偏差，也可直接用极差和最大残差表示测量结果的分散性。在一些特定测试条件下，用极差、最大残差和平均偏差表示测量结果的分散性，不如标准差灵敏，统计价值也不如标准差高。

（4）不确定度的 B 类评定

根据不确定度的分类原则，B 类不确定度是用非统计方法评定的分量。所以，若输入量 X_i 的估计值 x_i 不是由重复测量得出的，则相应的近似估计方差 $u^2(x_i)$ 或标准不确定度 $u(x_i)$ 便应根据引起 X_i 可能变化的全部信息来判断和估算。这些信息一般包括以前的测量数据、对有关资料和仪器仪表性能的了解、制造厂的技术说明书、校准或其他证书提供的数据，以及取自有关手册的标准数据的不确定度等。为了简便，有时将这种方法估计的 $u^2(x_i)$ 和 $u(x_i)$ 分别称为 B 类方差和 B 类标准不确定度。

在评定 B 类不确定度时，主要是基于经验或其他信息、评估非统计的等效标准差，要求有相应的知识和经验来合理地使用所有可利用的信息。这也是一种技巧，应在实践中学习和掌握。

总之，B 类不确定度是根据对事件发生的相信程度为依据的假设概率（即所谓的先验或主观概率）分布的概率密度函数求出的；而不像 A 类不确定度评定那样，由一系列测得值的统计概率分布的概率密度函数所决定。

3. 合成不确定度

当测量不确定度有若干个分量时，测量结果的各分量不确定度的总合，即合成不确定度应由所有分量的方差与协方差之和 u_c^2 或其正平方根 u_c 来表述。

设被测量（输出量）$Y=f(X_1,X_2,\cdots,X_n)$ 的估计值 $y=f(x_1,x_2,\cdots,x_n)$ 的总不确定度由输入估计值 $x_1,x_2,\cdots,x_n$ 的各个不确定度所合成，则合成方差 $u_c^2(y)$ 的近似表达式为

$$
\begin{aligned}
u_c^2(y) &= \sum_{i=1}^{n}\sum_{j=1}^{n} \frac{\partial f}{\partial x_i}\frac{\partial f}{\partial x_j}u(x_i,x_j) \\
&= \sum_{i=1}^{n}\left(\frac{\partial f}{\partial x_i}\right)^2 u^2(x_i) + 2\sum_{i=1}^{n-1}\sum_{j=i+1}^{n}\frac{\partial f}{\partial x_i}\frac{\partial f}{\partial x_j}u(x_i,x_j)
\end{aligned}
\tag{2.7.8}
$$

式中，x_i 和 x_j 分别为 X_i 和 X_j 的估计值，且 $u(x_i,x_j)=u(x_j,x_i)$ 为 x_i 和 x_j 的估计协方差。

x_i 和 x_j 之间的相关程度，可用估计的相关系数 $r(x_i,x_j)$ 来表征

$$
r(x_i,x_j) = \frac{u(x_i,x_j)}{u(x_i)u(x_j)}
\tag{2.7.9}
$$

式中，$r(x_i,x_j)=r(x_j,x_i)$，且 $-1 \leqslant r(x_i,x_j) \leqslant +1$。

若 x_i 和 x_j 相互独立，即 $r(x_i,x_j)=0$，则 y 的估计合成方差为

$$
u_c^2(y) = \sum_{i=1}^{n}\left(\frac{\partial f}{\partial x_i}\right)^2 u^2(x_i)
\tag{2.7.10}
$$

除上述公式外，还可以用如下公式描述合成不确定度 u_c：

$$
u_c = \sqrt{\sum_{i=1}^{n}\sigma_i^2 + \sum_{j=1}^{j}\left(\frac{\lambda_j}{t_{\alpha j}}\right)^2}
\tag{2.7.11}
$$

式中，σ_i 为算术平均值标准差，λ_j 为误差限（即误差极限范围），$t_{\alpha j}$ 为置信因子。

4. 扩展不确定度

扩展不确定度是将合成不确定度 u_c 乘以置信因子 t_α，以给出测量结果一个较高置信水平的置信区间，从而得到扩展不确定度

$$
u_\alpha = t_\alpha u_c
\tag{2.7.12}
$$

应该指出，这里并没有提供任何新的信息，而只是给出了一个较高置信水平的置信区间。不同类型的分布，有不同的置信因子 t_α。对于正态分布的置信因子 t_α 一般取值为 2~3，相对应的置信水平约为 0.95~0.99。

注：① 其中包含的百分数又称为包含概率或区间的置信概率。

② 为使扩展不确定度所定义的区间与给定的置信概率相联系，必须了解或估计测量结果及其合成标准不确定度的概率分布。只有在了解或估计概率分布是正确时，才能给出此区间的置信概率。

③ 扩展不确定度又称为总不确定度。

【例 2.7.1】 用万用表对某一电压进行 10 次等精密度测量,测量数据按时间顺序排列,见表 2.7.3。在测量过程中剔除坏值,已知误差限 $\lambda \geqslant 1\%$,假定为均匀分布,取概率 $P = 0.99$,试求其合成不确定度,扩展不确定度,并给出测量结果。

表 2.7.3 测量数据表

n	1	2	3	4	5	6	7	8	9	10
u_i	2.72	2.75	2.65	2.71	2.62	2.74	2.62	2.70	2.67	2.73

求被测电压的算术平均值:

$$\overline{u} = \frac{1}{10} \sum_{i=1}^{10} u_i^2 = 2.69$$

10 次测量标准差的估计值:

$$\hat{\sigma}_u = \sqrt{\frac{1}{n-1} \sum_{i=1}^{10} u_i^2} = 0.0482$$

求算术平均值标准差的估计值:

$$\hat{\sigma}_{\overline{u}} = \hat{\sigma}_u \big/ \sqrt{n} = 0.0482 \big/ \sqrt{10} = 0.0152$$

误差限:
$$\lambda = \overline{u} \times 1\% = 0.0269$$

根据合成不确定度公式求得:

$$u_c = \sqrt{\hat{\sigma}_{\overline{u}}^2 + \left(\frac{\lambda}{t_{\alpha 1}}\right)^2} = \sqrt{0.0152^2 + \left(\frac{0.0269}{\sqrt{3}}\right)^2} = 0.02173$$

其中,$t_{\alpha 1} = \sqrt{3}$ 是均匀分布的置信因子。

若该分布为正态分布,正态分布 $\alpha = 0.01$,则 $t_{\alpha 2} = 2.58$,根据扩展不确定度公式求得:

$$u_\alpha = t_{\alpha 2} \cdot u_c = 2.58 \times 0.02173 = 0.056 \approx 0.06$$

测量结果表达式为:
$$U = \overline{U} \pm u_\alpha = (2.69 \pm 0.06)\text{ V}$$

2.7.3 测量误差与测量不确定度的主要差别

正确掌握、运用测量误差与测量不确定度两者之间的相同特点和差别,以防止混淆和错误使用,对提高测量结果的质量有极其重要的应用价值。测量误差与测量不确定度的主要差别见表 2.7.4。

表 2.7.4 测量误差与测量不确定度的主要差别

序号	特性含义	测量误差	测量不确定度
1	定义特点	表征测量结果偏离真值的程度,是一个确定的值	表征测量结果与被测量差值的范围,是一个区间,具有离散性。用标准偏差及其倍数或注明置信水平区间的半宽度来表示
2	分类	按误差性质划分,主要有系统误差、随机误差和疏失误差等,并采用数学计算方法处理	分测量不确定度、标准不确定度、合成不确定度、扩展不确定度,按误差性质又划分成系统不确定度和随机不确定度。以标准不确定度为主,采用统计方法分为 A 类评定和 B 类评定
3	合成方法	采用求各误差分量代数和的方法	若各分量彼此独立,采用计算方和根的方法,否则应考虑加入相关项
4	数值符号	非正即负或 0,不需要正负(±)号表示	为一个无符号的参数,用正值表征,若由方差获得时,取其正平方根

序号	特性含义	测量误差	测量不确定度
5	测量结果解释	测量的目的是获取测量结果,只要有测量结果必然存在测量误差。它与测量仪器和方法无关,相同的结果具有相同的测量误差	测量不确定度取决于测量人员、被测量、影响量及测量过程是否完善等因素,合理正确地赋予被测量的任何一个值时,都会有相同的不确定度
6	测量结果修正	只有了解和掌握了系统误差的估计值,才能对测量结果进行修正,得到已修正的测量结果	不能用测量不确定度对测量结果进行修正,对已修正过的测量结果进行不确定度评定时,应考虑修正不完整所引入的不确定度分量
7	置信概率	不存在	当掌握和确认分布特性时,应根据置信概率给出置信区间
8	自由度	不存在	可作为测量不确定度评定的可信赖程度的指标
9	实验标准差	它由给定的测量结果决定,不表示被测量估计值的随机误差	它来自被合理赋予的被测量值,表征在同一系列测试中存在任何一个估计值的标准不确定度
10	可操作性	由于真值是理想的概念,是未知的,通常是不能得到其测量误差的值,当用约定真值替代真值时,可以得到其测量误差的估计值	通过包含以前的测量数据,查找有关资料、经验等信息的非统计方法进行评定,便可以定量地确定测量不确定度的值

2.7.4　测量不确定度的评定步骤及产生原因

不确定度的评定步骤如图 2.7.1 所示。

每一个影响因素都将成为测量结果不确定度的一个分量。测量中引起不确定度的因素可分成随机影响和系统影响两类,从计量学上讲,可能的影响因素如下:

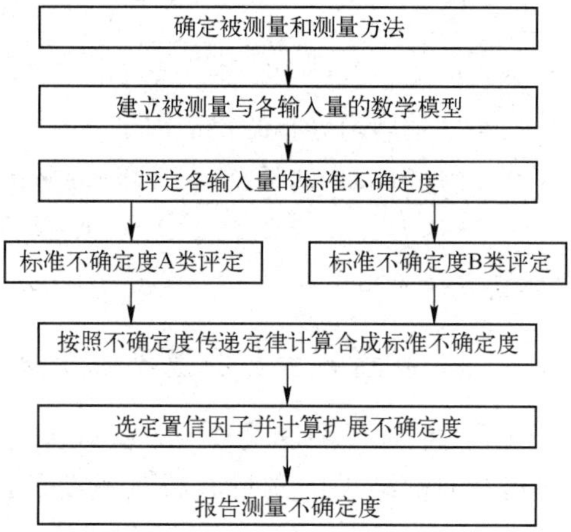

- 被测量的定义不完善或不完整。
- 实现被测量定义的方法不理想。
- 取样的代表性不够,即被测量的样本不能完全代表所定义的被测量。
- 对测量过程受环境影响的认识不周全,或对环境条件的测量与控制不完善。
- 对模拟式仪器的读数存在人为偏差(偏移)。
- 测量仪器计量性能(如灵敏度、鉴别力阈、分辨力、死区及稳定性等)上的局限性。
- 赋予计量标准的值和标准物质的值不准确。
- 引用的数据或其他参量的不确定度。
- 与测量方法和测量程序有关的近似性和假定性。

图 2.7.1　不确定度的评定步骤

不同的测量所受的影响不同,必须运用理论知识和成熟经验识别特定测量的不确定度的主要来源,并进行定量的评估。

*2.8　误差的合成与分配

由于受工作环境和条件的限制,当进行直接测量有困难或直接测量难以保证准确度时,应需要采用间接测量。

通过直接测量与被测量有一定函数关系的其他参数,再根据函数关系算出被测量。在这种测量中,测量误差是各个测量值误差的函数。研究这种函数误差有下列两个方面的内容:

(1) 已知被测量与各参数之间的函数关系及各测量值的误差,求函数的总误差。这是误差的合成问题。在间接测量中,如功率、增益、失真度等量值的测量,一般都是通过电压、电流、电阻及时间等直接测量值计算出来的,如何用各分项误差求出总误差。

(2) 已知各参数之间的函数关系及对总误差的要求,分别确定各个参数测量的误差。这是误差分配问题。它在实际测量中具有重要意义。例如,制定测量方案时,当总误差由测量任务被限制在某一允许范围内时,如何确定各参数误差的允许界限? 这就是由总误差求各分项误差。

比如,制造一种测量仪器,要保证仪器的标称误差不超过规定的准确度等级,应对仪器各组成单元的允许误差提出分项误差要求,这就是利用误差分配来解决设计问题。在测量误差理论领域里重点研究误差合成与分配对提高测量结果的质量是极其重要的。

2.8.1　误差传递公式

在间接测量中,一般为多元函数,设 y 为间接测量值(函数), x_j 为各个直接测量值(自变量),则

$$y = f(x_1, x_2, \cdots, x_n) \tag{2.8.1}$$

这些自变量的误差为 $\Delta x_1, \Delta x_2, \cdots, \Delta x_n$。则

$$y + \Delta y = f(x_1 + \Delta x_1, x_2 + \Delta x_2, \cdots, x_n + \Delta x_n)$$

用泰勒公式将等号右侧展开

$$f(x_1 + \Delta x_1, x_2 + \Delta x_2, \cdots, x_n + \Delta x_n)$$

$$= f(x_1, x_2, \cdots, x_n) + \frac{\partial f}{\partial x_1} \Delta x_1 + \frac{\partial f}{\partial x_2} \Delta x_2 + \cdots + \frac{\partial f}{\partial x_n} \Delta x_n +$$

$$\frac{1}{2} \left[\frac{\partial^2 f}{\partial x_1^2} (\Delta x_1)^2 + \cdots + \frac{\partial^2 f}{\partial x_n^2} (\Delta x_n)^2 + 2 \frac{\partial^2 f}{\partial x_1 \partial x_2} \Delta x_1 \Delta x_2 + \cdots \right] + \cdots$$

因为 $\Delta x \ll x$,所以 $(\Delta x)^2$ 或 $\Delta x_1 \Delta x_2$ 等高阶小量可以略去,则

$$y + \Delta y = f(x_1, x_2, \cdots, x_n) + \frac{\partial f}{\partial x_1} \Delta x_1 + \frac{\partial f}{\partial x_2} \Delta x_2 + \cdots + \frac{\partial f}{\partial x_n} \Delta x_n$$

用此式减去式(2.8.1)得 $\quad \Delta y = \frac{\partial f}{\partial x_1} \Delta x_1 + \frac{\partial f}{\partial x_2} \Delta x_2 + \cdots + \frac{\partial f}{\partial x_n} \Delta x_n$

即

$$\Delta y = \sum_{j=1}^{n} \frac{\partial f}{\partial x_j} \Delta x_j \tag{2.8.2}$$

式中, $\Delta x_j = x_j - A_{oj}$ 是自变量 x_j 的绝对误差。此式即绝对误差传递公式,称 $\frac{\partial f}{\partial x_j}$ 为误差传递系数。

若将式(2.8.2)的等号两边除以 $y = f(x_1, x_2, \cdots, x_n)$,则相对误差的表达式

$$\gamma_y = \frac{\Delta y}{y} = \frac{\sum\limits_{j=1}^{n} \frac{\partial f}{\partial x_j} \Delta x_j}{f}$$

由于

$$\frac{df/dx}{f} = \frac{d\ln f}{dx}$$

因而

$$\gamma_y = \sum_{j=1}^{n} \frac{\partial \ln f}{\partial x_j} \Delta x_j \tag{2.8.3}$$

此式即相对误差传递公式,式(2.8.2)及式(2.8.3)是误差理论的基本公式。

2.8.2 常用函数的合成误差

1. 积函数的合成误差

设 $y=A \cdot B$,A 与 B 的误差为 ΔA 与 ΔB,则

$$\Delta y = \sum_{j=1}^{n} \frac{\partial f}{\partial x_j} \Delta x_j = \frac{\partial (AB)}{\partial A} \Delta A + \frac{\partial (AB)}{\partial B} \Delta B = B \Delta A + A \Delta B$$

$$\gamma_y = \frac{\Delta y}{y} = \frac{B \Delta A + A \Delta B}{AB} = \frac{\Delta A}{A} + \frac{\Delta B}{B} = \gamma_A + \gamma_B$$

或用式(2.8.3)
$$\gamma_y = \frac{\partial \ln(AB)}{\partial A} \Delta A + \frac{\partial \ln(AB)}{\partial B} \Delta B$$

$$= \frac{\partial (\ln A + \ln B)}{\partial A} \Delta A + \frac{\partial (\ln A + \ln B)}{\partial B} \Delta B$$

$$= \frac{1}{A} \Delta A + \frac{1}{B} \Delta B = \gamma_A + \gamma_B$$

即
$$\gamma_y = \gamma_A + \gamma_B \tag{2.8.4}$$

此式说明,用两个直接测量值的乘积来求第三个测量值时,其总的相对误差等于各分项误差相加。当 γ_A 和 γ_B 分别都有±号时

$$\gamma_y = \pm (|\gamma_A| + |\gamma_B|) \tag{2.8.5}$$

【例 2.8.1】 已知电阻上的电压及电流的相对误差分别为 $\gamma_U = \pm 3\%$,$\gamma_I = \pm 2\%$,问电阻消耗功率 P 的相对误差是多少?

根据式(2.8.5) $\qquad \gamma_P = \gamma_U + \gamma_I = \pm (3\% + 2\%) = \pm 5\%$

2. 商函数的合成误差

设 $y = \dfrac{A}{B}$,A 与 B 的误差为 ΔA 和 ΔB,则

$$\Delta y = \frac{\partial (A/B)}{\partial A} \Delta A + \frac{\partial (A/B)}{\partial B} \Delta B = \frac{1}{B} \Delta A + \left(-\frac{A}{B^2} \right) \Delta B$$

$$\gamma_y = \frac{\Delta y}{y} = \frac{\Delta A}{A} - \frac{\dfrac{A}{B^2} \Delta B}{A/B} = \frac{\Delta A}{A} - \frac{\Delta B}{B}$$

即
$$\gamma_y = \gamma_A - \gamma_B \tag{2.8.6}$$

此式说明,用两个直接测量值的商来求第三个量值时,其总的相对误差等于两个分项误差相减。但是当分项相对误差的符号不能确定时,从最大误差考虑出发,仍需取分项 γ 的绝对值相加,即

$$\gamma_y = \pm (|\gamma_A| + |\gamma_B|) \tag{2.8.7}$$

根据上述公式推导分析数字频率计的测频误差与测周误差。

用计数式频率计测量频率与周期时,"±1 误差"会对测量结果造成影响,如果再考虑由于石英晶体振荡器所形成测量频率时的闸门时间或测量周期时的时间标准误差对测量结果的影响,这时利用误差传递公式求出合成后的总误差。

(1)测量频率时,取闸门时间为 T,在此时间内填充的脉冲个数为 N,则频率

$$f_x = N/T$$

这是商函数形式,所以

$$\gamma_f = \Delta f_x / f_x = \gamma_N - \gamma_T$$

式中，$\gamma_N = \Delta N/N$，是量化误差。由"± 1 误差"决定。

$$\frac{\Delta N}{N} = \frac{\pm 1}{N} = \pm \frac{1}{T f_x}$$

$\gamma_T = \Delta T/T$，是闸门时间的相对误差，由石英晶体振荡器的频率准确度决定。若振荡器频率为 f_0（周期为 T_0），分频系数为 k，则闸门时间

$$T = k T_0 = \frac{k}{f_0}$$

$$\Delta T = -\frac{k}{f_0{}^2} \Delta f_0$$

$$\gamma_T = \frac{\Delta T}{T} = -\frac{k \Delta f_0 / f_0{}^2}{k/f_0} = -\frac{\Delta f_0}{f_0}$$

闸门时间的准确度 γ_T 在数值上等于石英晶体振荡频率的准确度。当用绝对值来表示 γ_N 和 γ_T 时，则测频的总误差

$$\gamma_f = \pm \left(\left| \frac{1}{T f_x} \right| + \left| \frac{\Delta f_0}{f_0} \right| \right) \qquad (2.8.8)$$

当振荡频率准确度 $\Delta f_0 / f_0$ 的数值优于量化误差一个数量级时，$\Delta f_0 / f_0$ 的影响可以不予考虑。例如，$T = 1\,\text{s}$，$f_x = 1000000\,\text{Hz}$（1 兆赫），其"± 1 误差"为 1Hz，即准确度为 10^{-6}。当石英晶体振荡器输出频率的准确度 $\Delta f_0 / f_0$ 为 10^{-7} 时，被测量的测量准确度为

$$\gamma_f = \pm (1 \times 10^{-6} + 1 \times 10^{-7}) = 1.1 \times 10^{-6}$$

通过分析，只考虑量化误差的影响即可。这时

$$\gamma_f \approx \pm \frac{1}{T f_x} \qquad (2.8.9)$$

（2）测量周期时，被测周期等于在该时间内填充的脉冲个数 N 乘以时间标准 T_s

$$T_x = N T_s = N K T_0$$

式中，K 是时标开关转换系数，当开关 S 置"1μs"挡时，$K = 1$；置"1ms"挡时，$K = 1000$。这是一种积函数，所以总误差

$$\gamma_T = \Delta T_x / T_x = \gamma_N + \gamma_{T_0}$$

式中，$\gamma_N = \Delta N/N = \pm K/T_x f_0$，这是量化误差。

$$\gamma_{T_0} = \Delta T_0 / T_0 = -\Delta f_0 / f_0$$

当用绝对值表示总误差时

$$\gamma_T = \pm \left(\left| \frac{K}{T_x f_0} \right| + \left| \frac{\Delta f_0}{f_0} \right| \right) \qquad (2.8.10)$$

同理，当 $|\gamma_{T_0}|$ 小于 $|\gamma_N|$ 一个数量级时，$|\gamma_{T_0}|$ 不予考虑。这时

$$\gamma_T \approx \pm \frac{K}{T_x f_0} \qquad (2.8.11)$$

3. 幂函数的合成误差

设

$$y = K A^m B^n \qquad (K \text{ 为常数})$$

$$\frac{\Delta y}{y} = m \frac{\Delta A}{A} + n \frac{\Delta B}{B}$$

$$\gamma_y = m \gamma_A + n \gamma_B \qquad (2.8.12)$$

当 γ_y 有±时 $$\gamma_y = \pm(\,|m\gamma_A| + |n\gamma_B|\,)$$

【例2.8.2】 电流通过电阻,发热量 $Q = I^2 Rt$。若已知 $\gamma_I = \pm2\%$,$\gamma_R = \pm1\%$,$\gamma_t = 0.5\%$,求 γ_Q 是多少?

根据式(2.8.12)及式(2.8.4),得
$$\gamma_Q = 2\gamma_I + \gamma_R + \gamma_t = \pm(2 \times 2\% + 1\% + 0.5\%) = \pm5.5\%$$

4. 和差函数的合成误差

设 $$y = A \pm B$$
$$y + \Delta y = (A + \Delta A) \pm (B + \Delta B)$$

两式相减,得 $$\Delta y = (A + \Delta A) \pm (B + \Delta B) - (A \pm B) = \Delta A \pm \Delta B \qquad (2.8.13)$$

从最大误差考虑,无论 $A-B$ 或 $A+B$,当其误差的符号不能预先确定时,其总误差应取 A、B 误差的绝对值之和,即

$$\Delta y = \pm(\,|\Delta A| + |\Delta B|\,) \qquad (2.8.14)$$

相对误差 $$\gamma_y = \frac{\Delta y}{y} = \frac{\Delta A \pm \Delta B}{A \pm B} \qquad (2.8.15A)$$

或改写成 $$\gamma_y = \frac{\Delta A \cdot A}{(A \pm B) \cdot A} \pm \frac{\Delta B \cdot B}{(A \pm B) \cdot B} = \frac{A}{A \pm B}\gamma_A \pm \frac{B}{A \pm B}\gamma_B \qquad (2.8.15B)$$

当 $y = A+B$ 时 $$\gamma_y = \pm\frac{|\Delta A| + |\Delta B|}{A + B} = \pm\left(\frac{A}{A + B}|\gamma_A| + \frac{B}{A + B}|\gamma_B|\right) \qquad (2.8.16A)$$

当 $y = A-B$ 时 $$\gamma_y = \pm\frac{|\Delta A| + |\Delta B|}{A - B} = \pm\left(\frac{A}{A - B}|\gamma_A| + \frac{B}{A - B}|\gamma_B|\right) \qquad (2.8.16B)$$

由式(2.8.16B)可知,当直接测量值 A 与 B 比较接近时,可能会造成较大的误差。

【例2.8.3】 用指针式频率计测量放大电路的频带宽度,已知仪器的满度值 $f_m = 10\,\text{MHz}$,准确度为±1%,高频端测量值 $f_h = 10\,\text{MHz}$,低频端 $f_l = 9\,\text{MHz}$,试计算频带宽度的合成误差。

仪器的最大绝对误差
$$\Delta f_m = \pm S\% \cdot f_m = \pm 1\% \times 10\,\text{MHz} = \pm 0.1\,\text{MHz}$$

即 $$\Delta f_h \approx \Delta f_l = \pm 0.1\,\text{MHz}$$

频带宽度的相对误差

$$\gamma_B = \pm\frac{|\Delta f_h| + |\Delta f_l|}{f_h - f_l} = \pm\frac{0.1 + 0.1}{10 - 9} = 20\%$$

通过上述计算,所用仪器为1.0级,准确度已相当高,但测量结果的误差却是±20%。这是由于 f_h 与 f_l 比较接近的缘故,是测量方法上的错误所致,这种情况下应当采用扫频仪来测量。

【例2.8.4】 有两个电阻(R_1 和 R_2)串联,已知 $R_1 = 1\,\text{k}\Omega$,$R_2 = 3\,\text{k}\Omega$,其相对误差均等于±5%,求串联后的总误差。

串联后总电阻 $R = R_1 + R_2$。由式(2.8.16A)可以得出

$$\gamma_R = \pm\left(\frac{R_1}{R_1 + R_2}|\gamma_{R1}| + \frac{R_2}{R_1 + R_2}|\gamma_{R2}|\right) \qquad (2.8.17)$$

当 $\gamma_{R1} = \gamma_{R2}$ 时 $$\gamma_R = \pm\left(\frac{R_1 + R_2}{R_1 + R_2}\right)|\gamma_{R1}| = \gamma_{R1} = \gamma_{R2}$$

代入数字验证 $$\gamma_R = \pm\left(\frac{1}{1 + 3} \times 5\% + \frac{3}{1 + 3} \times 5\%\right) = \pm5\%$$

经过计算证明,相对误差相同的电阻串联后的总误差与单个电阻的相对误差相同。

5. 和差积商函数的合成误差

综合上述结论可以解决这类问题。

例如,将两个电阻(R_1 和 R_2)并联,根据上述公式推导出并联后电阻 R 的总误差。

并联后总电阻 $R = \dfrac{R_1 R_2}{R_1 + R_2}$。根据误差传递公式,可以得出

$$\Delta R = \frac{\partial R}{\partial R_1} \Delta R_1 + \frac{\partial R}{\partial R_2} \Delta R_2$$

$$\begin{cases} \dfrac{\partial R}{\partial R_1} \Delta R_1 = \dfrac{\partial}{\partial R_1}\left(\dfrac{R_1 R_2}{R_1 + R_2}\right) \Delta R_1 = \left(\dfrac{R_2}{R_1 + R_2}\right)^2 \Delta R_1 \\[4mm] \dfrac{\partial R}{\partial R_2} \Delta R_2 = \dfrac{\partial}{\partial R_2}\left(\dfrac{R_1 R_2}{R_1 + R_2}\right) \Delta R_2 = \left(\dfrac{R_1}{R_1 + R_2}\right)^2 \Delta R_2 \end{cases}$$

则

$$\Delta R = \left(\frac{R_2}{R_1 + R_2}\right)^2 \Delta R_1 + \left(\frac{R_1}{R_1 + R_2}\right)^2 \Delta R_2$$

$$\gamma_R = \frac{\Delta R}{R} = \frac{R_2}{R_1 + R_2}\frac{\Delta R_1}{R_1} + \frac{R_1}{R_1 + R_2}\frac{\Delta R_2}{R_2}$$

即

$$\gamma_R = \frac{R_2}{R_1 + R_2}\gamma_{R1} + \frac{R_1}{R_1 + R_2}\gamma_{R2} \tag{2.8.18}$$

当 $\gamma_{R1} = \gamma_{R2}$ 时, $\gamma_R = \gamma_{R1} = \gamma_{R2}$。上式表明相对误差相同的电阻并联后的总误差与单个电阻的相对误差相同。

2.8.3 系统误差的合成

1. 确定性系统误差的合成

对于误差的大小及符号均已确定的系统误差,可直接由误差传递公式进行合成。因为

$$\Delta y = \sum_{j=1}^{n} \frac{\partial f}{\partial x_j} \Delta x_j$$

$\Delta x_j = \varepsilon_j + \delta_j$, 当随机误差 δ_j 不计时, $\Delta x_j = \varepsilon_j$

则

$$\Delta y = \frac{\partial f}{\partial x_1}\varepsilon_1 + \frac{\partial f}{\partial x_2}\varepsilon_2 + \cdots + \frac{\partial f}{\partial x_n}\varepsilon_n$$

$$\varepsilon_y = \sum_{j=1}^{n} \frac{\partial f}{\partial x_j}\varepsilon_j \tag{2.8.19}$$

$$\gamma_y = \frac{\varepsilon_y}{y} = \sum_{j=1}^{n} \frac{\partial \ln f}{\partial x_j}\varepsilon_j \tag{2.8.20}$$

【例 2.8.5】 有 5 个 1000 Ω 的电阻串联,若各电阻的系统误差分别为 $\varepsilon_1 = -4\,\Omega$, $\varepsilon_2 = 5\,\Omega$, $\varepsilon_3 = -3\,\Omega$, $\varepsilon_4 = 6\,\Omega$, $\varepsilon_5 = 4\,\Omega$,求总电阻的相对误差 γ_R。

$$\varepsilon_R = \sum_{j=1}^{n} \frac{\partial R}{\partial R_j}\Delta R_j = \varepsilon_1 + \varepsilon_2 + \varepsilon_3 + \varepsilon_4 + \varepsilon_5 = -4 + 5 - 3 + 6 + 4 = 8$$

总电阻 $\qquad\qquad R = R_1 + R_2 + R_3 + R_4 + R_5 = 5000\,\Omega$

相对误差 $\qquad\qquad \gamma_R = \dfrac{\varepsilon_R}{R} \times 100\% = \dfrac{8}{5000} = 0.16\%$

2. 系统不确定度的合成

对于只知道误差限,而不掌握其大小和符号的系统误差称为系统不确定度,用 ε_{ym} 表示。相对

系统不确定度用 γ_{ym} 表示。例如,仪器仪表的基本误差和附加误差即属此类。

可用以下两种方法计算。

(1) 绝对值合成法

系统不确定度
$$\varepsilon_{ym} = \pm \sum_{j=1}^{n} \left(\frac{\partial f}{\partial x_j} \varepsilon_{jm} \right) \qquad (2.8.21)$$

相对系统不确定度
$$\gamma_{ym} = \pm \sum_{j=1}^{n} \left(\frac{\partial \ln f}{\partial x_j} \varepsilon_{jm} \right) \qquad (2.8.22A)$$

一般情况下(积函数)
$$\gamma_{ym} = \pm \left(|\gamma_1| + |\gamma_2| + \cdots + |\gamma_n| \right) \qquad (2.8.22B)$$

【例2.8.6】 用 DA—16 型晶体管毫伏表的 3V 量程测量一个 100 kHz 的 1.5 V 电压。已知该仪表的基本误差为 $\pm 3\%$(1 kHz 时),频率附加误差 $\gamma_f = \pm 3\%$(在 20 Hz ~ 1 MHz 范围内)。试求相对系统不确定度。

由仪表的基本误差求出仪表 3V 量程最大的绝对误差
$$\Delta U_m = \pm S\% \cdot U_m = \pm 3\% \times 3 = \pm 0.09 \,(\text{V})$$

最大示值相对误差
$$\gamma_m = \frac{\Delta U_m}{U_x} \times 100\% = \frac{\pm 0.09}{1.5} = \pm 6\%$$

相对系统不确定度
$$\gamma_{ym} = \pm \left(|\gamma_m| + |\gamma_f| \right) = \pm (6\% + 3\%) = \pm 9\%$$

这种方法是按分项误差同方向相加来考虑的,若再考虑温度、电源电压变化等多项附加误差,显然其合成结果是过于保守的。虽然比较保险,但这种均为最大值的可能性是很小的。所以通常取方和根合成法。

(2) 方和根合成法

$$\varepsilon_{ym} = \pm \sqrt{\sum_{j=1}^{n} \left(\frac{\partial f}{\partial x_j} \varepsilon_{jm} \right)^2} \qquad (2.8.23)$$

$$\gamma_{ym} = \pm \sqrt{\sum_{j=1}^{n} \left(\frac{\partial \ln f}{\partial x_j} \varepsilon_{jm} \right)^2} \qquad (2.8.24A)$$

一般情况下(积函数)
$$\gamma_{ym} = \pm \sqrt{\gamma_1^2 + \gamma_2^2 + \cdots + \gamma_n^2} \qquad (2.8.24B)$$

仍用例 6 的数据 $\gamma_{ym} = \pm \sqrt{0.06^2 + 0.03^2} = \pm 6.7\%$,这个数据比较合理。

【例2.8.7】 体育运动会上,一人用秒表对一名短跑运动员计时。设起跑及终点最大计时误差均为 0.03s,试求总的不确定性系统误差。

用绝对值合成法
$$\varepsilon_{ym} = \pm (0.03 + 0.03) = \pm 0.06$$

用方和根合成法
$$\varepsilon_{ym} = \pm \sqrt{0.03^2 + 0.03^2} \approx \pm 0.04$$

一般地说,以误差 0.04s 较为合理。

2.8.4 按系统误差相同的原则分配误差

这里指分配给各分项的系统误差彼此相同,即
$$\varepsilon_1 = \varepsilon_2 = \cdots = \varepsilon_n = \varepsilon_j$$

因为
$$\varepsilon_y = \frac{\partial f}{\partial x_1} \varepsilon_1 + \frac{\partial f}{\partial x_2} \varepsilon_2 + \cdots + \frac{\partial f}{\partial x_n} \varepsilon_n = \left(\frac{\partial f}{\partial x_1} + \frac{\partial f}{\partial x_2} + \cdots + \frac{\partial f}{\partial x_n} \right) \varepsilon_j = \left(\sum_{j=1}^{n} \frac{\partial f}{\partial x_j} \right) \varepsilon_j$$

所以
$$\varepsilon_j = \frac{\varepsilon_y}{\sum_{j=1}^{n} \frac{\partial f}{\partial x_j}} \qquad (2.8.25)$$

式中,分子是要求的总误差,分母是均匀地分配到各分项上的误差。这种分配多用于各分项性质相同、误差大小相近的情况。当然这样分配后,不一定完全合理,可以对各项的 ε_j 进行适当调整,以利于实现。

将式(2.8.25)用相对误差表示,当为积商函数时

$$\gamma_j = \gamma_{ym}/n \tag{2.8.26}$$

式中,γ_{ym} 指的测量准确度的要求。

【例2.8.8】 设计一个普通直流电桥,要求仪器的准确度为±0.1%,求如何把误差分配给各臂电阻?

已知直流电桥在平衡时

$$R_x = \frac{R_2}{R_1}R_N$$

式中,R_2/R_1 是臂电阻比率,R_N 是标准电阻。当电桥用于测量电阻时的相对极限误差为 $\gamma_{ym} < \pm 0.1\%$ 时,按积商合成公式得

$$\gamma_{ym} = \pm\left(\left|\frac{\varepsilon_{R1m}}{R_1}\right| + \left|\frac{\varepsilon_{R2m}}{R_2}\right| + \left|\frac{\varepsilon_{RNm}}{R_N}\right|\right)$$

按系统误差相同原则分配

$$\left|\frac{\varepsilon_{R1m}}{R_1}\right| = \left|\frac{\varepsilon_{R2m}}{R_2}\right| = \left|\frac{\varepsilon_{RNm}}{R_N}\right| = \frac{1}{3}\gamma_{ym} = \frac{1}{3} \times (\pm 0.1\%) \approx \pm 0.03\%$$

即每臂电阻的分项误差小于±0.03%时,总的合成误差就不会超过±0.1%。当然,为了便于制作,各分项误差还可以进行适当的调整。

2.8.5 按对总误差影响相同的原则分配误差

这里指各分项误差的值不相同,但它们对总误差的影响是相同的。即

$$\frac{\partial f}{\partial x_1}\varepsilon_1 = \frac{\partial f}{\partial x_2}\varepsilon_2 = \cdots = \frac{\partial f}{\partial x_n}\varepsilon_n$$

因为

$$\varepsilon_y = \frac{\partial f}{\partial x_1}\varepsilon_1 + \frac{\partial f}{\partial x_2}\varepsilon_2 + \cdots + \frac{\partial f}{\partial x_n}\varepsilon_n = n\frac{\partial f}{\partial x_j}\varepsilon_j$$

所以

$$\varepsilon_j = \frac{\varepsilon_y}{n\frac{\partial f}{\partial x_i}} \tag{2.8.27}$$

【例2.8.9】 一个整流电路,在滤波电容两端并联一只泄放电阻,欲测量其消耗功率,要求功率的测量误差不大于±5%,初测电阻上电压 $U_R = 10\,\text{V}$,电流 $I_R = 80\,\text{mA}$。当采用这种分配方法时,问应分配给 U_R 及 I_R 的误差各是多少?

$$P_R = U_R I_R = 10 \times 80 = 800\,(\text{mW})$$

$$\varepsilon_P \leqslant 800 \times (\pm 5\%) = \pm 40\,(\text{mW})$$

即总误差不能超过 40 mW。

$$\varepsilon_U \leqslant \frac{\varepsilon_P}{n\frac{\partial P}{\partial U}} = \frac{\varepsilon_P}{n\frac{\partial(U_R I_R)}{\partial U_R}} = \frac{\varepsilon_P}{n I_R} = \frac{40}{2 \times 80} = 0.25\,(\text{V})$$

即电压的误差不能超过 0.25 V(应选 1.5 级的 10 V 或 15 V 电压表进行测量)。

$$\varepsilon_I \leqslant \frac{\varepsilon_P}{n \frac{\partial P}{\partial I}} = \frac{\varepsilon_P}{n \frac{\partial (U_R I_R)}{\partial I_R}} = \frac{\varepsilon_P}{n U_R} = \frac{40}{2 \times 10} = 2(\mathrm{mA})$$

即电流的误差不能超过 $2\,\mathrm{mA}$（应选 1.5 级的 $100\,\mathrm{mA}$ 电流表进行测量）。虽然 ε_U 及 ε_I 的分项误差的值不同，但对功率误差的影响是相同的。因为

$$\frac{\partial P}{\partial U} \varepsilon_U = 80\,\mathrm{mA} \times 0.25\,\mathrm{V} = 20\,\mathrm{mW}$$

体现了对总误差影响相同的原则。

2.8.6 微小误差准则

在误差合成中，有时误差项较多，同时它们的性质和分布不尽相同，估算起来相当烦琐。如果各误差的大小相差比较悬殊，而且小误差的数目又不多，则在一定条件下，可将小误差忽略不计。该条件便称之为微小误差准则，即误差微小到忽略不计的程度就是微小误差准则。

1. 系统误差的微小准则

系统误差的合成可用下式

$$\varepsilon = \sum_{j=1}^{n} \varepsilon_j \tag{2.8.28}$$

设其中第 K 项误差 ε_K 为微小误差。根据有效数字的规则，当总误差取一位有效数字时，若

$$\varepsilon_K < (0.1 \sim 0.05)\varepsilon \tag{2.8.29}$$

则 ε_K 便可忽略不计。

当总误差取二位有效数字时，若

$$\varepsilon_K < (0.01 \sim 0.005)\varepsilon \tag{2.8.30}$$

则 ε_K 便可忽略不计。

2. 随机误差的微小准则

取随机误差的合成为
$$\delta = \sqrt{\sum_{j=1}^{n} \delta_j^2}$$

设其中第 K 项误差 δ_K 为微小误差，并令 $\delta^2 - \delta_K^2 = \delta'^2$，根据有效数字的规则，当总误差取一位有效数字时，有

$$\delta - \delta' < (0.1 \sim 0.05)\delta$$
$$\delta' > (0.9 \sim 0.95)\delta$$
$$\delta'^2 > (0.81 \sim 0.9025)\delta^2$$
$$\delta^2 - \delta'^2 = \delta_K^2 < (0.19 \sim 0.0975)\delta^2$$

于是，$\delta_K < (0.436 \sim 0.312)\delta$。

或近似地取
$$\delta_K < (0.4 \sim 0.3)\delta \tag{2.8.31}$$

即当某分项误差 δ_K 约小于总误差 δ 的 1/3 时，可忽略不计。

当总误差取二位有效数字时，有

$$\delta - \delta' < (0.01 \sim 0.005)\delta$$

最后可得
$$\delta_K < (0.14 \sim 0.1)\delta \tag{2.8.32}$$

即当某分项误差 δ_K 约比总误差 δ 小一个数量级时，可忽略不计。

2.9 最佳测量条件的确定与测量方案的设计

2.9.1 最佳测量条件的确定

当测量结果与多个测量因素有关时,欲得到较高精度的测量结果,就必须确定测量时最有利的条件。

从误差角度出发,要做到

$$\varepsilon_y = \sum_{j=1}^{n} \frac{\partial f}{\partial x_j} \varepsilon_j = \min \tag{2.9.1}$$

$$\sigma_y^2 = \sum_{j=1}^{n} \left(\frac{\partial f}{\partial x_j} \sigma_j \right) = \min \tag{2.9.2}$$

式(2.9.1)表示准确度高,式(2.9.2)表示精密度高,较多注意的是前者。解决这类问题多从减小相对误差考虑,通过用微分学原理求函数的极小值来寻求最佳条件。

为了达到 ε_y 最小,在函数形式已经确定时,可以选择适当的测量状态,使测量误差减小到最低程度。

【例 2.9.1】 万用表欧姆挡的简化电路原理图如图 2.9.1 所示。试求指针在什么位置时测量误差最小。

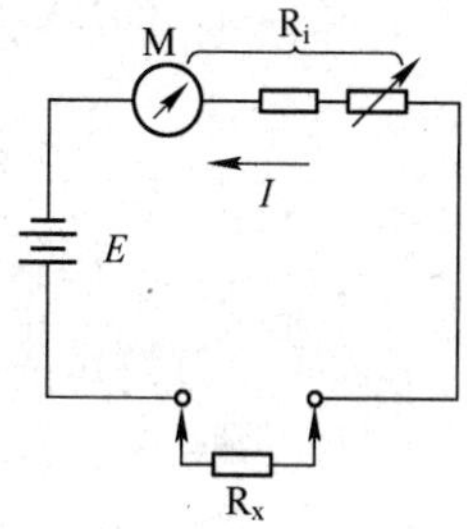

由图可知

$$R_x = \frac{E}{I} - R_i$$

式中,R_i 是仪表总的等效内阻,是常量。R_x 对 I 的微分

$$\Delta R_x = -\frac{E}{I^2} \Delta I$$

相对误差

$$\frac{\Delta R_x}{R_x} = -\frac{\dfrac{E}{I^2}}{\dfrac{E}{I} - R_i} \Delta I = \frac{E}{I^2 R_i - IE} \Delta I$$

图 2.9.1 欧姆表
简化电路原理图

使

$$\frac{\partial}{\partial I} \left(\frac{\Delta R_x}{R_x} \right) = 0$$

$$\frac{\partial}{\partial I} \left(\frac{E}{I^2 R_i - IE} \right) \Delta I = 0$$

$$-E \cdot \frac{2IR_i - E}{(I^2 R_i - IE)^2} = 0$$

即

$$2IR_i - E = 0$$

则

$$I = \frac{E}{2R_i} \tag{2.9.3}$$

又因 $R_x = 0$ 时,$I_m = E/R_i$,所以测量误差最小的条件是

$$I = I_m / 2 \tag{2.9.4}$$

此结果表明,在使用欧姆表时应合理选择量程,使指针尽可能偏转至中心位置附近。

【例 2.9.2】 某电流表流过动圈的电流与偏转角的关系为 $I = K \tan\alpha$,式中,K 是常数。试确定最佳测量条件。

I 对 a 微分
$$\Delta I = K \sec^2 a \Delta a$$

$$\frac{\Delta I}{I} = \frac{K \sec^2 a \Delta a}{K \tan a} = \frac{\Delta a}{\sin a \cos a} = \csc 2a \Delta(2a)$$

$$\frac{\partial}{\partial a}\left(\frac{\Delta I}{I}\right) = 0$$

使
$$\frac{\partial}{\partial a} \csc 2a \Delta(2a) = -2 \csc 2a \cdot \cot 2a = -2 \frac{\cos 2a}{\sin^2 a} = 0$$

即 $\cos 2a = 0$。所以, $a = 45°$ 时测量误差最小, 此即最佳测量条件。

当用上述方法获得最佳测量条件后, 还应注意选择最有利的合成误差公式。

一般情况下, 分项误差的数目越少, 合成误差也越小, 所以在间接测量时, 应选择测量值数目最少和函数关系最简单的公式。

例如, 测电阻时, 最好是用欧姆表或电桥直接测电阻, 而不用电压表、电流表法测电阻; 同理, 能直接测电流时, 最好不用测电压、电阻法; 测量功率时在测 U, I, R 准确度相近时, 尽量用 U, I 法 ($\gamma_P = \gamma_U + \gamma_I$), 而不用 I, R 法 ($\gamma_P = 2\gamma_I + \gamma_R$) 等。

在选择最佳测量方案时, 除了注意到上述措施外, 还要考虑到客观条件的限制, 力争根据现有条件制订测量方案, 并且要兼顾经济、简便等因素。

2.9.2　测量方案设计

在本书测量方法分类中曾提及直接测量法的直读法, 由于该方法方便、直观, 所以常被应用, 但其准确度较低。比较测量法准确度较高。

当直接测量不方便时, 或者缺乏直接测量仪器时, 采用间接测量法。比较复杂的测量 (例如逐次改变温度条件对多参数进行测量), 可以同时用直接测量和间接测量, 最后将数据列成联立方程, 从而求出被测量的大小或变化规律。

1. 在设计测量方案时, 要从下述几个方面考虑

(1) 了解被测量的特点, 明确测量目的

诸如, 被测量是直流量还是交流量, 如果是直流量, 应当预先估计其内阻的大小; 如果是交流量, 那么它是低频量还是高频量, 是正弦量还是非正弦量, 是线性变化量还是非线性变化量, 是测量有效值、平均值还是峰值等, 须做周密考虑。

例如, 高频量或脉冲量应选择宽频带示波器; 非正弦电压测量要进行波形换算; 非线性变化量 (例如, 二极管的内阻, 具有气隙的铁心电感等) 的测量要注意实际工作状态。

(2) 确定测量原理, 制订初步方案

根据被测对象的性质, 估计误差范围, 分析主要影响因素, 初步拟订可选的几个方案, 再进行优选。对于复杂的测量任务, 可采用间接测量方法, 预先绘制测量框图, 搭接测量电路, 制定计算步骤及其计算公式等。在拟定测量步骤时, 要注意到:

① 应使被测电路系统及测试仪器等均处于正常状态。

② 应满足测量原理中所要求的测量条件。

③ 尽量减小系统误差, 设法消除随机误差的影响, 合理选择测量次数及组数。

(3) 明确准确度要求, 合理选择仪器类型

计量室或科研试验室多采用精密测量方法, 要严格进行误差分析。对于工程性质的问题, 多采用技术测量方法, 对于测量误差, 虽然要求不是很严格, 但也应注意采用正确的测量方法, 合理地选择仪器仪表。

由被测量的性质及环境条件选择仪器仪表的类型及技术性能,并配置合适的标准元件;由被测量的大小和频率范围选择仪器仪表的量程,以满足测量的准确度要求。

（4）环境条件要符合测量要求

测量现场的温度、电磁干扰、仪器设备的安放位置及安全设施等,均应符合测量任务的要求。必要时应采取空调、屏蔽和减震等措施。

2. 测量过程分为三个阶段

（1）准备阶段。主要是选择测量方法及仪器仪表。

（2）测量阶段。注意测量的准确度、精密度、测量速度及正确记录等。

（3）数据处理阶段。将测量数据进行整理,给出正确的测量结果,绘制表格、曲线,做出分析和结论。

例如,要求鉴定或验收一台测量仪器仪表,应明确下列诸项:

① 对实验室或科研室的检验仪器仪表,除做出合格与否的结论外,还应当给出仪器仪表的精确度等级及其修正值,并且要注意检验的可靠性。

② 明确仪器仪表各项技术指标的意义及各项误差所对应的工作条件(环境温度等)。

③ 对于标准仪器仪表应有严格的要求。首先需要确定标准仪器仪表的极限误差。当标准仪器仪表与受检仪器仪表同时含有系统误差与随机误差时,标准仪器仪表的误差可以忽略的条件是:标准仪器仪表的容许误差限应小于受检仪器仪表容许误差限的1/3~1/10。例如,欲鉴定准确度为1.0级的仪器仪表,应选择经过校准的0.2级仪器仪表做标准表。如果标准装置是一套比较复杂的设备,还应当考虑对标准装置中各部件进行误差分配,并做综合误差的校正核准等。

④ 检验方式有两种:一种是利用比较原理直接检验受检仪器仪表的总误差;另一种是先检验各分项误差,然后再进行合成(称间接检验)。至于采用何种检验方式合适,应视各种仪器仪表的具体情况决定。

通过本章对系统误差、随机误差及疏失误差三种误差的分析,误差理论,测量不确定度,数据处理,以及最佳测量方案的选择等内容的叙述,通过上述全面系统地论述,有关误差理论,测量不确定度及处理措施都很重要,应当很好地掌握。只有测量误差,测量不确定度被限制在一定范围内,测量才具有实际意义。

习　题

2.1　什么是测量误差? 为什么要研究测量误差?

2.2　测量误差的表示方法划分为几种? 每一种测量误差的作用是什么?

2.3　根据误差的性质,测量误差划分为几大类? 其各自的定义是什么,举例说明。

2.4　举例说明等精密度测量。

2.5　测量误差之间可以转化吗? 举例说明。

2.6　随机误差呈何种分布? 并采用哪一种数学表达式?

2.7　判断系统误差有几种方法? 减小系统误差有几种措施?

2.8　测量不确定度有几种分类? 各采用何种评定方法?

2.9　测量误差和测量不确定度有几点主要差别? 其具体内容是什么?

2.10　某电压表的刻度为0~10V,在5V处的校准值为4.95V,求其绝对误差、修正值、实际相对误差。若认为此处的绝对误差最大,问该电压表应定为几级?

2.11　若测量10V左右的电压,现有两块电压表,其中一块电压表量程为150V,0.5级;另一块电压表量程为15V,2.5级。问选哪一块电压表测量更准确?

2.12 某单级放大器电压放大倍数的实际值为100,某次测量时测得值为95,求测量值的相对误差和分贝误差是多少?

2.13 对某信号源输出电压的频率 f 进行 8 次测量,测得数据如下(单位:Hz):1000.82,1000.79,1000.85,1000.84,1000.78,1000.91,1000.76,1000.82,试求其有限次测量的数学期望与标准差的估计值。

2.14 将下列数据进行舍入处理,要求保留三位有效数字。

$$86.3724, \quad 3.175, \quad 0.003125, \quad 58350$$

2.15 用有效数字规则计算

(1) $1.0313 \times 3.2 = ?$ (2) $10.3 \times 3.7 = ?$

2.16 推导当测量值 $x = A^m \cdot B^n$ 时的相对误差 r_x 的表达式。设 $r_A = \pm 2.5\%$,$r_B = \pm 1.5\%$,$m = 2$,$n = 3$,求这时的 r_x 值。

2.17 求功率 $\left(W = \dfrac{U^2}{R} t \right)$ 的测量误差。已知 $r_U = \pm 1\%$,$r_R = \pm 0.5\%$,$r_t = \pm 1.5\%$,求 r_W 的值。

2.18 已测定两个电阻:$R_1 = (10.0 \pm 0.1)\,\Omega$,$R_2 = 150\Omega \pm 0.1\%$,试求两个电阻串联及并联时的总电阻及其相对误差。

2.19 现有两个 $1\,\mathrm{k\Omega}$ 的电阻,其误差均为 $\pm 5\%$,问:

(1) 串联后的误差是多少?   (2) 并联后的误差是多少?

2.20 用电桥测一批 50mH 左右的电感,由于随机误差的影响,每个电感的测量值均在 $L_0 \pm 0.8\,\mathrm{mH}$ 的范围内变化,若希望测量值的不确定度范围减小到 $0.3\,\mathrm{mH}$ 以内,在不使用更精密仪器的情况下,可采用什么方法?

第 3 章　测量用信号发生器

3.1　信号发生器的功能

信号发生器是一种电信号源,波形为正弦波(或其他波形),其频率、幅度和调制特性均在规定限度内设置在固定或可变值上。

在电子技术工程、通信工程、自动控制、仪器仪表及计算机技术等领域内,常需要频率、波形、幅度都能调节的电信号,信号发生器就是用于产生这种电信号的电子测量仪器。它是电子测量中最基本、使用最广泛的电子测量仪器之一。几乎所有的电参量在电子测量技术应用中都需要或借助信号发生器进行测量。

放大器是电子仪器仪表中最常用的基本电路,它的主要参数如放大倍数(增益),输入、输出阻抗,频率特性,瞬态过程,波形畸变等的测试均离不开信号发生器。图 3.1.1 是一种测试放大器性能的常用测量电路原理框图。

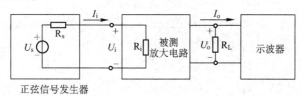

图 3.1.1　放大电路性能测试电路原理框图

(1) 放大倍数的测量

放大倍数是输出变化量的幅值与输入变化量的幅值之比,有时也称为增益。电压放大倍数用 A_u 表示,定义为

$$A_u = U_o / U_i$$

式中,U_i 为信号发生器的输出电压,即加入放大器的输入电压;U_o 为经放大电路放大后的输出电压。

测量步骤:调节正弦信号发生器的频率旋钮和幅度旋钮,输出一个频率和幅度都固定不变的正弦信号 U_i。在输出负载 R_L 上用示波器监视输出波形,在波形无明显失真情况下,用晶体管毫伏表测量放大器的输出电压值 U_o,输出电压值与输入电压值之比就是放大电路的电压放大倍数。

(2) 输入电阻的测量

作为一个放大电路,一定要有信号源来提供输入信号。当输入信号的频率为一个恒定值时,输入电压 U_i 与输入电流 I_i 之比,即放大器的输入电阻,其定义为:

$$R_i = U_i / I_i$$

(3) 放大器频率特性的测量

采取逐步进行测量的方法(点频法)。测试时保持信号发生器的输出幅度固定不变,逐渐改变信号的频率值,用毫伏表检查放大器的输出电压 U_o 值,同时用示波器监视输出信号的波形不产生失真,将测量数据记录下来,用直角坐标描绘,横坐标代表频率 f,纵坐标代表电压 U_o,此曲线即放大器的频率特性曲线,如图 3.1.2 所示。

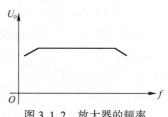

图 3.1.2　放大器的频率特性曲线

3.2 信号发生器的分类及工作特性

3.2.1 信号发生器的分类

信号发生器应用广泛、种类繁多,可分为通用和专用两大类。

通用信号发生器包括正弦信号发生器、脉冲信号发生器、函数信号发生器、噪声信号发生器。

专用信号发生器是为某种特殊的测量目的而研制和生产的。例如,电视信号发生器、编码脉冲发生器、频谱信号发生器。

最常用的信号发生器是正弦信号发生器,它的分类方法很多。

(1) 按频段划分

① 超低频信号发生器:频率在 0.0001~1000 Hz 范围内;

② 低频信号发生器:频率在 1 Hz~20 kHz 或 1 MHz 范围内。其中用得最多的是音频信号发生器,其频率范围是 20 Hz~20 kHz;

③ 视频信号发生器:频率在 20 Hz~10 MHz 范围内;

④ 高频信号发生器:频率在 200 kHz~30 MHz 范围内,即大致相当于长、中、短波段的范围;

⑤ 甚高频信号发生器:频率在 30~300 MHz 范围内,即相当于米波波段;

⑥ 超高频信号发生器:一般频率在 300 MHz 以上,相当于分米波波段、厘米波波段等。工作在厘米波及更短波长的信号发生器常称微波信号发生器。

应该指出的是,上述的频段划分并非是完全严格的。一方面,目前许多信号发生器都能工作在极宽的频率范围内,例如从数十 kHz 到 1 GHz 或更高频率的信号发生器大量出现。国外将这种宽频段信号发生器称为射频信号发生器。另一方面,频段有不同的划分方法。例如,我国就很少有甚高频信号发生器的称呼,而将工作在 200 kHz~300 MHz 频段内的信号发生器统称为高频信号发生器。对于一个具体的产品,它可能工作在某一频段的全部,也可能只工作在某频段部分频率上,也可能占据多个频段。

(2) 按性能划分

① 高频信号发生器:主要用来供给各种电子测量仪器或其他电子设备的高频信号,如向电桥、测量线、谐振回路、天线等供给高频信号能量,以便测试其性能。高频信号发生器一般具有较大的输出功率,但输出信号的频率和幅度可能有较大的误差,其波形可能有较大的失真。

② 标准信号发生器:输出信号的频率、电压和调制系数可在一定范围内调节(有时调制系数可固定)。并将准确读数、屏蔽良好的信号发生器称为标准信号发生器。标准信号发生器的输出电压一般不大,要求能够提供足够小而准确的输出电压,以便测试接收机等高灵敏度的电子设备。因此,标准信号发生器中有精密的衰减器和精细的屏蔽设施,以防止信号的泄漏。

(3) 按调制类型划分

按调制类型可分为调幅信号发生器、调频信号发生器、调相信号发生器、脉冲调制信号发生器及组合调制信号发生器等。超低频和低频信号发生器一般是无调制的;高频信号发生器一般是有调幅的;甚高频信号发生器应有调幅和调频;超高频信号发生器应有脉冲调制。

(4) 按频率调节方式划分

按输出频率是自动还是手动调节可分为普通信号发生器、扫频信号发生器和程控信号发生器。后面两种在自动和半自动测试中获得广泛的应用。

（5）按产生频率的方法划分

按产生频率的方法可分为谐振法和合成法两种。一般的信号发生器都采用谐振法,即用具有频率选择性的回路来产生正弦振荡。但也可以通过频率的加、减、乘、除,从一个或几个基准频率得到一系列所需的频率,这种产生频率的方法称为合成法。基于频率合成原理制成的信号发生器,可以获得很高的频率稳定度和精确度,因此发展迅速。目前,在自动控制系统中,需要由计算机的指令来设置波形发生器的振荡频率,这种由"软件"实现的信号发生器称为可编程波形发生器。由于其特殊的功能和作用,应用领域越来越广泛。

3.2.2 信号发生器的工作特性

信号发生器的主要工作特性如下:

（1）有效频率范围:各项指标都能得到保证时的输出频率范围,称为信号发生器的有效频率范围。在有效频率范围内,频率调节可以是连续的,也可以是离散的。当频率范围很宽时,常分为若干个波段。

（2）频率准确度:用度盘读数的信号发生器,其频率准确度约在$\pm(1\sim10)\%$的范围内;标准信号发生器则优于$\pm1\%$。数字显示的信号发生器末位有±1个字的误差。

（3）频率稳定度:如果没有足够的频率稳定度,就不可能保证足够的测试结果的准确度。另外,频率的不稳定可能使某些测试无法进行。如窄带系统的测试,元器件和电路稳定性的测试,鉴频器和鉴相器的测试等。一般频率稳定度至少比频率准确度高$1\sim2$个数量级。

（4）输出电平:微波信号发生器一般用功率电平表示,高频和低频信号发生器一般用电压电平表示。既可以用绝对电平表示,也可以用相对电平表示。总之,信号发生器的输出电平是不大的,却可能有很宽的调节范围。例如,标准信号发生器的输出电平一般为$0.1\,\mu V\sim1\,V$,其调节范围达10^7。

（5）输出电平的稳定度和平坦度:输出电平的稳定度是指输出电平随时间的变化。输出电平的平坦度是指在有效频率范围内调节频率时,输出电平的变化。为了提高输出电平的稳定度和平坦度,在现代的信号发生器中加有自动电平控制电平(ALC)电路。具有 ALC 的信号发生器的平坦度,一般在$\pm1\,dB$以内。

（6）输出电平的准确度:输出电平准确度一般在$\pm(3\sim10)\%$的范围内,即大致与电平表的准确度相当。

（7）输出阻抗:信号发生器的输出阻抗视不同类型的信号发生器而变化。在低频信号发生器中,一般有匹配输出变压器,因此可能有几种不同的输出阻抗,如$50\,\Omega$、$150\,\Omega$、$300\,\Omega$、$600\,\Omega$等。高频信号发生器通常只有一种输出阻抗,如$50\,\Omega$或$75\,\Omega$。

（8）屏蔽质量:低频信号发生器因其交流能量的辐射微弱而没有此项指标。高频信号发生器因其交流能量的强烈辐射,使该项指标显得十分重要。目前用以表征屏蔽质量优劣的办法大致有两种:其一,规定在信号发生器外部某一距离处场强的极限值。如规定距离高频信号发生器 1 米处的任何地方,场强不得超过$0.1\sim10\,\mu V/m$。其二,规定输出端的残余电平。如规定输出端的残余输出电平不大于其最小标称输出电平的$0.1\sim0.5$倍。

（9）输出信号的频谱纯度:要得到完全理想的正弦波是不可能的,但要求信号发生器输出频谱较纯净的信号是很重要的。频谱不纯主要来自三个方面:高次谐波（即非线性失真）,非谐波和噪声。信号发生器的非线性失真系数一般应在 1% 以下。

（10）调制类型:是否有调制,加什么类型的调制,主要由信号发生器的使用范围所决定。如向测量线供给能量的信号发生器,如果没有幅度调制是不方便的。在测量接收机的参数时,信号发生器如果没有调制,测试是无法进行的。

（11）调制频率:很多信号发生器既有内调制振荡器,又可自外部输入调制信号。内调制振荡器的频率可以是固定的(一般是400 Hz或1000 Hz),也可以是连续可调的。调幅时,外调制频率范围一般能覆盖整个音频频段;调频时,一般在10 Hz~110 kHz范围内。

（12）调制系数的有效范围:在调制系数的有效范围内调节调制系数时,信号发生器的各项指标都能得到满足。调幅系数有效范围一般宽于(0~80)%,调频时的频偏一般不小于75 kHz。

（13）调制系数的准确度:标准信号发生器的调制系数准确度应优于10%。

（14）调制线性度:一般要求调制线性度在(1~5)%的范围内。

（15）寄生调制:信号发生器工作在载波状态时的残余调幅、残余调频,或调幅状态下的寄生调频,或调频时的寄生调幅,统称为信号发生器的寄生调制。一般要求寄生调制应低于-40 dB。

（16）其他特性:可靠性、耗电量、尺寸及重量等是表征信号发生器的经济性能和使用性能的重要指标。优良的信号发生器,既要满足电气指标,还应有较高的可靠性、低成本和低功耗。

上述（1）~（3）项称为信号发生器的频率特性;（4）~（9）项称为输出特性;（10）~（15）项称为调制特性。这三大项常称为信号发生器的三大指标。

3.3 函数信号发生器工作原理

函数信号发生器是能产生多种特定时间函数波形(如正弦波、方波、三角波等)供测试用的信号发生器。

下面以典型函数信号发生器为例分析其工作原理。该函数信号发生器可产生精密的正弦波、三角波、方波及TTL同步脉冲波。频率覆盖范围从0.2 Hz到2 MHz,且具有内扫频功能。输出信号的类别有两种:一种是单频信号,另一种是扫频信号,函数信号输出幅度连续可调。同时具有8位数字频率计可精确显示该仪器的输出频率,或用于外测频率。

3.3.1 电路工作原理

电路工作原理框图如图3.3.1所示。该函数信号发生器由输入单元、内/外转换电路、波形产生电路、频段转换器、扫频电路、占空比和频率调节电路、微处理器、A/D转换器、直流功率放大器和计数显示器等组成。

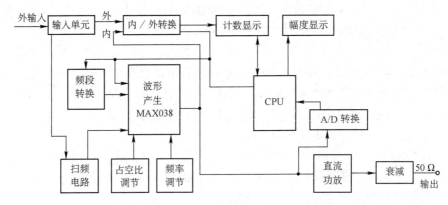

图3.3.1 典型函数信号发生器电路原理方框图

3.3.2 典型电路分析

1. 波形产生电路

波形产生电路的核心器件是 IC_3，IC_3 采用 MAX038 集成电路，它是一个只需要外接很少元件的单片精密高频波形发生器，能产生精密的正弦波、三角波和脉冲波。输出的频率范围从 0.1 Hz 到 20 MHz，且有独立的频率和占空比调整功能，350:1 频率的扫频范围，低阻抗输出可以驱动 ±200 mA 的电流。它的引脚排列如图 3.3.2 所示，引脚功能见表 3.3.1。

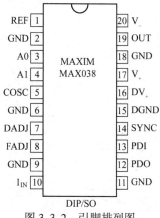

图 3.3.2 引脚排列图

表 3.3.1 MAX038 的引脚功能

引脚号	名 称	功 能	引脚号	名 称	功 能
1	REF	2.5 V 基准电压输出	11	GND	地
2	GND	地	12	PDO	相位检测器输出端，若相位检测器不用，该端接地
3	A0	波形选择编码输入端（兼容 TTL/CMOS 电平）	13	PDI	相位检测器基准时钟输入，若相位检测器不用，该端接地
4	A1	同 A0 引脚	14	SYNC	TTL/CMOS 电平输出，用于同步外部电路，不用时开路
5	COSC	主振荡器外接电容接入端	15	DGND	数字地。在 SYNC 不用时开路
6	GND	地	16	DV$_+$	数字+5 V 电源。若 SYNC 不用，该端开路
7	DADJ	占空比调节输入端	17	V$_+$	+5 V 电源输入端
8	FADJ	频率调节输入端	18	GND	地
9	GND	地	19	OUT	正弦波、方波或三角波输出端
10	I$_{IN}$	电流输入端，用于频率调节和控制	20	V$_-$	−5 V 电源输入端

注：表中 5 个地内部不相连，需外部连接。

芯片 IC_3（MAX038）和外围电路所组成的波形产生电路如图 3.3.3 所示。MAX038 的第 3、4 引脚信号由单片机 89C51 的第 4 引脚（$P_{1.3}$）、第 5 引脚（$P_{1.4}$）控制，使其分别输出正弦波、三角波、方波，实现波形转换，波形转换电路如图 3.3.4 所示。芯片 IC_3 产生的波形是根据 A0、A1（3、4）引脚的电平高低来改变，89C51 的第 12 引脚提供一个高电平，若开关 S_3 按下时，89C51 的第 8 引脚为地电平。当开关 S_3 由断开到接通的瞬间 89C51 的第 12 引脚提供的高电平立刻通过二极管 VD_6 在第 8 引脚上产生一个脉冲，此脉冲使 89C51 的第 4、5 引脚的高低电平发生变化，由于 89C51 的第 4、5 引脚与 MAX038 的 3、4 引脚相连，这样就达到了波形转换的目的，其中，C_{33} 为防误操作电容。

IC_2（MAX442）是一个可转换输入口的运算放大器，当 8 引脚为"0"时，该芯片对输入 3 引脚的信号进行放大，此时为外部信号；8 引脚为"1"时，对输入 1 引脚的信号进行放大，此时为内部信号。8 引脚是"0"还是"1"，完全由单片机 89C51 相关引脚电平的变化而获得，然后再通过 IC_{4A}、IC_{4D} 进行倒相整形后由 8 引脚输出。与此同时，经 IC_{4B} 的 4 引脚输出 TTL 同步脉冲。

A0、A1 的状态决定波形产生电路输出是何种波形，其状态表见表 3.3.2。

单片机 89C51 的 1（$P_{1.0}$）、2（$P_{1.1}$）、3（$P_{1.2}$）引脚控制模拟开关 IC_1 的 2、8、12 引脚，使其 4、5、6、7 引脚和 14、15、16、17 引脚依次接地，此 8 只引脚上相连接的电容一端也依次接地，而 8 只电容 $C_{1\sim8}$ 的另一端又同时接在 MAX038 的 5 引脚，改变外接电容 $C_{1\sim8}$ 的容量（100 μF~33 pF），即达到控制频段的目的。

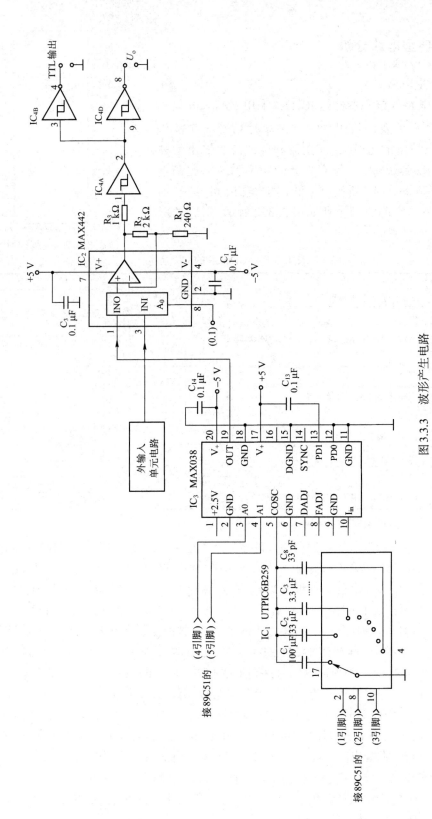

图 3.3.3 波形产生电路

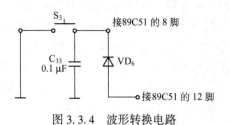

图 3.3.4　波形转换电路

表 3.3.2　A0、A1 状态表

A0	A1	输　出　波　形
0	0	正弦波
0	1	方波
1	0	三角波
1	1	无输出

2. 频率调整电路

频率调整主要是对 MAX038 的第 1、10 两引脚间的电阻进行调整,具体电路如图 3.3.5 所示。

调整电路是由电阻 R_{15}、R_{32} 和电位器 RP_{16} 所组成的电阻分压器来完成的。调节电位器 RP_{16},即改变 MAX038 的 1 引脚和 10 引脚之间的电阻值,也就是改变对电容充放电时间来实现频率调节。IC_{10D} 运算放大器接成电压跟随器形式,作缓冲级用,起到稳定频率调整的目的。C_{12} 为电源去耦电容,C_{11} 为消除噪声电容。

3. 占空比调整电路

占空比调整主要是对 MAX038 的 7 引脚电压($-12V \sim +2V$)进行调整,具体电路如图 3.3.6 所示。占空比调整电路是由电阻 R_{26}、R_{29} 和电位器 RP_{28} 所组成的电阻分压器来完成的。调节电位器 RP_{28},即改变其输出波形的斜率,也就是调节占空比。IC_{10C} 运算放大器接成电压跟随器形式,作缓冲级用,起到稳定占空比调整的目的。开关 S_2 控制是否需要调整占空比。

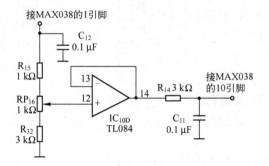

图 3.3.5　频率调整电路

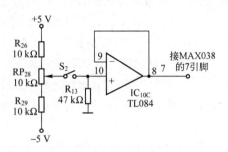

图 3.3.6　占空比调整电路

4. 内、外扫频控制电路

该电路如图 3.3.7 所示。S_2 为功能控制开关,控制单片机 89C51 的 7 引脚电平,而单片机

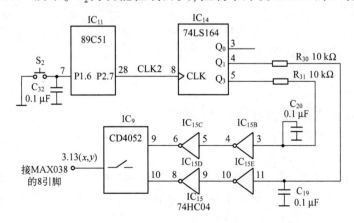

图 3.3.7　内、外扫频控制电路

89C51 的 28 引脚又控制 IC₁₄(74LS164) 的 8 引脚时钟脉冲输入端。74LS164 是 8 位串行输入、并行输出的移位寄存器,由于无并行输出控制端,在串行输入过程中,其输出状态会不断变化,因此,在某些特定应用条件下,在 74LS164 的输出端应加接输出三态门控制,以确保串行输入结束后再输出数据。IC₁₄ 的 4、5 引脚的信号通过电阻 R₃₀、R₃₁ 加到 IC₁₅(74HC04 为六反相器) 的 3、11 两引脚,再由 IC₁₅ 的 6、8 两引脚输出至模拟电子开关 IC₉(CD4052) 的 9、10 两引脚。其中,IC₁₅B ~ IC₁₅E 是四个反相器,作放大整形用,C₁₉、C₂₀、C₃₂ 是防误操作电容。当 IC₉ 的 9 引脚 ="1",10 引脚 ="0" 时,为内扫频方式;反之,9 引脚 ="0",10 引脚 ="1" 时为外扫频方式。

该函数信号发生器采用的单片机是 89C51 芯片。

5. 测频单元电路

将本机功能开关接到测频位置,被测信号通过外输入单元电路加入 IC₂(MAX422) 的 1 引脚,请参照图 3.3.3 进行分析。因 MAX442 是一个可转换输入口的运算放大器,当内测频时,1 引脚信号被放大;当外测频时,3 引脚信号被放大。对于内、外测频该机是通过单片机 89C51 进行控制测试的,其原理框图如图 3.3.8 所示。

图 3.3.8　测频原理框图

整个测试系统比较简单,从单片机定时器 1 的外部输入端引入被测信号,通过单片机测试后,数据经串行口输出,送至数字显示部分。数字显示部分由 LED 数码管采用静态显示方式与单片机接口,接口电路采用 MAX7219 芯片。

MAX7219 是多位 LED 显示驱动器,采用 3 线串行接口传送数据,可直接与单片机接口,用户能方便修改其内部参数以实现多位 LED 显示。它内含硬件动态扫描显示控制,每枚芯片可驱动 8 个 LED 数码管。

MAX7219 芯片引脚及其功能说明如下。

MAX7219 是共阴极 LED 显示驱动器,采用 24 引脚 DIP 和 SO 两种封装,其引脚排列如图 3.3.9 所示。功能说明如下。

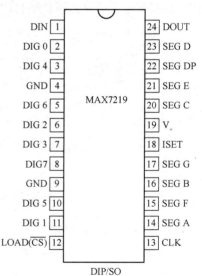

图 3.3.9　MAX7219 芯片引脚排列图

(1) DIN:串行数据输入端。在 CLK 的上升沿,数据被装入到内部的 16 位移动寄存器中。

(2) DIG7 ~ DIG0:8 位数值驱动线。输出位选信号,从每位 LED 显示器公共阴极吸入电流。

(3) GND:接地端。

(4) LOAD:装载数据控制。在 LOAD 的上升沿,最后送入的 16 位串行数据被锁存到数据或控制寄存器中。

(5) DOUT:串行数据输出端。进入 DIN 的数据 16.5 个时钟后送到 DOUT 端,以便在级联时传送到下一片 MAX7219。

(6) SEG A ~ SEG G:LED 七段显示器段驱动端。

(7) SEG DP:小数点驱动端。

(8) Vcc:+5V 电源端。

(9) ISET:LED 段峰值电流提供端。它通过一只电阻与电源相连,以便给 LED 段提供峰值电流。

(10) CLK:串行时钟输入端。最高输入频率为 10 MHz,在 CLK 的上升沿,数据被移入内部移位寄存器;在 CLK 的下降沿,数据被移至 DOUT 端。

由 MAX7219 芯片组成的测频电路原理图如图 3.3.10 所示。

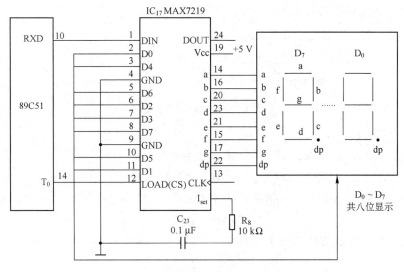

图 3.3.10　测频电路原理图

3.4　DDS 数字式频率合成信号发生器

频率合成的定义是由一个或几个高稳定的参考频率经过各种技术处理、转换,产生一个或多个频率信号的过程。频率合成器是一种频率转换装置,它广泛地应用于产生电子系统的基准频率,其合成的精度和稳定度受其参考频率的精度和稳定度,以及外围电路的影响。频率合成器一般分为直接式、间接式、直接数字式三种基本形式。

现在应用最广泛的是锁相环(PLL)频率合成技术,它通过改变 PLL 中的分频比 N 来实现输出频率的跳频,其缺点是无法避免缩短环路锁定时间与提高频率分辨率之间的矛盾,因此很难同时满足高速和高精确度的要求。直接数字式频率合成(DDS)是近年发展起来的一种最新的频率合成技术。它将先进的数据处理理论与方法引入到频率合成领域,是继直接频率合成(DS)和间接频率合成(IS)之后的第三代频率合成技术。DDS 的优点是:相对带宽较宽,频率转换时间极短(ns),输出相位连续,频率分辨率极高(可达 μHz),可编程和全数字化结构,便于集成。频率、相位和幅度均可实现程控,因此能够与计算机紧密结合在一起充分发挥软件的作用。在实际应用中可以采用单片机来代替计算机对 DDS 芯片进行控制,实现合成频率的输出。由于 DDS 技术具有上述其他频率合成方法无法比拟的优点,因此它获得了飞速的发展和广泛的应用,是一种很有发展前途的技术。

DDS 技术将成为未来频率合成技术发展的主流方向,它高度的集成性对于简化电子系统的设计方案、降低硬件的复杂程度、提高系统的整机性能意义重大。

3.4.1　DDS 基本工作原理

1. DDS 的基本结构和性能分析

DDS 的原理框图如图 3.4.1 所示。在参考时钟的控制下,相位累加器对频率控制字 K 进行累加,得到的相位码 $\Phi(n)$ 对波形存储器(正弦查询表)寻址,使之输出相对应的幅度码,再经过数模转换器得到相对应的阶梯波,最后经低通滤波器得到连续变化的所需频率的波形。

一个正弦信号可以由振幅、频率及初始相位唯一确定。正弦信号的数学表达式为:

$$S(t) = A\cos(2\pi ft + \Phi) \tag{3.4.1}$$

在用数字合成方式合成正弦信号时,只要产生相应的振幅 A、频率 f、初始相位 Φ 即可,实际应用中

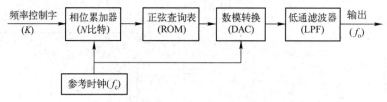

图 3.4.1　DDS 原理框图

与初始相位 Φ 无关,则

$$\Phi(t) = 2\pi f t \qquad (3.4.2)$$

DDS 就是利用式(3.4.2)中 $\Phi(t)$ 与时间 t 成线性关系的原理进行频率合成的,在时间 $t=T_c$ 间隔内,正弦信号的相位增量 $\Delta\Phi$ 与正弦信号的频率 f 构成一一对应关系,通过推导得到

$$f = \Delta\Phi / (2\pi T_c) \qquad (3.4.3)$$

下面用"相位轮"来形象地说明 DDS 的工作原理,如图 3.4.2 所示。

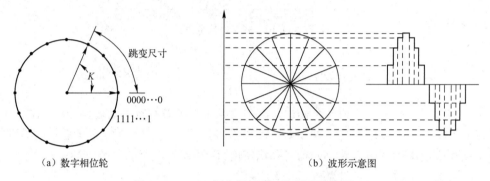

（a）数字相位轮　　　　　　　　　　　（b）波形示意图

图 3.4.2　DDS 相位累加器工作原理示意图

DDS 中相位累加器的作用相当于一个数字控制的正弦振荡器,这个正弦振荡器就像一个矢量围绕相位轮旋转,如图 3.4.2(a)所示,"相位轮"上的点与正弦波周期内相等相位的幅度量化点相对应。当这个矢量围绕相位轮旋转时,产生一个相对应的正弦波。相位累加器是线性输出的,所以矢量围绕"相位轮"的旋转也是线性的。但是相位累加器的输出并不能直接产生正弦波或其他波形,它的输出是线性增加的阶梯信号。因此,必须通过相位/幅度查询表(即波形查询表)将相位累加器输出的相位信息转化成相对应的正弦波的幅度信息。相位/幅度查询表的输出同样是离散的数字量,经过数模转换器后输出近似正弦波的波形。若在 DDS 后面加上一个低通滤波器,就可以得到所需的正弦波信号。如果需要改变输出频率只需改变相位的增量值即可。相位的增量值即矢量旋转的速度完全由 K 决定,K 被称为频率控制字,相位累加器正是以 K 为计数的模数进行相位累加的。在"相位轮"上,K 相当于旋转的速度,它直接影响相位累加器的溢出,K 越大溢出越多,所产生的频率就越高。例如:对于 $N=32$ 的相位累加器,如果 K 取 0000…00001,需要经过 2^{32} 个参考时钟累加器才能溢出。如果 K 值改为 0111…1111,需要经过 2 个参考时钟后,相位累加器溢出,产生的频率

$$f_0 = (K/2^N) f_c$$

式中,f_0 为 DDS 的输出频率,K 为二进制频率控制字,f_c 为内部参考时钟频率(系统时钟),N 是相位累加器的长度,单位是比特(b)。

从 DDS 的结构和原理分析,若改变频率控制字 K,输出频率便随之发生改变,而输出频率的相位却是连续的。

2. DDS 的输出频率特性

在不考虑相位误差、幅度量化误差及 DAC 误差的理想情况下,DDS 的 DAC 输出信号的傅里叶

级数之和的表达式为

$$S(t) = \sum_{i=-\infty}^{\infty} \frac{1}{2} \sin\left(i \pm \frac{K}{2^N}\right) e^{j\left[2\pi(if_c \pm f_0)t - \pi\left(i \pm \frac{K}{2^N}\right)\right]} \quad (3.4.4)$$

由式（3.4.4）得出，理想 DDS 的输出频谱如图 3.4.3 所示。

实际 DDS 输出的信号除需要的主频谱外，还存在大量无用的杂散分量，产生杂散分量的主要因素有三个：相位截断误差、ROM 幅度量化误差和 DAC 非理想特性。在设计时要重点考虑相位截断误差和 ROM 幅度量化误差对 DDS 输出频谱的影响。因 DAC 非理想特性引起的误差影响较小，可忽略不计。

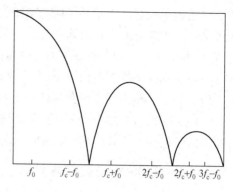

图 3.4.3　理想 DDS 输出频谱

（1）相位截断误差对频谱的影响

实际参数波形输出的 DDS 中用相位累加器输出相位序列 $\Phi(n)$ 的高 A 位来寻址 ROM，而舍去低 B 位（$B+A=N$），则引入了相位截断误差。在相位舍位条件下，DDS 输出幅度序列为

$$S_r(n) = \cos\left(\frac{2\pi}{2^N} \cdot NK\right) - \frac{2\pi}{2^N} \cdot \varepsilon_p(n) \cdot \sin\left(\frac{2\pi}{2^N} \cdot NK\right) \quad (3.4.5)$$

相位舍位引入的波形误差序列为

$$S_e(n) = \frac{2\pi}{2^N} \cdot \varepsilon_p(n) \cdot \sin\left(\frac{2\pi}{2^N} \cdot NK\right) \quad (3.4.6)$$

（2）ROM 幅度量化误差对频谱的影响

由于受查询表存储区 ROM 大小的限制，对幅度值做了近似存储，被略去的部分就产生了量化误差。因为幅度量化误差与 DDS 理想输出函数有相同的周期，所以幅度量化误差不会引入新的杂散分量。

3.4.2　DDS 的特点

DDS 完全不同于传统的频率合成方式，是一种可编程和全数字结构形式。其特点为：

（1）能产生极高的输出频率

DDS 工作在 300 MHz 的时钟下，根据采样定理，DDS 的最高输出频率应小于采样时钟频率 f_c 的 1/2，在实际应用中，考虑到低通滤波器的非线性影响，因此一般能达到 f_c 的 40%。

（2）极高的频率分辨率

DDS 最主要特点之一，是它能实现极高的频率分辨率。由 $f_0 = (Kf_c)/2^N$ 可知，DDS 的分辨率取决于相位累加器的字长和采样时钟频率，只要相位累加器的字长足够长，DDS 的分辨率就能达到足够高。例如，时钟频率为 100 MHz、相位累加器字长为 32 b 时，最小频率分辨率为：$10^8/2^{32} \approx 0.02328\,Hz$，这样的频率分辨率是传统的频率合成方法所不可能达到的，完全能满足设计要求中高精度的分辨率。

（3）较宽的相对带宽

当频率控制字 $K=0$ 时，输出频率 $f_0 = 0\,Hz$，即 DDS 的输出下限频率为 0。根据奈奎斯特定理，理论上 DDS 输出的上限频率为 $f_c/2$，由于外接低通滤波器的非理想性，实际工程中 DDS 的输出频率上限一般为 $f_{0_{max}} \approx 0.4f_c$。

（4）极短的频率转换时间

DDS 是一个开环系统，没有任何反馈环节，DDS 特殊的结构决定了 DDS 的频率转换时间是由外部传送频率控制字 K 供给 DDS 的时间、内部数字电路的总的延迟时间、DAC 的延迟时间以及外部所接低通滤波器的延迟时间的总和来共同决定的。在高速 DDS 系统中,因为采用的是流水线结构,它外部所输入的频率控制字的传输时间等于流水线长度和时钟周期的乘积,而低通滤波器的频响时间随截止频率的提高而缩短,所以高速 DDS 系统的频率转换时间极短,一般可达 ns 量级。

(5)具有在频率捷变时相位连续性的特点

DDS 工作时,改变频率控制字 K 即可改变它的输出频率。根据其工作原理,改变 K 的实质是改变了信号的相位增长速率,而 DDS 输出信号的相位是连续的。

3.4.3 DDS 的主要技术参数

DDS 中的相位累加器是 N 比特的模 2 加法器,正弦查询表 ROM 中存储一个周期的正弦波幅度量化数据,所以频率控制字 K 取最小值 1 时,每 2^N 个时钟周期输出一个周期的正弦波。其主要技术参数有:

(1)输出信号频率 f_0

$$f_0 = f_c / 2^N$$

式中,f_c 为采样时钟频率,即参考时钟频率,N 为累加器的位数。通常情况下,频率控制字为 K 时,每 $2^N / K$ 个时钟周期输出一个周期的正弦波,上述公式也可用下式进行描述:

$$f_0 = K \cdot f_c / 2^N$$

(2)输出信号的最小频率(分辨率)

$$f_{0min} = f_c / 2^N$$

(3)输出信号的最大频率

$$f_{0max} = K_{max} \cdot f_c / 2^N$$

(4)DAC 每信号周期输出的最少点数

$$k = 2^N / k_{max}$$

当 N 比较大时,对于较宽范围内的 K 值,DDS 系统都可以在一个周期内输出足够多的点,以确保尽可能小的输出波形失真。

*3.5   DDS 芯片的应用

随着微电子技术、大规模集成电路技术及计算机技术水平的不断提高,近年来国外一些公司先后推出各种各样的 DDS 专用芯片,如 Qualcomm 公司的 Q2220、Q2230、Q2240、Q2368 等(其中 Q2368 的时钟频率为 130 MHz、分辨率为 0.03 Hz、变频时间为 0.1 μs);AD 公司的 AD9850、AD9851、AD9852、AD9853、AD9854、AD9856、AD9857 等。AD 公司的产品全部内置了 DAC,称为 Complete-DDS。其中,AD9852 时钟频率为 300 MHz、变频时间为 130 ns、频率分辨率为 1 μHz。

下面以 AD9852 芯片组成 DDS 信号发生器为例,对其工作原理进行详细的分析。

3.5.1   AD9852 的特性介绍

1. 主要性能

AD9852 数字直接频率合成器是高度集成化芯片,它采用先进的 DDS 技术,结合内部高速、高性能 D/A 转换器和比较器,以形成可编程、可灵活使用的频率合成功能。当提供给 AD9852 精确的频率时钟源时,将产生高稳定的频率、相位、幅度均可编程的正弦波,该正弦波可作为信号源广泛应用于通信工程、雷达以及各种类型的电子设备。并且使用先进的 0.35 μm CMOS 技术,其工作

电压仅为 3.3 V,另外,它还有如下主要性能:

(1) 含有 300 MHz 内部时钟;

(2) 具有集成化的 12 位 A/D 输出;

(3) 超高速、每秒抖动偏差仅 3RMS(均方根偏差);

(4) 具有良好的动态性能:在 100 MHz 输出时仍具有 80 dB SFDR(无杂散动态范围);

(5) 内含 4~20 倍可编程参考时钟倍乘器;

(6) 带有双向 48 位可编程频率寄存器和双向 14 位可编程相位寄存器;

(7) 具有 12 位振幅调谐和可编程的 Shaped On/off Keying 功能;

(8) 具有单引脚 FSK 和 PSK 数据接口;

(9) HOLD 引脚具有线性或非线性 FM 线性调频功能;

(10) FSK 的线性频率在时钟发生模式下的总偏差 RMS 小于 25 ps;

(11) 可自动进行双向频率扫描;

(12) 可进行 $\sin(x)/x$ 校正;

(13) 有简化的控制接口:① 10 MHz 的串行两线或三线外围接口;② 100 MHz 的 8 位并行程序
设计接口;

(14) 采用 3.3 V 供电;

(15) 具有多路低功耗功能;

(16) 采用单端或差分参考时钟输入;

(17) 采用小型 80 引脚 LQFP(14 mm×14 mm×1.4 mm)封装形式。

2. AD9852 引脚功能

图 3.5.1 是 AD9852 的内部结构框图。它的引脚排列是以左上引脚标志点为 1 逆时针排列,
每侧各有 20 个引脚,其引脚排列图如图 3.5.2 所示。

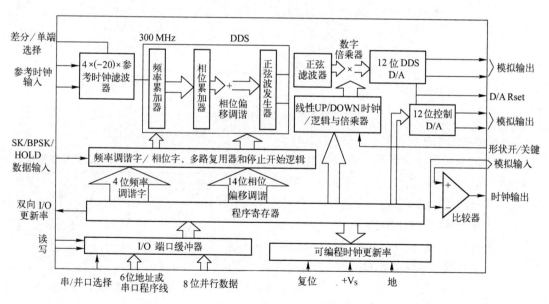

图 3.5.1　AD9852 内部结构框图

该芯片由外部控制逻辑输入数据和地址,并通过读、写程序寄存器设置数值和控制 DDS 的工
作模式,同时,参考时钟频率通过可编程参考时钟倍乘器、反向正弦滤波器、计数倍乘器、两个
300 MHz 的 12 位数模转换器来输出模拟信号,并以选定的工作模式进行工作。

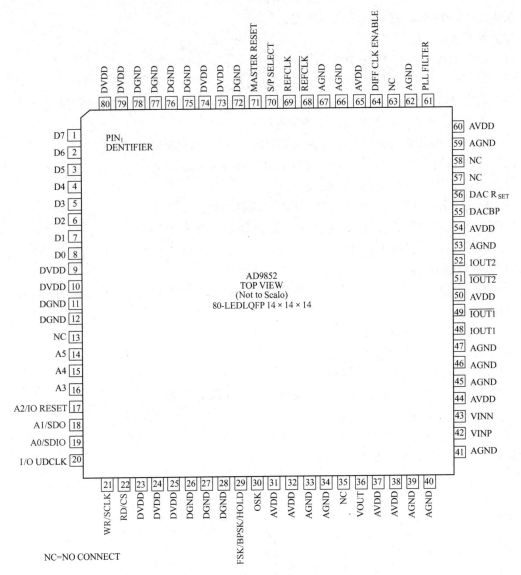

图 3.5.2　AD9852 芯片引脚排列图

3. 工作模式和工作时序

对于利用 AD9852 来实现频率合成及其他功能,主要是对 AD9852 进行控制,因此,选择正确的工作模式和工作时序,对正确的软件编程十分重要。

AD9852 有五种可编程的工作模式,见表 3.5.1。

（1）SINGLE-TONE 模式。上电复位后的默认模式就是 SINGLE-TONE 模式,频率控制字寄存器的默认值为零,定义一个安全的无输出状态,产生 0 Hz、0 相位的输出信号。用户可控制输出频率 48 位分辨率,输出振幅 12 位分辨率,输出相位 14 位分辨率,所有参数可通过编程改变或调制,实现 FM、AM、PM、FSK、PSK 等操作。

表 3.5.1　AD9852 的工作模式选择表

Mode2	Mode1	Mode0	结　　果
0	0	0	SINGLE-TONE
0	0	1	UNRAMPED FSK
0	1	0	RAMPED FSK
0	1	1	CHIRP
1	0	0	BPSK

（2）UNRAMPED FSK 模式。FSK 输入端(29 引脚)为逻辑"0"时,选择频率控制字 1(F1),为逻辑"1"时,选择频率控制字 2 (F2)。在这种模式下,频率变化的相位是连续的。若去掉 F2 和 29 引脚的逻辑值,转化为 SINGLE-TONE 模式。

（3）RAMPED FSK 模式。频率从 F1 到 F2 变化不是瞬时的，而是在频率扫描下进行。这种工作方式可节省带宽。

（4）CHIRP 模式。被称作线性调频脉冲，多数采用 FM 扫描方式，是一种扩频调制，容易实现增益处理。

（5）BPSK 模式。是一个二进制，双相双极性的相位转换键。29 脚的逻辑值可控制相位调谐寄存器 1,2;29 引脚为低时，选择相位调谐寄存器 1;29 引脚为高时，选择相位调谐寄存器 2。

在对 AD9852 写入数据时，数据的写入方式有两种:① 并行数据写入方式;② 串行数据写入方式。

3.5.2 DDS 波形产生电路

波形的产生主要是通过单片机对 DDS 芯片写入频率控制字来改变波形的频率，实现波形的频率在规定的范围内可以随意调节。正弦波可由 DDS 直接输出模拟波形;对于方波，可将输出的正弦波接到高速比较器的输入端，经比较器输出方波。在该电路中，选用 AD9852 芯片完成此项功能。

利用一片 AD9852 及简单的外围电路就能实现频率合成器，它的结构框图如图 3.5.3 所示。

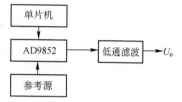

图 3.5.4 为 DDS 芯片 AD9852 及其外围电路图，主要由时钟电路、复位电路、外围接口电路和低通滤波器组成。结合图 3.5.4 对由 AD9852 及其外围电路组成的波形产生电路进行详细分析。

图 3.5.3 频率合成器结构框图

在频率合成器的硬件电路中将 AD9852 的 S/P SELECT（70 引脚）端与数字电源端相连，即置高电平，使单片机以并行输入方式控制 AD9852 的运行。这样 6 位地址线、多位双向数据线，以及读/写控制线组成并行方式下的输出 U₀ 端口。

AD9852 的外部时钟采用 11.0592 MHz，高精度+5V 电源晶振，时钟信号以单端输入方式输入。由于 AD9852 在单端输入时要求时钟信号为 3.3V 电源下的 CMOS 电平，故时钟信号先经过缓冲与电平转换，再加到 AD9852 时钟输入端，对内部可编程时钟乘法器编程，使 AD9852 工作在所需时钟频率上。

（1）正弦波和方波的产生

由键盘输入需要产生的频率数据送入单片机，经过单片机内部运算得出 AD9852 产生该频率所需的频率控制字（十六进制），单片机将该正弦频率下的频率控制字经过缓冲电路送入 AD9852。由于是并行输入方式，且控制字为 48 位的十六进制数，依次送 8 位数据，分 6 次送完，然后单片机送入一个单脉冲信号加在 AD9852 的（I/O）UPDATE 端口，即在电路上对新频率的更新采用外更新方式，将 AD9852 内部寄存器的 1FH 地址的 INT UPDATE CLK 位置"0"，在脉冲上升沿期间，这个 48 位数据被送入到 AD9852 的 DDS 核心运行，经过 DAC 转换器以及由电容 $C_1 \sim C_{14}$ 和电感 $L_1 \sim L_6$ 组成的八阶椭圆低通滤波器后，通过 AD9852 的 48 引脚或 52 引脚输出所需频率的正弦波信号。该信号幅度小于 1 V。另外，由于 AD9852 的功耗很大，工作时尽量把不用的功能旁路掉，如 INVERSE SINC 功能。

另外还有一路接入 AD9852 内部比较器的输入端，由比较器的输出端（即 AD9852 的 36 引脚）输出方波。除输出正弦波、方波信号外，通过编程还能输出三角波、阶梯波、正负直流、对数函数波、指数函数波、心电图波、地震波及任意波等 32 种信号。

（2）时钟电路

时钟电路的选择非常关键，因为它直接影响 DDS 的相位噪声水平。该电路要求输出最高频率为 40 MHz，考虑到滤波器的非理想性，一般输出频率由下面公式给出:

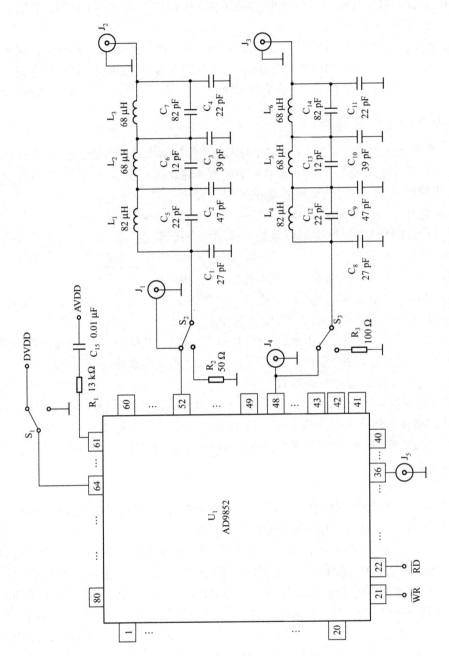

图3.5.4 AD9852及其外围电路

$$f_0 \approx (2/5)f_c$$

则 DDS 的系统频率最小为

$$f_c \approx (5/2)f_0 = 100\,\text{MHz}$$

晶振选择频率为 11.0592 MHz 高性能晶振,再利用 AD9852 内部时钟乘法器将外部参考时钟频率由 11.0592 MHz 倍频到 DDS 系统时钟频率 199.0656 MHz 上。

（3）低通滤波器

由于 DDS 芯片的输出具有大量的谐波分量及系统时钟干扰,低通滤波器能够较好地滤除杂波,平滑信号,所以为了得到所需频段内的信号,需要在 DDS 的输出端加一滤波器来实现。在实际滤波器中,用一个可实现的衰减特性来逼近理想特性,根据不同的逼近准则,采用不同的衰减特性来选择不同的频响滤波器。低通滤波器的频率响应主要有三种:巴特沃兹滤波器(最平坦响应滤波器),切比雪夫滤波器,椭圆函数滤波器。巴特沃兹低通滤波器的响应最为平坦,它的通带内没有波纹,在靠近 0 频处有最平坦通带,趋向阻带时衰减单调增大。它的缺点是从通带到阻带的过渡带最宽,对于带外干扰信号的衰减作用最弱。切比雪夫滤波器在通带内衰减在 0 值和一个上限值之间做等起伏变化,阻带内衰减单调增大。椭圆滤波器的衰减在通带和阻带内做等起伏变化。通过三种滤波器在性能上的比较,椭圆函数滤波器的性能更好。其中,开关 $S_1 \sim S_3$ 为波形或低通滤波器选择开关。

（4）单片机控制电路

单片机的主要作用有以下三点:

① 对单片机在写时序控制下,将数据写入 AD9852 内部的各个寄存器,实现对 AD9852 的初始化,对各个使用的寄存器分别进行复位和置位,使信号发生器工作于初始状态,为接收外部控制命令做好准备。

② 对 AD9852 的控制字进行调整,实现对 AD9852 的控制。

③ 接收串行口数据,进行数据传输。

这里选用 SST89C58 单片机,SST89C58 单片机是一种低功耗、高性能 CMOS 的 8 位微处理器,它内部带有 32 KB 的 Flash ROM,这个 Flash 程序存储器除允许用一般的编程器离线编程外,还允许在应用系统中实现在线编程。SST89C58 引脚与 51 系列单片机完全兼容,容易实现对整个系统的控制作用,在此选用 SST89C58 作为控制微处理器。

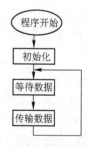

图 3.5.5　单片机
程序流程图

因为单片机的任务较轻,只实现从串行口接收数据和控制 AD9852 等功能,所以单片机程序比较简单,程序流程图如图 3.5.5 所示。

习　　题

3.1　举例说明信号发生器的功能。

3.2　信号发生器有哪几种分类? 各是什么?

3.3　简述信号发生器的主要工作特性。

3.4　什么是函数信号发生器?

3.5　详细分析函数信号发生器的波形产生电路工作原理。

3.6　什么是 DDS 数字式频率合成信号发生器?

3.7　简述 DDS 信号发生器的工作原理。

第4章　模拟测量方法

内 容 摘 要

从信号的特性讲,信号分为模拟信号和数字信号。模拟信号是其幅度随时间做连续变化的信号。本章主要叙述对模拟电压进行测量的三种检波器,即平均值检波器、峰值检波器与有效值检波器,以及由三种检波器构成的电压表。并介绍对噪声电压、分贝值与失真度的测量,功率和 Q 值的测量。除阐述它们的测量原理以外,对在测量过程中所产生的测量误差也做了详细的分析,这对了解上述各种电参数的测量原理,掌握它们的相关测量技术具有实用价值。

4.1　电压测量概述

在电子测量领域中,电压量是基本参数之一。电压、电流和功率是表征电信号能量大小的三个基本参量。在集中参数电路里,测量的主要参量是电压。此外,许多电参数,如频率特性、失真度、灵敏度等都可视为电压量的派生量。各种电路工作状态,如饱和、截止及动态范围等都以电压的形式反映出来。而电子设备的各种控制信号、反馈信号等信息也主要表现为电压量。因此,电压的测量是其他许多电参量测量的基础。很多电子测量仪器,如信号发生器、各种电子式电压表、Q 表、示波器等,以及其他电子设备都是用电压表作为它们的指示装置或辅助监测装置的。在调试电子设备或进行各种测量工作时,电压的测量是必不可少的。

1. 电压测量的基本要求

由于在电子电路测量中所遇到的待测电压具有频率范围宽、电压范围广、等效电阻较高及波形多种多样等特点,故对电压测量提出如下一些要求:

(1) 应有足够宽的频率范围。在电子电路中被测电压的频率可以从直流到数百兆赫范围。

(2) 应有足够宽的电压测量范围。待测电压的下限值为微伏级,上限可达几十千伏。若测量非常小的电压值,就要求电压测量仪器仪表具有较高的灵敏度和稳定性,而对高电压的测量则要求电压表应有较高的绝缘强度。

(3) 应有足够高的测量准确度。电压测量仪器仪表的准确度由以下三种方式之一来表示:

① 满度值的百分数,即 $\beta\%U_m$;

② 读数值的百分数,即 $\alpha\%U_x$;

③ 读数值百分数与满度值百分数之和,即 $\alpha\%U_x + \beta\%U_m$。

第一种方式是最通用的,一般用于具有线性刻度的模拟电压表中;第二种方式多用于具有对数刻度的电压表中;而第三种方式是目前用在线性刻度电压表中的一种比较严格的准确度表征。

电子电压表测量误差有基本误差和影响误差两项,当测量直流电压时,不包含频率误差项。与交流电压相比,直流电压测量的准确度较高。模拟电压表的误差一般为 10^{-2} 量级。对交流电压的测量,除基本误差外,还应考虑频率误差及波形误差等。

(4) 应有足够高的输入阻抗。电压表的输入阻抗是指它的两个输入端之间的等效阻抗,它是被测电路的额外负载。为减小测量仪器仪表在接入时对被测电路的影响,希望仪器仪表具有较高的输入阻抗。模拟式电子电压表的输入阻抗一般为几十千欧到几兆欧。当测量高频电压时,输入电容对被测电路的影响变大,希望减小输入电容的值。输入阻抗的一个典型数值为 $1\,M\Omega$ 与 $15\,pF$ 并联形式。

（5）应有足够高的抗干扰能力。通常情况下测量工作是在各种干扰的条件下进行的,当测量仪器仪表工作在高灵敏度时,干扰可能引入较大的测量误差,因而希望测量仪器仪表具有较强的抗干扰能力。

由于被测电压具有不同的特点,所以测量任务和要求也不相同。如在工程测量中,对电压的测量准确度要求不高,用一般电压表就可以满足测量要求。但也有一些在特定工作环境下,例如测量稳压电源的稳定度,使用的标准电压表就要求有较高的准确度,或要求能实现自动测量、自动校准、自动处理数据等。在制订测量方案或选择测量仪器时,必须根据被测电压的特点和测量任务的要求,既要全面考虑,又要有所侧重。

2. 电压测量仪器的分类

电压测量仪器一般分为两大类:模拟式电压表和数字式电压表。

（1）模拟式电压表

根据功能分为:直流电压表、交流电压表、脉冲电压表和多用途电压表等。根据使用频率范围分为:超低频电压表、低频(音频)电压表、高频电压表、超高频电压表和选频电压表等。根据测量目的的不同,可以选用不同特性的检波器,有峰值检波、平均值检波和有效值检波三种,分别简称为峰值电压表、平均值电压表和有效值电压表。

（2）数字式电压表

近年来,随着大规模集成电路(LSI)技术的飞速发展,出现了由单片 A/D 转换器构成的多位数字式电压表。主要优点是:准确度高,输入阻抗高,功能齐全,显示直观,可靠性好,过载能力强,耗电少,小巧轻便等。因此,数字式电压表获得了迅速普及和广泛应用。

4.2 交流电压的测量

4.2.1 交流电压的表征

交流电压可以用峰值、平均值、有效值、波形系数及波峰系数来表征。

（1）峰值 U_P

峰值是交变电压在所观察的时间或一个周期内所能达到的最大值,记为 U_P 或 $\hat{U}$,有时将峰值分为正峰值 $\hat{U}_+$ 和负峰值 $\hat{U}_-$。计算峰值时,都是从参考 0 电平开始计算的。用 U_{m+} 和 U_{m-} 分别表示除去直流成分 U_0 以后的正负值,如图 4.2.1 所示。

（2）平均值 $\overline{U}$

平均值在数学上的定义为

$$\overline{U} = \frac{1}{T} \int_0^T u(t)\,dt \qquad (4.2.1)$$

对周期信号而言,T 为信号的周期,对纯正弦交流电压 $\overline{U}=0$。从交流电压的测量观点考虑,$\overline{U}$ 是指检波后的平均值,不加说明时,通常指全波平均值,即

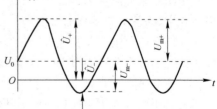

图 4.2.1　交流电压的峰值与振幅值曲线

$$\overline{U} = \frac{1}{T} \int_0^T |u(t)|\,dt$$

（3）有效值 U

一个交流电压和一个直流电压分别加在同一电阻上,若它们产生的热量相等,则交流电压的有效值 U（或 U_{rms}）等于该直流电压,可表示为

$$U = \sqrt{\frac{1}{T}\int_0^T u^2(t)\,\mathrm{d}t} \qquad (4.2.2)$$

当不特别指明时,交流电压的量值均指有效值。各类电压表的示值,除特殊情况外,都是按正弦波有效值来定度的。

为了表征同一信号的峰值、有效值及平均值的关系,引入波形系数 K_F 和波峰系数 K_P。交流电压 $u(t)$ 的波形系数 K_F 定义为该电压的有效值与其平均值之比,即

$$K_F = U/\overline{U} \qquad (4.2.3)$$

交流电压的波峰系数 K_P 定义为该电压的峰值与其有效值之比,即

$$K_P = U_P/U \qquad (4.2.4)$$

4.2.2　交流电压的测量方法

交流电压的测量方法很多,其中最主要的是用检波器把交流电压转换为直流电压,然后再接到直流电压表进行测量。根据检波特性不同,有峰值检波、平均值检波和有效值检波,相应的电压表简称为峰值电压表、平均值电压表和有效值电压表。

（1）峰值电压表

峰值电压表如图 4.2.2（a）所示,又称检波-放大式电子电压表,即被测交流电压先检波后再放大,然后驱动直流电流表偏转。在峰值电压表中,检波器是峰值响应的。在图 4.2.2（a）中,由于采用桥式直流放大器,增益不高。这类电压表灵敏度较低,一般为几十毫伏。测量电压的上限取决于检波二极管的反向击穿电压。工作频率范围取决于检波二极管的高频特性,一般可达几百兆赫。通常所用的高频毫伏表属此类,主要用于高频电压测量。

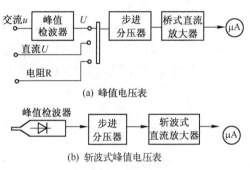

(a) 峰值电压表

(b) 斩波式峰值电压表

图 4.2.2　峰值电压表的组成原理框图

为了提高检波-放大式电子电压表的灵敏度,目前普遍采用斩波式峰值电压表,如图 4.2.2（b）所示,其增益较高,噪声、零点漂移都很小,其最高灵敏度可达几十微伏。

（2）平均值电压表

其电路组成如图 4.2.3 所示,该表又称放大-检波式电子电压表,即先放大后再检波。在平均值电压表中,检波器对被测电压的平均值产生响应,一般的“宽频带毫伏表”基本属于这一类。这种电压表的频率范围主要受放大器带宽的限制,而灵敏度受放大器内部噪声的限制,一般可做到毫伏级。典型的频率范围为 20 Hz～10 MHz,故这种表又称为视频毫伏表,主要用于低频电压测量。

（3）有效值电压表

通常采用两种方法实现有效值电压测量:

① 热电转换法。该方法是将交流电压的有效值转换成直流电压值,这种方法没有波形误差,但有热惯性和频带不宽等缺点。

② 公式法。它是利用公式(4.2.2)进行转换的,这种方法频率范围受转换器限制,不受波形失真的影响,常用于频率不高的有效值电压测量中。

（4）外差式电压表

其电路组成如图4.2.4所示,它是解决灵敏度和频率范围矛盾的一种方法。将被测电压信号u_i通过输入电路(包括衰减器及高频放大器)后,其输出电压与本机振荡电压在混频器中变频,获得中频信号,再经中频放大器选频并放大,然后检波,驱动微安表偏转。

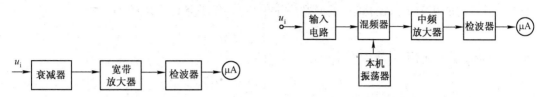

图4.2.3　平均值电压表的组成原理框图　　　　图4.2.4　外差式电压表的组成原理框图

由于外差测量法的中频是固定不变的,中频放大器有良好的选择特性,这样就解决了放大器增益与带宽的矛盾,而且可以削弱噪声的影响,所以具有较高的灵敏度(微伏级),频率范围也较宽。一般的高频微伏表都是采用这种结构。

4.2.3　平均值电压的测量

1. 平均值检波器的工作原理

检波电路输出的直流电压正比于输入交流电压绝对值的平均值,这种电路称为平均值检波器。常见的原理电路如图4.2.5所示,图(a)及图(c)为典型半波检波式和全波检波式电路,图(b)及图(d)则分别为它们的简化形式,采用电阻代替部分二极管以降低成本。在微安表两端并联电容用于滤除检波后电流中的交流成分,避免表针抖动。

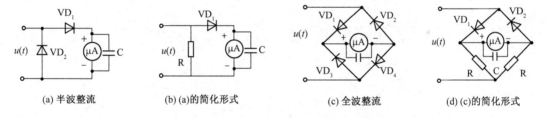

(a) 半波整流　　　　(b) (a)的简化形式　　　　(c) 全波整流　　　　(d) (c)的简化形式

图4.2.5　常用的平均值检波电路原理图

由分析计算可知:平均值检波器中微安表的示值正比于被测电压的平均值,与其波形无关。由于被测交流电压多为正弦波,希望测量其有效值,因而采用正弦波有效值定度。当采用平均值检波器的电压表测量非正弦波电压时,要进行波形换算。

2. 波形换算方法

由于平均值电压表的指针偏转角 α 与被测电压的平均值 $\overline{U}_x$ 成正比,但仪器仪表度盘是按正弦波电压有效值刻度的,所以电压表在额定频率下加正弦交流电压时的指示值

$$U_\alpha = K_\alpha \overline{U} \qquad (4.2.5)$$

式中,$\overline{U}$ 是被测任意波形电压的平均值;K_α 是定度系数。

$$K_\alpha = U_\alpha / \overline{U} \qquad (4.2.6)$$

如果被测电压是正弦波,又采用全波检波电路,若已知正弦波有效值电压为1V时,全波检波后的平均电压为 $2\sqrt{2}/\pi V$,故

$$K_\alpha = \frac{U_\alpha}{\overline{U}} = \frac{1}{2\sqrt{2}/\pi} \approx 1.11 \qquad\qquad (4.2.7)$$

利用平均值电压表测量非正弦波形电压时,其示值 U_α 一般没有直接意义,只有把示值经过换算后,才能得出被测电压的有效值。

首先按"平均值相等示值也相等"的原则将示值 U_α 折算成被测电压的平均值

$$\overline{U} = U_\alpha / K_\alpha = U_\alpha / 1.11 \approx 0.9 U_\alpha \qquad\qquad (4.2.8)$$

K_F 是波形系数。再用 K_F 求出被测电压的有效值

$$U_{x\cdot rms} = K_F \overline{U} \approx 0.9 K_F U_\alpha \qquad\qquad (4.2.9)$$

不同的信号电压具有不同的波形系数 K_F,见表 4.2.1。常用的波形系数是:正弦波 $K_F = 1.11$,方波 $K_F = 1$,三角波 $K_F = 1.15$。

总之,波形换算的方法是,当测量任意波形电压时,将从电压表刻度盘上取得的示值先除以定度系数,折算成正弦波电压(取绝对值)的平均值;再按平均值相等示值也相等的原则,用 K_F 换算出被测的非正弦波电压有效值,参见表 4.2.1。

表 4.2.1 非正弦波电压的有效值表

序号	名称	波形图	波形系数 K_F	波峰系数 K_P	有效值	平均值
1	正弦波		1.11	1.414	$U_P/\sqrt{2}$	$\frac{2}{\pi}U_P$
2	半波整流		1.57	2	$U_P/2$	$\frac{1}{\pi}U_P$
3	全波整波		1.11	1.414	$U_P/\sqrt{2}$	$\frac{2}{\pi}U_P$
4	三角波		1.15	1.73	$U_P/\sqrt{3}$	$U_P/2$
5	锯齿波		1.15	1.73	$U_P/\sqrt{3}$	$U_P/\sqrt{2}$
6	方波		1	1	U_P	U_P
7	梯形波		$\dfrac{\sqrt{1-\frac{4\phi}{3\pi}}}{1-\frac{\phi}{\pi}}$	$\dfrac{1}{\sqrt{1-\frac{4\phi}{3\pi}}}$	$\sqrt{1-\frac{4\phi}{3\pi}}\,U_P$	$\left(1-\frac{\phi}{\pi}\right)U_P$
8	脉冲波		$\sqrt{\frac{T}{t_W}}$	$\sqrt{\frac{T}{t_W}}$	$\sqrt{\frac{t_W}{T}}\,U_P$	$\frac{t_W}{T}U_P$
9	隔直脉冲波		$\sqrt{\frac{T-t_W}{t_W}}$	$\sqrt{\frac{T-t_W}{t_W}}$	$\sqrt{\frac{t_W}{T-t_W}}\,U_P$	$\frac{t_W}{T-t_W}U_P$

序 号	名 称	波 形 图	波形系数 K_F	波峰系数 K_P	有 效 值	平 均 值
10	白噪声		1.25	3	$\frac{1}{3}U_P$	$\frac{1}{3.75}U_P$

对于采用全波检波电路的电压表来说

$$U_{x \cdot rms} = 0.9K_F U_\alpha \qquad (4.2.10)$$

【例 4.2.1】 用平均值电压表(全波式)分别测量方波及三角波电压,电压表均指在 10 V 位置,问被测电压的有效值分别是多少?

对于方波,先将示值(10 V)折算成正弦波的平均值

$$\overline{U} \approx 0.9U_\alpha = 0.9 \times 10 = 9 \text{ V}$$

此数值是被测方波电压的平均值。再用波形系数换算成有效值。因方波的 $K_F = 1$,故方波电压的有效值

$$U_{x \cdot rms} = K_F \overline{U} = 1 \times 9 = 9 \text{ V}$$

对于三角波,因示值与方波相同,表明它的平均值也是 9 V,它的 $K_F = 1.15$,故三角波电压的有效值

$$U_{x \cdot rms} = K_F \overline{U} = 1.15 \times 9 \approx 10.35 \text{ V}$$

经计算,二者的示值 U_α 相同,表示其平均值相同,但其有效值是不同的。

【例 4.2.2】 被测电压为脉冲波,周期 $T = 64 \text{ μs}$,脉宽 $t_W = 12 \text{ μs}$,用全波平均值电压表测量,电压表示值 U_α 为 6 V。求其有效值 $U_{x \cdot rms}$ 等于多少?

平均值 $\qquad\qquad \overline{U} = 0.9U_\alpha = 0.9 \times 6 = 5.4 \text{ V}$

有效值 $\qquad U_{x \cdot rms} = K_F \overline{U} = \sqrt{\frac{T}{t_W}} \overline{U} = \sqrt{\frac{64}{12}} \times 5.4 \approx 12.5 \text{ V}$

不管被测电压的波形如何,直接将电压表示值当做被测电压的有效值将会造成较大的波形误差。

3. 误差分析

主要分析测量非正弦波(或失真的正弦波)引起的波形误差。

以全波平均值电压表为例,当以平均值电压表的示值直接作为被测电压的有效值时,引起的绝对误差为

$$\Delta U = U_\alpha - 0.9K_F U_\alpha = (1 - 0.9K_F) U_\alpha$$

示值相对误差为 $\qquad \gamma_U = \frac{\Delta U}{U_\alpha} = \frac{(1 - 0.9K_F) U_\alpha}{U_\alpha} = 1 - 0.9K_F$

例如,被测电压为方波时

$$\gamma_U = 1 - 0.9K_F = 1 - 0.9 \times 1 = 10\%$$

即产生+10%的误差。

当被测电压为三角波时

$$\gamma_U = 1 - 0.9K_F = 1 - 0.9 \times 1.15 \approx -3.5\%$$

即产生−3.5%的误差。

需要注意的是,在做放大器实验时,当输出电压的波形已经出现失真时,若还用平均值表的示值当做输出电压的有效值,那么算出来的放大倍数的误差是较大的。

用平均值电压表测量交流电压,除了波形误差以外,还有直流微安表本身的误差,检波二极管的老化,以及超过频率范围所造成的误差等。

下面举例说明测量失真正弦波电压时的波形误差。例如,分析当采用平均值电压表测量一个包含二次或三次谐波的失真正弦波电压时产生的误差。

设被测电压
$$u_x(t) = U_P \left[\sin\omega t + K_n \sin(n\omega t + \varphi_n) \right]$$

式中,K_n 为 n 次谐波幅度相对于基波幅度的百分数;n 为谐波次数(取 $n=2$ 或 3);φ_n 为 n 次谐波初相角。

被测电压的平均值
$$\overline{U}_x = \frac{1}{T} \int_0^T |u_x(t)| \, dt$$

被测电压的指示值
$$U_\alpha = 1.11\overline{U}_x$$

但是 $u_x(t)$ 的真正有效值,即均方根值为

$$U_{xd} = \sqrt{U_1^2 + U_n^2} = \sqrt{\frac{1 + K_n^2}{2}} U_P = \sqrt{\frac{1 + D_n^2}{2}} U_P$$

式中,$D_n = K_n = U_n/U_1$,可理解为 n 次谐波的非线性失真系数。于是得到波形误差

$$\frac{\Delta U}{U} = \frac{U_x - U_{xd}}{U_x}$$

图 4.2.6(a) 和(b) 分别示出了二次谐波和三次谐波所产生的波形误差与 $D_n(K_n)$ 和 φ_n 的关系。从图 4.2.6 得出如下结论:

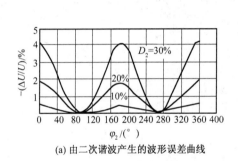
(a) 由二次谐波产生的波形误差曲线

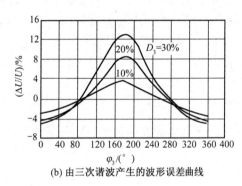
(b) 由三次谐波产生的波形误差曲线

图 4.2.6　平均值检波器的波形误差曲线

① 误差不仅决定于谐波幅度,而且还随谐波初相角 φ_n 的变化而出现周期变化,当 φ_n 为 0° 或 180° 时,误差最大。

② 由二次谐波产生的误差比三次谐波的小,而且 ΔU 为负值,即读数偏低。当二次谐波不太大时,譬如 $D_2 = 10\%$,则波形误差不超过 1%,即使 $D_2 = 20\%$,误差也不大于 2%。

③ 三次谐波所引起的波形误差比二次谐波大得多,此结论可推广到一般情况,即奇次谐波比偶次谐波影响大,而且 ΔU 可正可负。当 $D_n < 10\%$ 时,由奇次谐波造成的波形误差可按下式估算

$$\left(\frac{\Delta U}{U} \right)_{max} = -\frac{D_n}{n}$$

式中,D_n 为奇次谐波的非线形失真系数;n 为奇次谐波次数。

4. 平均值检波器电压表

图 4.2.7 所示为一种交、直流平均值检波器电压表电路,它具有以下特点:

① 可测交、直流电压,电压表均为线性指示,便于测读。电压极性由发光二极管指示。

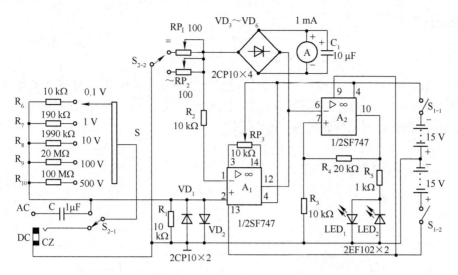

图 4.2.7　极性显示交、直流平均值检波器电压表电路原理图

② 量程范围宽,交、直流电压分为 0.1 V,1 V,10 V,100 V 和 500 V 共 5 挡,准确度均优于 2%。

③ 采用双运放集成块 SF747,不仅简化了电路,而且具有很高的输入阻抗,使测量的准确度大为提高。

④ 具有输入保护,保证集成块正常工作。

⑤ 用电省、体积小。

图中集成运放 A_1 及外围元件与 1 mA 电流表组成测试电路。电阻 $R_6 \sim R_{10}$ 与 R_1 及开关 S 组成输入量程分压衰减器,VD_1,VD_2 为输入保护二极管,电位器 RP_1,RP_2 分别用于校正交、直流刻度,R_2 为平衡电阻,RP_3 为 A_1 的调零电位器。C_1 为滤波电容,并接在电流表的两端,还有抑制测量低频信号时所引起的表针抖动的作用。$VD_3 \sim VD_6$ 四个二极管组成全波检波器。

集成运放 A_2 及发光二极管 LED_1,LED_2 等组成极性显示电路。当输入电压为正时,A_2 的输出电压为正,发光二极管 LED_1 点亮;当输入电压为负时发光二极管 LED_2 点亮。

集成双运放 SF747 属于内补偿通用型运放,具有短路保护环节和失调电压调零端,采用双列 14 脚塑料封装。第 1,6 脚为两个反相输入端,2,7 脚为两个同相输入端,10,12 脚为两个输出端。

电路装接无误后即可进行通电调试,调试方法如下:

首先将输入端接地(短路),调节 RP_3 使表头指针为 0;将交、直流选择开关 S_2 置直流挡,在 A_1 同相端输入 50 mV 的直流电压(用直流数字电压表监视),调节电位器 RP_1,使电流表指向满量程;将交、直流选择开关 S_2 置交流挡,在 A_1 同相端输入一个频率为 500 Hz、幅度为 50 mV 的交流电压(用交流数字电压表监视),调节电位器 RP_2,使电流表指向满量程。S_{2-1} 与 S_{2-2} 同轴调节;只要 $R_6 \sim R_{10}$ 与 R_1 的阻值精确,交流电压自 AC 端、直流电压自 CZ 插孔输入,将量程选择开关 S 置合适的量程上即可进行测量。若发现误差大,则适当修正 $R_6 \sim R_{10}$ 的阻值。

4.2.4　有效值电压的测量

在电压测量技术中,有时要求测量非正弦波电压有效值,如噪声电压的测量,非线性失真仪中对谐波电压的测量,若采用峰值电压表或平均值电压表测量,则难以换算为有效值,而采用有效值电压表可以直接测量,不需要进行换算。能直接测出任意波形电压的有效值的检波器,称为有效值检波器。

1. 有效值电压表原理

电压有效值的定义：
$$U_{\text{rms}} = \sqrt{\frac{1}{T} \int_0^T u^2(t)\, \mathrm{d}t} \qquad (4.2.11)$$

为了获得均方根响应，必须具有平方律关系的伏安特性。图4.2.8给出一种基本的电路形式，图(a)是利用二极管正向特性曲线的起始部分，得到近似平方关系。选择合适的偏压E_0(大于u_x的峰值)，可以得到如图(b)所示的波形图。图中电流

$$i = K\left[E_0 + u_x(t) \right]^2 \qquad (4.2.12)$$

式中，K是与二极管特性有关的系数。上式可写为

$$i = KE_0^2 + 2KE_0 u_x(t) + K u_x^2(t)$$

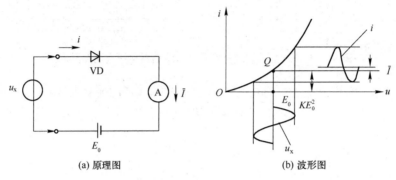

(a) 原理图　　　　　　　　　(b) 波形图

图4.2.8　平方律特性的工作原理图

直流电流表指针的偏转角与电流i的平均值$\bar{I}$成比例

$$\bar{I} = \frac{1}{T} \int_0^T i(t)\, \mathrm{d}t$$

$$= KE_0^2 + 2KE_0 \left[\frac{1}{T} \int_0^T u_x(t)\, \mathrm{d}t \right] + K \left[\frac{1}{T} \int_0^T u_x^2(t)\, \mathrm{d}t \right]$$

$$= KE_0^2 + 2KE_0 \bar{U}_x + K U_{x\cdot\text{rms}}^2 \qquad (4.2.13)$$

式中，KE_0^2是静态工作点电流，称起始电流；$\bar{U}_x$是被测电压的平均值，对于正弦波或周期对称的电压，$\bar{U}_x = 0$；$K U_{x\cdot\text{rms}}^2$是与被测电压有效值的平方成比例的电流平均值($\bar{I}$)，是平方律检波器的有用结果。

若设法在电路中抵消起始电流的影响，则送到直流电流表的电流为

$$\bar{I} = K U_{x\cdot\text{rms}}^2 \qquad (4.2.14)$$

从而实现了有效值转换。

这种仪器仪表的优点是：可以测量任意周期性波形电压的有效值，同谐波与基波之间的相角无关，不会产生波形误差。其缺点是，当用正弦波电压有效值刻度时，表盘刻度是非线性的，因为$\bar{I}$与$U_{x\cdot\text{rms}}$是二次方程关系。

图4.2.9所示为DY—2型有效值电压表利用分段逼近的方法得到的平方律特性曲线。这种类型电压表的量程为$10\,\text{mV} \sim 300\,\text{V}$，频率范围为$10\,\text{Hz} \sim 150\,\text{kHz}$，基本误差$\pm 3\%$，输入阻抗为$1\,\text{M}\Omega \parallel 40\,\text{pF}$，可以满足一般的测量要求。

另一种有效值转换的方法是利用热电偶来实现的。基本电路如图4.2.10所示，图中AB是加热丝，当接入被测电压u_x时，加热丝发热，热电偶M的热端C点的温度将高于冷端D，E的温度，产

生热电势,有直流电流 I 流过微安表,此电流与热电势成正比,热端温度正比于被测电压有效值 $U_{x \cdot rms}$ 的平方。所以直流电流 I 正比于 $U_{x \cdot rms}^2$。

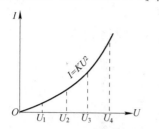

图 4.2.9　分段逼近平方律曲线

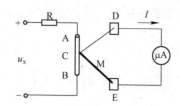

图 4.2.10　热电转换原理

图 4.2.11 所示是利用热电偶制作的有效值电压表原理框图。热电偶 M_1 用于实现交流到直流的转换。

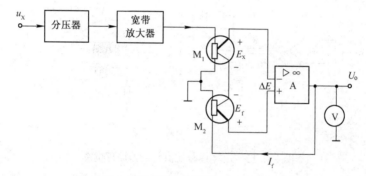

图 4.2.11　热电偶式有效值电压表原理框图

被测电压 u_x 经分压器及宽带放大器后加到热电偶 M_1 的加热丝上,获得热电势 E_x,它正比于被测电压有效值 $U_{x \cdot rms}$ 的平方,当分压器及宽带放大器总传输系数为 1 时,$E_x = KU_{x \cdot rms}^2$。

热电偶 M_2 与 M_1 性能相同,有两个作用:一是使电压表度盘刻度线性化,二是提高热稳定性。因为被测电压加到 M_1 的同时,经直流放大器 A 放大后反馈的直流电流 I_f 通过热电偶 M_2 产生热电势 $E_f = KU_o^2$。由于 E_f 与 E_x 反极性串联,当放大器 A 的增益足够大时,其差值 $\Delta E = E_x - E_f \approx 0$,而 $E_x = KU_{x \cdot rms}^2$,$E_f = KU_o^2$。因两个热电偶性能相同,即 K 相同,所以 $U_o \approx U_{x \cdot rms}$。可见输出直流电压 U_o 与被测电压的有效值成正比,并由分压器转换量程。

这种仪表的灵敏度及频率范围取决于宽带放大器的增益及宽带。DA—24 型电压表的最小量程为 1mV,最大量程为 300V,频率范围 10Hz~10MHz,准确度可达 1.5 级,刻度线性,基本上没有波形误差。其主要缺点是有热惯性,使用时需等指针偏转稳定后才能读数。

利用模拟运算电路实现有效值电压的测量,是近期发展起来的一种新形式。原理方框图如图 4.2.12(a)所示,第一级接成平方运算的模拟乘法器,其输出正比于 $u_x^2(t)$,第二级接成积分平均电路,第三级将积分器的输出进行开方,最后输出的电压正比于被测电压的有效值,通过仪器仪表显示出来,即 $U_{x \cdot rms} = \sqrt{\dfrac{1}{T} \int_0^T u_x^2(t)\,\mathrm{d}t}$。

从理论上讲,有效值电压表的示值与被测电压的波形无关。但当被测电压波形上的尖峰过高时,会受到电压表放大器动态范围的限制,因此还会产生一定的波形误差。

同理,它还受放大器频带宽度的限制。例如,当被测电压为一方波时,除基波分量之外,还包含有无穷多谐波分量,对于高于电压表上限频率的那些高次谐波分量将被抑制,从而产生误差。

图 4.2.12(a)中,平方器及开方器分别利用两只模拟乘法器来实现;平均电路则可用一个运算

放大器组成积分电路或低通滤波器来完成。

图 4.2.12(b)是上述运算过程构成的有效值转换器原理图。通常又称为直接计算型 RMS 转换器。这种方案需用两个模拟乘法器和一个运算放大器。

另外一种方案是采用隐含计算方式构成的 RMS 转换器。基本原理如下：

有效值表达式

$$U_{x \cdot rms} = \sqrt{\frac{1}{T} \int_0^T u_x^2(t)\,dt} = \sqrt{\overline{u^2(t)}}$$

即 $U_{x \cdot rms}^2 = \overline{u^2(t)}$，对 $\overline{u^2(t)}$ 开方，便可求出有效值。

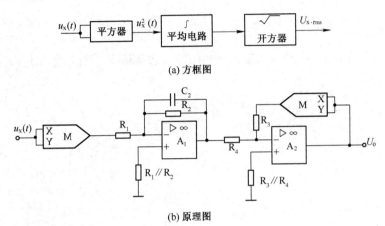

(a) 方框图

(b) 原理图

图 4.2.12　运算式有效值转换器原理框图

根据上式，可设计出隐含计算方式的 RMS 转换器。电路如图 4.2.13 所示，图中第一级为模拟乘法/除法器，第二级是由运算放大器组成的低通滤波器。

图 4.2.14 示出一种直流反馈计算式 RMS 转换器原理图，图中的 A_1 和 A_2 为具有相同增益的加法器；A_3 为倒相器；A_4 为积分器；M 为乘法器。M 的输出电压为

$$U_M = K[U_o^2 - u^2(t)]$$

式中，K 为积分器的传输系数；U_o 为积分器的输出电压；$u(t)$ 为被测电压瞬时值。

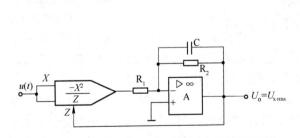

图 4.2.13　隐含计算方式 RMS 转换器原理框图

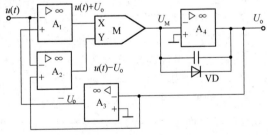

图 4.2.14　直流反馈计算方式 RMS 转换器原理框图

经过积分器后的输出电压为

$$U_o = \frac{TK}{RC}(U_o^2 - U_{x \cdot rms}^2)$$

该直流电压 U_o 又经过 A_1，A_2，A_3 反馈到 M 的两个输入端。如果积分时间选得足够长，即满足 $TK/RC \gg 1$，则 M 输出中的交流成分被平均掉，只留直流成分。当系统达到平衡时，有

$$U_o = U_{x \cdot rms}$$

图 4.2.14 的积分器中接入二极管 VD 是为了保证系统收敛,从而使电路工作稳定。

运算式 RMS 转换器电路的主要部件是模拟乘法器。目前广泛采用的是可互导型(压控型)四象限乘法器。近年来,出现了更为简单实用的单片式 RMS-DC 转换器。其典型芯片是 AD536。

除上述 RMS 转换器外,还有一种新型的单片半导体加热式 RMS-DC 转换器,它采用两个配对的加热电阻和晶体管混合集成在两块单片上,然后将芯片封装在具有优良热绝缘、抽成真空的管壳内,构成 RMS-DC 转换器,如图 4.2.15 所示。

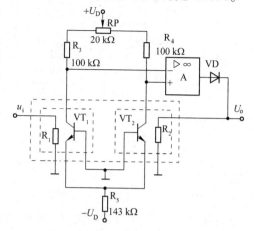

图 4.2.15 加热式 RMS-DC
转换器电路原理图

输入电压 u_i 加到热电阻 R_1 上,按输入电压均方根值将它加热,从而引起晶体管 VT_1 的基极至发射极间电压变化,进而使 VT_1 集电极电流、电压随之改变。这个变化了的电压与 VT_2 集电极电压通过运放 A 进行比较,并将放大后的电压加到热电阻 R_2 上,使它也加热,直到二者平衡。显然,当电路达到平衡时,输出的直流电压等于输入交流电压的有效值,即 $U_o = U_{i \cdot rms}$。

无论 U_o 是正极性还是负极性电压,均会使 R_2 发热,但为了保证反馈的输出电压仅为正极性,故在运放 A 的输出端加了二极管 VD。

这种新型加热式 RMS 转换器能在很宽的电平、波形和频率范围内提供高精度的 RMS-DC 转换(误差不大于 0.3%),响应时间(90% 满度)小于 100 ms,且具有很好的热绝缘性。

目前许多新型的高准确度电压表均采用这种转换器。将计算式和加热式真有效值转换器做一比较可知:从响应时间及过载性能来看,模拟计算型 RMS 转换器较优;但从准确度、稳定度、频率响应和动态范围方面考虑,加热式单片 RMS 转换器较好。目前用这两种新型真有效值转换器构成的电压表都有,以适用不同的工作环境。

2. 有效值检波器电压表

采用单片集成电路(AD536A)使电路得以简化,如图 4.2.16 所示。测量交流电流或电压时,若波形是正弦波,使用平均值检波、峰值检波电路将其转换为平均值、峰值电压,将被测量的示值换算成有效值。但对脉冲波形采用这种普通检波电路进行测量换算,误差较大。为此,必须有能获得真有效值的运算电路,这种电路就是由前面所述的绝对值电路(或平方根电路)和积分电路组成的。

电路工作原理:输入电路由电阻衰减器组成,其按 1/10 步进衰减,量程分别为 0.7 V,7 V,70 V 及 700 V。因为 RMS 转换器 AD536A 集成电路的满量程输出为 7 V 有效值(规范值),所以当输入电压小于 1 V 时,应加前置放大器 A_1(LF356N)。

RP_1 用做全电路的增益调整。为了避免失调电压的影响,加了隔直电容 C_2,输入电阻约为 1 MΩ。通过给 A_2 的第 9 脚施加电压来完成输出失调的调整。实现 RMS 转换的主要措施是,如何确定均化电容 C_3 的电容量。通常测量 50 Hz 左右的波形,如允许误差在 0.1% 以内,C_3 的电容量可取 1 μF 以上;如允许误差为 1%,C_3 的值可取 0.33 μF。若既要加快响应速度又要提高精度,应选用含有缓冲器的放大器,并加入低通滤波器,使纹波电压有所减少。

对元器件的要求:在输入信号为 700 V 时,R_1 消耗功率约为 0.5 W,考虑安全系数,R_1 选 1W 的金属膜电阻,其余可用普通电阻。若信号源频率为 50~400 Hz,运放 A_1 可用 741 型。AD536 的频带随输入信号的电平而变,如允许误差为 1%,当 $u(t)$ 大于 1 V 时,频率为 100 kHz;当 $u(t)$ 为 0.1~1 V 时,频率为 40 kHz;当 $u(t)$ 为 0.01~0.1 V 时,频率为 6 kHz。因此当输入信号电平较低时,必须

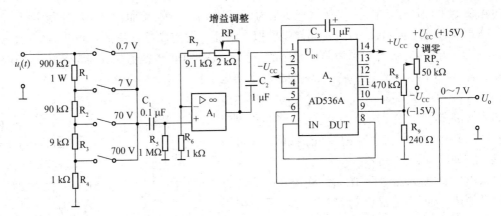

图 4.2.16　单片集成电路（AD536A）电压表电路原理图

提高 A_1 的增益。C_2 可用 $1\,\mu F$ 无极性电容，也可用两个 $2.2\,\mu F$ 的钽电解电容串联。均化电容 C_3，它的一端接 $+U_{CC}$，需选用有极性电容。输入量程切换开关可选用继电器或转换开关。

调整方法：用无失真的正弦波，其有效值电压是峰–峰值电压的 $1/2\sqrt{2}$，先将输入端短路，调整 RP_2，使输出端为 0。将 $0.7U_{rms}$ 的电压加在输入端，然后调节 RP_1，使输出端有 $+7.00\,V$ 的输出。三角波的有效值为峰–峰值的 $1/2\sqrt{3}$，方波是 $1/2$，应使用函数信号发生器给出上述输入电压，用数字多用表测量输入、输出电压，以提高测量准确度。

下面简述单片式 AD536 型 RMS-DC 转换器的工作原理，如图 4.2.17 所示，该电路由绝对值电路、平方器/乘法器、镜像电流源及缓冲放大器四个主要部分所组成。

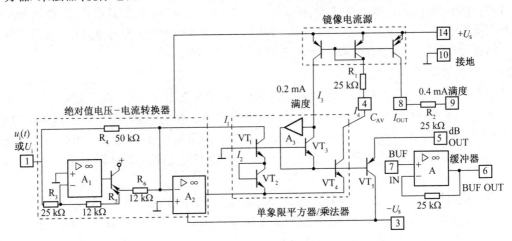

图 4.2.17　AD536 型 RMS-DC 转换器原理框图

被测双极性交流电压 $u_i(t)$ 或直流电压 U_i 经过由 A_1 及 A_2 组成的绝对值电压-电流转换器，转换成单极性的电流 I_1，且有

$$I_1 = |u_i(t)|/R_4$$

I_1 加到由对数–反对数放大器 $VT_1 \sim VT_4$ 构成的单象限平方器/乘法器的一个输入端。其输出电流为

$$I_4 = I_1^2/I_3$$

该电流 I_4 经 R_1 和 C_{AV}（外接）组成的低通滤波电路激励镜像电流源。若选择足够大的 C_{AV} 使时间常数 $R_1 C_{AV} \gg T_m$（T_m 为被测信号的最大周期值），则 I_4 被有效地平均，镜像电流 I_3 与 I_4 的平均值相

等并返回至平方器/乘法器的另一输入端,以完成均方根隐含计算

$$I_4 = \overline{I_1^2}/I_3 = \overline{I_1^2}/I_4 = I_{1rms}$$

与此同时,镜像电流源也产生一个数值等于 $2I_4$ 的电流 I_{OUT},由 8 脚输出,也可经电阻 R_2 转换成电压,由 9 脚输出,或通过缓冲器从 6 脚输出。此外,从 VT_5 的发射极还可获得 dB 输出。

AD536 作为 RMS 转换器时,外部的典型接线如图 4.2.18 所示。AD536 经内部微调后,在输入电压 u_i 有效值为 7V 时满度指示。微调电阻 RP_1 作为外部增益微调,RP_4 作为失调微调。

将 AD536 引脚 7 和 8 断开,则引脚 8 上以无缓冲方式输出电压,此时缓冲放大器可做其他用途。

将 AD536 引脚 9 与地断开,则引脚 8 上得到电流输出方式,可输出正极性 400μA 额定满度电流以供使用,并直接推动一个电流表进行 RMS 值指示。因此 AD536 型 RMS 转换器在使用上是比较灵活的。

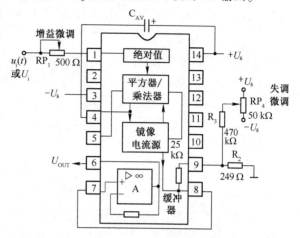

图 4.2.18　AD536 型 RMS 转换器的连接图

4.2.5　峰值电压的测量

如果被测电压的频率较高,用前述的方法来测量就会产生较大的频率误差,需采用检波—放大式电压表或外差式电压表来测量。具体测量过程是将被测交流信号首先通过探极进行检波(整流),变成直流电压,这样做的目的是减少高频信号在传输过程中的损失。实现这种测量多用"峰值表"。

1. 峰值表原理

电信号的峰值,是指任意波形的周期性交流电压在一个周期内(或指所观察的时间)其电压所能达到的最大值,用 U_p 表示。当然对于正弦波电压而言,峰值即其幅值 U_m。

峰值表的检波电路如图 4.2.19 所示。

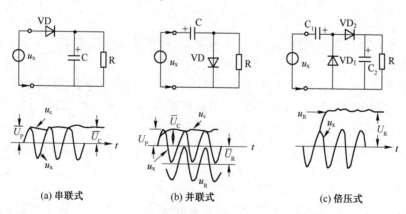

(a) 串联式　　　(b) 并联式　　　(c) 倍压式

图 4.2.19　常见峰值表的检波电路原理图

图(a)为串联式,类似半波整流滤波电路,其输出电压平均值 $\overline{U}_R$ 近似等于输入电压 u_x 的峰值。要求

$$RC \gg T_{max}, \qquad R_\Sigma C \ll T_{min} \qquad\qquad (4.2.15)$$

式中，T_{max} 和 T_{min} 分别是被测交流电压最大周期和最小周期，R_{Σ} 是信号源内阻与二极管正向电阻之和。要求做到电容 C 充电时间短，放电时间长，从而保持电容 C 两端的电压始终接近或等于输入电压的峰值，即 $\overline{U}_R = \overline{U}_C \approx U_p$。

图(b)是并联式，也是建立在 R、C 充放电的基础上，同样需要满足式(4.2.15)的条件。u_x 正半周通过二极管 VD 给电容 C 迅速充电，而负半周 C 两端的电压缓慢向 R 放电(见图中 u_c 的波形)，即 $|\overline{U}_R| = |\overline{U}_C| \approx U_p$。

上述两种电路相比较，并联式检波电路中的电容 C 还起着隔直流的作用。有利于测量含有直流分量的交流电压，但 R 上除直流电压外，还叠加有交流电压，增加了额外的交流通路。由于上述两种电路检波效率偏低，所以很少采用。

图(c)是倍压式电路，其优点是输出电压较高，故经常被采用。

2. 误差分析

(1) 理论误差

由图 4.2.19 可知，峰值检波电路的输出电压平均值 $\overline{U}_R$ 总是小于被测电压的峰值 U_p(倍压电路小于 $2U_p$)。对于纯正弦波信号电压也是如此。这是峰值表的固有误差，它与阻容充电、放电时间常数有关。经数学分析，当被测电压为正弦波时产生的理论误差为

绝对误差
$$\Delta U = \overline{U}_R - U_p$$

相对误差
$$\gamma_T \approx -2.2 \left(\frac{R_{\Sigma}}{R} \right)^{2/3} \tag{4.2.16}$$

这是一个负误差，使指示值偏低。

(2) 频率误差

峰值表比较适用于高频测量，因为阻容放电时间转换较快，$RC \gg T_{max}$ 的条件容易满足。由于分布参数及高频特性的影响也会产生频率误差。

如果应用在低频电路，因为信号的周期较长，$\overline{U}_C$ 下降，使测量误差增加，经分析可知，低频时相对误差

$$\gamma_L = -\frac{1}{2fRC} \tag{4.2.17}$$

式中，f 为被测电压的频率。低频误差也是一个负误差，频率越低，误差越大。

(3) 波形误差

当利用峰值表测量正弦波电压时，如果信号的失真度较大，由于峰值检波电路对波形的凸起部分非常敏感，所以将会造成较大的波形误差。因此在测量谐波失真较大的信号电压时，尽量不要选用这种仪器仪表，必须使用时应进行误差修正。

如果被测信号是有规则的非正弦波电压，与平均值表的情况类似，通过进行波形换算，以减小波形误差。

3. 波形换算方法

一般的峰值表与平均值表类似，也是按正弦波有效值进行刻度的，在额定频率下刻度盘上的指示值

$$U_{\alpha} = K_{\alpha} U_p \tag{4.2.18}$$

式中，K_{α} 是定度系数。当被测电压为正弦波时

$$K_{\alpha} = U_{rms}/U_m = 1/\sqrt{2} \tag{4.2.19}$$

式中，U_m 及 U_rms 分别表示正弦波的幅值及有效值。

正弦波的波峰系数为

$$K_\text{P} = U_\text{m}/U_\text{rms} = \sqrt{2}$$

即定度系数的倒数。常见非正弦波的 K_P 值见表 4.2.1，如方波的 $K_\text{P}=1$，三角波的 $K_\text{P}=\sqrt{3}$。

与平均值表同理，当用峰值表测量非正弦波电压时，其指示值没有直接意义。只有将示值除以定度系数 K_α 后，才等于正弦波的峰值，按峰值相等示值也相等的原则，再用波峰系数 K_P 换算成被测电压 u_x 的有效值。即首先将示值换算成正弦波峰值（对于单峰值表——下同）

$$U_\text{p} = \sqrt{2}\,U_\alpha$$

再算出 u_x 的有效值

$$U_\text{x·rms} = \frac{1}{K_\text{P}} U_\text{p}$$

或者

$$U_\text{x·rms} = \frac{\sqrt{2}}{K_\text{P}} U_\alpha \tag{4.2.20}$$

【例 4.2.3】 用峰值表分别测量方波及三角波电压，电压表均示在 5 V 位置，问被测电压有效值是多少？

对于方波，示值 $U_\alpha = 5\,\text{V}$，折算成正弦波峰值

$$U_\text{p} = \sqrt{2}\,U_\alpha = \sqrt{2} \times 5 \approx 7.1\,(\text{V})$$

因为方波的波峰系数 $K_\text{P}=1$，所以被测方波电压的有效值

$$U_\text{x·rms} = \frac{1}{K_\text{P}} U_\text{p} \approx 1 \times 7.1 = 7.1\,(\text{V})$$

对于三角波，示值 $U_\alpha = 5\,\text{V}$，峰值 $U_\text{p} \approx 7.1\,\text{V}$，且 $K_\text{P} = \sqrt{3}$，所以被测三角波电压的有效值

$$U_\text{x·rms} = \frac{1}{K_\text{P}} U_\text{p} = \frac{1}{\sqrt{3}} \times 7.1 \approx 4.1\,(\text{V})$$

经计算，当被测量为非正弦波时直接用刻度盘指示值作为被测量的有效值也是不对的，必须进行换算。

当然，如果要求测量的不是有效值，而是峰值，那么只需将峰值表的指示值 U_α 乘以 $\sqrt{2}$ 即可。上例指示值是 5 V，其峰值

$$U_\text{p} = \sqrt{2}\,U_\alpha = \sqrt{2} \times 5 \approx 7.1\,\text{V}$$

这些换算方法在电子测量中是经常遇到的。

4. 高精度峰值检波器

这里介绍一个简易峰值检波器，电路如图 4.2.20 所示。

这是反相型峰值检波器。运放 A_1 对输入信号进行反相放大，VD_2 为半波检波二极管，C 为存储电容，A_2 为电压跟随器，具有较高的输入阻抗，在检波器和输出之间起缓冲作用。电阻 R_1 和 R_2 与电位器 RP 组成反馈回路，通过调节电位器可以改变环路增益。A_1 对输入信号进行反相放大，当 VD_2 导通、VD_1 截止时，被 A_1 放大的输出电压通过 VD_2 对电容 C 充电，使 u_o 跟随 u_i；当 VD_1 导通、VD_2 截止时，电容 C 与 A_1 隔离，u_c 保持 u_i 的峰值，且 $u_\text{c}=u_\text{o}$。因此，只要输出与输入电压不等，负反馈的作用是不断地对输出电压进行校正，直到二者相等为止。所以 VD_2 的导通电阻、A_2 的失调和漂移、共模误差等因素对精度的影响被极大削弱，使输出电压跟随输入电压而变化，这就是该峰值检波器电路具有高精度的原因。检波电路非线性失真 D 可表示为

$$D = \frac{D'}{1 + K_1 F}$$

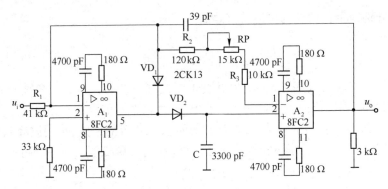

图 4.2.20　高精度峰值检波器电路原理图

式中, D' 为二极管检波器的非线性失真; K_1 为 A_1 的放大倍数, $K_1 = -R_{D1}/R_1$; F 为反馈系数; R_{D1} 为二极管 VD_1 的反向电阻值。

当二极管 VD_1 工作于结温 70℃ 、反向电压为 10 V 时 , 从特性曲线可求得 $R_{D1} = 150\,M\Omega$ 。

$$K_1 = -R_{D1}/R_1 = -150000/41 \approx -3500$$

反馈系数

$$F \approx -\frac{R_1}{R_3 + R_2 + RP} = -\frac{41}{10 + 120 + 15} \approx -0.3$$

则非线性失真为

$$D = \frac{D'}{1 + K_1 F} = \frac{D'}{1 + 3500 \times 0.3} \approx \frac{D'}{1000}$$

由于检波二极管接入反馈回路中, 使非线性失真下降为原来的 1/1000。

还要指出, 一般的简单二极管检波器, 当信号电压小于 0.6 V 时(硅二极管的管压降)无法进行检波。而这种检波器允许的最小检波电压缩小 K_1 倍, 即最小检波电压

$$U_{min} = \frac{0.6}{|K_1|} = \frac{0.6}{3500} = 0.2\,(mV)$$

存储电容 C 应选用泄漏电阻大的电容器, 如聚苯乙烯、云母等电容器。

电容 C 的数值选取也是很重要的。电容 C 的数值过小时, 充电速度快, 但因 A_2 和反馈回路速度跟不上, 引起超前误差, 同时放电也很快, 引起附加误差; 电容 C 的数值过大时, 上面两项误差将减小, 但不能充电到最高电压, 或者电容的放电速度不能完全跟随输入信号幅度的包络变化, 这都将带来新的误差。因而电容量的选择应根据实际情况确定。

输入信号的频率上限值由运算放大器的带宽和上升速度决定, 在应用于高频时, 应选择增益带宽积和上升速度较大的运算放大器。

若检波信号是正极性电压时, 只要把电路的两个二极管 VD_1、VD_2 同时反接即可。

4.2.6　脉冲电压的测量

脉冲电压, 一般指脉冲的幅值, 选择上述峰值电压表来测量比较适合。但脉冲电压是脉冲周期 T 与脉冲宽度 t_w 之比(即占空比)较大, 会造成一定的测量误差。可以采用具有脉冲电压保持电路的脉冲电压表来测量。用宽频带示波器实现脉冲电压测量也是很方便的, 并能显示出被测电压的瞬时幅度, 以及脉冲波形的各部分电压值。

1. 脉冲电压表的原理

以矩形波脉冲电压 u_i 为例, 当用图 4.2.21(a)所示的串联式峰值表测量时, 检波器的输出电压 u_c 的波形如图(b)所示, 其占空比可达 $10^2 \sim 10^4$ 以上。电容器上电压的平均值 $\overline{U}_C$ 小于被测脉冲电压幅值 U_p。

设电容器 C 充电时的电荷

$$Q_1=\int_0^{t_W} i_1\mathrm{d}t\approx\frac{U_p-\overline{U}_C}{R_\Sigma}t_W$$

式中，R_Σ 是被测信号电路及检波二极管的等效电阻，即 $R_\Sigma=R_i+R_d$。电容器 C 放电时的电荷

$$Q_2=\int_{t_W}^{T} i_2\mathrm{d}t\approx\frac{\overline{U}_C}{R}(T-t_W)\approx\frac{\overline{U}_C}{R}T$$

当电路平衡时，$Q_1=Q_2$，则

$$U_P=\overline{U}_C\left(1+\frac{R_\Sigma}{R}\cdot\frac{T}{t_W}\right)\qquad(4.2.21)$$

由于峰值检波电路难以满足 $RC\gg T_{max}$ 和 $R_\Sigma C\ll t_w$ 条件，从而引起理论误差

$$\gamma_T=\frac{\Delta U}{U}=\frac{\overline{U}_C-U_p}{\overline{U}_C}=1-\frac{U_p}{\overline{U}_C}$$

将式(4.2.21)代入后得

$$\gamma_T\approx-\frac{R_\Sigma T}{Rt_W}\qquad(4.2.22)$$

式中，因为 $R\gg R_i$、$R\gg R_d$，故取 $R+R_\Sigma\approx R$。

(a) 原理图

(b) 波形图

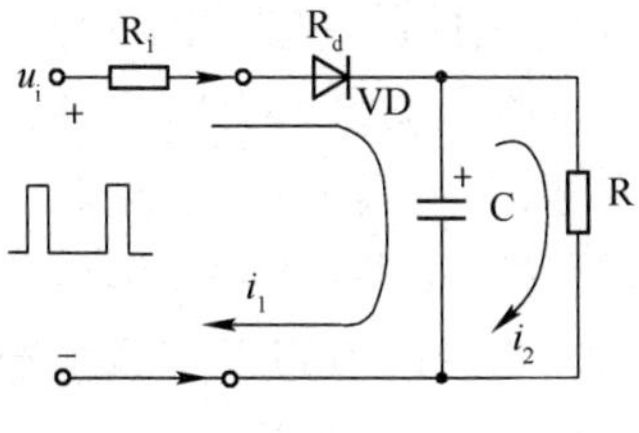

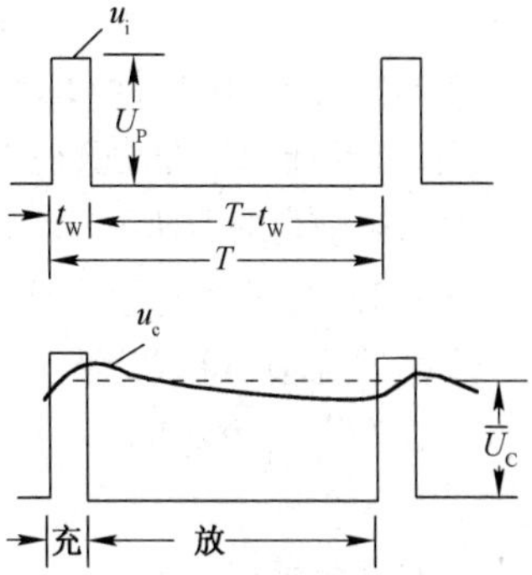

图 4.2.21　用峰值表测量脉冲电压工作原理图

【例 4.2.4】　$R_\Sigma=1500\Omega$，$R=20\text{M}\Omega$，$T=10\text{ms}$，$t_W=10\mu\text{s}$，求 γ_T。

解：将数据代入式(4.2.22)得

$$\gamma_T=-\frac{R_\Sigma T}{Rt_W}=-\frac{1500\times10\times10^{-3}}{20\times10^6\times10\times10^{-6}}=-7.5\%$$

用峰值表测量脉冲电压将引起较大的误差。为了修正它，需要知道等效电阻 R_Σ 的值，电压表的 R 值，还要知道信号电压的占空比，这是很不方便的。

从测量仪器方面考虑采取以下改进措施：将电压表中峰值检波器负载电阻 R 值尽量取得大一些（例如取1000 MΩ 以上），或用源极（或射极）跟随器代替电阻 R，或利用脉冲电压保持电路来实现。其原理电路如图 4.2.22(a)所示，图中 VT_1 管是射极跟随电路，可以减小仪器仪表对信号源的影响。被测脉冲信号经 VD_1 对 C_2 充电；VT_2，VT_3 管都接成源极跟随电路，VT_2 源极电位跟随 C_2 上电压的变化，经 VD_2 对 C_3 充电。C_3 的值要比 C_2 的值大一些，C_3 上的电压在整个脉冲周期内维持近似等于被测脉冲电压的幅值 U_p，如图(b)中波形 u_{c3} 所示，最后由 VT_3 源极输出至直流放大器等电路，驱动直流微安表指针偏转，从而实现对脉冲电压的测量。

(a) 原理图

(b) 波形图

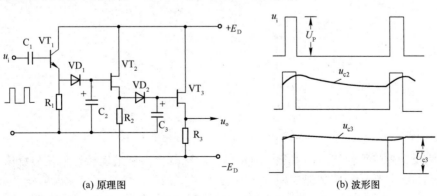

图 4.2.22　脉冲保持电路及波形图

2. 高压脉冲幅值的测量

在电子测量中有时会遇到上万伏以上的高压脉冲，一般用电容分压法，通过示波器来显示。其缺点是需要换算，误差较大（因电容分压比难以稳定），而且接入测量用电容器容易引起振荡。利用图 4.2.23 所示的电路较为适用，它是脉冲电压负峰值保持电路。

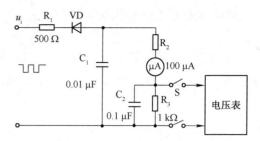

图 4.2.23　用充放电法测量高压
脉冲幅值电路原理图

图中 C_1 是充电电容，R_1 是限流电阻，VD 是高压硅堆，单向导通，构成峰值检波器。R_2 与微安表用于直接指示被测脉冲幅值。R_3 是标准电阻，C_2 是旁路电容，其上电压可送电压表显示。

图中 R_1 与 VD 要配合使用，R_1 可取几百欧姆的电阻，VD 用 1 A 的高压硅堆。R_2 的值取决于被测脉冲的幅值，可取几十到几百兆欧，以便与微安表配合。R_3 可取几百欧至 $1k\Omega$ 的标准电阻，远小于 R_2 的值，可忽略不计，其上电压为毫伏级，送电压表显示。开关 S 用于保护电压表，测量时合上。

当被测脉冲输入时，VD 导通期间，C_1 充电；VD 截止期间，C_1 放电。由电压表直接指示脉冲电压的幅值。

采用普通峰值检波器来测量脉冲电压是产生负误差的原因，主要是因为检波电容器不能在脉冲的间隔时间内保持住已充的电量。采用脉冲保持电路的作用是保持被测脉冲的峰值并加以展宽，从而有效的提高测量精度。

单脉冲电压正峰值保持电路如图 4.2.24 所示，该电路能保持脉冲信号电压的峰值，它把信号瞬变的最大正峰值存储在保持电容器 C_H 里。本电路适用于测量单个脉冲的峰值，即使采用取样速度很慢的脉冲仪表，也能进行准确的电压测量。此外，电路加了复位输入，目的是保持某一瞬间的峰值电压，如改变放电电阻的大小也可用于脉冲展宽。

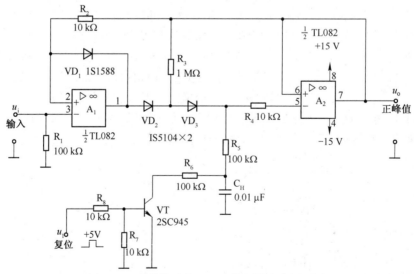

图 4.2.24　单脉冲电压正峰值保持电路原理图

本电路为反馈式峰值保持电路，虽然不能高速工作，却能准确地保持输入信号峰值。运算放大器 A_1 为反馈放大器，反馈回路忽略二极管 VD_2，VD_3 的正向电压及温度变化的影响。

充电过程持续到电容器 C_H 的端电压与输入电压相等时为止，若输入电压低于被保持电压，运放 A_1 的输出就会向负电位摆动，使二极管 VD_1 导通，进入闭环状态（与缓冲放大器相同）。

保持电压受二极管 VD₃、运算放大器输入电阻以及偏流等的影响,随着时间的增加会逐渐下降。为了长时间地保持峰值,在电路中加了电阻 R₃ 和二极管 VD₃,对漏电流进行抑制,同时采用输入阻抗高的缓冲放大器接收输入信号。

取样完毕后,如果不把充电电荷放掉,若下次输入的信号峰值低于前次峰值,则峰值就不能得到响应,因此,必须安装放电开关。应在 C_H 的两端安装机械式继电器或模拟电子开关,使电容放电,图中晶体管 VT、电阻 R₆ 就起这一作用。串联电阻 R₆ 用于限制放电电流,其阻值由"复位"所需的时间确定,取 100 Ω 左右比较合适。

3. 尖脉冲峰值电压的测量

在电子电路中,由于瞬态过程或电磁干扰引起的尖峰脉冲,其脉宽为微秒级以下,但其电压峰值较高,有时可能损坏晶体管或集成电路。它的出现带有随机性,用普通电压表或示波器难以捕捉。这里介绍一个简单的测量这种尖脉冲电压的实用电路。

具体电路如图 4.2.25 所示,图中 R₁,R₂ 为衰减电阻,用开关 S₁ 转换;VD₁~VD₄ 构成桥式全波检波器,无论被测脉冲电压的极性如何,在 P 点与地之间均为一正电压;VT₁,VT₂ 组成复合型射极跟随器,用于提高输入阻抗,并进行电流放大。对电容 C₃ 充电,使其迅速充至脉冲信号的峰值。由于 C₃ 没有放电通路,该峰值以直流电压形式在 C₃ 上保持下来。

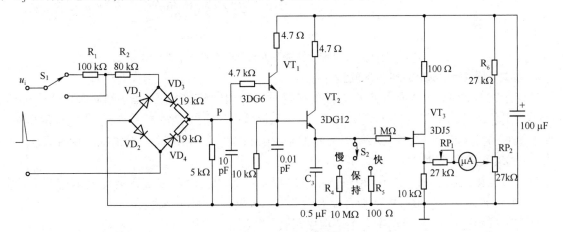

图 4.2.25 尖脉冲峰值电压的测量电路原理图

C₃ 上的直流电压加在场效应管 VT₃ 的栅极上,VT₃ 是一源极跟随器,与电阻 R₆、RP₂ 及微安表构成测试电路。由微安表读出被测电压的峰值,RP₁ 用于校准微安表头,RP₂ 用于调零。

开关 S₂ 有三个位置:

① 保持:电路总是指示被测脉冲电压的峰值,用于观察不经常出现的干扰脉冲。

② 缓慢复位:C₃ 充电至峰值后,如果不再有脉冲信号输入,C₃ 上的电压通过 R₄ 缓慢放电。用于观测频繁出现的随机干扰脉冲。

③ 快速复位:C₃ 上的电压迅速放电至 0,为下一次测量做好准备。

这个电路可以测量 1500 V 以下的尖脉冲峰值电压。

4. 用示波法测量脉冲电压

以电子示波器为工具的示波测量法,广泛地用于脉冲参数的测量。

利用示波器测量直流电压,正弦交流电压的峰值及有效值,更多的功能还是用于测量脉冲电压的幅值,以实现测量一个脉冲的各部分电压值,如脉冲幅度、上冲量及顶部下降量等。

利用示波器测量电压的基本原理是屏幕上亮点的位移高度正比于该时刻被测电压的大小,当被测电压为脉冲电压时,亮点位移的最大高度正比于被测电压的峰-峰值。

*5. 测量脉冲电压应注意以下几点:

（1）测量脉冲幅度宜用交流耦合方式,并需注意极性

因脉冲电压中直流分量较大,如用"DC"耦合方式,则波形上下偏移较大。当仅测其幅度时应采用"AC"耦合方式,隔去直流分量。并且还要注意示波器的触发"极性"与被测脉冲的极性相对应:欲观测正脉冲的前沿或负脉冲的后沿(即波形的上升边)时,需用"+"极性触发;欲观测正脉冲的后沿或负脉冲的前沿(即波形的下降边)时,需用"−"极性触发。触发信号的幅度要与触发电平相配合,使显示图形稳定。

如被测信号是窄脉冲,使用"扩展"方式将波形展宽,以利观察波形的细节变化。

（2）观测方波信号时应选用频带较宽的示波器

当被测方波信号的重复频率较低时,如图4.2.26(a)所示,波形的幅度可上升到峰值 U_m,显示出完整的方波。当信号频率较高时,就不能显示整个方波了,如图4.2.26(b)所示。这说明示波器的 y 放大器的频带不够宽,应选择频率响应指标优良的示波器(f_h 至少要大于20 MHz)。

图4.2.26　用示波器交流耦合方式测量方波幅度波形图

6. 脉冲测量时电缆的终端匹配问题

若用示波器测量含有大量的高次谐波的脉冲波形,从信号源到示波器之间必须用电缆传输。为了得到最佳传输功率,电缆的特性阻抗 Z_c 必须和信号源的输出阻抗 Z_o 相匹配;在电缆的另一端也要依据它的特性阻抗来连接,如普通同轴电缆(RG58U)的 $Z_c = 50\,\Omega$(一般情况下脉冲发生器的输出阻抗 Z_o 也是 $50\,\Omega$)。

对于标准输入阻抗为 $1\,M\Omega//20\,pF$ 的示波器而言,脉冲发生器和示波器的正确连接方法如图4.2.27(a)所示,一个 $50\,\Omega$ 的终端匹配电阻器在示波器外部并联于输入端。

在实际测量过程中,容易产生以下两点错误:

① 在示波器一端,除了示波器的输入阻抗之外,电缆的终端未得到匹配,如图4.2.27(b)所示。

② 在脉冲发生器的输出端($Z_o = 50\,\Omega$),用一个外加的 $50\,\Omega$ 电阻器和 $50\,\Omega$ 电缆相连接,而在示波器输入端($1\,M\Omega//20\,pF$),电缆终端未得到匹配,如图4.2.27(c)所示。

三种连接方式的波形如图4.2.28所示。

在图4.2.28中,上面的光迹表示错误①的结果,中间光迹表示错误②的结果,而下面的光迹表示电缆得到终端匹配时的正确结果。

上面光迹的幅度大约是下面的两倍。因为示波器的输入阻抗对于电缆相当于开路,由于没有电流流通,所以测量到的是脉冲发生器的开路电压 u_s。脉冲开始时的畸变是由于示波器一端少量反射产生的,该反射为脉冲发生器所吸收。

中间光迹在起始时刻,脉冲发生器输出电压升高至 U_s,因 $50\,\Omega$ 匹配电阻器和 $50\,\Omega$ 的电缆阻抗相并联,总阻抗为 $25\,\Omega$,因此在起始瞬间只有 $U_s/3$ 向示波器传输,由于反射使电压上升到 $2/3U_s$,并且反射电压在脉冲发生器输出端遇到 $25\,\Omega$ 电阻后,将产生下降,这个作用将重复下去,直至平衡。因这种反射作用,图中光迹比上面光迹看得清楚些。

下面光迹是正确的结果,如果脉冲发生器的输出电压升高,其负载就是电缆阻抗 $50\,\Omega$,经过传

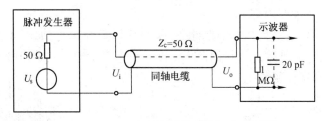

(a) 正确接法

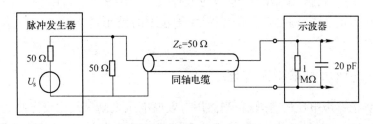

(b) 示波器输入端不匹配 (错误①)

(c) 信号发生器输出端与电缆连接不正确 (错误②)

图 4.2.27　脉冲测量时电缆阻抗匹配原理框图

输延迟(1 m 长的电缆约延迟 5 ns)之后,脉冲信号到达 50 Ω 的终端匹配电阻器,脉冲信号在这里被消耗掉,不产生反射,该电压即被示波器所测量。

由以上各节可知,采用不同的检波器可以组成不同的电压表。按电路结构划分为放大–检波与检波–放大两种。现将其有关性能做一比较,如表 4.2.2 所示。

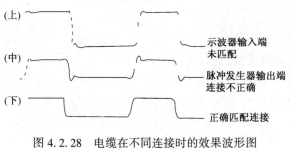

图 4.2.28　电缆在不同连接时的效果波形图

表 4.2.2　放大–检波式与检波–放大式电压表性能比较

型　　式	检波–放大式	放大–检波式
	峰 值 检 波	平均值、峰值、有效值检波
频率范围	宽(可达几百 MHz)	窄(可达 10 MHz)
灵敏度	低	高
输入电阻 R_i	小	大
输入电容 C_i	小	大
主要用途	测高频电压	测低频电压
测量准确度	不高	较高

*4.3　噪声电压的测量

4.3.1　噪声的基本特性

在电子电路中,噪声主要是由各种元器件(例如晶体管、电阻等)内部带电粒子的不规则运动所造成的现象。它严重地影响系统传输微弱信号的能力。对于一个放大器,当输入信号为 0 时,由输出端测得的杂散交流电压,即是噪声电压。

　　导体、半导体及杂质材料在一定温度下,由于内部微粒不规则的热运动产生的噪声,称为热噪声,它与为了保持电路及环境的热平衡所需要的能量进行热交换有关。还有一种噪声是在电路通过晶体管 PN 结时,由于电荷运动的不连续而产生的晶体管噪声,称为散粒噪声。噪声电压中包含有各种频率成分,噪声电压按频率的分布称为噪声频谱,上述两种噪声在线性频率范围内其能量分布是均匀的。在光谱学里,把各频率能量分布均匀的光称为白光,也称这类噪声为白噪声,噪声测量也是测量领域里的一个重要内容。

　　噪声是一种随机信号,其波形是非周期性的,其变化是无规律的,如图 4.3.1 所示。用统计学的方法把它当做随机过程来处理。一般用概率密度函数来表示它。白噪声的电压瞬时值的分布规律符合正态分布,其概率密度函数

$$\varphi(u) = \frac{1}{\sqrt{2\pi}\,U_n} e^{-\frac{u^2}{2U_n^2}} \qquad (4.3.1)$$

图 4.3.1　噪声电压的波形图

式中,U_n 是噪声电压的有效值,u 是噪声电压的瞬时值。当用平均值表来测量白噪声时,采用此式求出这种噪声电压的波形系数。

4.3.2　用平均值表测量噪声电压

　　噪声电压,一般指噪声电压的有效值,当然用有效值电压表测量是比较方便的。使用平均值电压表也能测量噪声电压,与 4.2 节波形换算方法类似,需求出噪声电压的波形系数。利用式(4.3.1)并考虑到噪声电压具有正态分布的对称性,其平均值

$$\overline{U}_n = \frac{2}{\sqrt{2\pi}\,U_n} \int_0^\infty u e^{-\frac{u^2}{2U_n^2}} \mathrm{d}u = \sqrt{\frac{2}{\pi}}\,U_n \qquad (4.3.2)$$

根据波形系数定义,得

$$K_F = \frac{U_n}{\overline{U}_n} = \sqrt{\frac{\pi}{2}} \approx 1.25 \qquad (4.3.3)$$

根据 4.2 节所述的换算方法,当所选的平均值电压表为全波检波式时,定度系数 K_α 为 1.11,将指示值 U_α 折算成正弦波检波后的平均值,按平均值相等原则,再算出噪声电压的有效值,即

$$U_n = K_F \frac{U_\alpha}{K_\alpha} \approx \frac{1.25}{1.11} U_{\dot\alpha} \approx 1.13 U_\alpha \qquad (4.3.4)$$

将平均值电压表的指示值乘以 1.13 就是噪声电压的有效值,这是很方便的。

　　当用分贝刻度测量时,只要在分贝指示值上加上 1.1 dB 即可(因为 $20\lg 1.13 \approx 1.1$)。

　　测量噪声电压时,还要注意到平均值电压表本身的带宽应该比被测电路的噪声带宽大得多。对于多级放大器而言,其噪声带宽近似等于其 3 dB 带宽。在测量噪声电压时应当选择频率范围尽量宽的平均值电压表,以减小测量误差。

　　由图 4.3.1 可以看出,噪声电压在某些时刻的峰值很高,可能会超过电压表中放大器的动态范围,产生削波现象,这也会影响测量的准确度。有效值电压表和平均值电压表都存在这种问题,克服的方法是利用量程开关,使指针不要偏转到满度附近。例如,使其指针指在刻度线的一半左右,这样输入到电压表中放大器的信号峰值就会小一些,从而提高测量的准确度。

4.3.3　器件和放大器噪声的测量

　　一般噪声测量采用两种方法,即正弦信号法和噪声发生器法。二者各有一定的应用范围和一

定的限制,选择哪一种方法取决于频率范围和所选用的仪器仪表。

不论采用哪一种测量方法,被测放大器的输出端噪声都必须足够大。当被测放大器的输出噪声很小时,应在它和测量仪器仪表之间加线性放大器,且该放大器的等效输入噪声应远小于被测放大器的输出噪声,带宽应大于被测放大器的带宽。

放大器"噪声量"的表示形式是放大器的等效输入噪声电压(或电流)。所谓等效输入噪声就是把放大器产生的全部噪声折算为输入端的噪声电压或噪声电流。

图 4.3.2 所示为等效输入噪声源的模型,可用来计算放大器的等效输入噪声。

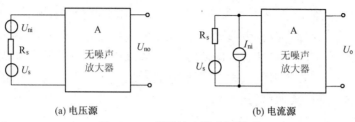

(a) 电压源　　　　　　　　　　(b) 电流源

图 4.3.2　等效输入噪声源模型

1. 等效输入噪声电压 U_{ni} 的测量

一个有噪声的器件,可以用一个理想的无噪声器件等效,即将实际的输出噪声电压 U_{no} 等效到理想器件的输入端。令理想器件的电压增益为 A_u,则该网络的等效输入噪声电压 U_{ni} 可表示为

$$U_{ni} = U_{no}/A_u \qquad (4.3.5)$$

式中,U_{ni} 为被测器件的等效输入噪声电压;U_{no} 为被测器件的等效输出噪声电压。

(1) 用正弦信号法测量 U_{ni}

测量原理如图 4.3.3 所示。测量方法如下:

以正弦波为测量信号,测量放大器的电压增益 A_u,如图 4.3.3(a)所示,其定义为

$$A_u = U_o/U_s \qquad (4.3.6)$$

式中,U_o 为放大器的输出电压;U_s 为信号源电压。

用有效值电压表分别测量 U_o,U_s;短路放大器输入端,保留源电阻 R_s,测总的等效输出噪声电压 U_{no};再用等效输出噪声电压 U_{no} 除以电压增益,求得 U_{ni}。

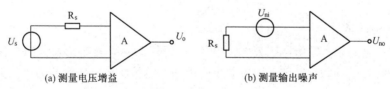

(a) 测量电压增益　　　　　　　　　(b) 测量输出噪声

图 4.3.3　用正弦信号法测 U_{ni} 原理框图

利用正弦信号法要注意两点,一点是必须在比噪声高的信号电平上测量 A_u;另一点是必须在等于信号源阻抗的情况下测量 A_u。测量 U_{no} 时,应符合带宽准则。

(2) 用噪声发生器法测量 U_{ni}

用一台输出电平校准好的噪声发生器接到被测放大器的输入端,其内阻 R_s 应等于放大器实际工作时的信号源阻抗,如图 4.3.4 所示。

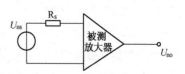

图 4.3.4　用噪声发生器法测 U_{ni} 原理框图

设噪声发生器输出噪声电压为 U_{ns},用有效值电压表测得放大器输出总噪声电压的有效值为 U_{no2};然后,去掉噪声发生器,即被测放大器的输入端接 R_s 时,测得输出端电压有效值为 U_{no1}。

由 U_{no2}, U_{no1} 可求得 U_{ni}。

$$U_{\text{ni}} = \frac{U_{\text{no1}}^2}{U_{\text{no2}}^2 - U_{\text{no1}}^2} U_{\text{ns}} \qquad (4.3.7)$$

当 $U_{\text{no2}} = \sqrt{2} U_{\text{no1}}$ 时，则 $U_{\text{ni}} = U_{\text{ns}}$。

为计算方便，需要调节放大器输出噪声电压两次读数的比值为 $\sqrt{2}$ 时，记下这时噪声发生器的输出电压 U_{ns}，即为等效输入噪声电压 U_{ni}。

（3）两种测量方法的比较

正弦波法的优点是适用于测量低频噪声；大多使用通用的测量仪器仪表。但这种方法需要测量被测系统的增益、总输出噪声及噪声带宽，而这些量的精确测定比较困难，测量步骤比较麻烦。

噪声发生器法比较简单，测量准确度比较高，但低频噪声的测量需要较昂贵的标准噪声源。一般情况下，正弦信号法较适用于对低频和中频噪声的测量，高频噪声测量多采用噪声发生器法。

（4）测量噪声时需要考虑的问题

① 带宽的影响

由于噪声功率正比于系统的等效噪声带宽，即噪声电压的有效值正比于系统等效噪声带宽的平方根，因此测量噪声电压时所选用的电压表，其带宽应该远大于被测系统的噪声带宽；否则将使示值偏低。在这种情况下，可用下式修正

$$\frac{U_n'}{U_n} = \sqrt{\frac{B_{\text{wn}}'}{B_{\text{wn}}}} \qquad (4.3.8)$$

式中，U_n 为修正后的噪声电压，即带宽可无限扩展的理想电压表测得的噪声电压；U_n' 为有限带宽的电压表所测得的噪声电压；B_{wn} 为被测系统的噪声带宽；B_{wn}' 为被测系统与电压表组成的总噪声带宽。

因为 $B_{\text{wn}}' < B_{\text{wn}}$，故 $U_n' < U_n$，结果将产生测量误差，其相对误差为

$$\gamma = \frac{U_n' - U_n}{U_n} = \sqrt{\frac{B_{\text{wn}}'}{B_{\text{wn}}}} - 1 \qquad (4.3.9)$$

由计算可得，为使测量误差小于 5%，要求电压表 3 dB 带宽为被测系统噪声带宽的 8~10 倍，这就是带宽准则。

② 平均值和波形系数

噪声电压的测量除用有效值电压表外，也可以采用其他响应的电压表，这时，如将示值视为有效值，将产生波形误差。例如，采用平均值响应的电压表测得噪声电压示值为 U_α，由计算得出噪声电压的有效值 U_n 为

$$U_n = 1.13 U_\alpha \qquad (4.3.10)$$

将平均值电压表的示值乘以 1.13 就是噪声电压的有效值。式中的 1.13 是白噪声电压的波形系数，由 $K_F = 1.25$（见表 4.2.1）乘以 0.9 得出。

③ 测量时间的影响

噪声测量，实质上是求平均值的过程，从理论上讲，求平均值应在无限长时间内进行，在有限平均时间内测量噪声会产生误差，这种误差是一个随机变量，它使电压表的指针产生抖动。为了精确测量噪声，必须增加求平均值的时间，以便平滑指针的抖动。

对同样的测量准确度，窄带测量所要求的平均时间比宽带测量要求的平均时间要长。例如，分别测量噪声带宽为 5 Hz 和 1 kHz 的两个系统的噪声，为使误差小于或等于 1%，所需的测量时间分别为

1000 s 和 5 s。可见，要使低频测量达到高精度是困难的，而且测量时间较长。因此测量低频噪声通常采用记录仪或存储示波器，把噪声波形记录下来，测量其峰-峰值，然后再换算成有效值。

④ 由于白噪声呈高斯正态分布，为避免噪声波峰被削掉，测量过程中表头示值不得超过满刻度值的一半。

2. 噪声带宽的测量

当研究噪声时，需要知道噪声带宽 B_{wn}。以放大器为例，噪声带宽可写成

$$B_{wn} = \frac{1}{A_{um}^2} \int_0^\infty A_u^2(f)\,\mathrm{d}f \qquad (4.3.11)$$

式中，$A_u(f)$ 为电压增益随频率变化的函数；A_{um} 为中频增益。

噪声带宽 B_{wn} 也有正弦信号法和噪声发生器法两种测量方法。

（1）正弦信号法

利用正弦信号法测量噪声带宽，实质上是测量被测放大器的幅频特性曲线，然后求 $A_u^2(f)$ 曲线下的总面积 S，于是 $B_{wn} = S/A_{um}^2$。

一个最简单的求总面积的方法是，将 $A_u^2(f)$ 曲线下的面积分成若干窄条，如图 4.3.5 所示，每一窄条的面积 S_i 可等效成由一个矩形和一个三角形组成，求面积总和可得

$$B_{wn} = \frac{\sum_{i=1}^n S_i}{A_{um}^2} \qquad (4.3.12)$$

测量方法如图 4.3.6 所示，将交流电压表分别跨接在待测系统的输出端和输入端上，系统加适当的偏置电压，维持系统输入电压不变时，测出不同频率下的输出电压，直至得到足够多的数据，精确绘制出电压增益平方随频率变化的曲线图。

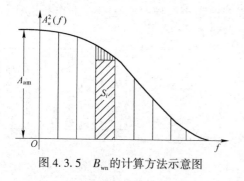

图 4.3.5 B_{wn} 的计算方法示意图

图 4.3.6 用正弦信号源测噪声带宽原理框图

（2）噪声发生器法

将噪声发生器接到被测电路的输入端测量总的输出噪声电压 U_{no}，则

$$B_{wn} = \frac{U_{no}^2}{A_u^2 S_i(f)} \qquad (4.3.13)$$

式中，A_u 为电压增益；$S_i(f)$ 为噪声发生器加到被测电路输入端的白噪声频谱密度。

3. 信噪比的测试

信号功率 P_s 与噪声功率 P_n 之比称为信噪比（SNR），可表示为

$$SNR = P_s/P_n \qquad (4.3.14)$$

如果 P_s，P_n 是在单位电阻上耗散的功率，则有

$$SNR = (U_s/U_n)^2 \qquad (4.3.15)$$

以分贝表示的信噪比为

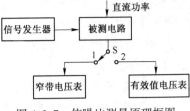

$$\text{SNR}[\text{dB}] = 10\lg\frac{P_\text{s}}{P_\text{n}} \qquad (4.3.16)$$

图 4.3.7　信噪比测量原理框图

信噪比测量的原理如图 4.3.7 所示。首先调节信号发生器达到所需要的电压值，开关 S 置于"1"位，用窄带电压表测量测试点处的信号电压 U_s。然后切断信号发生器的电源，但仍与电路相连接，开关 S 置于"2"位，用有效值电压表测量测试点处的噪声电压 U_n，由 U_s 和 U_n 的值求信噪比。

采用窄带电压表测量信号电压是为了准确地测出信号的强度，并减小附加噪声对信号的影响。

4. 噪声系数的测量

在电子电路中，噪声与信号是相对存在的。在工程技术中，常用噪声系数表示电路噪声的大小及放大器的噪声性能。

$$\text{噪声系数 } F = \frac{\text{输入信噪比}}{\text{输出信噪比}} = \frac{P_\text{si}/P_\text{ni}}{P_\text{so}/P_\text{no}} = \frac{P_\text{no}}{P_\text{ni}A_p} \qquad (4.3.17)$$

式中，$A_p = P_\text{so}/P_\text{si}$ 为放大器的功率增益。

噪声系数是无量纲的量，常用分贝来表示，即

$$F_\text{dB} = 10\lg F \qquad (4.3.18)$$

噪声系数表征器件或者放大器引起的信噪比降低的程度。一个不产生噪声的理想放大器，总输出噪声功率等于输入噪声功率乘以放大器的功率增益，即 $P_\text{no} = A_p P_\text{ni}$。此时 $F = 1$ 或 $F_\text{dB} = 0\ \text{dB}$。如果放大器总输出噪声功率比理想情况大一倍，则 $F = 2$ 或 $F_\text{dB} = 3\ \text{dB}$。放大器本身产生的噪声越大，$F$ 越大，利用噪声系数可以确定放大器的极限灵敏度或最小可检测电压。

（1）利用噪声发生器测量噪声系数

如图 4.3.8 所示，噪声发生器能产生一种均匀频谱的白噪声。噪声源是一只工作在饱和状态的二极管，I_s 为二极管饱和电流。

噪声发生器表头按 I_s 大小直接用噪声系数刻度，测量噪声系数时，将噪声发生器作为被测网络的信号源，同时，噪声发生器的输出阻抗应等于被测网络所要求的信号源内阻（不等时需接附加电阻）。被测网络的输出端接有低噪声放大器以提高增益，保证功率指示仪正常工作，功率指示仪用来测量噪声功率。测量时，先求得无信号时，即 $I_\text{s} = 0$ 时的输出功率 P_o，然后将信号输

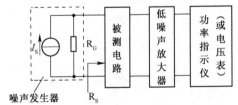

图 4.3.8　用噪声发生器测噪声系数原理框图

入，调整 I_s 使输出功率为 $2P_\text{o}$。此时，从噪声发生器表头上可读出噪声系数。由于测量时采用了两倍功率增益的方法，又称为功率倍增法，这种方法适用于测量器件或放大电路工作在高频时的噪声系数，测试简单而准确，但需要有经过校准的宽带噪声放大器，若无此设备，可改用正弦信号法。

若采用电子电压表代替功率指示仪，两次电压表示值之比应为 $\sqrt{2}$。由于测量的是放大器输出噪声的比值，电压表可为有效值响应或平均值响应。测量误差主要取决于噪声发生器刻度的准确度，其次是功率指示仪的准确度。

（2）正弦信号法

正弦信号法的测量原理同噪声发生器法一样，只是信号源采用正弦恒压源，采用这种方法测量比较复杂，且误差较大，只适用于低频或缺乏专用噪声发生器的场合。

5. 集成运算放大器噪声参数的测量

采用等效输入噪声电压(或电流)的形式表示集成运算放大器的噪声,就是把放大器的全部噪声折算为输入端的噪声。

(1) 测试原理

电压噪声 U_n 的测量采用低信号源阻抗和高增益电路测量,如图 4.3.9 所示。电流噪声 I_n 采用高信号源阻抗和高增益电路来测量,如图 4.3.10 所示。

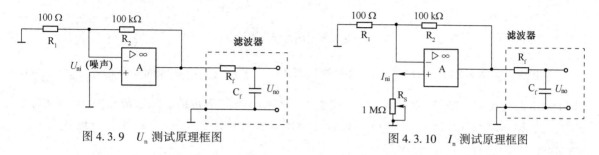

图 4.3.9 U_n 测试原理框图   图 4.3.10 I_n 测试原理框图

为了保证实测时的噪声带宽与产品手册上的运算放大器规格一致,在测量时运算放大器需接输出滤波器,使噪声带宽合乎标准。通常手册上给定带宽为 1 kHz,但有时需要在宽带(例如 10 kHz)下测量,或需要在窄带下测量。输出滤波器的噪声带宽 B_{wn} 由下式计算

$$B_{wn} = \frac{1}{4R_f C_f} \tag{4.3.19}$$

式中,R_f 为滤波器的滤波电阻;C_f 为滤波器的滤波电容。

在图 4.3.9 中,被测运放输入端并接一个 $R_1 = 100\,\Omega$ 的小阻值电阻,相当于一个小的信号源电阻,这就是测量 U_n 的条件。运放的电压增益为 $A_u = 1 + \dfrac{R_2}{R_1} = 1000$。运放的输出接至由 R_f,C_f 组成的滤波器。由宽带有效值电压表测出输出噪声电压 U_{no},则输入噪声电压

$$U_{ni} = \frac{U_{no}}{1 + \dfrac{R_2}{R_1}} = \frac{U_{no}}{1000} \tag{4.3.20}$$

图 4.3.10 中,通过高信号源电阻 R_s 将电流噪声转变为电压,若 R_s 很大,电流噪声将压倒电压噪声,则输出噪声主要由电流噪声决定

$$U_{no} = (U_{ni} + I_{ni} R_s)\left(1 + \frac{R_2}{R_1}\right) \approx I_{ni} R_s (1 + R_2/R_1)$$

输入端电流噪声 $$I_{ni} = \frac{U_{no}}{(1 + R_2/R_1) R_s} \tag{4.3.21}$$

(2) 运算放大器 U_{ni} 的实用测量电路

消除失衡电压的噪声测量电路原理图如图 4.3.11 所示,测量系统的噪声带宽 $B_{wn} = \dfrac{1}{4R_f C_f} = 1\,kHz$,由低通滤波器确定,电路增益为 1000,将所测得的输出电压除以增益 A_u,便可求得 U_{ni}。例如,若测得输出电压为 1 V,相当于输入端有 1 mV 的噪声电压,而噪声带宽是 1 kHz。

必须指出,运算放大器的输出中含有输入电压失衡所引起的直流分量。当测量有效值输出噪声时,一定要保证输出测量仪器仪表能去除这个直流电平,使之不影响读数。大多数音频输出测量仪器仪表都采用这种交流耦合的办法,否则可在 R_1 与地之间串接一个大电容,如图 4.3.11 中的

C_1。噪声测量电路必须仔细地进行屏蔽,以防止交流和外界射频信号的干扰。

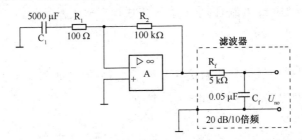

图 4.3.11 消除失衡电压的噪声测量电路原理图

宽带输入噪声电压 U_n 的测量电路原理图如图 4.3.12 所示,测量系统的噪声带宽 $B_{wn} = \dfrac{1}{4R_fC_f} = 10\,\mathrm{kHz}$,由低通滤波器确定。辅助运放 A_1 提供 10 倍电压增益,不包括被测运放在内,测量系统的总增益为 $100 \times 10 = 1000$ 倍。输出噪声电压 U_{no} 可用宽带有效值电压表测量,于是可计算出 $U_{ni} = U_{no}/1000$。

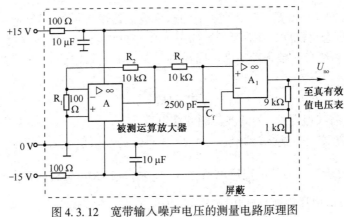

图 4.3.12 宽带输入噪声电压的测量电路原理图

上述测量电路都需要静电屏蔽,以防止电源线干扰和高频干扰,测量前应检查一下干扰噪声电平的大小,为此,将被测运放取下来,电压表指示值应降至原来指示值的 1/3 以下。

(3) 低频输入噪声电流 I_n^- 和 I_n^+ 的测量

如图 4.3.13 所示,将低频输入噪声电流 I_n^- 或 I_n^+ 通过高阻值电阻 R 转变成噪声电压,并进行滤波、放大和记录。本例适用于低频窄带测量,带宽为 1 Hz,采用记录仪或示波器记录 U_{no}。

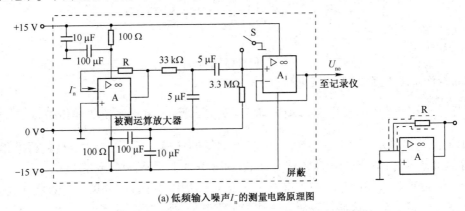

(a) 低频输入噪声 I_n^- 的测量电路原理图

图 4.3.13 低频输入噪声 I_n^- 和 I_n^+ 的测量电路原理图

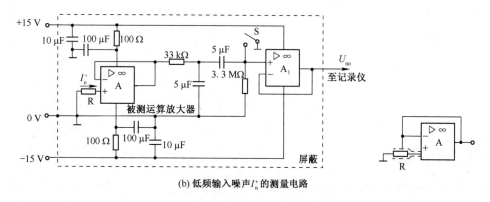

(b) 低频输入噪声 I_n^+ 的测量电路

图 4.3.13   低频输入噪声 I_n^- 和 I_n^+ 的测量电路原理图(续)

R 的选择应保证输出噪声电压 U_{no} 中 I_n^- 或 I_n^+ 的数值起主要作用,且应保证由 R,C_R(或 R,C_R,C_{cm}^+)组成的低通电路,其噪声带宽必须大于测量系统所确定的噪声带宽,即应满足

$$\frac{1}{4(C_{cm}^+ + C_R)R} \gg 1\,\mathrm{Hz}$$

式中,C_R 为电阻 R 的寄生电容;C_{cm}^+ 为被测运放的共模输入电容。

图 4.3.13 所示的测量电路中,若从记录仪上记录到输出噪声电压 U_{no} 的峰–峰值为 U_{PP},则

$$I_n^-(I_n^+) \approx \frac{U_{PP}}{5R}$$

为了减小寄生电容的影响,应将 R 屏蔽起来,如图中右下角所示。

图 4.3.14 分别给出了 I_n^- 和 I_n^+ 的宽带测量电路,使用宽带真有效值电压表测量输出噪声电压 U_{no},于是

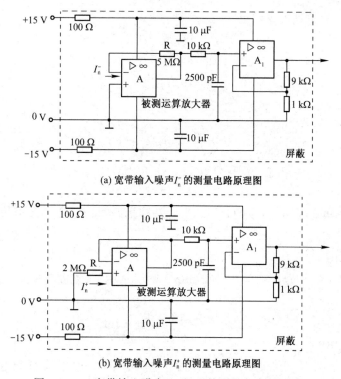

(a) 宽带输入噪声 I_n^- 的测量电路原理图

(b) 宽带输入噪声 I_n^+ 的测量电路原理图

图 4.3.14   宽带输入噪声 I_n^- 和 I_n^+ 的测量电路原理图

$$I_n^-(I_n^+) \approx \frac{U_{no}}{10R}$$

式中,"10"为辅助运放 A_1 的电压增益。

4.4 分贝的测量

4.4.1 数学定义

在通信系统测试中,通常不直接计算或测量电路中某测试点的电压或负载吸取的功率,而是计算它们与某一电压或功率基准量之比的对数,这就需要引出一个新的度量名称——分贝。

1. 功率之比的对数——分贝(dB)

对两个功率之比取对数,就得到 $\lg \frac{P_1}{P_2}$。若 $P_1 = 10P_2$,则有

$$\lg \frac{P_1}{P_2} = \lg \frac{10P_2}{P_2} = \lg 10 = 1$$

这个无量纲的数 1,叫做 1 贝尔(Bel)。在实际应用中,贝尔太大,常用分贝来度量,写做 dB(deci Bel),即 1 贝尔等于 10 dB。

所以,以 dB 表示的功率比为

$$10\lg \frac{P_1}{P_2} \qquad\qquad (4.4.1)$$

当 $P_1 > P_2$ 时 dB 值为正;当 $P_1 < P_2$ 时 dB 值为负。

2. 电压比的对数

电压比的对数可从下列关系引出

$$\frac{P_1}{P_2} = \frac{U_1^2/R_1}{U_2^2/R_2} = \frac{U_1^2 R_2}{U_2^2 R_1}$$

当 $R_1 = R_2$ 时,有

$$\frac{P_1}{P_2} = \frac{U_1^2}{U_2^2}$$

两边取对数,可得
$$10\lg \frac{P_1}{P_2} = 20\lg \frac{U_1}{U_2} \, (\text{dB}) \qquad\qquad (4.4.2)$$

同样,当电压 $U_1 > U_2$ 时 dB 值为正;当 $U_1 < U_2$ 时 dB 值为负。

3. 绝对电平

如果式(4.4.1)和式(4.4.2)中的 P_2 和 U_2 为基准量 P_0 和 U_0,则与基准量比较,可引出绝对电平的定义。

(1) 功率电平 dBm

以基准量 $P_0 = 1\,\text{mW}$ 作为 0 功率电平(0 dBm),则任意功率(被测功率) P_x 的功率电平定义为

$$P_W = 10\lg \frac{P_x}{P_0} = 10\lg \frac{P_x[\text{mW}]}{1\,\text{mW}} \qquad\qquad (4.4.3)$$

(2) 电压电平 dBV

以基准量 $U_0 = 0.775\,\text{V}$(正弦波有效值)作为 0 电压电平(0 dBV),则任意电压(被测电压) U_x 的电压电平定义为

$$P_V = 20\lg \frac{U_x}{U_0} = 20\lg \frac{U_x}{0.775} \tag{4.4.4}$$

注意,这里定义的绝对电平,都没有指明阻抗大小,所以,P_x 或 U_x 应理解为任意阻抗上吸取的功率,或其两端的电压。很明显,若在 600Ω 电阻上测量,那么功率电平等于电压电平,因为在 600Ω 电阻上吸取 1mW 功率,其两端电压刚好为 0.775V。

4. 音量单位(VU)

这是测量电声系统用的电平单位。音量单位(Volume Units,写做 VU)0 电平(0 VU)定义为 600Ω 阻抗上吸取功率为 1mW。因此,当 600Ω 阻抗上吸取功率为 $P_x[\mathrm{mW}]$ 时,则

$$\mathrm{VU} = 10\lg \frac{P_x}{1\mathrm{mW}} \tag{4.4.5}$$

若阻抗为 600Ω,VU 在数值上等于功率电平的 dBm 值。但是必须注意,VU 是在测量复合的声频波形时使用的单位,故测量时必须用有效值电压表。

4.4.2 分贝值的测量

在测量放大器增益或与音响设备有关的参数时,不是直接测量电压或功率,而是测量它们对某一基准比值的对数值。一般取值的单位为分贝,所以简称为分贝测量。

分贝测量实质上是交流电压的测量,只是表盘以 dB 来刻度。因此在读出方法上与一般的交流电压表不同。

图 4.4.1 所示为某型号模拟万用表度盘上的分贝刻度及两侧的附表,其测量范围为 $-70 \sim +57\mathrm{dB}$。分贝刻度的特点是,在刻度线中间位置有一个 0dB 点,它是以基准功率(电压)来确定的。一般规定,在基准阻抗 $Z_0 = 600Ω$ 上加交流电压,使其产生 $P_0 = 1\mathrm{mW}$ 的功率为基准,相当于在仪器仪表输入端加上电压

$$U_0 = \sqrt{P_0 Z_0} = \sqrt{1 \times 10^{-3} \times 600} \approx 0.775(\mathrm{V})$$

即在 1.5V 刻度线上的 0.775 处定为 0dB,被测电压有效值 $U_x > 0.775\mathrm{V}$ 时其分贝数为正值,$U_x < 0.775\mathrm{V}$ 时其分贝数为负值。该表盘刻度为 $-30 \sim +5\mathrm{dB}$。

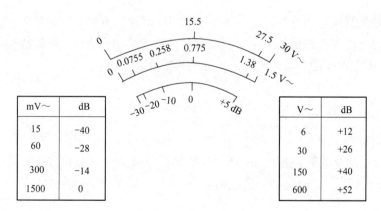

mV~	dB
15	-40
60	-28
300	-14
1500	0

V~	dB
6	+12
30	+26
150	+40
600	+52

图 4.4.1 分贝刻度的读法

例如:$U_x = 1.38\mathrm{V}$ 时,对应的分贝值是

$$20\lg \frac{1.38}{0.775} = +5\mathrm{dB}$$

所以量程为 1.5V 电压刻度的 1.38V 处与分贝刻度 +5dB 相对应。

【例 4.4.1】 已知 $20\lg \dfrac{U_x}{U_0}=-20\,\text{dB}$，求对应的 U_x 是多少？

因为 $-20\,\text{dB}$ 表示 $U_x=0.1\times 0.775=0.0775(\text{V})$，所以分贝刻度的 $-20\,\text{dB}$ 与量程为 $1.5\,\text{V}$ 电压刻度的 $0.0775\,\text{V}$ 相对应。

【例 4.4.2】 用量程为 $30\,\text{V}$ 电压刻度时，已知示值为 $27.5\,\text{V}$，求对应的分贝值应为多少？

根据计算可知
$$20\lg \dfrac{27.5}{0.775}=+31\,\text{dB}$$

但这时电压表指针指在 $+5\,\text{dB}$ 处，这时需用图 4.4.1 右侧附表来换算。因为 $0\,\text{dB}$ 对应 $30\,\text{V}$ 量程的 $15.1\,\text{V}$，即

$$20\lg \dfrac{15.1}{0.775}=+26\,(\text{dB})$$

当用 $30\,\text{V}$ 量程时，被测分贝值＝分贝指示值 $+26\,\text{dB}$。本例为 $(+5)+26=31\,\text{dB}$

【例 4.4.3】 当用 $300\,\text{mV}$ 量程测量时，已知表针指在 $-10\,\text{dB}$ 处，求分贝值应为多少？

需用图 4.4.1 左侧附表来换算，此量程应减去 $14\,\text{dB}$，即被测分贝值＝分贝指示值 $-14\,\text{dB}$。本例为 $(-10)-14=-24\,\text{dB}$，以此类推。综上所述，被测分贝值等于从表盘上读取的 dB 值与所使用量程对应附加 dB 值的代数和。只有用 $1.5\,\text{V}$ 量程时，才可以从 dB 刻度上直读分贝值。

当然，分贝值的测量必须是在额定频率范围内，而且被测电压的波形是正弦波的情况下，其测量结果才是正确的。

4.5　失真度的测量

在线性电路中，由于电路工作点选择不当或信号幅度超过了电路的线性范围，使信号进入非线性区而产生非线性失真。非线性失真的主要特点是在输出信号中产生了新的频率分量。

4.5.1　非线性失真的定义

信号的非线性失真通常用非线性失真系数来表示（简称失真度）。其定义为全部谐波分量的功率与基波功率之比的平方根值。如果负载与信号频率无关（例如纯电阻负载），则信号的失真度又可定义为：全部谐波电压的有效值与基波电压的有效值之比，用 γ 表示。

$$\gamma=\dfrac{\sqrt{U_2^2+U_3^2+\cdots}}{U_1}\times 100\%=\dfrac{\sqrt{\displaystyle\sum_{n=2}^{\infty}U_n^2}}{U_1}\times 100\%=\dfrac{U_h}{U_1}\times 100\% \qquad (4.5.1)$$

式中，U_1 为基波分量的有效值；U_2，U_3，$\cdots$ 分别为各次谐波分量的有效值，U_n 为多次谐波分量的总有效值（不含基波）。理论上 $n\to\infty$ 时，高次谐波分量较小，但是在实际应用中只要取到三次或五次谐波就足够了。

由经验得知，对于音乐信号，人耳可以觉察出 0.7% 左右的失真度；对于话音信号，人耳可以觉察出 $(3\sim 5)\%$ 的失真度（这时用示波器也可以看出）。目前，失真度的测量范围下限已达到 0.01%。

在实际工作中，式(4.5.1)中被测信号的基波分量的有效值难于测量，而测量被测信号总的电压有效值比较容易，所以常用的失真度测量仪给出的失真度为

$$\gamma' = \frac{\sqrt{U_2^2 + U_3^2 + \cdots}}{\sqrt{U_1^2 + U_2^2 + U_3^2 + \cdots}} \times 100\% = \frac{\sqrt{\sum_{n=2}^{\infty} U_n^2}}{\sqrt{\sum_{n=1}^{\infty} U_n^2}} \times 100\% = \frac{U_h}{U} \times 100\% \qquad (4.5.2)$$

式中,分母为被测信号总的有效值。

设 $A = U_2^2 + U_3^2 + \cdots$,则式(4.5.2)改写成

$$\gamma = \frac{\sqrt{A}}{\sqrt{U_1^2 + A}} \times 100\%$$

分子、分母分别除以 U_1,则

$$\gamma' = \frac{\dfrac{\sqrt{A}}{U_1}}{\dfrac{\sqrt{U_1^2 + A}}{U_1}} = \frac{\dfrac{\sqrt{A}}{U_1}}{\sqrt{\dfrac{U_1^2 + A}{U_1^2}}} = \frac{\dfrac{\sqrt{A}}{U_1}}{\sqrt{\dfrac{U_1^2}{U_1^2} + \dfrac{\sqrt{A}}{U_1}\dfrac{\sqrt{A}}{U_1}}} = \frac{\gamma}{\sqrt{1 + \gamma^2}} \qquad (4.5.3)$$

当 $\gamma < 30\%$ 时,可视为 $\gamma^2 \ll 1$,则 $\gamma' \approx \gamma$。这样,使用式(4.5.2)代替定义式(4.5.1),使测量仪器便于制作,又能够满足一般要求。否则将需要两套选择性网络,分别测出基波分量有效值及谐波分量总的有效值。当失真度 $\gamma > 30\%$ 时,应当用式(4.5.3)计算出定义值 γ,这时

$$\gamma = \frac{\gamma'}{\sqrt{1 - (\gamma')^2}} \qquad (4.5.4)$$

4.5.2 失真度测量仪基本工作原理

测量非线性失真的方法有多种:第一种方法是基波抑制法(单音法),对通过抑制基波的网络来实现(下述)。第二种方法是交互调制法(双音法),对被测电子设备输入两个正弦信号,测量其交调失真度。因为非正弦波可以视为若干个不同频率的正弦波的叠加,当两个频率不同的正弦波叠加后通过一个非线性网络,不仅会产生它们各自的谐波分量,而且还会产生交叉调制成分,所以用这种方法测量非线性失真更接近实际情况,多用于要求较高的电子接收设备;第三种方法是白噪声法,它是一种比较新的测量方法。因为上述双音法仅取两个正弦信号的叠加,而实际情况是多种不同频率、不同幅值正弦信号的叠加,所以用白噪声信号进行测量将获取被测电子设备通频带内任何频率分量所产生的谐波或交调结果,测量准确度比较高。

一般情况下多用第一种方法,基本原理如式(4.5.1)。图 4.5.1 是其原理框图,图中基波抑制网络即带阻滤波器,将基波电压分量滤除。

图 4.5.1 基波抑制法原理框图

在测量过程中,首先将开关 S 置"1"位,电压表测出的是包括基波在内的被测信号总的电压有效值。

$$U = \sqrt{\sum_{n=1}^{\infty} U_n^2} \qquad (4.5.5)$$

然后将开关 S 置"2"位,调节基波抑制网络的参数,使网络的谐振频率与被测信号的基波频率相同,将基波"全部"滤除,这时电压表的示值等于所有谐波电压的总有效值(不含基波)

$$U_h = \sqrt{\sum_{n=2}^{\infty} U_n^2}$$

则失真度近似等于电压表两次示值之比的百分数

$$\gamma \approx \gamma' = \frac{U_h}{U} \times 100\% \qquad (4.5.6)$$

采用陷波滤波器抑制基波电压,常见的有文氏电桥组成的 RC 陷波电路及双 T 形电桥组成的陷波电路。

高性能的失真度测量仪必须使用高性能的陷波器,它应能完全滤除基波,而又不衰减其他谐波。高性能的失真度测量仪产生的基波衰减或陷波深度可达 100 dB 甚至更大,而对谐波只产生 1 dB 或更小的衰减。要获得这样高的性能,需要 Q 值很高的滤波器,而且要准确地调谐在基频上,调谐必须非常准确,以至于通常采用的手动调谐几乎无法实现。高性能的失真度测量仪可以自动调谐到基频,其偏差仅为百分之几。失真度的测量主要是设计、选择高性能的陷波滤波电路,需采用有源陷波器来提高测量准确度。

4.5.3 有源陷波电路

有源陷波电路是一种特殊的有源滤波器,它仅在某一个频率上有陷波点。

1. 双 T 形无源陷波器

双 T 形电路如图 4.5.2(a)所示,它由两个 T 形网络并联组成,其频率特性如图 4.5.2(b)所示。在某一频率 f_0 处,输出电压为 0。

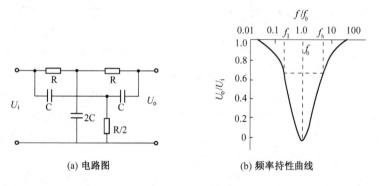

(a) 电路图　　　　　　　(b) 频率持性曲线

图 4.5.2　双 T 形无源陷波器

定义品质因数

$$Q = \frac{f_0}{BW_{0.7}} = \frac{f_0}{f_h - f_1}$$

式中,Q 值表示了曲线的选择性,即曲线的失锐程度;f_0 为输出电压 $U_o = 0$ 时所对应的频率;$BW_{0.7}$ 为 3 dB 带宽,即输出电压幅度与输入电压幅度之比为 0.707 时所对应的频带宽度;f_1 和 f_h 分别为下限截止频率和上限截止频率。

由计算可知,这种无源陷波器最大的 Q 值只有 1/4,显然它的选择性是不够的;它虽然能抑制基波,但把二次以上的谐波也不同程度地抑制了,这就影响了测试的准确性。

2. 双 T 形有源陷波器

采用如图 4.5.3 所示的双 T 形有源陷波器,可使 Q 值增大。

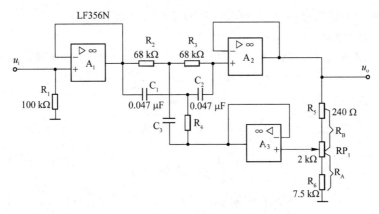

图 4.5.3 双 T 形有源陷波器电路原理图

（1）电路工作原理

双 T 形电路由 3 个电阻、3 个电容组成，基本上是对称型的。单个无源滤波器的衰减特性 $Q=0.25$，而组成有源滤波器则具有很好的宽频响应特性。

参数确定：$R_0=R_2=R_3$，$C_0=C_1=C_2$，$R_4=R_2/2$，$C_3=2C_1$。在衰减极点处谐振，谐振频率 $f_0=\dfrac{1}{2\pi R_0 C_0}$。如果偏离以上条件，就不能获得最大衰减量。

运算放大器 $A_1\sim A_3$ 均起缓冲作用，图中双 T 形电桥的纵臂不接地，而是接到放大器 A_3 的输出端，放大器 A_2 的部分输出信号通过 A_3 反馈到电桥的纵臂。由于这种正反馈的作用，将使频带变窄，Q 值提高。

A_2，A_3 都是电压跟随器形式，反馈量由 R_A，R_B 的分压值确定。

反馈系数
$$F=\frac{R_A}{R_A+R_B}$$

由 F 值可求得有源陷波器的 Q 值为

$$Q=\frac{1}{4(1-F)}\qquad(0<F<1)$$

当 $F=0$，即无反馈时，$Q=1/4$；$F=0.9$ 时，$Q=2.5$；$F=0.99$ 时，$Q=25$。F 越接近 1，Q 值越大。

具体使用时，Q 值不能取得太高，否则陷波特性过于尖锐，陷波器的 f_0 稍有偏离，则原来要陷掉的频率信号的陷波效果会变差。一般取 Q 值在几十以内。

A_1，A_2，A_3 采用电压跟随器形式，具有隔离作用；由于电压跟随器具有高输入阻抗和低输出阻抗的特点，因此运放的接入不会影响双 T 形电路的谐振频率。

参数选取，设 $R_T=R_A+R_B$，则

$$R_A=FR_T,\qquad R_B=(1-F)R_T,\qquad R_2=R_3=\frac{1}{2\pi f_0 C_1}$$

若取 $C_1=C_2=0.047\,\mu\text{F}$，根据 f_0 的值可求得 R_2 及 R_3 的值。

改变可变电阻 RP_1，可设定 Q 值的可变范围。电路图中列的参数是按 $Q=1\sim10$，$R_T\approx10\,\text{k}\Omega$ 计算出的结果。图中 $U_{CC}=15\,\text{V}$。

（2）元件的选择

运算放大器应选用满足陷波频率的要求，50/60 Hz 的陷波滤波器可使用通用运算放大器，电阻采用误差为 ±1% 的金属膜电阻。确定了所需的 Q 值之后，如果不再需要调整，应去掉 RP_1，采用固定电阻。

$C_1 \sim C_3$ 采用聚酯薄膜电容,最好选用误差为±1%以内的电容。

（3）双 T 形陷波电路的参数设计

例如,设计一个双 T 形陷波器,要求在 1 kHz 时陷波,且陷波器的 3 dB 带宽为 50 Hz。由

$$Q = \frac{f_0}{\text{BW}_{0.7}} = \frac{1000}{50} = 20$$

反馈系数

$$F = 1 - \frac{1}{4Q} = 0.9875$$

取 $C = 0.01\,\mu\text{F}$

$$R = \frac{1}{2\pi f_0 C} = 15.9\,(\text{k}\Omega)$$

令 $R_T = 10\,\text{k}\Omega$,则

$$R_A = FR_T = 9875\,(\Omega), \quad R_B = R_T - R_A = 125\,(\Omega)$$

按计算出的参数值,可构成有源陷波器,如图 4.5.4 所示。

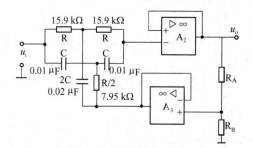

图 4.5.4　陷波频率 f_0 为 1 kHz 的双 T 形
有源陷波器电路原理图

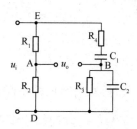

图 4.5.5　RC 文氏电桥陷
波器电路原理图

3. 由 RC 文氏电桥组成的陷波器

由文氏电桥组成的基波抑制电路(陷波器)如图 4.5.5 所示。电桥的元件参数关系为

$$R_1 = 2R_2, C_1 = C_2 = C, R_3 = R_4 = R$$

此时,电桥的抑制频率

$$f_0 = \frac{1}{2\pi RC}$$

因为 $R_1 = 2R_2$,对任一频率信号,$u_{AD} = u_i/3$。由计算可知:当输入信号频率 $f = f_0$ 时,$u_{BD} = u_i/3$,则 $u_{AB} = 0$。此时,电桥处于平衡状态,输出为 0。当输入信号频率 f 偏离 f_0 时,电桥失去平衡,则有一电压输出。

文氏电桥无源滤波电路的选择性很差。实际工作中,如果需要阻带很窄的选择性很强的陷波器,则采用由文氏电桥组成的有源陷波电路,如图 4.5.6 所示。此时陷波频率为 1 kHz。

A_2,A_3 都是电压跟随器形式,均有缓冲隔离作用,具有高输入阻抗和低输出阻抗特性,它们的接入对选频电路的谐振频率无影响,A_3 输出的部分电压反馈至 A_2 的同相端,并经 A_2 输出到电桥桥臂。调节 RP_1 可调节反馈量,从而改变 Q 值,以达到良好的选频作用。若不加正反馈,1 kHz 附近二次谐波的特性曲线就会下降,不能进行准确测量。如果反馈量与频率特性有关,通过调节可变电阻 RP_1 来控制反馈量

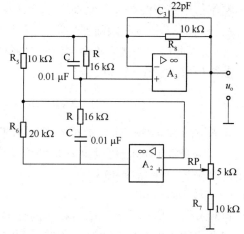

图 4.5.6　文氏电桥有源陷波器电路原理图

的大小;如果衰减特性已调准,Q 值已选定,则 RP$_1$ 可换成固定电阻。运放 A$_3$ 的反馈回路中加入电阻 R$_8$ 是为了抵消输入偏流,以减小直流漂移。C$_3$ 的作用是抑制尖峰脉冲。

当 $f=f_0$ 时,电桥平衡,A$_3$ 的输出为 0;f 偏离 f_0 时,电桥失衡,有输出电压。因此,此电路能抑制基波,使谐波通过。

若取 $f_0=1\,\mathrm{kHz}$,$C=0.01\,\mu\mathrm{F}$ 时,由公式 $R=\dfrac{1}{2\pi f_0 C}$ 来计算 R,求得 $R=16\,\mathrm{k}\Omega$。A2,A3 均为集成运放,型号为 NE5532A。

高 Q 值的陷波器选择性好,但中心频率 f_0 容易偏移,引起较大的测量误差,为此测量失真度时,可采用二级串联调谐设计,使之具有中心频率为 ±1% 的衰减带宽。

4.5.4 失真度测量仪举例

一台典型的失真度测量仪,其被测信号的电压、失真度及频率全部由发光二极管 LED 自动显示,且采用真有效值检波,可在电压测量范围为 300 μV ～ 300 V、频率范围为 10 Hz ～ 550 kHz 之内实现全自动测量,失真度测量范围为 0.01% ～ 100%,并且在失真度测量方式中实现了宽范围校准。失真度量值不仅随滤除谐波(滤谐)过程进行自动跟踪显示,而且用手动衰减器按 10 dB 步进跟踪。为了提高测量精度,随时用相位调节和平衡调节来完成,设置了自动清 0 功能,目的是为了使用户在测量低失真、超低失真时,自动对信噪比进行均方根运算,以减少人工计算的麻烦。仪器同时具有平衡输入电压和失真度测量的功能,其工作频率范围较宽。

1. 基本工作原理

仪器的工作原理采用基波滤除的方案,如图 4.5.7 所示。

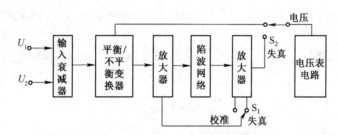

图 4.5.7　失真度测量仪的原理框图

设计中对关键电路和器件采用了特殊的设计和制造工艺,并采用了现代计算机技术与之相结合,程控自动跟踪和 LED 数字显示。增设了频率计数功能,使被测信号的频率直接由 LED 精确显示出来。仪器面板上保留了示波器输出监视插孔,可直接观察到被测信号的波形。特别是在失真测量状态下,可直接观察到被测信号的失真主要是由哪次谐波形成的,以及滤谐状态。在小失真信号测量时,可直接观察到整机的滤谐状态。

对平衡信号的测量,在设计时采用了特种平衡-不平衡转换电路,扩展了使用频带。在设计中仍保留了相位和平衡及校准的手动调节,主要是出于:①手动调节对陷波网络进行精确调谐,能消除自动调谐带来的固有误差,提高小失真的测量精度;②降低了仪器成本。仪器的陷波网络滤除特性可达 90 ～ 100 dB,还设计了 600 kHz 的低通滤波器,从而保证了整机在使用中避免外来干扰的进入;同时又设计了 400 Hz 高通滤波器,当测量高于 400 Hz 的信号失真时,按下它便能消除 50 Hz 的电源干扰。

仪器采用了高精度的真有效值检波器,使信号的波峰因数在不大于 3 的情况下不会带来像采用平均值或峰值检波器那样的检波误差。

仪器测量失真度的原理如下。

仪器指示的失真度

$$\gamma' = \frac{\sqrt{U_2^2 + U_3^2 + \cdots + U_n^2}}{\sqrt{U_1^2 + U_2^2 + \cdots + U_n^2}} \times 100\%$$

即被测信号中各次谐波的总有效值与被测信号的总有效值的百分比,其中 U_1 为基波分量。

按失真度的定义

$$\gamma = \frac{\sqrt{U_2^2 + U_3^2 + \cdots + U_n^2}}{U_1} \times 100\%$$

即被测信号的总谐波的有效值与其基波有效值之比的百分数。

当失真度小于 10% 时,$\gamma' \approx \gamma$;当失真度大于 10% 时,应按下式加以计算修正

$$\gamma = \gamma' / \sqrt{1 - (\gamma')^2}$$

式中,γ' 为仪器的显示值,γ 为修正后的真实的失真度量值。

在测量 0.1% 以下的低失真信号时,使用仪器内的清 0 功能对信噪比进行均方根运算;如不使用清 0 功能,通过下面公式计算出测量结果:

$$\gamma = \sqrt{(\gamma')^2 - (\gamma'')^2}$$

式中,γ 为经修正后的失真度量值;γ' 为仪器滤除谐波后的显示值;γ'' 为滤除谐波后,将输入信号去掉,然后用短路器将输入端短路,去掉输入信号时所显示的数值。

2. 失真度测量的误差分析

产生误差的原因大致有以下几点:

(1) 由失真度的定义(见式(4.5.1))可知,失真度本身就是一个误差量,而且它还不足以表征信号失真的全部特征,因而无需对它的测量准确度提出过高的要求。所以一般失真度测量仪器的基本误差为 $\pm(5 \sim 10)\%$,已能满足测量要求。当然,在失真度很小时,又要求测得比较准确时,这个误差就显得大了一些。

由前述已知,失真仪是用式(4.5.2)中的 γ' 代替式(4.5.1)中的 γ 来实现失真度的测量的。这就存在一定的理论误差 γ_T,它等于失真度的实测值 γ' 与定义值 γ 之间偏差的相对值,即

$$\gamma_T = \frac{\gamma' - \gamma}{\gamma} = \frac{\gamma'}{\gamma} - 1 = \sqrt{1 - (\gamma')^2} - 1 \tag{4.5.7}$$

由此式算出,当测量值 γ' 为 10% 时,理论误差 $\gamma_T = -0.5\%$。可见当 γ' 明确后,γ_T 是一个固定值,可以进行修正。为了减小测量误差,当 $\gamma' > 10\%$ 时,使用式(4.5.4)算出失真度的实际值。

(2) 失真仪中的基波抑制网络很难做到将基波分量全部滤除,也很难做到对二次以上的谐波一点不衰减,这也会造成一定的测量误差。在测量过程中,还可能串入一些杂散干扰信号,使谐波分量增大(这时要在测试信号与失真仪之间接入一个滤波器,以抑制干扰信号),引起测量误差。

(3) 测试仪器本身也会由于许多原因而产生误差。每种失真测量系统本身都存在固有的失真。例如,失真测试仪中的前置放大器和滤波器也会产生一定的失真。仪器的技术指标中将会给出这类失真的大小。

(4) 当测量信号失真度时,由电压表读出的失真度应扣除仪器本身的失真。当测量高频信号的失真时,应知道失真仪的带宽。典型的现代失真度仪的上限频率约为 300 kHz,这意味着 100 kHz 的三次谐波是有效读数,100 kHz 通常是这类仪器的基频上限。

在使用失真度仪时,应注意正确使用外接滤波器。如果谐波频率处在滤波器的阻带内,这些滤波器显然不适用。此外,还应正确设置输入控制电平,如果输入控制电平过低,则输入前置放大器自身就会产生附加失真;如果输入控制电平过高,则输入前置放大器就会产生附加噪声。

(5) 当测量失真度时,应采用有效值电压表,若采用峰值或平均值电压表,则会引入一定误差,

应予以修正。

（6）另一个误差源是陷波滤波器。仪器的技术指标通常会规定在基频和二次谐波处的衰减，通常陷波器对基波的衰减应大于 100 dB，对二次谐波的衰减应小于 1 dB，而对较高次谐波应衰减得更小；如果对二次谐波的衰减大于 1 dB，就会影响失真度测量结果的正确性。

测试过程容易出现的差错是：漏接了地线、屏蔽不完善、测试信号电平不正确、杂散信号干扰、仪器振动，以及高频或电磁干扰等。

4.6　功率的测量

对于从直流到几百赫兹频率信号的功率测量，可采用电动式功率表；而对较高频率信号的功率测量，则采用其他类型的仪表，如音频功率表，高频功率表等。本节叙述高频和较高频信号功率的测量方法。

4.6.1　音频与较高频信号功率的测量

通常在音频范围内，通过测量已知负载电阻两端的电压 U，并利用关系式 $P = U^2/R$ 计算功率的方法来测量功率。

在较高频率范围内，可采用吸收型功率表测量功率。吸收型功率表的原理框图如图 4.6.1 所示，它由一个电阻器 R_L 和一个高频电压表组成，电阻器在额定频率范围内保持恒定的电阻值，而高频电压表是按功率单位刻度的。

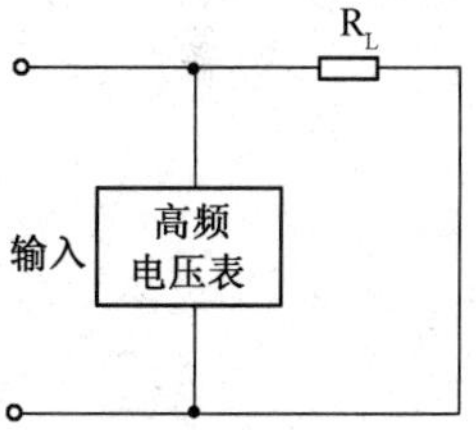

图 4.6.1　吸收型功率表原理框图

这种类型的功率表，通常只限于在频率低于 500 MHz 的情况下使用。对于相当于微波频段的较高频率来说，需要采用其他类型的吸收型功率表。

用于 500 MHz ~ 40 GHz 频带内的两种吸收型功率表是量热计和测热电阻式功率表。

图 4.6.2（a）所示为基本的量热式功率表，被测信号把电阻器加热，使其温度上升。该电阻器是在一个完全密封和绝缘良好的液槽内，槽壁绝缘使热量很少从槽内放射出去。如果在加入信号的前后分别测量槽内的温度，则其温度差即为电阻器所产生热量的度量。知道液体的体积、比热容和液槽的特性便可以计算出功率。

以上方法由于需要知道量热计液槽材料的准确质量和比热容，且与周围完全隔热非常困难，为此可采用替代式功率表，如图 4.6.2（b）所示。图（b）中，将被测信号加到槽内终端电阻 R_1 上，并记录槽内的平衡温度；然后除掉信号，并加入直流或低频交流信号给 R_2 供电，直到达到相同的平衡温度为止。功率可采用电压表来准确测量。

另一种测热式功率表是比较流动式测热计。如图 4.6.2（c）所示，连接有温度计的输入负载和连接有测量计的比较负载组成交流电桥的两个臂，其余的电桥臂实际上是具有中心抽头的变压器（T）的两侧绕组。当电桥由于两负载之间的温度差而不平衡时，在放大器的输入和接地点之间有输出电压，该电压经放大后反馈到比较负载上，并用功率表监控它。当达到平衡时，比较负载中的功率必定与输入负载中的功率相等，因而按功率单位刻度的功率表可读出输入功率。

最常用的一种吸收型功率表是测热计电桥。如图 4.6.3（a）所示，其中一个电桥臂接有热敏电阻器 θ，将 θ 放在被测功率的信号场内，功率被电阻所吸收，所产生的热量引起电阻变化，电阻的这种变化用电桥电路来测量。

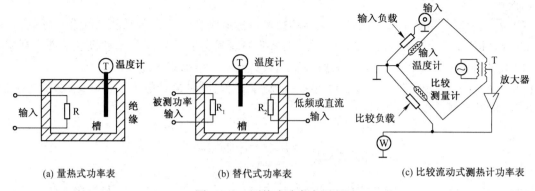

(a) 量热式功率表   (b) 替代式功率表   (c) 比较流动式测热计功率表

图 4.6.2   测热式功率表原理图

典型的测热式热敏电阻功率表如图 4.6.3(b)所示,它采用两个匹配的热敏电阻,一个与高频负载 R_1 耦合,另一个同测量仪器内部的直流负载 R_2 耦合。两个热敏电阻都接在电桥中,并且用一个高增益直流放大器 A 作为 0 值检测器。当高频功率源加到高频负载 R_1 上时,热敏电阻 θ_1 被加热,电桥失去平衡。放大器有一输出信号使直流负载 R_2 加热,同时热敏电阻 θ_2 也加热。当两个热敏电阻的热量相等时,电桥又恢复平衡。由于采用了匹配热敏电阻,所以这时的直流功率与高频功率相等。然后就可校准连接在放大器输出电路上的功率表,直接给出高频功率的读数。

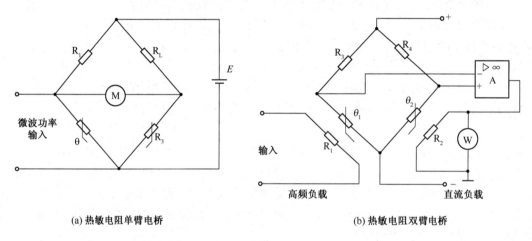

(a) 热敏电阻单臂电桥   (b) 热敏电阻双臂电桥

图 4.6.3   测热式热敏电阻功率表原理图

热敏电阻功率表一般用于从直流到微波的频率范围,量程从 1 mW ~ 1 W,其准确度主要取决于热敏电阻与负载装置的匹配程度和负载本身的高频特性。

另一种是热电偶功率表,它将热电偶与一个吸收高频输入信号功率的电阻性元件相接触,使热电偶加热。由热电效应产生的电流可直接使动圈式表头偏转。整个装置密封在真空的玻璃容器中,这样就可使热电偶的温度迅速上升,从而提供较高的灵敏度。

可供选择的两种设计方案如图 4.6.4 所示。在图 4.6.4(a)中,采用一个连接在电阻负载滑动端上的热电偶装置,它广泛用于 5 ~ 50 W 量程、频率范围从直流到 500 MHz 的功率表中。图 4.6.4(b)采用一个由串联电阻加热的热电偶,这种方法的频率范围可从直流到 1 GHz,功率量程为 1 ~ 100 W。

简单的热电偶功率表虽能满足量程要求,但其灵敏度不高,在一块小基片上形成若干串联的热电偶做成的薄膜器件可以明显地提高将输入功率转换为输出电压的转换效率。当配用合适的直流放大器时,这种热电偶装置可测低至 1 μW 的功率。采用薄膜技术,串联电阻与热电偶组合件的温度时间常数可做到极小,器件也就无需真空封装。

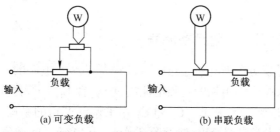

(a) 可变负载 　　　　　　　　　(b) 串联负载

图 4.6.4　热电偶功率表原理图

上述功率表对功率变化的响应较慢,而二极管功率表的准确度通常低于以热电效应为基础的功率表,但它具有响应较快的特性。

二极管吸收型功率表原理图如图 4.6.5 所示,能有效地监视高频负载两端的电压。反射式功率表如图 4.6.5(b)所示,它借助于定向耦合系统监视入射功率与反射功率,在这两种情况下,校准工作是通过施加已知的高频功率来完成。低功率输入时,二极管工作在特性曲线的平方律部分,可以相当精确地测量实际(平均)功率;但在较高输入功率时(超过 1 mW),由于二极管工作区域移到特性曲线的近似线性部分,因此只有在测试正弦波信号时才能得到精确的结果。

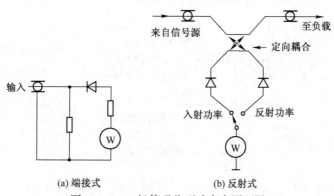

(a) 端接式 　　　　　　　　　　(b) 反射式

图 4.6.5　二极管吸收型功率表原理图

由于在失配时总会发生功率反射,故反射式功率表可作为检查天线和高频功率放大器调谐及匹配的有效仪器。

4.6.2　误差分析

误差来源包括仪器误差、信号源与负载的失配及信号波形对某些功率表的影响误差。

功率表由生产厂家在严格控制的条件下校准,并以相对于满刻度偏转的百分比误差来表示。在低于满刻度读数时,准确度随输入功率的减小而逐渐下降。因此,一些厂家将准确度指标分为两部分:读数的百分比和满刻度的百分比。在满刻度偏转时,由两种方法提供的准确度一般是相等的,但在较低读数时用第二种方法给定的仪器准确度更好些。

功率测量的满刻度偏转误差是敏感探头和显示部分所形成的误差总和。敏感器的准确度取决于它把输入功率转换成直流或低频输出信号所产生的误差;而显示部分则依据将输入直流或低频信号转换为读数时的误差。

功率测量系统中频率响应形成的误差,可作为总指标的一部分,也可作为单独部分在校正图表中给出。许多功率表具有温度敏感性,如果功率表不在校准温度下(一般为 20℃)工作,其准确度就会下降。失配误差取决于信号源与负载的匹配情况。用真正的热效应功率表测出的读数通常是正确的,与所加信号的波形无关。而二极管功率表用于高功率测量时,对于非正弦波情况将会有较大误差。

4.6.3 功率表实例——射频功率表

图 4.6.6 所示为一射频功率表电路,能测 1~14 W 的功率。电路的输入端接射频功率源,输出端接电阻性假负载。输入端到输出端的射频电流流过 L_2,在 L_1 上产生感应电压,经 VD_1 和 VD_2 整流后,通过 R_1、RP_2、RP_3 送到功率表上。C_1 和 C_2 用来调整电路的平衡。使用时,先置开关 S_1 于"1"位(前位),调 RP_2,使功率表满量程;然后置开关 S_1 于"2"位(标准位),此时,功率表的指示与满量程的差值就是输出功率。RP_3 和开关 S_2 用来扩展功率表的量程。

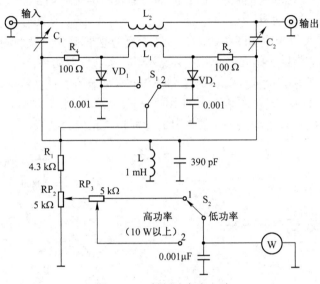

图 4.6.6　射频功率表电路

使用功率表前,先要校准。方法如下:连接好射频功率源和假负载,RP_2 置于最上端,根据功率表的读数来确认开关 S_1 的位置(功率表读数最大的位置是"1"位,另一位置是"2"位)。然后置开关 S_1 于"2"位,调整 C_1,使功率表指到满量程。交换功率源和假负载的位置(假负载位于输入端,功率源位于输出端),置开关 S_1 于"1"位,调整 C_2,使功率表指到满量程。反复以上过程若干次,电路校准结束。

本电路对频率变化不敏感,在很宽的频率范围内刻度都是准确的。为了得到最佳效果,R_1、RP_2 和 C_1、C_2 应当匹配。通常 R_1、RP_2 必须小于 L_2 的阻抗,以避免对 L_2 上电流的任何明显影响。

C_1、C_2 为 3~20 pF 可调电容,VD_1、VD_2 可用 IN34A(2AP18-2)、IN60(2AP18-1)或相同性能的二极管。L_1 用 28 号线绕 46 圈,L_2 用 22 号线在 L_1 的外层绕 2 圈。L 为 1 mH 的射频扼流圈。

4.7　Q 值的测量

4.7.1　Q 表的工作原理

Q 表是测量品质因数的仪表,其工作原理是先给被测线圈激励振荡,随后计算两个专门规定的振幅电平间的衰减振荡次数,其振荡次数就是品质因数 Q 值。

图 4.7.1 是 Q 表的原理方框图。被测线圈中振荡波形如图 4.7.2 所示,被测线圈在脉冲发生器的激励下产生衰减振荡,通过一级放大器再将振荡送入限幅器及 100%电平检测器。当衰减振

荡的幅值慢慢下降到某一100%电平时,则计数器就开始计算限幅器输出的振荡脉冲数;当振幅下降到4.3%电平时,计数器停止计数,计数的结果就是品质因数 Q 值。测量的结果保留到被经延迟送来的复原脉冲清除为止。

当两个电平检测器的误差为±1%时,其计数的误差为±1个数字,精度由 Q 值的大小决定:当 Q 值为10时,精度为±12%,当 Q 值为1000时,精度为±2%。

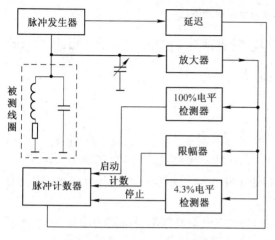

图 4.7.1　Q表的原理方框图

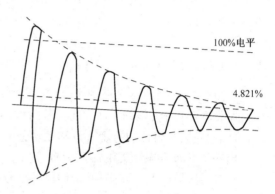

图 4.7.2　被测线圈振荡波形图

4.7.2　用虚、实部分分离法测量阻抗

阻抗的传统测量方法是电桥法和谐振法,这两种测量方法的准确度都很高,但测量调节麻烦,速度慢,仪器内部需要精密的可调元件。另外还有阻抗参数测试法,阻抗参数测试方案有多种。其中阻抗参数虚、实部分分离测量法便于采用集成电路组成,因此得到广泛的应用。

1. 测量原理

对于一个双端网络,阻抗 Z 为加在端口上的电压 $\dot{U}$ 和流进端口的电流 $\dot{i}$ 之比,即 $Z = \dot{U} / \dot{i} = R + jX$,实部为电阻,虚部为电抗。利用集成运算放大器和模拟乘法器等,能完成阻抗-电压转换及阻抗虚、实部分分离的功能。图 4.7.3 所示为一种阻抗(电容)-电压转换等效电路。

只要将转换的电压分离出虚部和实部,就能分别得到被测阻抗的有功分量和无功分量。

图 4.7.4(a)所示是阻抗测量装置中实现虚部和实部分离的等效电路原理框图。它是靠移相器及乘法器来实现分离的。图中 $\dot{E}_\mathrm{o}$ 就是图 4.7.3 阻抗-电

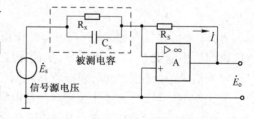

图 4.7.3　电容-电压转换等效电路

压转换器的输出电压。仍以测量电容为例,$\dot{E}_\mathrm{s}$ 与图 4.7.3 一样是信号源电压,$\dot{E}_\mathrm{s}'$ 也是信号源电压,它与 $\dot{E}_\mathrm{s}$ 相位差 $\pi/2$。乘法器的传输系数为0.1。当开关 S_3 置"1"位时,输入到乘法器的信号源电压 $\dot{E}_\mathrm{s}$ 与 $\dot{E}_\mathrm{o}$ 中的实部同频同相,因此可分离出实部。这时

$$U_\mathrm{o} = 0.1 E_\mathrm{s} R_\mathrm{x} R_\mathrm{s}$$

当 $E_\mathrm{s} = 1\,\mathrm{V}$ 时,$U_\mathrm{o} = 0.1 R_\mathrm{x} R_\mathrm{s}$,则 $R_\mathrm{x} = \dfrac{10}{R_\mathrm{s}} U_\mathrm{o}$。

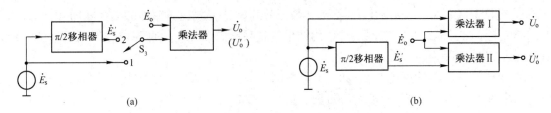

图 4.7.4　阻抗的虚、实部分离电路原理框图

当开关 S_3 置"2"位时,输入到乘法器信号源中的 $\dot{E}_s'$ 的虚部与 $\dot{E}_o$ 的虚部同频同相,因此可分离出虚部。这时

$$U_o' = 0.1E_s \cdot \omega C_x R_s$$

当 $E_s = 1\,\text{V}$ 时, $U_o' = 0.1\omega C_x R_s$,则 $C_x = \dfrac{10}{\omega R_s} U_o'$

在图 4.7.4(a)所示方框图中只用一个乘法器,不能同时得到 U_o 和 U_o' 。为了同时得到 U_o 和 U_o' ,可将电路接成如图 4.7.4(b)所示的方框图,其中采用两个乘法器,在同时得到 U_o 和 U_o' 以后,可以利用被测阻抗的有功分量和无功分量,通过其他电路再得出所要测量的元件参数,如电容器的损耗角 $\tan\delta$ 和电感器的品质因数 Q 等。

模拟乘法器的型号有多种,选用何种型号的模拟乘法器应根据具体电子电路的功能、技术指标来决定。

2. 阻抗测量电路

阻抗测量电路如图 4.7.5 所示,图中 A_2 与其外围元件一起组成阻抗-电压转换器。A_1 与其外围元件一起组成 $\pi/2$ 移相器。A_3 和 A_4 与其外围元件组成乘法器,用以分离阻抗的虚、实部分。

(1)单元电路分析

$\dot{E}_s$ 产生幅度为 1 V 的标准信号源,当测量电阻和电感时输出频率为 10 kHz 的正弦信号;当测量电容时输出频率为 1 kHz 的正弦信号。

① 当测量电阻时,待测电阻 R_x 与已知电阻 $R(100\,\Omega,1\,\text{k}\Omega,10\,\text{k}\Omega,100\,\text{k}\Omega)$ 组成分压器,将标准信号源电压进行分压,分压值 U_x 为

$$\dot{U}_x = \frac{R_x}{R+R_x} \cdot \dot{E}_s$$

因为 R、$\dot{E}_s$ 是已知稳定值,从上式可知分压值 $\dot{U}_x$ 与待测电阻 R_x 成正比,经过 A_2 放大后输出的电压值也同待测电阻 R_x 成比例关系,从而完成 R_x-U 转换。再通过由 A_3、A_4 所组成的模拟乘法器直接对输入信号进行相乘处理,完成测量电阻的任务。

② 当测量电感时,其工作原理与测量电阻时大致相同。待测电感的阻抗和已知电阻 $R(62.8\,\Omega,628\,\Omega,6.28\,\text{k}\Omega,62.8\,\text{k}\Omega)$ 组成分压器,根据电感的阻抗特性得出分压值;该分压值经过 A_2 放大后,其输出的电压值同待测电感相对应,实现了 L_x-U 转换。有一点需要指出,待测电感是电抗元件,在实现 L_x-U 转换时,经过 A_2 放大后的输出信号与输入信号发生 $\pi/2$ 的移相,与此同时由 A_1 构成的 $\pi/2$ 移相器对标准信号源进行 $\pi/2$ 的移相,使之与 A_2 输出的信号同频同相,经模拟乘法器相乘后分离出无功分量,完成测量电感的任务。

③ 测量电容时,标准信号源 $\dot{E}_s$ 流经串接在 A_2 反相端的待测电容 C_x 与已知电阻 $R(1.59\,\text{k}\Omega,15.9\,\text{k}\Omega,159\,\text{k}\Omega,1.59\,\text{M}\Omega)$,并进行分压,从而在待测电容 C_x 两端得到分压;经过 A_2 放大后,也实现了 C_x-U 转换。因为待测电容 C_x 也是电抗元件,同样会产生 $\pi/2$ 的移相。与测量电感一样,经模拟乘法器相乘后分离出无功分量,完成测量电容的任务。

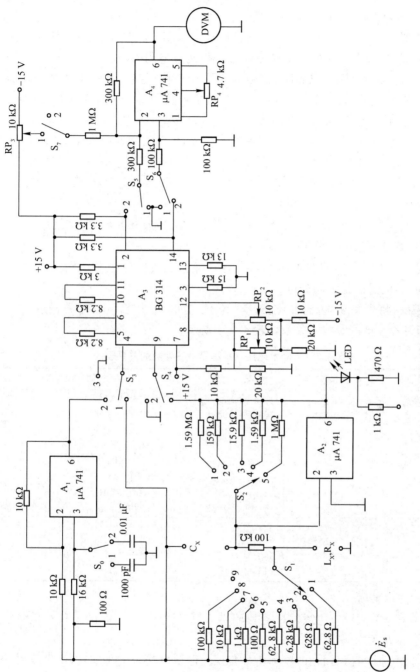

图4.7.5　阻抗测量电路原理图

④ 移相器 A_1 的作用是将标准信号源 $\dot{E}_s$ 平移相位 $\pi/2$，并且做到不改变幅度的大小，A_1 的增益 $K_{F1} = 10\,\mathrm{k\Omega}/10\,\mathrm{k\Omega} = 1$。正相端分别接 $16\,\mathrm{k\Omega}$ 电阻和开关 S_0，开关 S_0 的任务是分选 $0.01\,\mu\mathrm{F}$ 与 $1000\,\mathrm{pF}$ 两个电容，当测量电阻、电感时，选择 $1000\,\mathrm{pF}$ 的电容；测量电容时，选择 $0.01\,\mu\mathrm{F}$ 的电容。$100\,\Omega$ 电阻是保护电阻，对整个移相不产生影响。

⑤ 模拟乘法器由 A_3（BG314）和 A_4（μA741）组成。选用 $1\,\mathrm{V}$ 的标准信号源通过固定电阻分压，经阻抗-电压转换器 A_2 放大后获得一个输出信号。当测量电阻时，用该信号直接与标准信号源相乘即可得出结果。当测量电感和电容时，信号源通过 $\pi/2$ 移相器得到一个和 A_2 放大后的输出信号虚部同频同相的信号，然后再相乘，分离出虚部，得出无功分量。如果直接将该信号与信号源相乘则得出有功分量，最后由 DVM 显示测量结果。

⑥ 过量程显示电路。在 A_2 的输出端接有发光二极管 LED，当电压大于 $1.7\,\mathrm{V}$ 时会发光。标准信号源输出的电压是 $1\,\mathrm{V}$，放大器 A_2 的增益 $K_{F2} = 1\,\mathrm{M\Omega}/100\,\mathrm{k\Omega} = 10$。所以，当被测电抗元件的阻抗值大于已知电阻的 $1.7/10$ 倍时，放大器的输出会大于 $1.7\,\mathrm{V}$，发光二极管发光，实现过量程显示。

（2）具体操作

① 测量电容时，将开关 S_0 置"2"位，S_1 置"9"位，S_2 置 $1\sim4$ 位。S_3 置"1"位时，测量的是有功分量；置"2"位时，测量的是无功分量。

② 测量电感时，将开关 S_1 置在 $1\sim4$ 位，S_2 置"5"位。S_0 置"1"位，S_3 置"1"位时，测量的是有功分量，置"2"位时，测量的是无功分量。

③ 测量电阻时，将开关 S_1 置 $5\sim8$ 位，S_2 置"5"位，这时 S_3 置"1"位，S_0 置任意位置。

输出电压与量程及被测参数的关系如表 4.7.1 所示。

表 4.7.1 输出电压与量程及被测参数的关系表

测量内容	量程开关	开关位置	量　　程	被测参数与电压关系	
C_x $\tan\delta$	S_2	1	$10\,\mathrm{pF}\sim100\,\mathrm{pF}$	$C_x = 1000U'_o$（pF）	$\tan\delta = \dfrac{U_o}{U'_o}$
		2	$100\,\mathrm{pF}\sim1000\,\mathrm{pF}$	$C_x = 10000U'_o$（pF）	
		3	$1000\,\mathrm{pF}\sim0.01\,\mu\mathrm{F}$	$C_x = 0.1U'_o$（μF）	
		4	$0.01\,\mu\mathrm{F}\sim0.1\,\mu\mathrm{F}$	$C_x = 1U'_o$（μF）	
L_x Q	S_1	1	$10\,\mu\mathrm{H}\sim100\,\mu\mathrm{H}$	$L_x = U'_o$（mH）	$Q = \dfrac{U'_o}{U_o}$
		2	$100\,\mu\mathrm{H}\sim1\,\mathrm{mH}$	$L_x = 10U'_o$（mH）	
		3	$1\,\mathrm{mH}\sim10\,\mathrm{mH}$	$L_x = 100U'_o$（mH）	
		4	$10\,\mathrm{mH}\sim100\,\mathrm{mH}$	$L_x = 1000U'_o$（mH）	
R_x	S_1	5	$1\,\Omega\sim10\,\Omega$	$R_x = 100U'_o$（Ω）	
		6	$10\,\Omega\sim100\,\Omega$	$R_x = 1000U'_o$（Ω）	
		7	$100\,\Omega\sim1\,\mathrm{k\Omega}$	$R_x = 10U'_o$（$\mathrm{k\Omega}$）	
		8	$1\,\mathrm{k\Omega}\sim10\,\mathrm{k\Omega}$	$R_x = 100U'_o$（$\mathrm{k\Omega}$）	

3. 使用时的注意事项

① 运算放大器及乘法器应注意调 0，否则将引入测量误差，尤其是 $\tan\delta$ 和 Q 值的误差较大。

② 标准信号源 E_s 要始终保证 $1\,\mathrm{V}$。

③ 测量电容时，标准信号源的频率为 $1\,\mathrm{kHz}$。测量电感与电阻时，标准信号源的频率为 $10\,\mathrm{kHz}$。

习　　题

4.1　用 MF—30 型万用表的 $5\,\mathrm{V}$ 及 $25\,\mathrm{V}$ 量程分别测量具有高内阻等效电路（题 4.1 图）的输出电压 U_x，计算由测量方法所引起的相对误差。并用经验公式计算 U_x 的实际值。已知该表直流电压挡的电压灵敏度为 $20\,\mathrm{k\Omega/V}$。

4.2　用全波平均值表对题 4.2 图所示的三种波形交流电压进行测量,指示值均为 1 V,问各种波形的峰值、平均值及有效值分别是多少?

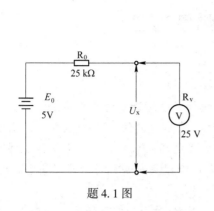

题 4.1 图

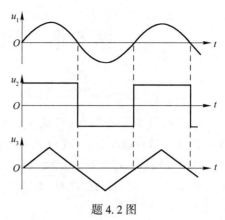

题 4.2 图

4.3　设题 4.2 图中三种波形电压的峰值相同,其数值均为 10 V,现用全波平均值表及有效值表分别对这三种电压进行测量,求各种情况下电压表的指示值。

4.4　用 XJ—4360 型示波器,y 轴灵敏度校准为 0.1 V/div(微调置校正位),用 1:10 探极线观察由 XD—2 型正弦波信号发生器输出的 2 V 电压(仪器面板表头指示值),这时屏幕上波形高度是多少格?

4.5　已知某电压表采用正弦波有效值刻度,如何用实验的方法确定其检波方式?至少列出两种方法,并对其中一种进行分析。

4.6　实验中,利用同一块峰值电压表测量幅度相同的正弦波、方波及三角波的电压,读数相同吗?为什么?

4.7　欲测量失真的正弦波,若实验室无有效值电压表,则应选用峰值表还是平均值表更适当一些?为什么?

4.8　简述用平均值表测量噪声电压的工作原理。

4.9　简述用 Q 表测量 Q 值的工作原理。

4.10　解释失真度的定义,详细分析失真度测量仪的基本工作原理。

4.11　陷波器有几种类型?设计一种实用的双 T 形有源陷波器。

4.12　详细分析功率表的误差来源。

4.13　为什么阻抗测量电路中必须有模拟乘法器?

第 5 章 数字测量方法

内容摘要

本章重点介绍利用信号幅度随时间做离散型变化的数字量所进行的测量方法,其特点是将模拟量通过各种变换器转换成数字量,并以数字形式显示。其核心部件是 A/D 转换器。目前,数字电压表内的 A/D 转换器均采用中、大规模集成芯片。数字电压表从结构上看是直流数字电压表。为扩展功能并适应多种参数的测量要求,在数字电压表前部设置相应的参数变换器,如 *R-U* 变换器、*I-U* 变换器及 AC/DC 变换器等。

另外,本章也详细地叙述了以数字化方法测量频率、周期、时间和相位等参数的基本工作原理,对测量过程中产生的测量误差也做了必要的分析。

数字式仪表的特点是精确、灵活、多功能、多用途,它能很好地与计算机相连接,因此,它在自动化测试系统发展中占有重要地位。

5.1 电压测量的数字化方法

数字化测量是将连续的模拟量转换成断续的数字量,然后进行编码、存储、显示及打印等。进行这种处理的电参数是直流电压和脉冲(或交流)频率,对应的测量仪器是数字电压表(DVM)和电子计数器(一般称计数式频率计)。近年来由于微处理器的出现,数字化测量又有了新的发展,其性能也有了许多提高。

数字式仪器的综合结构框图如图 5.1.1(a)所示,实线所连接的各部分是数字电压表结构。如果被测量是时间、频率或相位,均通过相应的转换器,在图 5.1.1(a)中用虚线画出,最后以数字量形式通过计数、寄存、译码及数字显示。

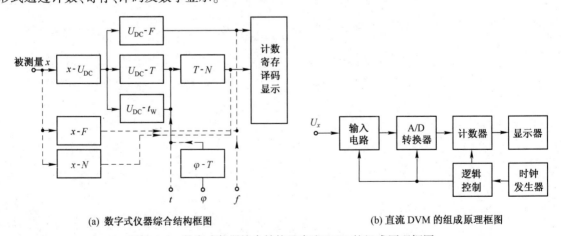

(a) 数字式仪器综合结构框图   (b) 直流 DVM 的组成原理框图

图 5.1.1 数字式仪器综合结构及直流 DVM 的组成原理框图

当被测量是直流电压时,DVM 的组成原理框图如图 5.1.1(b)所示,它由模拟、数字及显示电路三大部分组成。图中的输入电路及 A/D 转换器由模拟电路构成,计数器及逻辑控制由数字电路构成;最后通过数码管(包括译码)显示被测电压的数值。图中的 A/D 转换器实现被测电压模拟量到数字量的转换,从而达到模拟量的数字化测量,所以它是数字电压表的核心。

数字电压表的 A/D 转换器有电压–频率、电压–时间及电压–脉宽等各种转换形式,如图 5.1.1(a)所示。

5.1.1 DVM 的特点

数字式电压表(缩写为 DVM)是将被测的电压量自动地转换成数字量,并将其结果用数字形式显示出来的一种测量仪器。它是在要求实现快速与自动化测量的前提下发展起来的。由于电子技术、计算机技术及半导体技术的发展,至今已全部集成化。它摆脱了表头、指针及刻度的束缚,是目前电子测量仪器中发展速度最快的一类。

数字电压表与模拟式电压表相比,具有下列特点:

1. 数字显示

测量结果以数字形式直接显示,读数清晰方便,从而消除了指针式仪表的视觉误差。

2. 准确度高

准确度是测量结果中系统误差与随机误差的综合,它表示测量结果与真值的一致程度。以直流 DVM 为例,当显示数字位数为 4~6 位时,相对误差可小到±0.01%;高质量的 DVM 显示位数为 7~8 位,相对误差可小到±0.0001%。通常,数字万用表的位数愈多,准确度愈高。目前,DVM 的灵敏度可达 1 nV。

3. 测量范围

DVM 用量程显示位数以及超量程能力来反映它的测量范围。

DVM 的量程是由输入通道中的步进衰减器及输入放大器适当配合来实现的。例如,某数字电压表,有 0.5 V,5 V,50 V 及 500 V 四个量程,其中 5 V 是未经衰减和放大的量程,称为基本量程,即 A/D 转换器的基本工作范围。由于基准电压选为 6 V,因而允许在超量程 20% 的情况下使用,即可测量到 5.999 V(500 V 量程可测到 599.9 V)。

DVM 的位数是指能显示 0~9 十个数码的位数。例如,一台 DVM 的最大计数容量为 9999,另一台为 19999,根据上述定义,二者均为四位。后一台虽然有五位,但其附加的首位只能显示 0 或 1,它起超量程显示作用。如果基本量程为 1 V 时,前一台没有超量程能力,后一台可超量程 100%(因为它可以测量到 2 V)。DVM 是否具有超量程能力,与基本量程有关。通常把这种显示为"1"的最高位称为"半位"。

DVM 的量程转换,有手动和自动两种。自动转换方式是借助于逻辑控制电路来实现的。当被测电压超过量程满度值时,DVM 的量程自动提高一挡;当被测电压不足满度值的 1/10 时,自动降低一挡。

4. 分辨力高

DVM 能够显示被测电压的最小变化值,称为分辨力(或称最高灵敏度),即最小量程时显示器末位跳一个字所需的最小输入电压值。例如,某型号 DVM,最小量程为 0.5 V,最大显示正常数为 5000,末位一个字为 100 μV,即该 DVM 的分辨力为 100 μV;某型号 DVM 的最小量程为 0.2 V,最大显示数为 19999,所以分辨力为 10 μV。

利用 DVM 高分辨力的特点,可以测量弱信号电压,如话筒的输出电压,录放音磁头的电压等。

5. 测量速度快

对被测电压每秒钟进行测量的次数,称为测量速度。或者用测量一次所需的时间(即一个测量周期)来表示。它取决于 A/D 转换器的转换速度。DVM 完成一次测量的时间(从信号输入至数字显示)只需几至几十毫秒,有的更快,适于自动化测量,便于存储、记录、打印,易于和计算机系统连接。高质量的 DVM 具有自动判断极性、自动转换量程、自动校准、自动调 0 及自动处理数据等功能。

6. 输入阻抗高

一般的 DVM 输入阻抗为 10 MΩ 左右,最高可达 10^{10} Ω,对被测电路的影响极小。

直流电压挡,一般在 DVM 小量程挡,输入电阻 R_i 较大;而在较大量程上,由于输入电路使用了衰减器,R_i 减小。例如,某一台 DVM,0.5 V,5 V 挡的 $R_i = 500$ MΩ;而 50 V,500 V 挡的 $R_i = 10$ MΩ,所以 DVM 的 R_i 不是固定数。

交流电压挡,除输入电阻 R_i 外,还有输入电容 C_i,C_i 一般为几十到几百皮法(pF)。而且还有频率响应问题,由于所采用的线性检波等电路的频带较窄,积分型 DVM 交流电压挡的上限频率 f_h 较低,一般只能到几十千赫,精度高的 DVM 可达数百千赫。

7. 抗干扰能力强

由于 DVM 的灵敏度较高,因而干扰信号对测量精确度的影响是一个重要的问题。通常存在以下两种干扰:

(1)串模干扰

串模干扰指干扰源电压 U_{sm} 以串联形式与被测电压 U_x 叠加后接至 DVM 的输入端,如图 5.1.2 所示。图 5.1.2(a)的直流信号源中混有交变信号,如整流滤波电路的纹波电压;图 5.1.2(b)的干扰是由引线感应而接收来的。

DVM 对串模干扰的抑制能力用串模抑制比(SMR)来表示

$$SMR = 20\lg \frac{U_{smp}}{\Delta U_{max}} [dB] \qquad (5.1.1)$$

式中,U_{smp} 为串模干扰电压的峰值;ΔU_{max} 为由 U_{sm} 引起的最大显示误差。SMR 越大,表示 DVM 的抗串模干扰能力越强,一般为 20~60 dB。

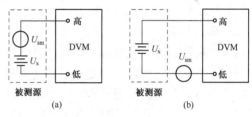

图 5.1.2 串模干扰示意图

由于积分型 DVM 是对被测电压在测量周期内进行平均,具有较高的 SMR。

设串模干扰电压为一正弦波,通常以 50 Hz 工频干扰出现,如图 5.1.3 所示。图中 $u_x = U_{smp} \sin\omega t$,加到 DVM 输入端的电压

$$u_x = U_x + U_{smp} \sin\omega t$$

式中,U_x 是被测的直流电压,ω 是干扰源的角频率。由式(5.1.1)可求得 SMR。

设 DVM 的采样时间为 T_1,在 T_1 内经积分后的电压反映了 u_x 的平均值 $\overline{U_x}$。若串模干扰不能完全消失时,将产生显示值误差,可由 SMR 定义求得

$$SMR = 20\lg \frac{\dfrac{\pi T_1}{T_{sm}}}{\sin \dfrac{\pi T_1}{T_{sm}}}$$

通过上述分析,在采样时间 T_1 内,干扰源频率愈高(T_{sm} 愈小),SMR 愈大。所以串模干扰的危害主要在低频。对 50 Hz 的工频干扰必须重视,它的 $T_{sm} = 20$ ms。如果取 $T_1 = nT_{sm}$,这时

$$SMR = 20\lg \frac{\dfrac{\pi n T_{sm}}{T_{sm}}}{\sin \dfrac{\pi n T_{sm}}{T_{sm}}} = 20\lg \frac{n\pi}{\sin n\pi}$$

当 n 为整数时，SMR $= \infty$，即干扰信号经平均后消失。所以积分型 DVM 使用的采样时间为20 ms的整数倍，一般取正向积分时间 $T_1 = 60 \sim 80$ ms。当然 T_1 取值愈大，平均效果愈好，但将降低测量速度。

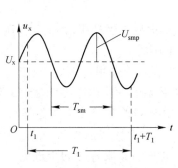

图 5.1.3　串模干扰电压波形

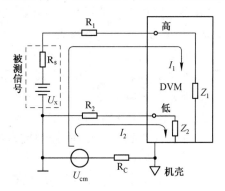

图 5.1.4　共模干扰示意图

（2）共模干扰

用 DVM 进行测量时所产生的共模干扰如图 5.1.4 所示。图中，Z_1 和 Z_2 是 DVM 两个输入端与机壳间的绝缘阻抗，一般 Z_1 与 Z_2 不相等，$Z_1 \gg Z_2$。R_1 和 R_2 是输入信号线的电阻。

当被测信号的地端与 DVM 的机壳间存在共模干扰电压 U_{cm} 时，将产生干扰电流 I_1 和 I_2，分别串入 R_1 和 R_2 两个支路（因而称共模干扰）。I_1 在信号源内阻 R_s 及 R_1 上的压降，以及 I_2 在 R_2 上的压降，分别转换成串模干扰后，对测量产生影响。

对共模干扰的抑制能力用共模抑制比（CMR）来表示

$$CMR = 20 \lg \frac{U_{cmp}}{\Delta U_{max}} [dB] \qquad (5.1.2)$$

式中，U_{cmp} 为共模干扰电压的峰值；ΔU_{max} 为由共模干扰引起的最大显示误差。

由于 $Z_1 \gg Z_2$，若不计干扰电流 I_1 的影响时，$\Delta U_{max} \approx I_{2m} \cdot R_2$，而

$$I_{2m} = \frac{U_{cmp}}{R_2 + R_C + Z_2} \approx \frac{U_{cmp}}{Z_2}$$

因 R_1 和 R_C 均为导体电阻，一般较小，所以 $Z_2 \gg (R_2 + R_C)$。这时

$$CMR \approx 20 \lg \frac{I_{2m} \cdot Z_2}{I_{2m} \cdot R_2} = 20 \lg \frac{Z_2}{R_2} [dB] \qquad (5.1.3)$$

Z_2 中的电阻成分反映对直流信号的共模抑制比，电容成分反映对交流信号的共模抑制比。当 R_2 一定时，增大 Z_2，可以提高 CMR。一般将 DVM 中的 A/D 转换器进行浮置（输入低端与机壳不连接），A/D 转换器还具有较高的共模抑制比，可达 $86 \sim 120$ dB，能抑制共模干扰。在设计仪器仪表时要采取一定措施，如通过输入端 RC 滤波器滤掉高频干扰，在机壳上增加静电屏蔽层或屏蔽盒等，进一步增强了仪器仪表的抗干扰能力。

5.1.2　DVM 的主要类型

各类 DVM 的区别主要是 A/D 转换方式。A/D 转换包括对模拟量采样，再将采样值进行整量化处理，最后通过编码等实现转换过程。按其基本工作原理主要分为比较型和积分型两大类。

比较型 A/D 转换器是采用对输入模拟电压与标准电压进行比较的方法，是一种直接转换形式。其中又分为反馈比较式和无反馈比较式。具有闭环负反馈系统的逐次比较式是常用的类型。

积分型 A/D 转换器是一种间接转换形式。首先对输入的模拟电压通过积分器变成时间（T）

或频率(F)等中间量,再把中间量转换成数字量。根据中间量的不同分为 U-T 式和 U-F 式。U-T 式利用积分器产生与模拟电压成正比的时间量;U-F 式利用积分器产生与模拟电压成正比的频率量。下面对几种主要转换形式分别进行介绍。

1. 逐次比较型 DVM 的工作原理

它的工作原理与天平很相像。不同的是,它用各种数值的电压来做砝码,将被测电压与可变的砝码(标准)电压进行比较,直至达到平衡,从而显示出被测电压的值。

图 5.1.5 所示为这种 DVM 的原理框图。图中的比较环节用于被测电压 U_x 与步进砝码电压 U_N 进行比较,获得差值电压 $\Delta U = U_x - U_N$(设输入电路的传输系数为 1);程序控制器将时钟脉冲发生器送入的时序脉冲变成节拍脉冲,控制数码寄存器。当 $\Delta U < 0$ 时,不存数码(舍弃);而 $\Delta U \geqslant 0$ 时,留存数码。D/A 转换器用来产生一系列步进砝码电压 U_N,作为反馈信号与 U_x 进行比较。U_N 的数值由数码寄存器决定。D/A 转换器将寄存器送来的二进制码变成相应的步进变化的模拟量 U_N,其步进值为 $1,2,4,8$(或 $\times 10^n$,$n = 1,2,\cdots$)。基准源作为砝码电压 U_N 的电路内参考电压源。

图 5.1.6 是逐次比较型集成 A/D 转换器的原理框图,它由高速电压比较器、D/A 转换器、时序脉冲发生器和保持寄存器等组成。

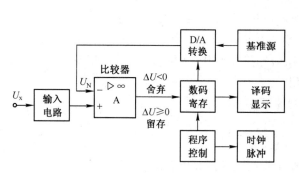

图 5.1.5　逐次比较型 DVM 原理框图

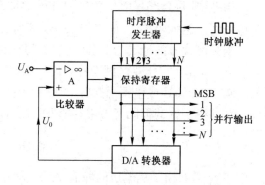

图 5.1.6　逐次比较型集成 A/D 转换器原理框图

当时钟脉冲输入时,时序脉冲发生器使保持寄存器的输出数字信号的最高位(MSB)变为"1",其余各位全为"0"。此数字量经过 D/A 转换后,变成相应的模拟电压 U_0,并与输入的模拟电压 U_A 进行比较。若 $U_A > U_0$,比较器输出为低电平,使寄存器的输出不变,即"留存"状态。若 $U_A < U_0$,比较器输出为高电平,保持寄存器的最高位由"1"变"0",即"舍弃"状态。通过 D/A 把基准源变成砝码电压,再与 U_A 比较。依次类推,由最高位开始,逐位比较,使 U_0 逐步逼近 U_A 的值,这时从保持寄存器的输出端可以得到 N 位的对应 U_A 的数字信号,并行输出至显示部分。

这种集成电路在成本、准确度及速度三方面易于取得较好的平衡,发展较快,现已做到 10 位以上。这种变换器测量精度高,速度快,但抗干扰性能差。

2. U-T 积分型 DVM 的工作原理

(1) 双斜积分式 DVM

这种形式的 DVM 是在一个测量周期内用同一个积分器进行两次积分,将被测电压 U_x 转换成与其成正比的时间间隔,在此间隔内填充标准频率的时钟脉冲,用仪器记录的脉冲个数来反映 U_x 的值,所以它是 U-T 变换型的。

图 5.1.7(a) 是双斜积分式 DVM 的基本原理框图,由积分器、0 比较器、逻辑控制、闸门、计数器及电子开关($S_1 \sim S_4$)等部分组成。工作过程分三个阶段,如图 5.1.7(b) 所示

① 准备阶段($t_0 \sim t_1$):由逻辑控制电路先将图 5.1.7 中的电子开关 S_4 接通(其余断开),使积分器输入电压 $u_i = 0$,则其输出电压 $u_o = 0$,作为初始状态,对应图 5.1.7(b) 中的 $t_0 \sim t_1$ 区间。

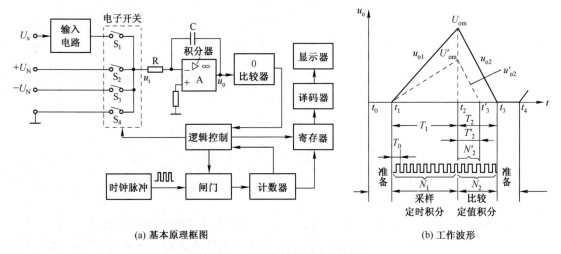

(a) 基本原理框图   (b) 工作波形

图 5.1.7　双斜积分式 DVM

② 采样阶段($t_1 \sim t_2$)：设被测电压 U_x 为负值。在 t_1 时刻，逻辑控制电路将电子开关 S_1 接通，同时断开 S_4。接入被测电压 U_x，积分器对 U_x 做正向积分，输出电压 u_{o1} 线性增加，同时逻辑控制电路将闸门打开，释放时钟脉冲。设计数器的容量为 5999，当释放过的脉冲个数 $N_1 = 6000$ 时，即在 t_2 时刻计数器有一个进位脉冲，通过逻辑控制电路将开关 S_1 断开，获得时间间隔，则

$$u_{o1} = -\frac{1}{RC}\int_{t_1}^{t_2}(-U_x)\mathrm{d}t = -\frac{T_1}{RC}\cdot\frac{1}{T_1}\int_{t_1}^{t_2}(-U_x)\mathrm{d}t \qquad (5.1.4)$$

在 t_2 时刻

$$u_{o1} = U_{om} = \frac{T_1}{RC}\overline{U}_x$$

当 U_x 为直流时，$\overline{U}_x = U_x$，则有

$$U_{om} = \frac{T_1}{RC}U_x \qquad (5.1.5)$$

积分器输出电压最大值与被测电压平均值成正比。

设时钟脉冲的周期 $T_0 = 10\,\mu s$，则

$$T_1 = N_1 T_0 = 6000 \times 10 \times 10^{-6} = 60\,(\mathrm{ms})$$

所以，$t_1 \sim t_2$ 区间是定时积分，T_1 是预先设定的。u_{o1} 的斜率由 U_x 决定（U_x 大，充电电流也大，斜度陡，U_{om} 的值则大）。当 U_x（绝对值）减小时，其顶点为 U'_{om}，如图 5.1.7(b) 虚线所示，由于是定时积分，因而 U'_{om} 与 U_{om} 在一条直线上。

③ 比较阶段($t_2 \sim t_3$)：在 t_2 时刻 S_1 断开，同时将 S_2 合上，接入正的基准电压 U_N（设为 +6 V），则积分器从 t_2 开始对 U_N 进行反向积分，同时在 t_2 时刻计数器清 0，闸门仍然开启，重新计数，送入寄存器。

到 t_3 时刻，积分器输出电压 $u_{o2} = 0$，获得时间间隔 T_2，在此期间有

$$u_{o2} = U_{om} + \left[-\frac{1}{RC}\int_{t_2}^{t_3}(+U_N)\mathrm{d}t\right]$$

在 t_3 时刻

$$u_{o2} = U_{om} - \frac{T_2}{RC}U_N = 0$$

将上式与式(5.1.5)联立，得

$$\frac{T_2}{RC}U_N = U_{om} = \frac{T_1}{RC}U_x$$

得
$$T_2 U_N = T_1 U_x$$

即
$$U_x = \frac{U_N}{T_1} T_2 \qquad\qquad (5.1.6)$$

因为 U_N,T_1 均为固定值,则被测电压 U_x 正比于时间间隔 T_2。若在 T_2 期间释放过的脉冲个数为 N_2,则

$$T_2 = N_2 T_0$$

这时
$$U_x = \frac{U_N}{T_1} T_2 = \frac{U_N}{N_1 T_0} \cdot N_2 T_0 = \frac{U_N}{N_1} N_2$$

若在数值上取 $U_N = N_1(\mathrm{mV})$,则

$$U_x = N_2(\mathrm{mV})$$

如果参数选择合适,被测电压 U_x(毫伏级)就等于在 T_2 期间填充的时钟脉冲个数。

在 t_3 时刻,$u_{o2} = 0$,由 0 电平比较器发出信号,通过逻辑控制电路关闭闸门,停止计数,并令寄存器释放脉冲数至译码显示电路,显示出 U_x 的数值。同时将开关 S_2 断开,合上 S_4,C 放电,进入休止阶段($t_3 \sim t_4$),做下一个测量周期的准备,自动转入第二个测量周期。如果积分器输出电压的最大值为 U'_{om},接入的基准电压仍为 $+U_N$,对 U_N 进行定值积分,显然 u'_{o2} 的斜率与 u_{o2} 的相同,两个下斜线平行(因为反向积分电流 U_N/R 是一个常数),在 t'_3 处过 0,如图 5.1.7(b)中虚线所示。其结果是 $T'_2 < T_2$,$N'_2 < N_2$,由 N'_2 反映 U_x 减小以后的数值。

通过上述分析,这种形式 DVM 的工作过程是:在一个测量周期内,首先对被测直流电压 U_x 在限定时间内(T_1)进行定时积分,然后切换积分器的输入电压($-U_x$ 时选 $+U_N$;$+U_x$ 时选 $-U_N$),再对 U_N 进行与上次方向相反的定值积分,直到积分器输出电压等于 0 为止。从而把被测电压 U_x 变换成反向积分的时间间隔(T_2),再利用脉冲计数法对此间隔进行数字编码,得出被测电压的值。整个过程是两次积分,将被测电压模拟量 U_x 变换成与之成正比的计数脉冲个数(N_2),从而完成了 A/D 转换。

这种仪器仪表的准确度主要取决于基准电压 U_N 的准确度和稳定度,而与积分器的参数(R,C 等)基本无关,即不必选用精密积分元件,从而提高了整个仪器仪表的准确度,这是双斜积分式 DVM 的重要特点。由于两次积分都是对同一时钟脉冲源进行计数,从而降低了对脉冲源频率准确度的要求,亦是这种形式 DVM 的重要特点。

由于测量结果所反映的是被测电压在采样时间 T_1 内的平均值,故串入被测电压信号中的各种干扰成分将通过积分过程而减弱。一般选择取样时间 T_1 均为交流电源周期(20 ms)的整数倍,使电源干扰电压的平均值接近 0,因而这种 DVM 具有较强的抗干扰能力。但是,也因为这个原因,它的测量速度较低,一个测量周期约为几十至一百多毫秒。

由于双积分 DVM 具有抗干扰能力强、稳定性好、测量准确度高、成本较低等优点,因此获得广泛应用。

(2) U-F 积分型 DVM 工作原理

U-F 型 A/D 转换器是将被测的模拟电压转换成脉冲频率,在数字仪器仪表及计算机输入电路中经常应用。

这种转换器也是积分型的一种,被测电压 U_x 通过积分以后输出一线性变化的电压,控制一个振荡器,产生与被测电压成正比的频率值;再用数字频率计测量出电路的频率值,从而表示被测电压的大小。

U-F 型 A/D 转换器多采用电压反馈形式。它除有较好的抗干扰能力外,还引入电位差计的方法,提高了准确度和输入阻抗,因而常被采用。

图 5.1.8 是电压反馈式 *U-F* 转换器的原理框图。被测电压 U_x 经放大后输出电压 U_o，经过 *U-F* 转换器获得频率为 f 的序列脉冲；经过 *F-U* 电路转换成 U_F，再与 U_x 比较，产生差值电压 $\Delta U = U_x - U_F$。若放大器的增益足够大，则 $\Delta U = 0$，$U_x \approx U_F$。因为 U_F 正比于 f，亦即 U_x 正比于 f，即

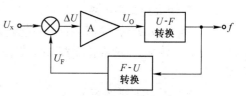

$$U_x \approx kf \qquad (5.1.7)$$

从而实现了 *U-F* 转换。

图 5.1.8　电压反馈式 *U-F* 转换器的原理框图

图 5.1.9 是这种转换器的电路结构图，被测电压 U_x 经过放大器 A，输出一个负向电压 U_x'，加至积分器输入端，输出正向线性斜坡电压 u_o，当 u_o 上升到门限电平 U_1 时，闸门打开，时钟脉冲通过闸门至双稳电路，取其输出的正脉冲经 R_4 再接到积分器输入端，积分器进行反向积分，u_o 由 U_1 降至 U_2，恢复到起始电平。双稳电路的另一路输出去触发射极开关，产生幅度为 U_N 的脉冲，U_N 的值由基准电压源决定，其周期与 u_o 的周期 T 相同，脉冲宽度 t_W 等于时钟脉冲的周期 T_0。此脉冲经过 R_0，C_0 平滑电路，得到一个直流电压 U_F'，它正比于幅度为 U_N 脉冲的重复频率

$$U_F' = \frac{t_W}{T} U_N \approx t_W f U_N = Sf$$

式中，$S = t_W U_N = T_0 U_N$，即脉冲在一个周期内的面积。

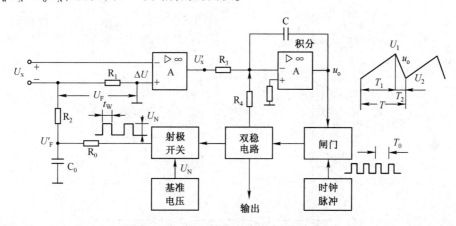

图 5.1.9　*U-F* 转换电路组成原理框图

U_F' 经过 R_2 加到 R_1 上，构成反馈电压 U_F，以串联反馈形式加到放大器输入端。当差值电压 $\Delta U \approx 0$ 时，$U_x \approx U_F$，则

$$U_F = \frac{R_1}{R_1 + R_2} U_F' = \frac{R_1}{R_1 + R_2} Sf = \frac{R_1}{R_1 + R_2} T_0 U_N f$$

或

$$f = \frac{R_1 + R_2}{R_1 T_0 U_N} U_F \approx K U_x \qquad (5.1.8)$$

式中

$$K = \frac{R_1 + R_2}{R_1 T_0 U_N} \qquad (5.1.9)$$

只要 K 恒定，则 f 正比于 U_x，完成 *U-F* 转换，并且由双稳电路输出。

通过上述分析，*U-F* 转换器的转换准确度主要取决于基准电压 U_N 及 *F-U* 转换器的准确度，而 *F-U* 转换器具有较高的转换准确度，因此，能够确保 *U-F* 彻底转换。通过式(5.1.9)进行分析，只要 U_N，R_1，R_2 的值准确稳定，则 f 与 U_x 严格成正比。所以电压反馈式 *U-F* 转换器具有较高的准确度和

较高的输入阻抗。

积分型转换器除二重积分外,还有三重积分、四重积分、甚至五重积分的转换器,效果更加理想。

3. U-F 转换器实用电路

电压-频率(U-F)转换器,由于其电路简单,工作可靠,而且测量的是输入电压的平均值,所以抑制干扰能力较强,一般在简单模拟-数字转换中应用得较多。这里主要介绍两种实用的 U-F 转换器电路。

(1) 恢复型 U-F 转换器

该转换器主要由积分器、电压比较器和电荷释放开关组成,如图 5.1.10 所示。

图(a)中,当输入负电压时,电容 C_1 被充电,M 点电位迅速上升;当其上升到鉴幅器(由 VT_2 和 VT_3 组成)上限触发电平时,VT_2 导通,VT_3 截止,A 点变为高电平,使 VT_1 立即导通,电容 C_1 通过 VT_1 放电。使 M 点电位下降,由于电容 C_1 的充放电过程,在 M 点上形成锯齿波电压,作为输出 1。电容 C_1 放电结束,使 VT_2 截止、VT_3 导通,A 点电位由高电平变为低电平,在 A 点上形成脉冲波电压,作为输出 2。电容 C_1 放电结束使电路恢复到原始状态,第二个周期重新开始。其中,运算放大器是前置放大器,RP 为运算放大器调 0 电位器,三极管 VT_1 为充放电电容 C_1 提供放电回路。

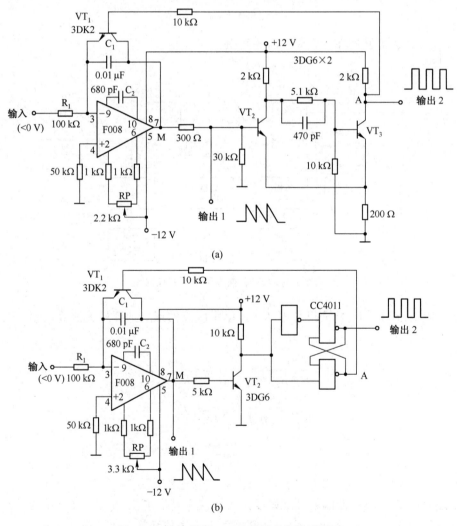

图 5.1.10 恢复型 U-F 转换器的电路原理图

当输入电压从 $0 \sim -8\,\mathrm{V}$ 变化时,则输出频率为 $0 \sim 8\,\mathrm{kHz}$,即输入电压每变化 $1\,\mathrm{V}$,输出频率变化 $1\,\mathrm{kHz}$。在 $0 \sim 8\,\mathrm{kHz}$ 范围内其线性度小于 0.3%,故具有一定的精度和稳定性。当改变 R_1,C_1,C_2 的数值时,可以改变其线性度。

图(b)中的电路原理和性能特点与图(a)相同,所不同的是,鉴幅作用由一块 CMOS 二输入端四与非门电路 CC4011 来完成,连接成施密特电路,该施密特电路同图(a)中 VT_2、VT_3 的功能一样,既限幅又整形。本电路也有两个输出:一个是锯齿波电压输出 1,另一个是脉冲波电压输出 2。其中,VT_2 是中间驱动放大器,整个电路工作电流为 $0.8\,\mathrm{mA}$,很适合在小型便携式数字仪器和设备中使用。上述这类 U-F 转换器的积分器,最好选用中等增益,高质量运算放大器。F008 型通用运算放大器,性能较稳定,功耗电流小,线性度好,且价格便宜。

（2）由单片集成电路构成的 $100\,\mathrm{kHz}$ U-F 转换器

单片 U-F 转换器由核心器件 A_2(LM331)和外围电路 $R_1 \sim R_4$、RP_1、C_1、C_3 等组成,如图 5.1.11 所示。它将 $0 \sim 10\,\mathrm{V}$ 的直流输入电压 U_i 转换成 $0 \sim 100\,\mathrm{kHz}$ 的脉冲,用光耦合或光纤传输,可把模拟信号隔离。为了改善 U-F 转换器的线性度,电路中加入运放 A_1。

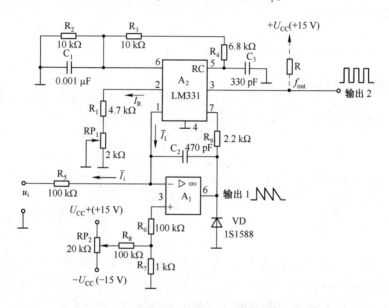

图 5.1.11　单片集成电路构成的 U-F 转换器电路原理图

电路工作原理:核心器件 A_2(LM331)是由 $1.9\,\mathrm{V}$ 的基准电压、电流开关、比较器、双稳态多谐振荡器等构成的单片 U-F 转换器。即使不另加运算放大器也可获得 0.03% 的线性度,但为了扩大量程范围,改善 U-F 转换器的线性,采用具有场效应管输入级的运放 A_1 来完成。运放 A_1 另一个作用是和反馈电容 C_2 实现积分功能,当积分器的输出超过转换器 A_2(LM331)的正常门限电压(第 6 脚的电压)时,时基单元便接通恒流开关,转换器开始工作。

基准电流 I_R 由脚 2 连接的电阻确定。因为内部基准电压是 $1.9\,\mathrm{V}$,所以 $I_R = 1.9/R$ $(R = R_1 + RP_1)$,通常可在 $100 \sim 500\,\mu\mathrm{A}$ 范围内选定。此外,电流开关输出(脚 1)端的电流平均值 $\overline{I}_1$ 与输入电流 $\overline{I}_i$ 相等。

在内部充电电路中,充电电压一旦等于电源电压 U_{CC} 的 2/3 时,电路就复位,所以脉冲宽度 $t_W = 1.1R_4C_3$,平均电流 $\overline{I}_1 = 1.1R_4C_3 f_0 I_R$,与振荡频率成正比。根据以上关系,振荡频率 f_0、定时常数 $R_4 \cdot C_3$,可由下面的公式求出

$$f_0 = \frac{I_i}{I_R \times 1.1 \times C_3 \cdot R_4} = \frac{-U_i}{R_5} \times \frac{(R_1 + RP_1)}{2.09 \times C_3 \cdot R_4}$$

$$C_3 \cdot R_4 \leqslant 2.5(\mu s)$$

考虑到定时的滞后,应采用稍小于 2.5 μs 的定时常数,C_3 取 330 pF,R_4 取 6.8 kΩ。根据上式,微调 R_1,RP_1,R_4,R_5 中的任何一个电阻值均可调节满量程的频率,但本电路只把 RP_1 作为可变电阻进行调节。

电容器 C_2 的容量取大了,对输入电压的响应就会变慢,所以容量不宜太大。VD 为钳位二级管,以免使负电位加到 A_2(LM331)的第 7 脚上,电阻 R_2,R_3 对电源电压进行 1/2 分压,形成基准电压。

输出为集电极开路式,所以驱动逻辑集成电路时要加 4.7~10 kΩ 的负载电阻(见图中虚线所示),最后由单片 U-F 转换器 A_2 输出端 3 脚作为输出 2,积分器 A_1 输出端 6 脚作为输出 1。

调节方法:首先在单片 U-F 转换器 A_2 输出端 3 脚连接负载电阻 R,调节电位器 RP_2 进行失调检查,再分别用示波器观察 A_2 输出端 3 脚的脉冲信号波形和积分器 A_1 输出端 6 脚的锯齿波信号波形。具体操作步骤是:缓慢调节电位器 RP_2 使 A_2 输出端 3 脚的输出信号频率降低,将停止输出点作为 0 频率。然后在输入端连接一个 -10 V 的恒压源,再调节电位器 RP_1 使 A_2 输出端 3 脚的输出信号频率作为满量程值(100 kHz)。输入的恒压源电压以 1 V 电压为单位逐次降低,读出频率值,检验线性度。

RP_1 为满量程值电位器,RP_2 为调 0 电位器。

5.1.3 DVM 的测量误差

DVM 的固有误差通常用下列两种方式表示:

$$\begin{cases} \Delta U = \pm a\% U_x \ \pm b\% U_m \\ \Delta U = \pm a\% U_x \ \pm 几个字 \end{cases} \tag{5.1.10}$$

式中,U_x 是测量值(被测电压的读数),U_m 是该量程的满度值。

上述两种方式的实质是一致的,而后一种则较为方便。

$a\% U_x$ 是用示值相对误差表示的,与读数成正比,称为读数误差。它与仪器各单元电路的不稳定性有关。

式(5.1.10)中的 $b\% U_m$ 不随读数变化,成为满度误差,由量化误差和 0 点误差等组成。量化是把本来有无穷个取值的模拟量用有限个数字量来表示的过程。0 点偏移如同磁电式电压表的机械 0 点没有调好一样,对于 DVM 多发生在末位数字上。

满度误差与被测电压大小无关,而与所取量程有关,常用正负几个字来表示。

为了避免满度误差对测量结果的影响,应选择合适的量程,使被测电压显示的位数尽量多。例如,用某型 DVM 测量 0.5 V 电压时,若使用 500 V 量程,显示 000.52 V,±2 个字误差的影响是很大的;而改用 0.5 V 量程时,能显示 0.5002,则误差变小。与其他仪器一样,DVM 除了上述固有误差之外,还有影响误差等。例如,输入阻抗、环境温度等引起的误差。

上述这些性能指标是互相关联的。例如,满度误差($b\% U_m$)与分辨力有矛盾。测量速度与抗干扰能力也是互相矛盾的。例如,积分型 DVM 的抗干扰能力强,但测量速度较慢。

下面举例说明在用 DVM 测量电压时如何计算测量误差。

【例 5.1.1】 用一只四位 DVM 的 5 V 量程分别测量 5 V 和 0.1 V 电压,已知该仪表的准确度为 $\pm 0.01 U_x \pm 1$ 个字,求由仪表的固有误差引起的测量误差的大小。

(1) 测量 5 V 电压时的误差

因为该仪表是四位的,用 5 V 量程时,±1 个字相当于 ±0.001 V,所以绝对误差

$$\Delta U = \pm 0.01\% \times 5 \ \pm 1 个字 = \pm 0.0005 \ \pm 0.001 = \pm 0.0015(V)$$

示值相对误差为
$$\gamma_U = \frac{\Delta U}{U_x} \times 100\% = \frac{\pm 0.0015}{5} \times 100\% = \pm 0.03\%$$

（2）测量 0.1 V 电压时的绝对误差

绝对误差为
$$\Delta U = \pm 0.01\% \times 0.1 \pm 1 \text{ 个字} = \pm 0.00001 \pm 0.001 \approx \pm 0.001(\text{V})$$

示值相对误差
$$\gamma_U = \frac{\Delta U}{U_x} \times 100\% = \frac{\pm 0.001}{0.1} \times 100\% = \pm 1\%$$

当不在接近满量程显示时，误差是很大的，为此，当测量小电压时，应当用较小的量程。根据上述分析"±1 个字"的误差对测量结果的影响是比较大的，不可忽视。

由于数字式电压表采用大规模集成电路（LSI），它的外围电路比较简单，所以体积小、重量轻、耗电省、可靠性高、操作灵活、装配或维修都较为方便。过载能力强，这是因为仪器仪表内部有较为完善的保护电路，一般过载几倍也不会损坏。

综上所述，数字式仪器仪表比传统的模拟式仪器仪表具有诸多优点。但是，数字仪器仪表也有不足之处，主要表现为：

（1）它不能反映被测电量的连续变化过程及变化的趋势。例如，用来观察电解电容器的充、放电过程，就不如模拟式电压表方便直观，也不适于用做电桥调平衡的 0 位指示器。

（2）价格偏高。目前数字式电压表的售价大约是模拟式电压表的几倍甚至几十倍。当然，随着国内电子工业的发展，数字式电压表的成本将不断降低。

尽管数字仪器仪表具有许多优点，但它不可能完全取代模拟式仪器仪表。一方面在有些情况下，需要观察连续变化的量（如观察电机转速的瞬间变化和变化过程）；另一方面，模拟式仪器仪表并未停止不前，也正向集成化、小型化、自动化的方向发展。特别是近年来又出现一种采用模拟和数字电路的混合式仪器仪表，既采用指针显示，又采用数字显示，已不属于纯粹的模拟式仪器仪表了。因此可以预测，在今后相当长的时期，数字式仪器仪表与模拟式仪器仪表还将互相促进，互为补充，共同发展。

5.2　直流数字电压表

由单片 CMOS 双积分式 A/D 转换器构成的数字电压表（DVM）获得了广泛应用，其主要优点是精度高，抗干扰能力强，输入阻抗高，可靠性好，功能全，耗电省，成本低，显示直观。

1. 单片 CMOS 双积分式 A/D 转换器

数字电压表的核心是 A/D 转换器。现介绍几种常用的 A/D 转换器。

- 7106 型 A/D 转换器，采用异或门输出，能驱动液晶显示器 LCD，整机功耗小，成本低；缺点是显示亮度较低，适宜制作袖珍式数字电压表。

- 7107 型 A/D 转换器为大电流反相器输出，能驱动 LED 数码管，显示亮度高，耗电大，大多用于台式数字电压表及数字面板表。

- 7116 型和 7117 型 A/D 转换器增加了读数保持功能，适于组装具有读数保持功能的数字电压表。另外，还有 7126，7136，7127，7137 等芯片。

- MC14433 型采用动态扫描方式，能输出超量程与欠量程信号，并能与微处理器相连接，其外围电路较复杂。

- 7135 型 $4\frac{1}{2}$ 位 A/D 转换器精度高，能输出超量程和欠量程信号，易实现自动转换量程，具有动态扫描显示功能，可直接与微处理器系统相连接。

2. 由 A/D 转换器为主体构成的数字电压表

由 7106 构成的 $3\frac{1}{2}$ 位数字电压表的典型电路如图 5.2.1(a)所示,基本量程 $U_m = 200\,\mathrm{mV}$。图中,R_1,C_1 为时钟振荡器的 RC 网络。RP,R_3 构成基准电压分压电路,RP 是可调电阻,R_3 是固定电阻。RP 一般采用精密多圈电位器,调整 RP 使基准电压 $U_{REF} = 100.0\,\mathrm{mV}$。$R_4$,$C_3$ 是输入端高频阻容滤波电路,以提高数字电压表的抗干扰能力。因 7106 的输入阻抗很高,输入电流极小,故可取 $R_4 = 1\,\mathrm{M\Omega}$,$C_3 = 0.01\,\mu\mathrm{F}$。$C_2$,$C_4$ 分别是基准电容和自动调 0 电容。R_5,C_5 分别是积分电阻和积分电容。

数字电压表的原理框图如图 5.2.1(b)所示,主要包括模拟电路(即双积分式 A/D 转换器)和逻辑电路两大部分。二者是互相联系的,一方面逻辑控制单元产生的控制信号决定了模拟开关的通断;另一方面又控制着计数器、锁存器和译码显示器。

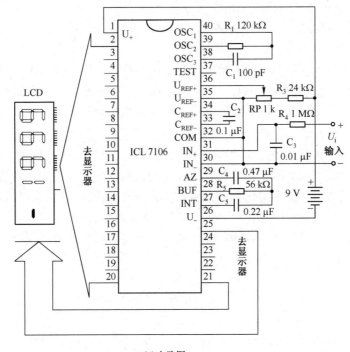

(a) 电路图

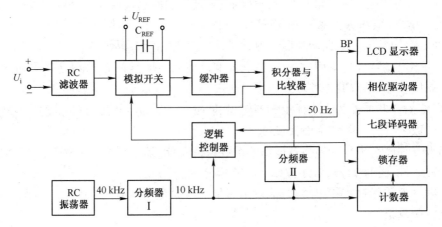

(b) 原理框图

图 5.2.1 $3\frac{1}{2}$ 位数字电压表原理框图

（1）双积分式 A/D 转换器

这种转换器的转换精度高,抗干扰能力强,线路简单,成本低,适宜做低速 A/D 转换。A/D 转换器的每个测量周期分成三个阶段:自动调 0(AZ)、信号积分(INT)和反向积分(DE)。受 7106 本身特性决定,每个测量周期为 $4000T_{cp}$,T_{cp} 是计数脉冲的周期。其中,信号积分时间 $T_1 = 1000T_{cp}$,固定不变。

数字电压表的显示值 N 由下式确定:

$$N = \frac{T_1}{T_{cp}} \frac{U_i}{U_{REF}} \qquad (5.2.1)$$

将 $T_1 = 1000T_{cp}$,$U_{REF} = 100.0\,\text{mV}$ 代入上式,得

$$N = 10U_i \quad 或 \quad U_i = 0.1N \qquad (5.2.2)$$

只要把小数点定在十位,便可直读结果。

满量程时,$N = 2000$,此时 $U_M = 2U_{REF} = 200\,\text{mV}$。$3\frac{1}{2}$ 位 DVM 最大显示数为 1999,满量程时将显示过载符号"1"。

其中,U_i 为输入待测电压,U_{REF} 为基准电压,U_M 为满量程电压。

为提高数字电压表抗串模干扰的能力,选定的采样时间(即信号积分时间)T_1 为工频周期的整数倍。若周期为 20 ms,则选

$$T_1 = N \times 20\,(\text{ms}) \qquad (5.2.3)$$

式中,$N = 1,2,3,\cdots$。例如,T_1 等于 40 ms,60 ms 等。n 愈大,对串模干扰的抑制能力愈强,但测量速率会降低。现取 $T_1 = 100$ ms,恰好是 20 ms 的 5 倍,能有效地抑制 50 Hz 干扰。

双积分式 A/D 转换器的优点是:对积分元件的质量要求不高,时钟振荡器采用普通的阻容元件代替石英晶体,抗干扰能力强。它作为一种低速、高精度 A/D 转换器,在数字电压表中获得广泛应用。

（2）逻辑电路

逻辑电路包括八个单元:①时钟脉冲发生器;②分频器;③计数器;④锁存器;⑤译码器;⑥异或门相位驱动器;⑦逻辑控制器;⑧ LCD 显示器,参见图 5.2.2(a)。

时钟脉冲发生器由 7106 内部的两个反相器 F_1,F_2,以及外部元件 R,C 组成。若取 $R = 120\,\text{k}\Omega$,$C = 100\,\text{pF}$,则 $f_0 \approx 40\,\text{kHz}$。$f_0$ 经过四分频,得到计数脉冲 $f_{cp} = 10\,\text{kHz}$,即 $T_{cp} = 0.1\,\text{ms}$。此时测量周期 $T = 4000T_{cp} = 0.4\,\text{s}$,测量速率为 2.5 次/秒。$f_0$ 经过 800 分频,得 50 Hz 的方波电压,接液晶显示器的公共电极 BP。

液晶显示器需采用交流供电方式,当笔画电极 a~g 与公共电极 BP 之间存在电位差时,液晶就发光,见图 5.2.2(b)。通常是把两个相位相反的方波分别加到某笔画引出端与 BP 之间,利用二者的电位差驱动该笔画发光。方波的频率范围是 30~200 Hz。频率太低,会出现闪烁现象;频率过高,液晶的频率响应跟不上,而且要增大显示功耗。一般可选 50 Hz(或 60 Hz)、4~6 V 的方波电压。

驱动电路采用异或门。异或门的特点是当两个输入端的状态相异时(一个是高电平,另一个是低电平),输出为高电平;反之,输出低电平。七段 LCD 驱动电路如图 5.2.2(b)所示,图中 a,b,c 笔画上的方波信号与公共电极方波电位不同,都能发光;而 d,e,f,g 上的笔画信号和公共电极方波同相位,都不能发光,故显示出数字"7"。由此可见,只要在异或门输入端加控制信号(高电平和低电平),用来改变驱动器输出方波的相位,即可显示所需的数字。这里的控制信号,是指译码器的输出信号。

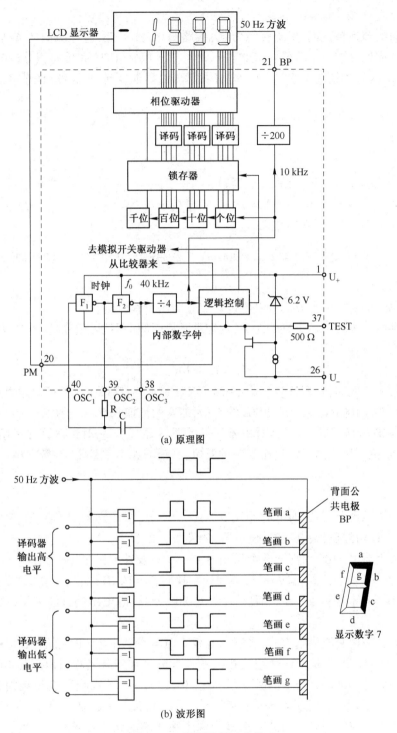

图 5.2.2　逻辑及驱动电路

注意,异或门输出端的波形必须与 BP 信号严格对称,而且方波的占空比为 50%,以保证这两端的交流电压平均值接近于 0 V。

逻辑控制器的作用有三个:第一,识别积分器的工作状态,适时地发出控制信号,使各模拟开关接通或断开,A/D 转换能循环进行;第二,识别输入电压的极性,同时控制 LCD 显示器的负号显示;第三,当输入电压超量程时,使千位数显示"1",其他位上的数码全部消隐。

5.3 多用型数字电压表

随着电子技术的迅速发展,电子器件的集成度越来越高,功能越来越完善,尤其是 CMOS 型 A/D 转换器的广泛应用,在许多情况下正逐步取代模拟式万用表。与此同时,数字万用表正向着高、精、尖的方向发展。具有高分辨力和高准确度的智能化数字万用表得到推广和普及。

数字万用表具有很高的灵敏度和准确度,显示清晰直观,功能齐全,性能稳定,过载能力强,便于携带等。

数字万用表和模拟万用表一样,要求万用表能够测量多种电气参数,如交直流电压、交直流电流及电阻等。近年来,数字万用表采用了功能齐全的大规模 A/D 芯片,并能测功率、频率、占空比、电容、Q 值等。尽管如此,它的基本测量方法仍然是以测直流电压的 DVM 为基础,通过各种参数变换器将其他参数变换为等效的直流电压 U,通过测量 U 值来获得所测参数的数值,如图 5.3.1 所示。

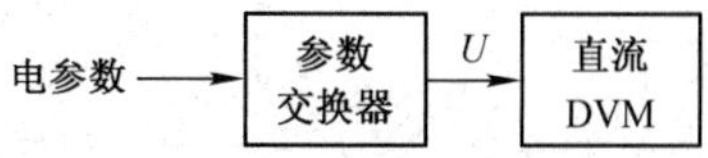

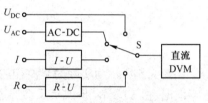

图 5.3.1 电参数的测量示意图

参数变换器是多种多样的,多用型数字电压表采用较多的是电阻–电压(R-U)变换器,直流–电压(I-U)变换器,交流–直流(AC-DC)变换器,变换的结果均为直流电压,再进行测量。多用型 DVM 工作原理框图如图 5.3.2 所示。

下面简介几种参数转换器的基本原理。

图 5.3.2 多用型 DVM 原理框图

1. 交流电压-直流电压(AC-DC)转换器

模拟式电压表利用二极管构成的平均值和峰值检波电路,直接驱动直流微安表指针偏转。这种检波器是非线性的,受二极管非线性特性和阈值电压 U_T 的影响,使检波输出的线性很差。如图 5.3.3(a)及(b)所示,输出电压瞬时值 u_o 与交流输入电压瞬时值 u_i 存在如下关系:

$$u_o = i_{VD} \cdot R_z = u_i - U_{VD} \tag{5.3.1}$$

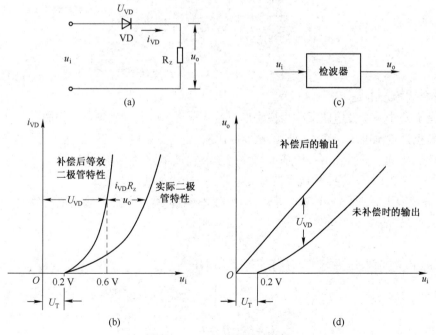

图 5.3.3 二极管的检波特性

当输入电压 u_i 较低时，u_i 的很大部分消耗在非线性二极管压降 U_{VD} 上，当 $u_i \leqslant U_T = 0.6\,V$ 时，$u_o = 0$，无输出。这种畸变对于测量变换是不允许的。为此采用如图 5.3.4 所示的运放式半波检波电路。其中二极管 VD_1 的负极连接运放 A_1 的输出端。VD_1 的正极，一方面输出检波结果，一方面连接负反馈电阻 R_1，这样可以利用运放的高增益，补偿二极管 VD_1 的非线性正向管压降。若 A_1 的开环增益 $K_{01} = 10^5$，二极管 VD_1 的电压降为 $U_{VD} = 0.6\,V$，在输入端引起的等效电压损失为

$$\Delta U = U_{VD}/K_{01} = 0.6/10^5 = 6\,(\mu V) \tag{5.3.2}$$

通过补偿使 VD_1 的等效正向压降减小到 $6\,\mu V$ 的数量级，二极管若视为理想检波器件，输入与输出之间呈现良好的线性。如图 5.3.3(c) 及 (d) 所示。

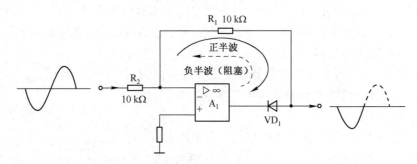

图 5.3.4　运放式半波检波电路原理图

图 5.3.5 所示为实际的半波检波电路，即 AC-DC 变换器电路图。其中，当输入交流电压进入负半波时，由 VD_2，R_3 形成负反馈通道。检波级的增益由 R_1/R_2 的比例决定，本电路中这两个电阻均为 $10\,k\Omega$ 的，故增益为 1。正半波时经 VD_1 进行半波检波，完成 AC-DC 变换作用。

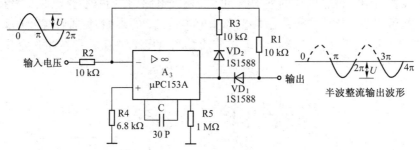

图 5.3.5　AC-DC 变换器电路原理图

2. 精密全波检波电路

上面的运放式半波检波电路又称为精密半波检波电路。以此为基础可以构成各种精密全波检波电路。它的特点是输出电压与输入电压的幅值成比例，而与输入电压的极性无关，即输出电压与输入电压的绝对值成比例。下面介绍一种基本的精密全波检波电路，它由半波检波电路和加法器电路两部分组成。如图 5.3.6 所示，A_1 构成半波检波电路，A_2 构成加法器电路。

当输入信号为正时，即 $u_i > 0$，VD_2 导通，VD_1 截止，半波检波电路的输出电压为

$$u_{o1} = -\frac{R_2}{R_1}u_i$$

加法电路对 u_i 和 u_{o1} 两电压进行求和运算，其输出电压为

$$u_o = -\left(\frac{R_5}{R_3}u_i + \frac{R_5}{R_4}u_{o1}\right) = -\frac{R_5}{R_3}u_i + \frac{R_5}{R_4}\frac{R_2}{R_1}u_i$$

若取

$$R_1 = R_2 = R_3 = R_5 = 2R_4 \tag{5.3.3}$$

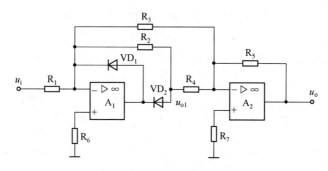

图 5.3.6 精密全波检波电路原理图

则有
$$u_o = u_i$$

当输入信号为负时,即 $u_i < 0$,VD_1 导通,VD_2 截止,$u_{o1} = 0$,加法电路 A_2 的输出电压为

$$u_o = -\frac{R_5}{R_3}u_i = -u_i$$

综上所述,该电路的输出特性为

$$u_o = \begin{cases} u_i, & u_i > 0 \\ -u_i, & u_i < 0 \end{cases} \qquad (5.3.4)$$

写成绝对值形式为
$$u_o = |u_i|$$

若在 A_2 的反馈电阻 R_5 上并联一只电容,则其输出电压与输入电压绝对值的平均值成比例,它的波形及检波特性曲线如图 5.3.7 所示。

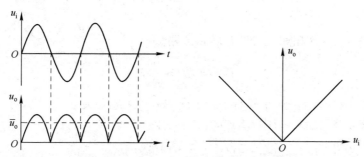

图 5.3.7 精密全波电路检波器的波形及特性曲线

3. 电阻-直流电压(R-U)转换器

图 5.3.8 所示为一种比较简单的转换电路。被测电阻 R_x 接在反馈回路,标准电阻 R_N 接在输入回路,U_N 是基准电压。由图可知

$$I = \frac{U_N}{R_N}$$

$$U_o = -IR_x = -\frac{U_N}{R_N}R_x \qquad (5.3.5)$$

电流 I 由 U_N,R_N 决定,是一恒定电流,它在 R_x 上的压降 $|IR_x|$ 即为输出电压 U_o。显然 U_o 正比于 R_x,从而实现了 R-U 转换。改变 R_N 可换接量程。

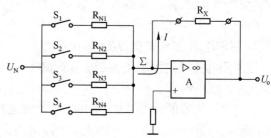

图 5.3.8 R-U 转换器电路原理图

设 $U_N = -6\,V$,当 $R_N = 6\,k\Omega$,$I = 1\,mA$ 时,有

$$U_o(数值) = -\frac{-6(V)}{6(k\Omega)}R_x = R_x(k\Omega)$$

此式表明,显示的以 kΩ 为单位的 R_x 的数值与 U_o 的数值是相同的。

当转换至 $R_N = 60 kΩ$ 时,$I = 0.1 mA$,可以测量几十 kΩ 的电阻。

当欲测几个欧姆的电阻时,需选 $R_N = 6 Ω$,则

$$I = -6(V)/6(Ω) = 1(A)$$

这么大的电流流过 R_x,R_N 支路是不合适的,所以图 5.3.8 的电路不适于测量小电阻。

图 5.3.9 是两种改进型电路。图(a)由复合管 VT_1,VT_2 来供给 R_x 电流,有

$$I ≈ \frac{U_N}{R_N} = \frac{R_1 E_N}{R_1 + R_2} \cdot \frac{1}{R_N} \tag{5.3.6}$$

这是一个恒定电流,所以可以测小电阻。

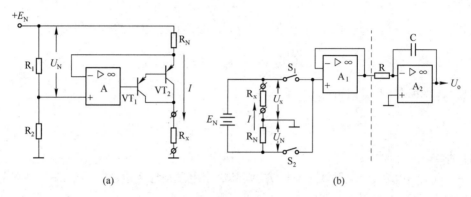

(a)   (b)

图 5.3.9 *R-U* 转换器改进电路原理图

图(b)是与双积分 DVM 相配合的 *R-U* 转换电路。

$$|U_x| = IR_x = \frac{U_N}{R_N} R_x \tag{5.3.7}$$

即 U_x 与 R_x 成正比。在定时积分(采样)阶段对 U_x 积分(接通开关 S_1),然后对 U_N 进行定值积分(接通开关 S_2)。当积分器输出电压过零点时,比较时间

$$T_2 = \frac{|U_x|}{U_N} T_1 = \frac{IR_x}{IR_N} T_1 = \frac{T_1}{R_N} R_x \tag{5.3.8}$$

$$R_x = \frac{R_N}{T_1} T_2 \tag{5.3.9}$$

即 R_x 与 T_2 成正比,将 R_x 转换成 U_x 后又转换成 T_2,再利用脉冲计数法即可实现 R_x 的数字显示。

由式(5.3.8)可知,T_2 与 R_x 和 R_N 的比值有关,而对电流的精密程度要求较低,从而简化了电路。

4. 直流电流-直流电压(I-U)转换器

让被测电流流过标准电阻,再用直流 DVM 测量电阻上的电压,即实现这一转换。原理如图 5.3.10(a)所示。

设输入放大器的放大倍数 $A = 100$,由于放大器的输入电阻很高,被测电流 I_x 全部流经标准(采样)电阻 R_N(图中 $R_{N1} \sim R_{N4}$),放大器的输入电压 $U_i = I_x R_N$,输出电压 $U_o = 100 U_i = 100 I_x R_N$,即 U_o 与 I_x 成正比。用开关 $S_1 \sim S_4$ 切换不同的采样电阻,即可得到不同的电流量程。而 U_o 是一规范值。例如:5 mA 挡,取 $R_N = 10 Ω$,$U_i = 0.05 V$,$U_o = 5 V$;500 mA 挡,取 $R_N = 0.1 Ω$,$U_i = 0.05 V$,$U_o = 5 V$,等。改变电流量程,但 U_o 值不变。图(a)将采样电阻串联到被测电路中,这是一个缺点,多适用于 I_x 较大的情况(这时 R_N 可以小一些)。图(b)将采样电阻串联在放大器的反馈回路中,设 $\sum$ 点虚地,则

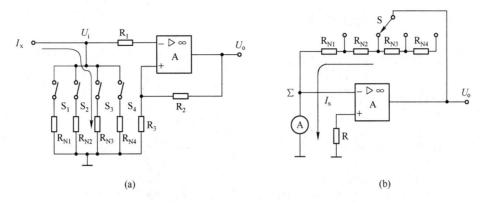

(a)   (b)

图 5.3.10   I-U 转换器电路原理图

$$U_o = I_x R_N \tag{5.3.10}$$

仍设 $U_o = 5\,V$，若 $5\,mA$ 挡，反馈电阻 $R_{N1} = U_o/I_x = 5/5 = 1\,(k\Omega)$；若 $0.5\,mA$ 挡，反馈电阻

$$R_{N2} = U_o/I_x - R_{N1} = 5/0.5 - 1 = 9\,(k\Omega)$$

以此类推，便可得到 R_{N3}、R_{N4} 的电阻值。

这是一种并联电压负反馈放大电路，适用于测小电流。

5. 用数字面板表测直流电流

如图 5.3.11(a) 所示，它是用 $3\frac{1}{2}$ 位数字面板表测量直流电流的方法。电流测量是通过测试取样电阻 R_s 的压降来完成的。由于面板表的内阻很大，可达 $1000\,M\Omega$，电流全部流过取样电阻 R_s。根据不同挡次，选择不同阻值的 R_s，以适合面板表的量程范围，如表 5.3.1 所示。

例如，在 $20\,mA$ 挡，选择 R_s 为 $10\,\Omega$，适当选择小数点位置，使满度显示值为 "19.99"。在 $200\,\mu A \sim 200\,mA$ 挡，R_s 选择为金属膜电阻，误差小于 1%，功率为 $0.5\,W$。$2\,A$ 以上挡次，应选用 RXJ 型精密线绕电阻，误差小于 0.5%，功率应根据实际测量情况通过计算决定。

图 5.3.11(b) 为一种利用了 $3\frac{1}{2}$ 位 A/D 转换数显组件 SHB—305 组成的简易数字电流表电路。该电路简单，测量精度高，量程范围宽。

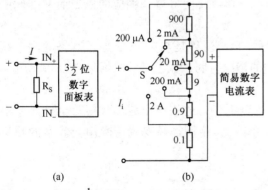

(a)   (b)

图 5.3.11   用 $3\frac{1}{2}$ 位数字面板表测直流电流原理框图

表 5.3.1   量程与 R_s 关系表

量　程	R_s	量　程	R_s
$200\,\mu A$	$1\,k\Omega$	$200\,mA$	$1\,\Omega$
$2\,mA$	$100\,\Omega$	$2\,A$	$0.1\,\Omega$
$20\,mA$	$10\,\Omega$	$20\,A$	$0.01\,\Omega$

图 5.3.12 所示为多用型数字电压表的工作原理框图。它包括：三种参数变换器，功能选择和量程选择电路，A/D 转换器，逻辑控制单元和数字显示器。

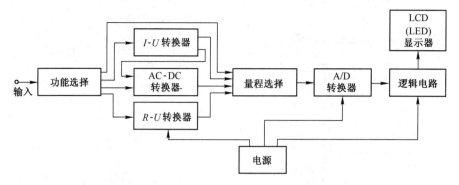

图 5.3.12　多用型数字电压表工作原理框图

5.4　频率的测量

在电子技术领域内,频率与电压一样,也是一个基本参数。

5.4.1　标准频率源

随着现代科技的发展,时间及频率计量的意义已日益明显。例如,在卫星发射、导弹跟踪、飞机导航、潜艇定位、大地测量、天文观测、邮电通信、广播电视、交通运输、科学研究、生产及生活等各个方面,都需要对时间及频率的计量,也都离不开对时间及频率的计量。

1. 原子频标的基本原理

根据量子理论,原子或分子只能处于一定的能级,其能量不能连续变化,而只能跃迁。当由一个能级向另一个能级跃迁时,就会以电磁波的形式辐射或吸收能量,其频率 f 严格地决定于两能级之间的能量差,即

$$f = \Delta E/h \tag{5.4.1}$$

式中,h 为普朗克常数;ΔE 为跃迁能级间的能量差。从高能级向低能级跃迁,辐射能量;反之,则吸收能量。与此相对应,原子频标亦可分为激射器型和吸收型两类。由于该现象是微观原子或分子所固有的,所以非常稳定。若能设法使原子或分子受到激励,便可得到相应的稳定而又准确的频率。这就是原子频标的基本原理。

1967 年第十三届国际计量大会通过新的原子秒的定义:秒是与铯–133 原子基态的两个超精细能级间跃迁相对应的辐射的 9192631770 个周期的持续时间。原子时的时刻起点为 1958 年 1 月 1 日 0 时。

如今,铯原子钟的精度已达 $10^{-13} \sim 10^{-14}$ 量级,甚至更高。这相当于数十万年乃至百万年不差 1s。铯原子钟有大铯钟和小铯钟两种,两者的原理相同,大铯钟都是安置于专用实验室的频率基准,小铯钟则可作为良好的频率工作标准。

2. 氢原子钟

氢原子钟亦称氢原子激射器。它是从氢原子中选出高能级的原子送入谐振腔,当原子从高能级跃迁到低能级时,辐射出频率准确的电磁波,可用其作为频率标准。氢原子钟的短期稳定度很好,可达 $10^{-14} \sim 10^{-15}$ 量级;但由于储存泡壁移效应等影响,其精度只能达到 10^{-12} 量级。

3. 铷原子钟

铷原子钟是一种体积小、重量轻、便于携带的原子频标,由于存在老化频移等影响,其精度约为

10^{-11}量级,只能作为工作标准。

4. 离子储存频标

离子储存频标,亦称离子阱频标,该种频标存在的主要问题是储存的离子与残存气体碰撞产生的碰撞频移,以及由于储存的离子数量少而使信噪比较低等。预计离子阱频标的精度可达10^{-15}～10^{-16}量级,甚至更高。

从基本原理和技术方案来看,离子阱频标的确有较大的发展潜力,可能成为未来的时间频率基准。

我国陕西天文台是规模较大的现代化授时中心,它有发播时间与频率的专用电台。中央人民广播电台的北京时间报时声,是由陕西天文台授时给北京天文台,再通过中央人民广播电台播发的。

由中国计量科学研究院于 2003 年自主设计研制成功的首台冷铯原子喷泉钟,350 万年不差 1 s,获得了新一代的时间频率基准。铯原子喷泉钟的研制成功,使我国时间、频率基准重新步入世界先进行列,并将成为国家统一时间、频率体系的源头。全国各地各部门的各种时间频率标准,都将以它为标准。特别是中国计量科学研究院保持的国家原子时标,更可以直接被它校准,使准确度提高到$(1\sim2)\times10^{-15}$数量级。它通过中国计量科学研究院和各级计量部门的传递系统,也能直接通过中国计量科学研究院已经建立的利用电视信号、因特网或电话网络的授时系统,发布具有不同准确度的标准时间频率信号,为全国不同需求的用户服务。

5. 频段的划分

随着电子技术的发展,使用的频率范围日益扩展,国际上规定 30 kHz 以下为甚低频、超低频,30 kHz 以上每 10 倍频依次划分为低、中、高、甚高、特高、超高等频段。在微波技术中,按波长$[\lambda(m)=300/f(MHz)]$划分为米波、分米波、厘米波、毫米波等波段。在一般电子技术中,把 20 Hz～20 kHz 的频段称为音频,20 Hz～10 MHz 的频段称为视频,30 kHz～几十 GHz 的频段称为射频。当然,这些界限也只是一个大致的划分。

在电子测量技术中,一种划分法是以 30 kHz 为界,以下称低频测量,以上称高频测量;另一种划分法是以 100 kHz(或 1 MHz)为界,以下称低频测量,以上称高频测量(一般,正弦波信号发生器就是这样划分的)。本书采用后一种划分法。

5.4.2 频率计的基本概念

(1)频率计:用于测量周期信号频率的仪器。

(2)数字频率计:用数字形式显示被测信号频率的仪器。

(3)电子计数器:采用电子学的方法测量出在一定时间内的脉冲个数,并显示出结果的仪器,一般包括频率计数器、时间间隔计数器、通用计数器、微波频率计。

(4)通用计数器:具有测量频率和时间两种以上功能的电子计数器称为通用计数器。通用计数器一般应有以下几种功能:测频率、测周期、测时间间隔、测多倍周期、测频率比、累加计数、计时等。配上相应转换器可测量相位、电压、电流、功率和电阻等电量,配合传感器还可以测量长度、位移、重量、压力、温度、转速、速度与钟表走时精度、炮弹初速度等非电量。

(5)时间间隔计数器:主要用来测量信号时间间隔的电子计数器。一般测量两个脉冲的时间间隔,也能测量一个脉冲的宽度、占空比、脉冲信号沿的上升和下降时间等。

(6)特种计数器:特种计数器是具有特种功能的计数器,包括可逆计数器、预置计数器、序列计数器和差值计数器等。

5.4.3 数字频率计的划分

（1）低速计数器：最高计数频率小于 10 MHz。

（2）中速计数器：最高计数频率为 10~100 MHz。

（3）高速计数器：最高计数频率大于 100 MHz。

（4）微波频率计数器：测量频率范围为 1~80 GHz 或更高。

由于大规模、超大规模集成电路发展迅猛，单片微处理器和可编程逻辑器件发展迅速，功能更加强大，性能日益提高，应用逐渐普及。随着这些先进器件在电子计数器领域得到了广泛应用，使得通用计数器的功能不断扩展，性能不断提高，体积不断缩小。现已生产出了采用单片微处理器和大规模 CPLD 及专用器件，应用了整套的 SMT 生产工艺，采用等精度测量技术的仪器，部分仪器具有打印、统计和接口功能，并实现了标准化、系列化、小型化、高性能、高可靠性，使用灵活方便，实现远程控制或组成自动测试系统。在电子计数器的基础上附加参数转换电路，能完成多参数、多功能测量。

5.4.4 通用计数器的基本工作原理

1. 基本工作原理

计数是通用计数器最基本的功能，计数功能是由其内部的计数电路来实现的。计数电路本身的功能只能做累加计数，为了完成测频率，测周期，测时间等多种测量功能，在计数电路前增设一个门电路(称为主门，一般由与非门组成)构成具有计数功能的计数器，如图 5.4.1 所示。

工作过程如下：

在规定的开门时间内，主门让被测信号 f_A 进入计数电路进行计数，在此以外的时间被测信号 f_A 均不能通过主门计数电路。开门时间由标准时间脉冲发生器提供，所以计数电路的累加计数值 N 为

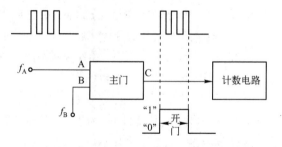

图 5.4.1 单位时间内计数功能原理方框图

$$N = \frac{T_B}{T_A} = f_A T_B = \frac{f_A}{f_B} \qquad (5.4.2)$$

式中，f_A 是主门"A"端输入的被测信号频率，$f_A = 1/T_A$；T_B 是主门"B"端输入的开门脉冲的持续时间，$T_B = 1/f_B$。

从式(5.4.1)可知，当主门"A"端加入不同的计数信号(未知的或已知的)，而"B"端加入不同的时间信号(已知的或未知的)，且保证让 $f_A \gg f_B$，则采用图 5.4.1 所示的基本原理电路，实现测频率 f，周期 T，时间间隔 T_N，频率比 f_A/f_B 等多种测量。

2. 基本组成结构

通用计数器的基本原理方框图如图 5.4.2 所示，除主门电路，十进制计数电路、显示器外，还包括输入通道，标准时间脉冲发生器、逻辑控制电路。在此基础上再增加微处理器等单元电路就可以实现自动化、智能化和网络化等功能。输入通道有放大整形的作用，它将输入频率为 f_x 的 A 信号变换成计数器能接收的计数脉冲信号，并加至主门"A"输入端。标准时间脉冲发生器产生一个标准时间(标准频率)作为基准，这个基准是由频率非常准确、稳定的石英晶体振荡器通过分频或倍频获得的。这个脉冲信号送入逻辑控制电路，该逻辑控制电路输出各种指令去控制各单元电路的工作，使整机按一定的工作程序完成自动测量的任务。经逻辑控制电路变换成的矩形脉冲信号，以

形成宽度为 T_B 的时间脉冲信号,并加至主门 B 输入端,作为开门时间的控制脉冲,也称为开门脉冲。通用计数器的工作过程是在控制电路的统一指挥下,按照"测量-显示-复0"的程序自动进行的。

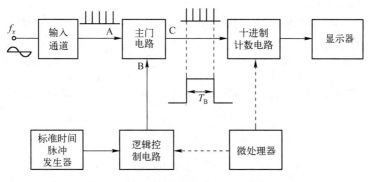

图 5.4.2   通用计数器基本原理方框图

3. 频率计数器的组成

图 5.4.3 所示是一个接近实用的频率计数器的组成方框图,它包括下列几个主要电路。

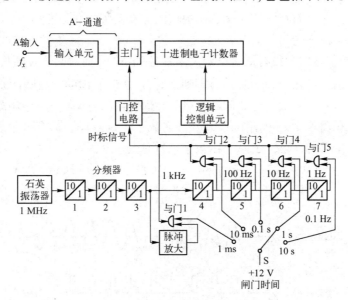

图 5.4.3   频率计数器组成方框图

(1) 输入单元。这部分的作用是将被测的正弦信号通过放大、整形,形成具有计数作用的方波信号,然后在门控信号的作用下,通过闸门进行计数(在计数器中这个闸门常称主门)。

(2) 十进制电子计数器。用来进行脉冲计数,它是一个二-十进制计数器,以十进制计数方式显示测量结果。

(3) 时基信号产生"与"变换单元。由石英晶体振荡器产生的 1 MHz 标准频率,作为通用计数器的内部时间基准。1 MHz 标准频率经放大、整形和一系列经 10 分频器分频后得到所需的不同频率(1 kHz、100 Hz、…、0.1 Hz)的时标信号,通过"闸门时间"选择开关 S,选出需要的时标信号,并加到门控电路,形成控制主门开通的门控信号。"闸门时间"的选择是通过时基选择单元的选通门(与门1~5)来实现的。例如,"闸门时间"开关 S 置于 1 s 时,则 +12 V 通过开关 S 加到与门 4,与门

4 开通,由分频器 6 输出的 1 Hz 时标信号,通过与门 4 加到门控电路,形成 $T=1s$ 的门控信号。

（4）逻辑控制单元。用来控制计数器的工作程序,即计数器按照预先编排的工作程序（准备→计数→显示→复 0→准备下一次测量）进行有条理的工作。控制单元由若干个门电路和触发器组成的时序逻辑电路构成。

（5）误差分析。只要有测量必然产生测量误差,数字测频的结果是在闸门时间 T 内通过的脉冲个数 N 与 T 之比,即所测频率为

$$f_x = N/T \tag{5.4.3}$$

由于 N 和 T 均存在误差,一定会引入测频误差,对 N 和 T 求微分,可得到

$$\mathrm{d}f_x = \frac{\mathrm{d}N}{T} - \frac{N}{T^2}\mathrm{d}T$$

或

$$\frac{\mathrm{d}f_x}{f_x} = \frac{\mathrm{d}N}{N} - \frac{\mathrm{d}T}{T}$$

也写成

$$\frac{\Delta f_x}{f_x} = \frac{\Delta N}{N} - \frac{\Delta T}{T} \tag{5.4.4}$$

式中,第一项 $\Delta N/N$ 称为量化误差,这是数字化仪器所特有的误差,而第二项 $\Delta T/T$ 是闸门时间的相对误差,这项误差决定于石英晶体振荡器所提供的标准频率的准确度。

4. 量化误差——±1 误差

被测信号与门控信号之间没有同步锁定关系,门控信号 u_2 何时到来是随机的。测频时的波形图如图 5.4.4 所示,由图可知,当 u_2 在 t_1 时刻到来时,在 T 时间内的计数脉冲 u_3 是 7 个;而 u_2 在 t_1' 时刻到来时,虽然 $T'=T$,但只放过 6 个脉冲。可见在固定闸门时间内可能多（或少）放过一个脉冲信号,在显示器的末位将产生 ±1 的附加误差。许多数字式仪器仪表都有这个现象,称它为量化误差。它与被测信号频率的高低无关,从显示数字来看它是一个固定的绝对误差,但是这个数字所代表的量值是不同的。上例中,当取 $T=1s$ 时,由"±1"引起的误差是 1 Hz;当 $T=0.1s$ 时,误差是 10 Hz;当 $T=10\,\mathrm{ms}$ 时,误差是 100 Hz。这一现象在被测信号频率较低时,尤为严重。例如,$f_x=10$ Hz,当取

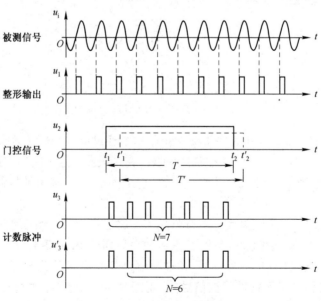

图 5.4.4　测频时的波形图

$T = 1$ s 时,显示器上可能显示 9 或 11,这样大的误差显然是不允许的。在使用计数式频率计时,应取闸门时间尽量大一些,以减少量化误差的影响,但是它也有限度。上例中,$f_x = 10$ MHz,若取 $T = 10$ s 时,显示值为 0000.0000 kHz(全 0),即产生最高位溢出现象。选择闸门时间的原则是:既不使计数器产生溢出现象,又使测量的准确度最高。

量化误差的特点是:不管计数值 N 为多少,其最大误差总是 ±1 个量化单位。

最大量化误差的相对值为

$$\frac{\Delta N}{N} = \frac{\pm 1}{N} = \pm \frac{1}{T f_x} \qquad (5.4.5)$$

式中,T 为闸门时间,f_x 为被测频率。

由式(5.4.4)可知,当 f_x 一定时,增大闸门时间 T,可以减小测频误差。

5. 标准频率误差

由分析可知,闸门时间的相对误差为

$$\frac{\Delta T}{T} = -\frac{\Delta f_c}{f_c} \qquad (5.4.6)$$

式中,f_c 为石英晶体振荡器的频率,负号表示由 Δf_c 引起的闸门时间的误差为 $-\Delta T$。总误差为

$$\frac{\Delta f_x}{f_x} = \pm \left(\frac{1}{T f_x} + \left| \frac{\Delta f_c}{f_c} \right| \right) \qquad (5.4.7)$$

根据式(5.4.6)得到如图 5.4.5 所示的误差曲线,从图中可见,在 f_x 一定时,闸门时间选得越长,测量精确度越高;而当 T 选定后,f_x 越高,则 ±1 误差对测量结果的影响越小,从而提高测量精确度。但是,随着 ±1 误差的影响的减

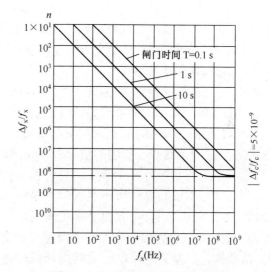

图 5.4.5 计数器测频时的误差曲线

小,标准频率误差 $\Delta f_c / f_c$ 对测量结果产生影响,并以 $\left| \Delta f_c / f_c \right|$(图中以 5×10^{-9} 为例)为极限,即测量精确度不可能优于 5×10^{-9}。

测量低频时,由于 ±1 误差产生的测量误差大得惊人。例如,$f_x = 10$ Hz,$T = 1$ s,则由 ±1 误差引起的测频误差可达 10%。所以测量低频时不宜采用直接测频方法,宜采用测低频信号的周期,再换算成被测信号的频率,从而提高测量的精确度。

计数式频率计的测量准确度主要取决于仪器本身的闸门时间的准确度和稳定度,用优质的石英晶体振荡器可以满足一般电子测量的要求。当被测信号的频率较低时,应采取测周期的方法。

5.5　通用计数器的主要测试功能

5.5.1　频率测量

频率测量的工作原理方框图如图 5.5.1 所示。

被测信号(正弦波、三角波或矩形波)从 A 通道输入,通过输入通道的放大器放大后,进入整形器加以整形变为矩形波(若有 A、B、C 三个输入通道,则这三个输入通道均包括放大器和整形器),并送入主门的输入端。由晶体振荡器产生的基频,按十进制分频得出的分频脉冲,经时基选通门去

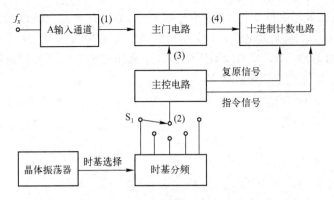

图 5.5.1 频率测量的工作原理方框图

触发主控电路,再通过主控电路以适当的编码逻辑便得到相应的控制指令,用以控制主门电路选通被测信号所产生的矩形波,送至十进制计数电路进行直接计数和显示,十进制计数电路由十进制计数器,寄存器和译码器等组成。

若在一定的时间间隔 T 内累计周期性信号的重复变化次数 N,则频率的表达式为式(5.4.2)。频率计数器严格地按照公式 $f = N/T$ 进行测频。

由于数字测量的离散性,被测频率在计数器中所计数的脉冲数可有正一个或负一个脉冲的 ± 1 量化误差,在不计其他误差影响的情况下,测量精度将为:

$$\delta(f_{\mathrm{A}}) = 1/N$$

应当指出,测量频率时所产生的误差是由 N 和 T 两个参数所决定的,一方面是单位时间内计数脉冲个数越多时,精度越高,另一方面是 T 越稳定时,精度越高。为了增加单位时间内计数脉冲的个数,一方面可在输入端将被测信号倍频,另一方面可增大 T 来满足,为了增加 T 的稳定度,只需提高晶体振荡器的稳定度和分频电路的可靠性就能达到。

上述表明,在频率测量时,被测信号频率越高,测量精度越高。其波形如图 5.5.2 所示。

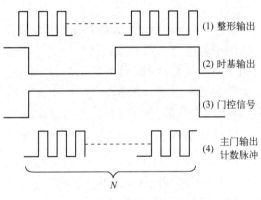

图 5.5.2 测频工作原理波形图

5.5.2 时间测量

时间的测量在科学技术各个领域都是非常重要的,这里重点阐述关于电子技术应用中经常遇到的周期、时间间隔及上升时间等的测量方法。

1. 周期的测量

(1) 测量原理

通用计数器测量周期的原理方框图如图 5.5.3 所示。被测信号经放大整形后变成方波脉冲,设开关 S_2 置"1" T 位,则此方波信号直接控制门控电路,使主门开放时间等于信号周期 T_{x},由晶体振荡器(或经分频电路)输出时标为 T_{s} 的脉冲,在主门开放时间进入计数器。显然,这种测量方法是将被测周期 T_{x} 与时标 T_{s} 进行比较,若在 T_{x} 期间脉冲计数值为 N,则

$$T_{\mathrm{x}} = NT_{\mathrm{s}} \tag{5.5.1}$$

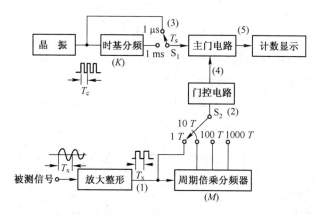

图 5.5.3　通用计数器测量周期的原理方框图

为了提高测量准确度,把被测信号经过几级 10 分频电路,使周期扩大 10,100,1000 倍等,主门开放时间及脉冲数 N 均增长同样倍数,再通过内部电路自动移动小数点位置,使显示的数值为被测信号的一个周期所对应的时间。利用这种"周期倍乘"的方法可以减小 ±1 误差,从而提高了测量的准确度。

在进行周期及平均周期测量时,被测信号频率越低,测量精度就越高。其波形图如图 5.5.4 所示。

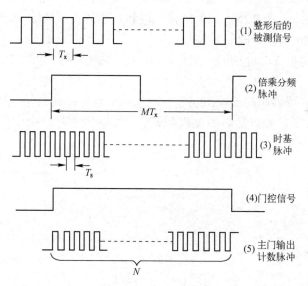

图 5.5.4　测量周期及平均周期工作原理波形图

因为
$$MT_x = NT_s$$

式中,M 为倍乘系数　故
$$T_x = NT_s/M \tag{5.5.2}$$

(2) 误差分析

由式 $T_x = NT_s$ 并结合图 5.5.3,经分析可得
$$\Delta T_x/T_x = \Delta N/N + \Delta T_s/T_s \tag{5.5.3}$$

而
$$N = T_x/T_s = T_x/KT_c = T_x f_c/K$$

又因 $\Delta N = \pm 1$,从而

$$\Delta T_x/T_x = |\Delta f_c/f_c| \pm \frac{K}{T_x f_c} \qquad (5.5.4)$$

式中,K 为分频系数。可见 T_x 的测量误差一方面决定于振荡频率的精度,另一方面决定于 ± 1 误差的大小。增大 T_x 有助于减小 ± 1 误差的影响。为了减小 ± 1 误差,经常采用"多周期测量法"。即用计数器测量多个周期的值(比如 10^n 个),然后将计得的脉冲除以被测周期的个数(10^n 个),即可得到 T_x。这时

$$\Delta T_x/T_x = \pm \left(\frac{K}{10^n T_x f_c} + |\Delta f_c/f_c| \right) \qquad (5.5.5)$$

使 ± 1 误差减小了 10^n 倍。

2. 时间间隔的测量

时间间隔的测量原理方框图如图 5.5.5 所示。

被测信号(正弦波、三角波或矩形波)分别从 B 通道和 C 通道输入,并分别经过 B 输入通道和 C 输入通道中放大器放大后,进入整形器变为矩形波。所得到的矩形波分别作为启动脉冲和停止脉冲,同时加到主控电路的输入端。经过主控电路以适当的编码逻辑便得到相应的控制指令,用以控制主门电路,并选通从晶体振荡器或经过时基分频器送入的分频时标脉冲,传输至十进制计数电路进行直接计数和显示。

当 B 输入通道的输入端和 C 输入通道的输入端并接时,时间间隔测量即为测量单个脉冲的宽度,这时被测信号只需一个,当 B 输入通道的输入端和 C 输入通道的输入端分开时,测得的时间间隔即为被测量二个脉冲的时间间隔。

在时间间隔 T_r 内通过 NT_0 脉冲的时间总和,即为所测脉冲的脉冲宽度。

$$T_r = NT_0$$

在测量脉冲信号时,噪声引起的动态误差一般忽略不计。提高测量时间间隔精度唯一的方法是选用较小的 T_0,用计数方法测量脉冲宽度较好,尤其测量宽度的稳定度更好。其工作波形如图 5.5.6 所示。

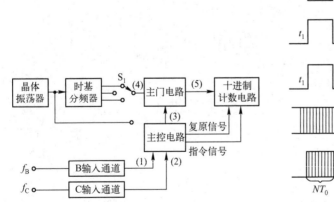

图 5.5.5　时间间隔的测量原理方框图

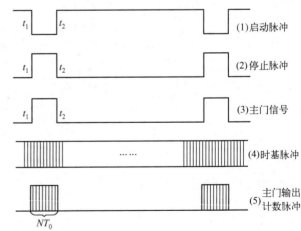

图 5.5.6　时间间隔测量工作原理波形图

3. 长时间的测量(外控时间间隔测量)

长时间的测量原理方框图如图 5.5.7(a)所示。按动按钮 S_1 使主门开启,时钟脉冲通过主门电路,送入计数显示电路,计数器开始计数;过一段时间按动按钮 S_2,使主门关闭,计数器停止计数。波形关系

如图5.5.7(b)所示。如果S_1和S_2由光电等信号控制,则可用于体育运动短跑项目的自动计时等场合。

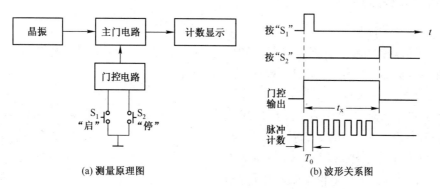

(a) 测量原理图   (b) 波形关系图

图5.5.7 长时间的测量原理方框图

4. 用脉冲计数法测脉冲时间 t_r 及脉冲宽度 t_W

用示波法测量 t_r, t_W 的准确度一般为百分之几。用类似计数式频率计测频的原理来测量,能极大地提高准确度。其原理方框图如5.5.8所示,图中有三个比较器 $A_1 \sim A_3$、其中,A_1 与 RP_4 用于给出脉冲幅度 U_m 的参考值,调节 RP_4 使 $U_4 = U_m$ 时,A_1 输出一阶跃电压经微分效大送至显示器。

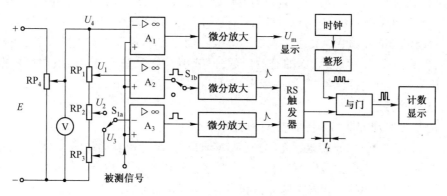

图5.5.8 计数法测 t_r 及 t_W 的原理方框图

调节 RP_1 使比较电平 $U_1 = 0.9\ U_m$,调节 RP_3 使 $U_3 = 0.1\ U_m$,分别经 A_2 和 A_3 给出对应于 $0.1\ U_m$ 和 $0.9\ U_m$ 的两个矩形波;经过微分取得两个正向尖峰脉冲,分别去开启和关闭 RS 触发器,从而得到宽度等于 t_r 的矩形脉冲。以此矩形波控制与门,将周期远小于 t_r 的时钟脉冲填充在此时间内,便可在显示器上给出 t_r 的值。各点波形如图5.5.9所示。同理,可以测出下降时间。

测量脉冲宽度(t_W)时,只需将开关 S_{1a} 置 RP_2 一侧(同时 S_{1b} 使 A_2 脱开),调节 RP_2 使比较电平 $U_2 = 0.5\ U_m$。当被测脉冲输入时,对应前后沿有两次 $0.5\ U_m$ 通过比较器 A_3,使其输出一个与脉冲宽度相对应的方波。同理,在此时间内填充时钟脉冲,便可显示出 t_W 的值。

为了提高准确度,需采用精密电位器($RP_1 \sim RP_4$),比较器、放大器及与门等都要有较快的响应,而且时钟信号的频率也要高一些,所以均需由高速电路组成。

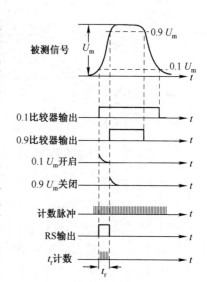

图5.5.9 计数法测 t_r 及 t_W 的波形

5.5.3 相关参数测量

1. 频率比 A/B 的测量

频率比的测量是指测量两个被测信号的频率之比。在调试数字电路时(例如计数器、分频器、倍频器等)需要测量输入信号和输出信号之间频率的相对关系。

设其中一个信号的频率为 f_A,另一个为 f_B。测量 f_A/f_B 的方法与测频原理相同。图 5.5.10 所示是测 f_A/f_B 的原理框图。将频率较高的信号 u_A 接入 A 端,经放大整形后做计时脉冲,其周期为 T_A;频率较低的信号 u_B 接入 B 端,周期为 T_B,用 T_B 代替测频时的门控信号,控制主门的开放时间。若在 T_B 时间内通过主门的信号 U_A 的频率为 f_A,其脉冲个数为 N,则两信号频率的比值

$$\frac{f_A}{f_B} = \frac{T_B}{T_A} = N \qquad (5.5.6)$$

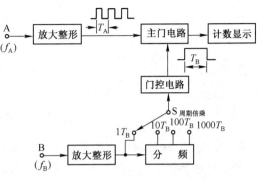

图 5.5.10 测 f_A/f_B 时的原理框图

为了提高测量的准确度,可将频率为 f_B 的信号周期扩大,通过若干级 10 分频电路(即图中的"周期倍乘"),产生 $10\,T_B$,$100\,T_B$,$1000\,T_B$ 等的门控信号,使主门开放时间增加 10,100,1000 倍,计数电路所接收的脉冲个数也增加同样倍数。再通过仪器内部电路随之自动移动小数点的位置,使显示的频率(比)的值不变,从而增加小数点后面的有效位数,以减小量化误差。周期倍乘数可根据测量准确度要求通过开关 S 进行选择,倍乘数取得越高,测量准确度越高。

2. A/B-C 的测量

A/B-C 的测量原理方框图如图 5.5.11 所示。

被测信号(正弦波、三角波或矩形波)分别从 A 通道、B 通道和 C 通道输入,并分别经过各自的输入通道中的放大器放大后,再进入各自的整形器变为矩形波。其中,经过 B 通道和 C 通道所得到的矩形波分别作为启动脉冲和停止脉冲,同时加到主控电路的输入端。经过主控电路以适当的编码逻辑获得相对应的控制指令,用以控制主门电路,并选通从 A 通道送入的脉冲数,传输至十进制计数电路进行直接计数和显示。

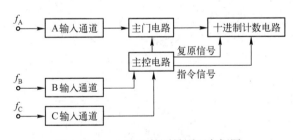

图 5.5.11 A/B-C 的测量原理方框图

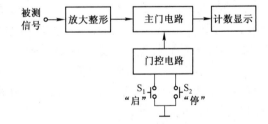

图 5.5.12 脉冲计数的测量原理方框图

3. 脉冲计数

其工作原理方框图如图 5.5.12 所示。

脉冲计数是指在一段较长的时间内,用计数器累计信号变化的次数。这是具有统计性质的测量。很显然,它与测频的原理是相同的,只是需要主门开放的时间较长,门控电路的输入端改用人工进行控制,如图 5.5.12 所示。当按动按钮 S_1(起)时,门控电路使主门开放,被测信号经放大整形后通过主门电路进入计数器;待按动按钮 S_2(停)时,门控电路翻回原来的状态,使主门关闭。在

启、停时间内被测信号变化的次数通过计数器显示出来。

4. 自校

自校的工作原理方框图如图 5.5.13 所示。

"自校"的原理是采用测频方法,就是将已知的 1 kHz 至 1 MHz 的时标信号加入到主门电路一端上,而将已知的 1 kHz 至 0.1 Hz 的时基信号加在主控电路上,经过主控电路以适当的编码逻辑得到相应的控制指令,用以控制主门电路,并选通加入到主门电路一端上的时标信号,传输至十进制计数电路进行直接计数和显示。

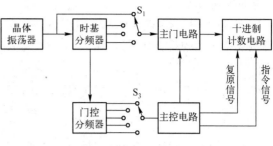

图 5.5.13 自校的工作原理方框图

"自校"状态下显示器显示的数字规律是:在所有被显示的位数中,只有 1 位显示"1",其他各位均显示"0"。

综上所述,通用计数器主要包括五大部分。

(1) 输入通道部分:包括 A、B 输入两个通道,为了测量时间间隔,有的通用计数器设有 C 输入通道。输入通道均由放大器和整形电路构成。

(2) 计数显示单元:包括十进制计数器、寄存器、译码器和数字显示器等。

(3) 时基单元:包括晶体振荡器、分频器、倍频器及时基选择电路(时标选择和闸门时间选择,闸门时间选择兼做周期倍乘率选择)等。

(4) 控制单元:包括门控电路、显示时间控制电路、寄存、闭锁、复 0 脉冲产生电路等。

(5) 电源部分。

以上各部分单元电路已实现部分电路或整体电路的集成化,如专用的单片频率集成模块 5G7226B,其本身测频上限可达 10 MHz,若通过量程扩展,可以做到几十 MHz,甚至几百 MHz。

5.6 频率计电路结构的分类

测量频率、周期等参数的方法有很多种,有繁有简,可以通过硬件电路进行测试,亦可由软件电路进行测试。从频率计结构划分,大致有三类。

(1) 采用专用频率计模块测量频率。如 5G7226B 是由 CMOS 超大规模集成电路工艺制造的专用单片频率计芯片。它只需要外接几个元件就可组成一台多功能通用计数器,其直接测频范围为 0～10 MHz;测周范围为 0.5 μs～10 s;有四个内部闸门时间(0.01 s、0.1 s、1 s、10 s)可供选择;位和段的信号均能驱动共阴极方式的 LED 数码管,且仅用单一+5V 直流电源供电。

(2) 利用可编程计数器来实现频率的测量。可编程计数器有多种,选用何种可编程计数器应根据具体功能和技术指标来选择。如将被测信号转换为方波信号,输入可编程计数器 8254 的其中一个 CLK 端口,并将 Gate 端置为高电平,利用微处理器(CPU)产生定时中断去控制 8254 的计数,最后计数值送入微处理器处理并输出。

(3) 利用单片机的软件程序进行测试。如将被测信号转换为方波信号,输入到某型号 16 位单片机的 EXIT1 端口,用单片机计数器 A 计数,中断定时,最后计数值由单片机处理并输出。这种测试方法硬件电路简单,且频率测量精度高,这也是目前较为成熟的一种高精度测频方法。单片机的类型较多,至于采用何种类型的单片机应根据具体功能和技术指标来选择。

*5.7 频率计数器典型电路分析

下面以某型号 16 位单片机为例进行分析

1. 频率、周期测量电路的原理方框图

测频率采用的是,对硬件电路整形,再经单片机进行测试,如图 5.7.1 所示。

图 5.7.1 测频率、测周期的原理方框图

被测信号 f_x 经过输入电路(包括电压跟随、放大、迟滞比较器、单门限电压比较器)放大整形后,送入单片机定时器 B 的外部输入端,经过单片机测试后,测试数据由串行口输出,送至数字显示部分。由 74LS164 移位寄存器驱动 LED 数码管,采用静态显示与单片机串行通信构成显示电路。

周期测量亦是通过硬件电路整形后采用单片机进行测试的。

2. 软件流程图

测频率、测周期完全是在软件的帮助下完成的,主程序软件流程图如图 5.7.2(a)所示,频率测量程序流程图如图 5.7.2(b)所示,采用计数器 B 对外部信号计数,在单位时间内计数的次数就是频率。

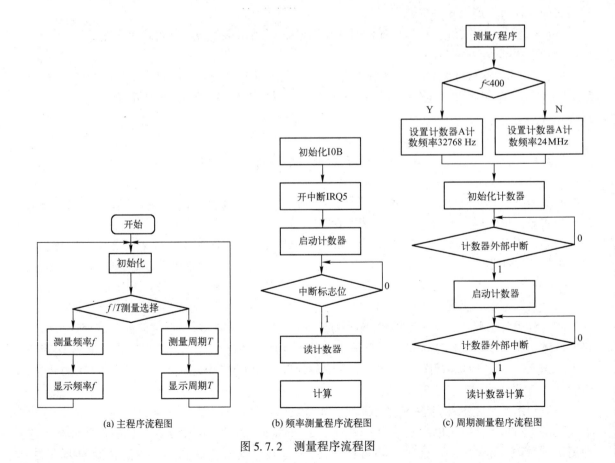

(a) 主程序流程图　　(b) 频率测量程序流程图　　(c) 周期测量程序流程图

图 5.7.2 测量程序流程图

周期测量程序流程图如图 5.7.2(c)所示,采用计数器 A 计数,在计数器 B 外部下降沿中断确定 1 个周期内的计时。应根据不同的频率选择计数器 A 的时钟源,这样可以提高测量精度。理论精度位为:当频率大于 400 Hz 时,采用时钟频率 24 MHz 计数器计数,每个时钟周期为 $1/24\ \text{MHz}=0.04\ \mu\text{s}$;当频率小于 400 Hz 时,采用时钟频率 32768 Hz 计数器计数,每个时钟周期为:$1/32768\ \text{Hz}=0.0305\ \text{ms}$,一个时钟周期就是绝对误差,可见相对误差优于 1%。如果根据不同信号频率选取合适的计数器,时钟频率可以进一步提高分辨率。中断处理过程中会产生误差,不同的计数频率产生的误差也是不同的,需要通过软件进行矫正,采用多次测量取平均值的办法可以进一步减小误差,提高测量精度。

3. 测频率、测周期工作原理

具体电路如图 5.7.3 所示。被测信号 f_x 加到电压跟随器 IC_{1A} 的同相输入端 3 引脚,IC_{1A} 的作用是提高输入阻抗,减小对被测信号的不良影响,IC_{1B} 是放大级,在输出端 7 引脚输出的是被放大的同频率信号。IC_1 选用的是高输入阻抗,低漂移、高精度的运算放大器 TLE20704 器件。IC_2 为迟滞电压比较器,经 IC_2 放大后的信号可能因幅度较大产生顶部失真,但是经 IC_2 迟滞放大后,输出的波形是较为理想的±15 V 同频率矩形脉冲。另外,它还能有效的避免信号在过 0 点时,因干扰和抖动而引起的电压跳变,这一电压跳变有可能产生不必要的测量误差。IC_3 为单门限电压比较器,既起到整形的作用,又能输出 TTL 电平信号,最后输出脉冲序列的方波。

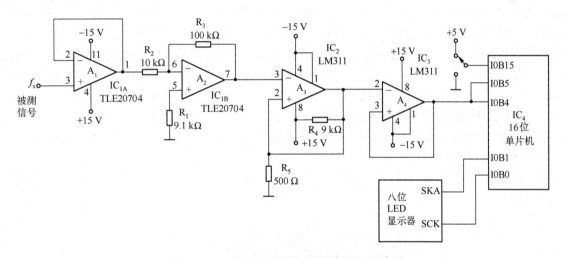

图 5.7.3 用单片机测频率、测周期原理电路图

被测信号经放大整形后,变换成同频率的方波信号,送入 16 位单片机中进行测试,计算结果由 LED 数码管显示。

若采用八位共阴极 LED 数码管进行显示,采用单片机串行口的移位寄存器工作方式,外接专用的串行输入,共阴极显示驱动器 MAX7219 来实现,每片可驱动 8 个 LED 数码管。若采用点阵字符型 LCD 液晶显示,可以显示数字与阿拉伯字母等字符。液晶显示能在低电压、小电流、低功耗情况下工作,且显示界面清晰,内容丰富,是最佳显示器。

4. 系统软件介绍

该型 16 位单片机,它带有高寻址能力的 32K 字闪存 FLASH 以及 2KB 静态 RAM,具有 32 位可编程的多功能 I/O 端口,中断处理能力强,适合于实时、高速的应用领域,尤其是其指令系统中提出了具有较高运算速度的 16×16 位乘法运算指令和内积运算指令,为其应用增添了 DSP 功能,能进行数字信号处理。在其编译环境下采用内嵌 C 高级语言、C 函数与汇编函数,容易实现相互调用,使编程效率高,且工作可靠。

软件部分采用模块化的设计方案、由主控子程序、显示子程序、中断子程序、时基中断启动子程序、计数器启动子程序、计数器工作方式设置子程序等组成。

*5.8 频率/功率计

频率和功率是电子技术领域里的两个基本参数,同时也是表征微波特性的两个基本参数,在微波的各个应用领域内的测量必不可少。单独的频率计和功率计国内外技术成熟,厂家和产品很多。近年来随着集成电路和微波器件水平的提高,出现了将频率和功率测量合为一体的产品。这些产品适用于连续波、脉冲信号、调幅信号的频率和功率测量,对跳频信号和线性调频信号的快变短脉冲群进行准确、自动的测量,可测出在整个频率范围内短脉冲群随频率变化的分布。频率最高分别测到 20 GHz、26.5 GHz、110 GHz、170 GHz 等。功率测量的动态范围与频率测量相同。作为一种手持式仪器仪表,频率测量从 100 kHz~2.6 GHz,灵敏度为−10 dBm,功率测量从−60~+20 dBm。

这类仪器仪表适用于线性调频雷达的频率分布和载波频率的测量,脉冲雷达分析,压控振荡器测量和变频系统分析等。我国近年来在微波通信、移动通信中也广泛使用这类仪器。在频率计技术上这类仪器除采用高达 2.6 GHz 的直接计数器外,在更高的频段上多采用 YIG(钇铁柘榴石)预选器,外差下变频技术。这种预选器能防止谐波和其他寄生信号对被测信号的干扰。它的频率选择性允许在多信号环境下,在−25~+7 dBm 的范围内选择所需要的测量信号。同时它还具有功率限幅作用,在输入 200 W 的脉冲功率和 30 W 的连续波功率的情况下不至造成仪器损坏。功率测量多采用检波器方式、自动校准。在整个工作频段内的准确度可达±1 dB。目前,频率/功率计正在向着宽频带、高准确度、小型化、智能化、模块化以及适合于多种复杂信号环境测量的方向发展。

下面以国产某型号频率/功率计为例,说明频率计工作原理。该型频率计是一种数字式频率计。频率测量分为三个波段,波段 1 为 10 Hz~100 MHz,波段 2 为 10 MHz~1 GHz, 波段 3 为 1~20 GHz。

1. 波段 1 工作原理

对于 10 Hz~100 MHz 的信号,仪器采用直接计数法测量频率。波段 1 的工作原理方框图如图 5.8.1 所示。

图 5.8.1 波段 1 工作原理框图

输入的 10 Hz~100 MHz 信号首先经一个阻抗匹配网络,然后送入放大器进行放大。放大器中设有自动增益控制电路,用以保证放大器输出的信号在 0.5~2 V 之间,以适应计数器工作。最后,信号通过时间闸门在计数器中计数即可测得频率。

2. 波段 2 工作原理

波段 2 的工作原理方框图如图 5.8.2 所示。10 MHz~1 GHz 的输入信号首先进入一个 10 dB 衰减器,使输入信号幅度适合于混频器工作。当信号低于 190 MHz 时,微处理器(CPU)使混频器处理非平衡状态,混频器的本振(LO)输入端为一个直流电压,中频端(IF)输出信号频率与混频器输入相同。该信号经低通滤波和放大后送入计数器直接计数即可得到被测频率。当信号介于 190 MHz~1 GHz 之间时,混频器处于平衡状态,这时 CPU 将控制本振选择电路,使加在混频器上的本振信号频率为一合适值。此时由混频器中频端输出的信号频率 f_{IF} 是输入射频与本振频率之差。

f_{IF} 经低通滤波和放大后由计数器计数,经 CPU 处理,可得到射频频率值。

在图 5.8.2 中还设置了一个比较器。它的一个输入是射频检波后的电压 U_{RF},而另一个输入是混频器输出的中频经滤波放大后的检波电压 U_{IF}。当 $U_{IF}>U_{RF}$ 时比较器送出高电平。此时 CPU 将认为仪器已捕捉到信号并进行频率计数。若 $U_{IF}<U_{RF}$,则比较器送出一个低电平。此时 CPU 认为仪器未捕捉到信号,将重新进行信号搜索。

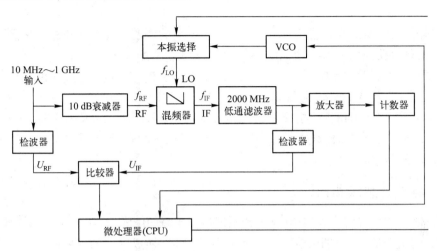

图 5.8.2　波段 2 工作原理方框图

3. 波段 3 工作原理

波段 3 的工作原理方框图如图 5.8.3 所示。1~20 GHz 的输入信号首先由 YIF 滤波器(YTF,指调谐滤波器)进行频率预选,控制单元(CPU)通过改变 YTF 驱动器的驱动电流对输入信号进行频率扫描,扫描范围为 1~20 GHz。同时利用混频/检波器组件中的检波电路检出输出信号的幅度,当信号幅度最大时停止扫描,固定 YTF 带通中心频率。根据 YTF 带通中心频率便可得到输入频率的测得值。再由频率测得值设定本振频率,其 N 次谐波与 YTF 滤出信号的频率经混频后得到差频,再经中频滤波、中频放大后送入计数器。由本振频率、谐波次数 N 及计数器的计数值即可求得射频频率。本振和计数器闸门信号利用锁相环路锁定在时基上,以获得频率测量的准确度。本振信号控制梳状波发生器,梳状波发生器决定混频/检波器组件的工作状态,可能是混频器或是检波器。

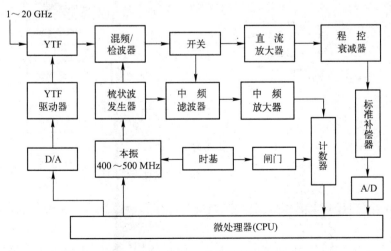

图 5.8.3　波段 3 工作原理方框图

频率预选过程中的幅度检测电路可以设置为功率计。混频/检波器组件输出的信号经开关电路选通后，再通过直流放大、程控衰减、校准补偿及 A/D 转换后与定标参数相比较便能获得输入功率。

5.9 相位的测量

相位的测量，通常是指两个同频率的信号之间相位差的测量。在电子技术中主要测量 RC，LC 网络，放大器相频特性，以及依靠信号相位传递信息的电子设备。

频率相同的两个正弦信号电压 $u_1 = U_{m1}\sin(\omega t + \varphi_1)$，$u_2 = U_{m2}\sin(\omega t + \varphi_2)$，其相位差 $\Delta\varphi = \varphi_1 - \varphi_2$，若 $\Delta\varphi > 0$，u_1 超前 u_2；若 $\Delta\varphi < 0$，u_1 滞后 u_2。

对于脉冲信号，常说同相或反相，而不用相位来描述，通常用时间关系来说明。

测量相位的方法也有多种，其中示波法简便易行，但准确度较低；数字式相位计直接显示被测相位的数值，准确度较高。

5.9.1 脉冲计数法测相位

目前广泛使用的是直读式数字相位计，其原理是基于时间间隔测量法，通过相位-时间转换器，将相位差为 φ 的两个信号(分别称参考信号和被测信号)转换成一定的时间间隔 τ 的起始和停止脉冲，如图 5.9.1(a)所示。然后用电子计数器测量其时间间隔。如果让电子计数器的时钟脉冲频率倍乘 36×10^n(n 为正整数)，则显示器显示的是以度为单位的相位差值，其原理图如图 5.9.1(b)所示。使用相位-频率转换器，把两信号之间的相位差变为频率，用电子计数器测量。此外采用相位-电压转换器，把相位转换为电压，用电压表测量。

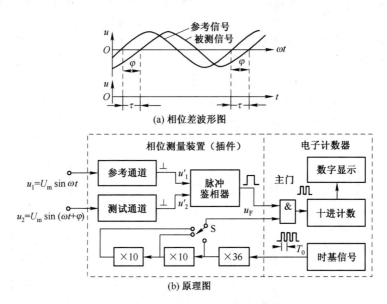

(a) 相位差波形图

(b) 原理图

图 5.9.1　数字式相位计原理方框图

以上是时间间隔测量基本的原理，其间隔时间为

$$t_\varphi = NT_0 \tag{5.9.1}$$

式中，N 是在 t_φ 时间内计数脉冲的个数；T_0 是时标信号周期。数字式相位计波形图如图 5.9.2所示，由图可知

$$\varphi = \frac{t_\varphi}{T} \times 360° \qquad (5.9.2)$$

将式(5.9.1)代入得

$$\varphi = \frac{NT_0}{T} \times 360° = \frac{f}{f_0} N \times 360° \qquad (5.9.3)$$

式中，f 为被测信号频率，f_0 为时标信号频率。

若让计数器在 1 s 内连续计数，即 1 s 内有 f 个门控信号，则其累计数为 $N_1 = fN$。

由式(5.9.3)算出

$$N = \frac{\varphi}{360°} \frac{f_0}{f}$$

$$N_1 = fN = \frac{\varphi}{360°} f_0$$

则

$$\varphi = \frac{360°}{f_0} N_1 \qquad (5.9.4)$$

若取时标频率 $f_0 = 360\,\text{Hz}$，则

$$\varphi = \frac{360°}{360} N_1 = N_1(°) \qquad (5.9.5)$$

结果是计数器在 1 s 内脉冲的累计数就是以度为单位的两个被测信号的相位差。若取 $f_0 = 3600\,\text{Hz}$，则每个计数脉冲表示 0.1°，可以提高测量准确度。

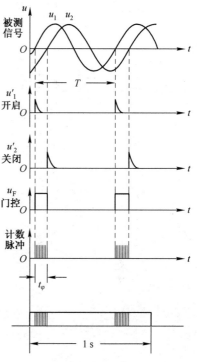

图 5.9.2　数字式相位计波形图

5.9.2　数字相位计举例

只要用两个集成块就可以组成一种简单而有效的低频相位检测计，其绝对准确度优于 1°。电路如图 5.9.3 所示，由 CMOS 异或门 74HC86 和 CMOS 四比较器 LM339 组成。

图中，LM339 中的 A_{1B}，A_{1C} 为输入信号的过 0 检测器。为了保护 LM339 集成块，用四只二极管（$VD_1 \sim VD_4$）将比较器同相输入端的信号对地钳位，即把同相输入信号的幅值限制在二极管的正、负管压降之内，起保护 A_{1B}、A_{1C} 的作用。

异或门 74HC86 的 U_{2A}，U_{2B} 为缓冲器（当开关 S_1 断开时）。电阻 R_{10}，R_{11} 接到 U_{2A}，U_{2B} 的输入端，这两个缓冲器的输出驱动另外两个并接（图中只画出一个）的异或门 U_{2C} 和 U_{2D}，并联的目的是为了减小输出阻抗。在 U_{2C} 和 U_{2D} 的输出端，电阻 R_4，R_5，RP_1 和电容 C_1 构成分压器和低通积分滤波器，对输出信号分别进行标定和滤波。

由于 U_{2C} 和 U_{2D} 的输出是一个正脉冲，它与 u_{iA} 和 u_{iB} 两路输入信号的过 0 时间差成比例，所以 C_1 两端的平均电压也与两端输入信号的绝对相位差成比例。

比较器 A_{1D} 和晶体管 VT_1（2N222）组成单位增益放大器，它对电容 C_1 上的电压既有缓冲作用，又降低了输出阻抗。

电容 C_2 的作用是通过电阻 R_9 建立一个最佳工作点，使比较器 A_{1D} 稳定地工作在线性区内。

在校准电路时，将开关 S_1 打开，在两个输入端同时加一个峰值电压为 5 V 的低频（50 ～ 100 Hz）正弦或方波信号，在输出端与地之间接一数字电压表，对输出电压进行监测。

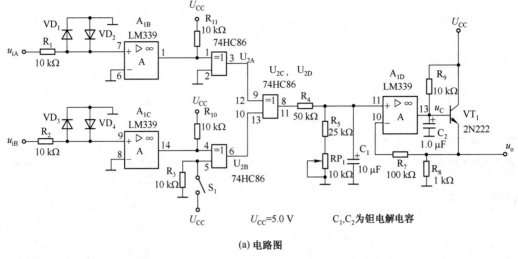

(a) 电路图

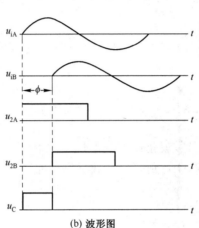

(b) 波形图

图 5.9.3 低频相位检测计电路原理图

当数字电压表读数为 0 时,相当于相位差为 0°。把开关 S$_1$ 闭合,调节电位器 RP$_1$,使电压表读数为 1.80 V,此时相当于 180°相位差。调试一经结束,就应将开关 S$_1$ 打开,则电路可做常规测量。

至此,数字电压表已校准完毕,即可测量两路输入信号的绝对相位差。测量精度:当输入 50～100 Hz、峰-峰值为 5 V 的方波时,精度优于 0.4°;在输入有效值为 3 mV 的正弦波时,精度优于 1°。

习　　题

5.1　数字电压表的主要技术指标是什么?它们是如何定义的?

5.2　说明双积分型数字电压表的工作原理和特点。

5.3　数字电压表同模拟式电压表相比各有什么特点?

5.4　下面给出四种数字电压表的最大计数容量:

(1) 9999;(2) 19999;(3) 5999;(4) 1999

试说明它们分别是几位的数字电压表?其中第(2)种的最小量程为 0.2 V,问它的分辨力是多少?

5.5　用一台 6$\frac{1}{2}$ 位 DVM 进行测量,已知固有误差为±(0.003%读数+0.002%满度)。选用直流 1 V 量程测量一个标称值为 0.5 V 的直流电压,显示值为 0.499876 V,问此时的示值相对误差是多少?

5.6　数字电压表的固有误差 ΔU=±(0.001%读数+0.002%满度),求用 2 V 量程测量 1.8 V 和 0.18 V 电压时产

生的绝对误差和相对误差。

5.7 简述测量频率、周期、时间及相位等参数的工作原理,并绘出仪器的构成框图。

5.8 为什么要进行时基晶体校准工作?

5.9 用 7 位电子计数器测量 $f_x=5\,\mathrm{MHz}$ 的信号的频率,当闸门时间置于 1 s、0.1 s 及 10 ms 时,试分别计算由 $\Delta N=\pm 1$ 误差所引起的测频误差。

5.10 某电子计数器晶振频率误差为 1×10^{-9},若需利用该计数器将 10 MHz 晶振校准到 10^{-7}。问闸门时间应选为多少方能满足要求?

5.11 用计数器测频率,已知闸门时间和计数值 N 如题 5.11 表所示,求各情况下的 f_x。

5.12 电子计数器在测频率和周期时存在哪些主要误差?如何减小这些误差?

5.13 欲用电子计数器测量 $f_x=2\,000\,\mathrm{Hz}$ 的频率,采用测频(选用闸门时间 1 s)和测周期(选用 100 μs 时标信号)两种方法,试计算由 $\Delta N=\pm 1$ 误差所引起的测频误差。

5.14 有一台瞬时值数字相位计,已知 $T_x/T_s=3\,600$(T_x 为被测信号周期,T_s 为时标信号周期),试计算由于 $\Delta N=\pm 1$ 误差所产生的最大相位误差。

5.15 用某型号示波器测量两个脉冲之间的时间间隔,如题 5.15 图(不用扩展)所示。试写出测量步骤。

题 5.11 表

T	10 s	1 s	0.1 s	10 ms	1 ms
N	1 000 000	100 000	10 000	1 000	100
f_x					

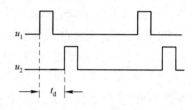

题 5.15 图

第6章 时域测量

内容摘要

电子示波器是应用最广泛的电子测量仪器,其用途是时域测量。不但可以测量电量,还可以测量非电量。本章重点叙述电子示波器的分类,示波器显示器件的结构与作用,模拟示波器的 y 通道和 x 通道的组成与电路原理。另外,还重点详细地阐述了数字存储示波器的组成和工作过程,对晶体管图示仪也做了相应介绍。本章引用了一些具体电路,仅用于说明示波器的工作原理。

示波器是以短暂扫迹的形式显示一个量的瞬时值的仪器,也是一种测量、观察、记录用的仪器。它利用一个或多个电子束的偏转(指模拟示波器),得到表示某变量函数瞬时值的显示。直观表示二维、三维及多维变量之间的瞬态或稳态函数关系,逻辑关系,以及实现对某些物理量的变换或存储。示波器已成为一种直观、通用、精密的测量工具,广泛地应用于工农业生产、科研、军事、教育等领域,对电量和非电量进行测试、分析、监视。

所谓波形,在电子技术领域中主要是指各种以电参数作为时间函数的图形。波形测试是电子测量中十分重要的内容,属于对电信号的时域测量,即把被测信号的幅度同所对应的时间关系显示出来。各种类型的电子示波器,对于电信号波形的测量是极其有效的。若借助于各种转换器,则可以显示出诸如温度、压力、加速度及生物信号等的变化过程。

示波器的主要特点是:

① 由于电子束的惯性小,因而速度快,工作频率范围宽,适应于测试快速脉冲信号。

② 灵敏度高。因为配有高增益放大器,所以能够观测微弱信号的变化。由于不用表针指示方式,因而过载能力强。

③ 输入阻抗高,对被测电路影响很小。

④ 随着微处理器(MPU)、单片机(MCU)和计算机技术在示波器领域里得到了越来越广泛的应用,使示波器的测量功能更强大,测量电参量的数量(包括通过传感器将非电量转换成的电参量)更多。

6.1　示波器分类

根据目前示波器发展的现状,示波器可分为以下几类:

1. 模拟示波器

模拟示波器(通用示波器)是最早发展起来的示波器。模拟示波器显示部分采用的是阴极射线电子束管(CRT 管),如示波器、显像管等。CRT 管主要缺点是体积大、电压高、功耗大等。目前,由于大量新型电子元器件和特定功能的算法不断涌现,模拟示波器已经逐渐被数字示波器所代替。

2. 数字存储示波器(DSO)

数字存储示波器是一种数字化的示波器,对输入待测信号的整个测试过程包括采样、量化、存储、显示及打印输出等环节。

它是随着数字电路的发展而发展起来的一种具有存储功能的新型示波器。它与记忆示波器一样,都具有记忆功能,但其工作原理却截然不同。它采用的是数字电路,输入信号经过A/D转换,将模拟波形变换成数字信息,并存入存储器中。待需读数时,再通过 D/A 转换,将数字信息转换成模拟波形显示在示波管上。因此,与记忆示波器相比,它具有存储时间长,能捕捉触发前的信号,可通过接口与计算机相连接等特点,是与计算机连成系统、分析复杂的单次瞬变信号的有效仪器。

数字存储示波器, 按信号输入通道的频带宽度进行划分:500 MHz 以下为低档示波器;500 MHz ~2 GHz 为中档示波器;2 GHz 以上为高档示波器。

3. 数字荧光示波器(DPO)

数字荧光示波器为示波器系列增加了一种新的类型,能实时显示、存储和分析复杂信号的三维信号信息:幅度、时间和整个时间的幅度分布。能够捕捉到当今复杂的动态信号中的全部细节和异常情况,还能够显示复杂波形中的微细差别,以及出现的频繁程度。例如,观察电视信号,既有行扫描、帧扫描、视频信号和伴音信号,还要记录电视信号中的异常现象等。它能提供多种测试模块,只需从前面板右上角插入六种模块便能完成多种功能测试。例如,触发模块实现逻辑状态、逻辑图形触发,以及脉冲参数(上升沿、下降沿、宽度、周期等)测量;电视模块专用于多种制式的(NTSC,PAL 和 SECAM)波形记录;快速傅里叶变换(FFT)模块完成快速显示信号的频率成分和频谱分布,既可分析脉冲响应,亦可分析谐波分布,并且识别和定位噪声和干扰来源;还有高级分析模块和极限测试模块。

数字荧光示波器是便携式的,重量轻,可由电池供电,特别适合于现场使用。

4. 逻辑分析仪(逻辑示波器)

它是随着数字技术及计算机技术的发展而产生的一种崭新的测量仪器。主要用来检查、调试、维修数字计算机的软件和硬件。它在数字领域里的重要地位与示波器在模拟领域里的重要地位相当。示波器与逻辑分析仪的基本区别是:前者所显示与测量的是信号的参量值,而后者显示的则为电路信号的状态,特别是电路之间的状态和时序关系。

近年来,逻辑分析仪与计算机融为一体更显示出其优越性。

5. 数字化、智能化示波器

微处理器的诞生并广泛地应用于电子测量仪器领域,必然应用到示波器中。这种带有微处理器的示波器称为数字化、智能化示波器。是继集成化示波器之后的又一个新阶段,是示波器的发展方向。

微处理器在示波器中应用的功能很多,控制能力各异。具体结构形式是在原有模拟示波器的基础上增加微处理器及其附属电路,通过引入微处理器后进行逻辑设计、编制程序,替代操作者的部分计算与重复测量工作,它对增加测试功能,简化重复操作,减少测试时间,提高测试准确度等都有显著的效果。

随着微处理器的应用,对于信号的处理和显示都增加了许多功能,可根据不同的要求,进行不同的数字化处理,如快速傅里叶变换(FFT)、信号平均等,使示波器的测量向高度准确、高度可靠、高度自动化的方向迈进。

6.2 液晶显示器

显示技术中的显示器件种类繁多,如电子束管(CRT)、发光二极管(LED)、液晶显示器件(LCD)、电致发光显示器件(EL)、等离子显示器件(PDP)、荧光显示器件(VFD)、平板场发射显示器件(FED)、电致变色显示器件(ECD)、柔性显示器件(OLED)等。目前,液晶显示器件(LCD)被大量采用,其应用领域越来越广泛,而柔性显示器件(OLED)则是最有发展前景的下一代显示技术。

6.2.1 概述

液晶是一种介于液体和晶体之间,既不同于液体,又不是晶体,而是具有独特的物理和光学各向异性的特殊物质。光源发光强度分布随方向而异为各向异性。它属于芳香族类有机聚合物,在一定温度范围内呈现出一种中间状态,既有液体所具备的流动性,同时又具有晶体的某些光学特性,如旋光性、双折射等。由于液晶的这种双重特性,使它对电场、磁场、光线、温度等外界环境的变化极其敏感,并能将上述外界环境的变化在一定条件下转换为可视信号。液晶具有丰富的光电性能,最适应于人眼的视觉特性。液晶显示器就是根据液晶的这些特性而制成的显示器件。

液晶显示器件类型较多,按照液晶分子排列状态和结构特征大致划分为向列相液晶、近晶相液晶和胆甾相液晶三种基本类型。

目前,在液晶显示器领域中应用最广泛的是扭曲向列型液晶显示器件,该器件包括液晶盒、紫外滤光片、偏光片(又称偏振片)及反光片(又称反射片)等构件。其中,液晶盒由上、下两块玻璃板、液晶及封口材料构成。液晶显示器是由液晶盒组成的平面型显示器,其基本结构示意图如图 6.2.1 所示。向列型液晶分子(简称分子)一般都是刚性的棒状分子,呈细长棒状态,分子本身具有各向异性,在没有外界环境因素作用的情况下沿着棒状分子长轴(沿长棒两端的连线称为长轴)方向有序排列,并且是保持平行或接近于平

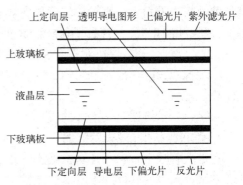

图 6.2.1 液晶显示器基本结构示意图

行排列。分子可上下、左右移动或旋转。由于分子排列的有序性较弱,分子间的相互作用力也比较小,基于上述原因,分子排列顺序极容易受外界环境因素的影响而发生改变。

如图 6.2.1 所示,在两块具有透明电极玻璃板制成的液晶盒中置入液晶,外界电场通过液晶盒内的玻璃电极施加到液晶上去,从而使分子的排列顺序受到外界电场的控制。上、下两块玻璃板都贴附了定向层,其功能是使两块玻璃板之间的定向方向为互相垂直。因此,注入液晶盒内的分子长轴在定向层的作用下与玻璃板表面平行,并使分子排列方向在上、下玻璃板表面呈正交方向,导致两块玻璃板之间的分子长轴形成了一种扭曲结构。液晶显示器件本身不发光,属被动型器件,它依靠调制外界光去改变电场中液晶分子的排列状态,以实现显示数字信号的目的。以上特点是扭曲向列型液晶显示器在液晶显示器领域中获得广泛应用的主要原因。扭曲向列型液晶显示器的具体含义是指液晶分子在两块玻璃板间呈扭曲排列,在液晶盒两面分别配置偏光片,利用外加电场改变液晶旋光特性进行显示的方式。旋光特性是指偏振光入射某些媒质可使其偏振面发生旋转的现象。

6.2.2 液晶显示器的工作原理

液晶显示器工作原理示意图如图 6.2.2 所示。自然界中的光线按其光波振动方向划分为自然光和偏振光两种。自然光是一种电磁波,具有横波特征,它在各个方向上均能实现光波振动。偏振光则不同,它是仅有单一振动方向的光波。偏光片是一种产生起偏作用的光学元件,从自然光获得偏振光的过程称为起偏。偏光片只允许自然光中某一振动方向的光通过,这个方向又称为偏振方向或透振方向,通常用双向箭头表示。偏光片不但用来使自然光成为偏振光,也可检查某一光线是否为偏振光。液晶显示器配置上、下两块偏光片,上偏光片设置在液晶盒

上面,将自然光转变成水平方向的偏振光,下偏光片与上偏光片正交,下偏光片设置在液晶盒下面,只允许垂直方向的偏振光通过,并阻止水平方向的偏振光。反光片是将到达反光片的光按照原来的路线反射回去。

在液晶显示器表面附加一层紫外线滤光片,目的是阻止紫外线照射到液晶上,以保护并延长液晶的使用寿命。

通过上述分析可知,液晶分子长轴在液晶盒中形成一种扭曲结构。当有一束水平偏振光通过这个扭曲液晶层时,其偏振方向将会沿着扭曲方向旋转。液晶分子长轴90°的扭曲最终导致90°的旋光。如果对两块玻璃板上的电极施加电压后,液晶分子则转变为垂直于上、下两块玻璃板表面排列,结果是扭曲结构消失,并导致旋光作用也随之消失,此种光电变化称为扭曲效应。

当未对液晶两端施加电场时,到达上偏光片的自然光线经上偏光片变成水平偏振光,进入液晶后产生扭曲效应,被扭曲排列的液晶分子扭转90°,变成了垂直方向的偏振光。由于该偏振光与下偏光片的偏振方向完全一致,因此可顺利地透过下偏光片射向反光片,被反光片反射后的偏振光按照原光路折回,液晶显示器呈现透明状态。此种液晶显示模式被称为常白模式,不显示数据信号,如图 6.2.2 中左半部分所示。

液晶分子是极性分子,将需要显示的数据信号电压施加到液晶显示器相关电极上时,液晶分子长轴带负电荷的一端靠向电场的正方向,带正电荷的一端靠向电场的负方向,引起液晶分子改变了原来的排列方向,而转变为与玻璃板表面呈垂直状态,如图 6.2.2 中右半部分所示,即扭曲结构被破坏,使液晶失去了将上偏光片射入的偏振光扭曲 90° 的能力。偏振光仍然保持水平方向无法穿透下偏光片,被下偏光片阻止不能

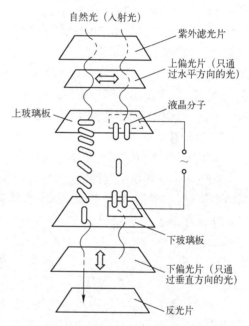

图 6.2.2 液晶显示器工作原理示意图

到达反光片,也不能被反射,液晶显示器处于不透明状态。此种液晶显示模式被称为常黑模式,显示数据信号。

上述液晶显示的基本原理仅说明入射光有两种可能:一种是透射出来,另一种是被完全截止,入射光的两种可能决定出射光的两种状态:亮态或暗态。如果对实际应用的液晶显示器分别输入大小不同的数据信号电压,液晶分子在不同数据信号电压控制下旋转的状态不同,因此对偏振光的旋转程度也不一样。

综上所述,LCD 显示的数据信号是由于液晶盒和偏光片共同调制外界光形成的,而不是液晶材料变色造成的,因此在没有外界条件下就不能进行显示。如果液晶显示器的每个像素(像素是指组成图像最小的基本单元)再配置彩膜,便可观看到彩色图像。

6.2.3 液晶显示器件的特点

液晶显示器件的特点如下。

(1)平板型结构。屏幕的有效面积在一定范围内不受限制,可大可小,显示图案的自由度也相当大,具有信息存储功能。

(2)低压驱动。通常情况下显示器件阈值电压仅为 1.5～2 V,即能直接与大规模集成电路相

匹配,连接性能优良。

（3）微功耗。每个显示字符只有几个微安,它是所有显示器件中功耗最小的。一个很小的纽扣电池能使用 1~2 年以上。

（4）该器件属被动显示,自身不变光,均靠调制外界光实现显示目的。而且在阳光下也能看得清楚,既不会引起视觉疲劳,又没有刺目感,也不能产生射线辐射而伤害视力。

（5）结构简单,制作工艺非常适应现代化的规模生产,所以生产成本较低。

（6）高分辨率,数据信号显示实时、直观、准确、清晰。

6.2.4 柔性显示技术

柔性显示技术(OLED,有机发光二极管)属于有机电致发光显示技术,特点是柔性显示屏,可弯曲而且非常薄,比印刷用的纸还要轻薄,颠覆常规液晶显示技术。柔性屏采用塑料板为基材,用 OLED 代替液晶实现显示发光。由于 OLED 有机电致发光显示技术具有自发光、无需背光、低压驱动、响应速度快、对比度(在恒定的照明条件下,显示器件显示部分的亮态与暗态的亮度之比)更高、视觉宽、发光面均匀等一系列优点,在各种类型显示技术中优势突出,无论是在显示领域还是在照明领域,OLED 都被视为引发新一轮信息产业升级的显示技术。柔性显示技术具有精确的,且渐进式连续可调节高亮度变化的特性,所以能保证屏幕显示信息的画面层次更丰富、变化更柔和、细节更突出,可有效降低对人眼视力的损伤。

彩色化是一切显示器件追求的目标,液晶显示器也必然要实现彩色化。液晶显示器发展趋势是向微型化、小型化、大屏幕、彩色化、智能化、宽温度化、反射式显示、以及适应高密度信息量的多路矩阵化等领域的方向发展。

6.3 数字存储示波器

数字存储示波器是一种数字化的示波器,待测信号的整个测试过程包括采样、量化、存储、显示及打印输出等环节。它用 A/D 变换器把模拟波形转换成数字信号,然后存储在半导体存储器 RAM 中,需要时,将 RAM 中存储的内容调出,通过相应的 D/A 转换器,再恢复为模拟量显示在示波管屏幕上。在这种示波器中,信号处理功能和信号显示功能是分开的。其性能包括速度和精度,完全取决于进行信号处理的 A/D、D/A 转换器和半导体存储器。采用最关键的核心器件是 A/D 转换器、像数字电位计、数字电压表、频率计数器、合成信号发生器、单片机、微型计算机,雷达等都含有 A/D 转换器,只有使用了真正意义上的自动测量器件 A/D 转换器,才能实现各种自动化测量。

6.3.1 数字存储示波器的基本工作原理

数字存储示波器原理框图如图 6.3.1 所示,由前置放大器,数据采集与 A/D 转换器,随机存储器(RAM),垂直 D/A 转换器,垂直输出放大器,触发电路,时钟时基电路,水平 D/A 转换器,水平输出放大器,微处理器(控制逻辑),以及显示器等组成。

在数字存储示波器中,Y 轴输入的被测模拟信号经前置放大器放大和衰减后,送至 A/D 转换器进行取样、量化和编码,成为数字"1"和"0"码,量化成所需要的一串数据流,存入 RAM 中,这个过程称为存储器的"写过程"。RAM 的读/写操作受时钟时基的 $R/\overline{W}$ 所控制。时钟时基一旦接收来自触发电路的触发脉冲,就启动一次写操作使 $R/\overline{W}=0$,同时写地址计数器计数。顺序递增的写地址送至 RAM 中,使来自 A/D 的量化数据流的每组数据写入到相应的存储单元里。当 $R/\overline{W}=1$

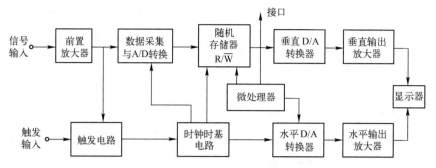

图 6.3.1　数字存储示波器原理框图

时,RAM 地址线上的数据为读地址,读地址一方面送到 RAM 中,使其对应单元里的量化数据输入至垂直 D/A 转换器的数据线上,并将这些"1"和"0"码从 RAM 中依次取出排列起来,经 D/A 转换后把包络恢复成输入的模拟信号,这就是"读过程"。重现的模拟信号由垂直输出放大器放大,去驱动显示器的垂直偏转系统。另外,读地址作为水平 D/A 转换器的数据,由水平 D/A 转换成水平时基脉冲,经水平输出放大器放大后,去驱动显示器的水平偏转系统,从而在显示器上再现被测信号波形。

触发工作方式:根据触发信号和启动的时间差,分为触发、正延迟触发和负延迟触发三种同步方式。

触发方式:当被测信号越过触发电平时,产生触发信号启动 A/D 转换器,同时 RAM 从 0 地址开始写入新数据,将原来的内容冲掉,当写满 2^n 个单元后停止写操作,转为读出显示,对应显示器屏幕上显示的是触发点后的十分格波形。

正延迟触发方式:触发信号到来时,存储器不立即写入数据,要延迟 P 次 A/D 转换后,才开始从零地址写入新数据,这样显示器屏幕上显示的是距离触发点 P 个点开始的十分格波形。所以正延迟就像拍摄波形的镜头向右移 P 个点拍到的波形。

负延迟触发方式:首先使存储器一直处于写状态,新写入的数据不断将以前的内容冲掉,触发信号一到马上停止写入,这时对应显示器屏幕上显示的是触发点以前的十分格波形。若触发信号到来后再延迟 Q 次 A/D 转换后,才使显示器停止写入,则对应显示器屏幕上显示的是在 (2^n-Q) 个点开始的十分格波形。(2^n-Q) 即为屏幕上设置的触发点位置的标称值,就像拍摄波形的镜头向左移 Q 个点拍到的波形。当 $Q=2^n-1$ 时,则触发点在屏幕中间。所以数字存储示波器在负延迟触发时能够看到触发以前的波形。

当信号频率很低时,数字时基产生的采样频率亦低,存储器进入边写边读状态,若无触发信号时,数字存储示波器将进入"滚动"状态。

数字时基由高稳定的晶体振荡器、分频器和计数器等组成。晶体振荡器产生的时钟信号,由分频器分频出与面板上时基开关设置相对应的取样脉冲,去控制 A/D 转换器和存储器的写入,时基分频器产生的读脉冲,供读地址计数器计数,并经水平 D/A 产生稳定的阶梯扫描电压,作为数字存储示波器的时基。

理论分析指出,为了正确地观测信号波形,只有准确地选择取样频率才能用所得到的取样值脉冲序列恢复出原信号波形。取样频率过低会产生频谱重叠效应,造成波形失真,使示波器测量结果出现明显误差。取样定理证明,对于一个最高频率为 f_0 的信号,当取样频率 $f_s \geq 2f_0$ 时,其取样后所得到的脉冲序列将包含原信号的全部信息。f_s 称为奈奎斯特频率。当取样频率 f_s 等于输入信号频率 f_0 时,显示波形的频率信息还能保留,但幅度信息将大量损失。通过计算得出,当一个周期中

取样点的数目 N 为 4，即取样频率 $f_s = 4f_0$ 时，失真波形的最大值是波形幅值的 0.707，故数字存储示波器的等效带宽为 $f_s/4$。若采用正弦内插显示，等效带宽可达 $f_s/2.5$。

6.3.2 主要性能指标

（1）最高采样速率 f_s（次/秒）

采样速率亦称数字化速率，是指每秒在不连续的时间点上获取模拟输入量并进行量化处理的次数，最高采样速率由 A/D 转换器的速率决定，不同类型的 A/D 转换器，其最高采样速率也不同。如果是任意一个扫描时间因数，则采样速率由下式给出：

$$f_s = N/t \tag{6.3.1}$$

式中，N 为每格（div）采样点数；t 为每格的扫描时间，经常记为 t/div。

（2）存储容量

存储容量又称存储深度，通常定义为获取波形的采样点的数目。用直接存放 A/D 转换后数据的存储器单元数来表示。

（3）分辨率

在数字存储示波器中，屏幕上的点不是连续的，而是"量化"的。分辨率是指"量化"的最小单元，可用 $1/2^n$ 或百分比来表示，更简单的方法也可用 n 位表示。分辨率也可定义为数字存储示波器所能分辨的最小电压增量。

分辨率分垂直分辨率和水平分辨率。垂直分辨率取决于 A/D 转换器对量化进行二进制编码的位数。若 A/D 转换器是 8 位则分辨率为 $1/2^8$，即 0.391%；若 A/D 是 10 位，则分辨率为 $1/2^{10}$，即 0.0976%。若屏幕上满幅度显示为 10 V，则分辨率也用电压表示，分别为 39.1 mV 或 9.76 mV。在大多数数字存储示波器中均具备多次叠加平均功能，可消除随机噪声，使垂直分辨率得到提高。水平分辨率由存储容量决定。若水平分辨率为 10 位，则存储有 $2^{10} = 1024$ 个单元，将水平扫描长度调到 10.24 格，则平均每格有 100 个采样点。

（4）准确度

准确度是数字存储示波器测量值和实际值的符合程度。分辨率不是准确度，而是在理想情况下测量准确度的上限。由于显示和人为观测误差，一般数字存储示波器的垂直准确度为 1%～3%，水平准确度为 1%。在大多数数字存储示波器中，具备游标测量功能，可极大减少显示和人为误差，使测量准确度优于 1%。

（5）扫描时间因数 t/div

扫描时间因数是数字存储示波器水平方向时间的度量，以每格（div）代表的时间来表示。扫描时间因数取决于来自 A/D 转换器数据写入存储器的速度（等于采样速度）及存储器的容量。它是两个相邻采样点的时间间隔与每格采样点数之比，即

$$t/\mathrm{div} = N/f_s \tag{6.3.2}$$

由上式得出，在 A/D 转换速率相同的条件下，存储容量越大，则扫描时间因数越大。

（6）频率宽度

在数字存储示波器中，频带宽度分模拟带度和存储带宽。存储带宽按采样方式不同又有实时带宽和等效带宽之分，其概念和指标是各不相同的。

① 模拟带宽：数字存储示波器的模拟带宽一般是指构成示波器输入通道电路所决定的带宽。在模拟存储两用示波器中，模拟带宽是指该示波器运行在模拟工作方式时所具有的带宽。

② 实时带宽：实时带宽又称为单次带宽或有效存储带宽。是数字存储示波器采用实时采样方式时所具有的带宽。在实时采样方式中，示波器用单一触发脉冲通过一次采集过程完成整个对输

入波形的采样。所谓"实时"是指采集和显示波形是发生在同一时帧内的波形。对于单次信号和低重复的信号,数字存储示波器应采用实时采样方式。在实时采样方式时,其带宽取决于 A/D 转换器的最高采样速率和所采用的显示恢复技术(内插)。

对一个周期的正弦波来说,若采样点数为 K,则其实时带宽为

$$f_B = f_V / K(\text{Hz}) \tag{6.3.3}$$

式中,f_V 为最高采样速率,K 在用采样点显示时为 25;在用矢量显示时约为 10;用正弦内插 K 约为 2.5。由此可见,实时带宽要达到模拟带宽水平,其 A/D 转换器的采样速率至少为上限频率的 2.5 倍。

在双踪数字存储示波器中,若两个通道合用一个 A/D 转换器,由于采样是连续的,所以采样速率降低 1 倍,实时带宽也降低 1 倍。

③ 等效带宽:又称重复带宽。数字存储示波器用等效时间(顺序或随机)采样方式时具有的带宽。在这种采样方式时,输入信号必须是重复信号,以产生等效时间采样所需的多次触发脉冲。等效带宽可以达到模拟带宽,而其所使用的 A/D 转换器采样速率要比上限频率低得多。

(7) X-Y 存储带宽

数字存储示波器作为 X-Y 显示器时的存储带宽与模拟示波器不同,数字存储示波器作 X-Y 显示时,两通道具有相同的存储带宽,且几乎没有相位差。

6.3.3　数字存储示波器中的关键器件

数字存储示波器是在模拟示波器的基础上发展起来的,它在模拟示波器里增加了一些专用的关键器件和关键电路。

1. A/D 转换器

在数字存储示波器中,将模拟量数字化的三个过程是:"取样"、"量化"及"编码",这个过程是由 A/D 转换器来完成的,它是数字存储示波器的核心器件,决定着示波器的存储带宽、分辨率等主要指标。A/D 转换器的种类较多,因为所采用的方法不同,使用 A/D 转换器的类型也不同,所以它们的工作过程也各不相同,这里只对一些常用的几种主要类型 A/D 转换器的基本工作原理进行简单介绍。

(1) 全并行 A/D 转换器

全并行 A/D 转换器在原理上比较简单,只要将参考电压分成相等的 $2^n - 1$ 份,再用 $2^n - 1$ 个比较器逐次与之比较,得到与二进制相对应的 $2^n - 1$ 个状态,进行编码,即完成了模拟到数字的转换。图 6.3.2 画出了全并行 A/D 转换器的工作原理图。

图 6.3.2 中具有 n 位分辨率的 A/D 转换器,利用 $2^n - 1$ 个比较器,将参考电压 U_R 用电阻网络($2^n - 1$ 个电阻)进行分压,分成 $2^n - 1$ 等份,使每个等份都等于 1LSB 的电压值。信号 U_i 输入后,转换是同时进行的。输入为 0 时,全部比较器关闭;输入为 1LSB 的电压值时,最低位的比较器翻转,输入电压继续增加会有越来越多的比较器改变状态。比较器的输出送给一组编码电路,编成二进制代码输出。

这种转换器的突出优点是速度快,高速和超高速 A/D 转换器多数都采用全并行。转换速度只受比较器和门延迟时间的限制,其缺点是元件数量多,功耗大,随着分辨率的增加,元件数目以几何级数增加。

(2) 串并行 A/D 转换器

为了解决全并行 A/D 转换器使用元件数量多的缺点,在不使速度损失过多的情况下,出现了串并行 A/D 转换器。它在速度上虽然比全并行慢了一倍,但在元件数量上减少了许多,这样即能

实现高速度又降低了功耗,串并行 A/D 转换器的工作原理图如图 6.3.3 所示。

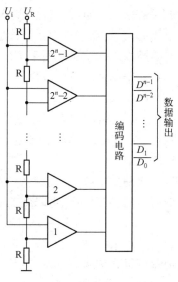

从图 6.3.3 中看出,串并行 A/D 转换器由两组并行 A/D 转换器、1 个 D/A 转换器和 1 个求和元件组成。所用比较器的数目为 $(2^{n/2}-1)\times 2$ 个,比全并行少。第一组全并行 A/D 转换器与输入信号比较并编码后,得到 $n/2$ 位的数字代码,这些代码除了直接送给输出寄存器做高 $n/2$ 位代码外,还要送给 D/A 转换器($n/2$ 位)将其恢复成模拟信号,通过求和元件与原输入信号相减,然后再送给下一组全并行 A/D 转换器,转换后得到低 $n/2$ 的数字代码,即完成了全部转换。

注:采用串并行方案一般 n 为偶数,n 如果为奇数,可用两级 $\left(2^{\frac{n+1}{2}}-1\right)\times 2$ 个比较器,也可采用高位并行 A/D 转换器用 $\left(2^{\frac{n+1}{2}}-1\right)$ 个比较器,而低位并行 A/D 转换器部分用 $\left(2^{\frac{n-1}{2}}-1\right)$ 个比较器,只是参考电压和编码电路略有不同。

图 6.3.2 全并行 A/D 转换器工作原理图

这里介绍了两级串并行 A/D 转换器,尚有三级、四级串并行 A/D 转换器,其原理是一样的。

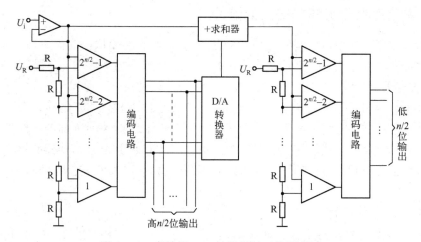

图 6.3.3 串并行 A/D 转换器的工作原理图

除上述常用的 A/D 转换器外,还有脉宽调制型、电荷平衡型、逐次比较型、双积分型等常用的 A/D 转换器。积分型 A/D 转换器还有三重积分、四重积分、甚至五重积分的 A/D 转换器,转换效果更加理想。其次还有非线性不均匀编码 A/D 转换器等。

A/D 转换器的型号不同,其参数特性、性能指标、应用范围也不同,在设计电子电路和仪器仪表时要进行认真的选择和使用。

2. D/A 转换器的基本原理

D/A 转换器的分类方法较多,从建立时间上划分为低速、中速、高速和超高速;从精度上划分为高精度、低精度和通用型;从开关的形式分为电流型和电压型两种。这里从网络电阻的构成形式对 D/A 转换器的基本原理进行介绍。

(1)加权电阻 D/A 转换器

加权电阻 D/A 转换器一般由四部分组成:二进制加权网络电阻、开关电路、参考电压源和输出求和元件,下面结合图 6.3.4 进行说明。

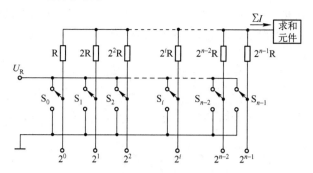

图 6.3.4　二进制加权网络 D/A 转换器原理图

图 6.3.4 中输入数字位直接控制开关 S_i,当数字输入为 1 时,开关接通 U_R,有位电流输出;当数字输入为 0 时,开关接地,没有位电流输出。网络电阻按二进制加权的顺序排列,因此输出的位电流满足二进制加权的比值。最高位(MSB)电阻是 R,第二位是 2R,以此类推,最低位(LSB)电阻是 $2^{n-1}R$。这样进入求和元件的电流为:

$$I = \frac{a_{n-1}U_R}{R} + \frac{a_{n-2}U_R}{2R} + \cdots + \frac{a_1 U_R}{2^{n-2}R} + \frac{a_0 U_R}{2^{n-1}R}$$

$$= \frac{U_R}{2^{n-1}R}\left\{ a_{n-1}2^{n-1} + a_{n-2}2^{n-2} + \cdots + a_1 2^1 + a_0 2^0 \right\}$$

$$= \frac{U_R}{2^{n-1}} \sum_{i=0}^{n-1} a_i 2^i$$

式中,a_i 为第 i 位的数字量;U_R 是参考电压;n 是位数。D/A 转换器输出总电流就是输入数字为 1 的位电流之和。

加权电阻 D/A 转换器原理上是最简单的,但是在实际应用上要受到一定的限制,对于高精度的 D/A 转换器,如 12 位最低位和最高位的动态电阻的范围将达到 2048:1,如 MSB 电阻是 $10\,\text{k}\Omega$,LSB 的电阻就要是 $20.48\,\text{M}\Omega$,这在工艺上是很困难的。这样宽的阻值范围很难使温度系数匹配,同时开关速度也将变慢,最低位电流只有 $0.5\,\mu\text{A}$,若寄生电容为 $10\,\text{pF}$,则最低位的稳定时间将高达 $200\,\mu\text{s}$,为了解决这个矛盾,出现了改进型加权电阻 D/A 转换器。例如:四个为一组加权电阻 D/A 转换器等。

(2) R-2R 梯形网络 D/A 转换器

R-2R 梯形网络 D/A 转换器,只要两种阻值的电阻就可实现二进制加权的输出电压,便于集成化。因为梯形网络是线性的,所以可用叠加法进行线路分析,即认为每一路电流源的输出电压是独立的,最后再求和得到总的输出电压 U_0,原理图如图 6.3.5 所示。

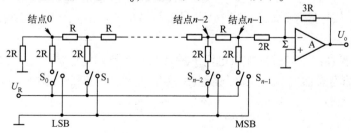

图 6.3.5　R-2R 梯形网络 D/A 转换器原理图

根据图6.3.5,首先分析只有第$n-1$位(MSB)开关S_{n-1}导通、其他各位均是0的情况。因为运算放大器的输入端Σ是虚地的,所以$(n-1)$结点的右边阻值是2R,从结点向另外两路看去,显然阻抗也都是2R。图6.3.6(a)画出了$(n-1)$结点的等效电路。由等效电路图分析$(n-1)$结点处所得到的输出电压:

$$U_{n-1}(\text{第一位}) = U_R \frac{R}{3R} = \frac{U_R}{3}$$

这里U_R是参考电压。因为运算放大器的闭环增益是$-3/2$,所以最高位的输出电压是:

$$U_o(\text{MSB}) = \frac{U_R}{3} \cdot \left(-\frac{3}{2}\right) = -\frac{U_R}{2}$$

分析下一个开关S_{n-2}导通,其他各位是0的情况。与上面的情况相同,从等效电路中很容易看出:

$$U_{n-2} = \frac{U_R}{3}, \quad U_{n-1} = U_{n-2} \cdot \frac{R}{2R} = \frac{1}{2} \cdot \frac{U_R}{3} = \frac{U_R}{6}$$

所以第二位输出电压是:
$$U_{n-2}(\text{第二位}) = \frac{U_R}{6} \cdot \left(-\frac{3}{2}\right) = -\frac{U_R}{4}$$

同理,各位输出电压之和是:

$$U_o = -U_R(a_{n-1}2^{-1} + a_{n-2}2^{-2} + \cdots + a_1 2^{-(a-1)} + a_0 2^{-a}) = -U_R 2^{-n} \sum_{i=0}^{n-1} a_i 2^i$$

这里a_i是第i位的数字量,D/A转换器的总输出电压就是各位数字为"1"的输出电压之和。图6.3.6(b)是$(n-2)$结点的等效电路,原理分析同$(n-1)$结点一样。

电路中的开关S采用晶体管,场效应管或者CMOS管等来实现。

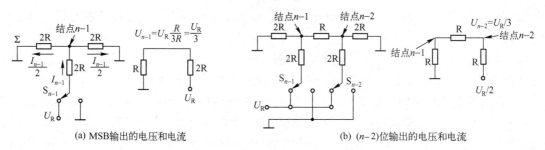

(a) MSB输出的电压和电流　　　　　　(b) $(n-2)$位输出的电压和电流

图6.3.6　梯形网络的等效电路

（3）倒梯形 D/A 转换器

图6.3.5是正梯形D/A转换器,正梯形D/A转换器是把电阻网络置于模拟开关和输出运算放大器之间,通过电阻的电流随数字输入信号的变化而导通或截止,由于每个电阻都有寄生电感和电容,将使转换时间延迟。同时为了达到高速,电阻值必须选得小一些,为获得最大精度,电阻值又必须选得大一些,为解决上述矛盾,通常把电阻网络和模拟开关的顺序颠倒过来,这就出现了倒梯形 D/A 转换器。

倒梯形 D/A 转换器产生二进制加权电流的原理与正梯形网络的原理是一致的。

D/A 转换器的型号较多,比如,二进制权重网络型、电流型、双极性型、树状开关网络型等 D/A 转换器,它们在参数特性、兼容性、应用范围等方面各不相同,尤其在速度、精度上存在很大差别,在设计电子电路和仪器仪表时要重点加以关注。

3. 随机存储器

在数字存储示波器中,一般采用电路简单,使用方便的静态 RAM 作为存储器。存储器的主要指标为存储容量和读写时间,通常选用存储容量大、读写时间快、耗电小的 RAM。为获取存储器的读写时间应与 A/D 转换速率相适应,应选择快速 RAM;参考存储器用来存储已存入存储器的内容,应选择速度慢的 CMOS 存储器,同样可以实现关机后存储信号的功能。

各种 RAM 的读写时间见表 6.3.1。

图 6.3.7 为存储器工作原理图。它有一组地址线($W_0 \sim W_9$、$R_0 \sim R_9$),一组数据线($D_0 \sim D_7$),一个片选控制信号(CS)和一根读写控制线 R/$\overline{W}$。当 R/$\overline{W}$ 为"0"时,将数据写入存储器,当 R/$\overline{W}$ 为"1"时,从存储器中读出数据。但要注意,必须使地址线上信号稳定后才能进行存储器读写操作。

表 6.3.1　各种 RAM 读写时间比较表

RAM 种类	CMOS	NMOS	TTL	ECL
读写时间	>400 ns	200 ns~1 μs	40 ns	25 ns

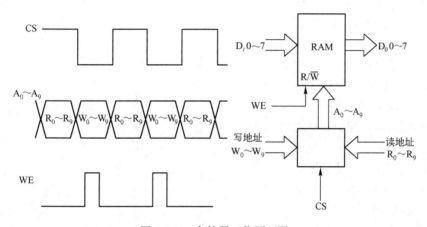

图 6.3.7　存储器工作原理图

CS 是加至地址选择器的控制信号。当 CS 为"1"时,选择读地址送到存储器;当 CS 为"0"时,选择写地址送到存储器。加至 R/$\overline{W}$ 端的写使能信号 WE 必须滞后于 CS 负后沿一段时间,以保证写地址建立稳定后数据才能写入存储器。

6.3.4　数字存储示波器中的典型电路

数字存储示波器中的典型电路包括时基控制电路、存储控制电路、读写地址计数器、功能控制电路、峰值检测电路、随机取样电路等。下面重点介绍数字存储示波器中主要典型电路的组成和工作原理。

1. 时基控制电路

数字存储示波器的扫描时间概念不同于通用模拟示波器,它将模拟信号经 A/D 转换后存入存储器,然后再从存储器中读出,数据写入存储器的速度与扫描快慢有关,即与"t/div"开关所置的位置有关。而从存储器中读出的速度即显示速度与扫描快慢无关。

例如对于 1K×8 存储器,水平方向有 1024 个点,扫描线的长度在 10.24 度,则每分格为 100 个取样点。若 A/D 转换速率为 20 MS/s,则完成 100 次转换需 5 μs,即对应"t/div"开关为 5 μs/div;若 A/D 转换速率为 2 MS/s,则"t/div"开关为 50 μs/div;若 A/D 转换速率为 2S/s,则"t/div"开关为 50 s/div。

由上可知,"t/div"开关实质上是控制 A/D 转换的速率。在所有数字存储示波器中,都有一个准确度高、稳定性好的晶体振荡器,经过分频组合,产生符合"t/div"开关要求的写脉冲去控制 A/D 转换器和存储器的写入。

图 6.3.8 为扫描"t/div"控制原理图。晶体振荡器产生 40 MHz 主时钟,它被 IC$_1$ 二分频得到 20 MHz 最高取样频率。IC$_2$ ~ IC$_7$ 组成取样速率分频串,通过对分频串的分频比编程组合即可得到各种时钟速率。

IC$_2$ ~ IC$_7$ 均是可编程十进制计数器,将其预置端 A、B、C、D 设置不同的预置值,对其进位脉冲输出倒相接至 L 端,组成不同分频比的分频器。例如预置端 A、B、C 为"0",D 为"1",则分频比为 2;若预置端 A、C 为"1",B、D 为"0",则分频比为 5;若 A、D 为"1",B、C 为"0",则分频比为 10。由于采用并行计数,分频串只需一个输出端。

IC$_8$ 是二选一电路,用它来选择 20 MHz 时钟或分频串输出时钟,供给 A/D 变换器、存储器写入控制和写地址计数器。

图 6.3.8 中,用 S$_1$、S$_2$ 控制分频比的一、二、五进制,用 S$_3$ ~ S$_7$ 控制分频比的十进制。这些控制采用简单的开关通断来实现,或通过逻辑组合电路来实现,以达到某些特殊用途的目的。在智能化数字存储示波器中,是由微处理器发生控制码来控制的。

时基时钟频率表见表 6.3.2。

表 6.3.2 时基时钟频率表

S$_7$	S$_6$	S$_5$	S$_4$	S$_3$	S$_2$	S$_1$	S$_0$	编码	时钟频率	t/div
							0	0	20 MHz	5 μs
1	1	1	1	1	1	0	1	FD	10 MHz	10 μs
1	1	1	1	1	0	1	1	FB	5 MHz	20 μs
1	1	1	1	1	0	0	1	F9	2 MHz	50 μs
1	1	1	1	0	1	0	1	F5	1 MHz	0.1 ms
1	1	1	1	0	0	1	1	F3	0.5 MHz	0.2 ms
1	1	1	1	0	0	0	1	F1	0.2 MHz	0.5 ms
1	1	1	0	0	1	0	1	E5	0.1 MHz	1 ms
1	1	1	0	0	0	1	1	E3	50 kHz	2 ms
1	1	1	0	0	0	0	1	E1	20 kHz	5 ms
1	1	0	0	0	1	0	1	C5	10 kHz	10 ms
1	1	0	0	0	0	1	1	C3	5 kHz	20 ms
1	1	0	0	0	0	0	1	C1	2 kHz	50 ms
1	0	0	0	0	1	0	1	85	1 kHz	0.1 s
1	0	0	0	0	0	1	1	83	0.5 kHz	0.2 s
1	0	0	0	0	0	0	1	81	0.2 kHz	0.5 s
0	0	0	0	0	1	0	1	05	0.1 kHz	1 s
0	0	0	0	0	0	1	1	03	50 Hz	2 s
0	0	0	0	0	0	0	1	01	20 Hz	5 s

显示器屏幕上显示的信号是从存储器中读出的信号,用读脉冲使显示计数电路计数,该计数值送到水平 D/A 转换器,产生线性上升的阶梯波作水平扫描电压。通常取显示频率为 100 Hz,若存储长度为 1 kbit,则读脉冲频率为 100 Hz×1000,即 100 kHz。读脉冲频率由晶振电路分频得到,其值是固定的,必须能保证显示波形在屏幕上无闪烁现象。

从存储器中读出数据既可快读,也可慢读。记录输出时,若记录速度为 1 s/div、2 s/div、5 s/div,则读一个点的时间分别为 0.01 s、0.02 s、0.05 s。若配打印机输出,读一个点的时间可长达 0.5 s。

必须指出,真正的写脉冲、读脉冲等一系列信号还需经过逻辑电路组合产生,以保证信号间严格的时序关系。

2. 峰值检测电路

峰值检测有模拟峰值检测电路和数字峰值检测电路两种,下面重点介绍数字峰值检测电路。

图 6.3.9 为数字峰值检测电路。它检测在每个取样窗口以最高取样速率取得的一组取样值中的最大值和最小值。在峰值检测时,A/D 转换器以最高取样速率取样,不断将数据锁存入数据锁存器 IC$_1$ 中,在第一个变换时钟到来时,MAX/MIN(最大值/最小值)时钟选择器 IC$_6$ 输出一个正脉冲。将取样窗口中第一个 A/D 转换得到的数据同时写入最小值寄存器 IC$_2$ 和最大值寄存器 IC$_3$。

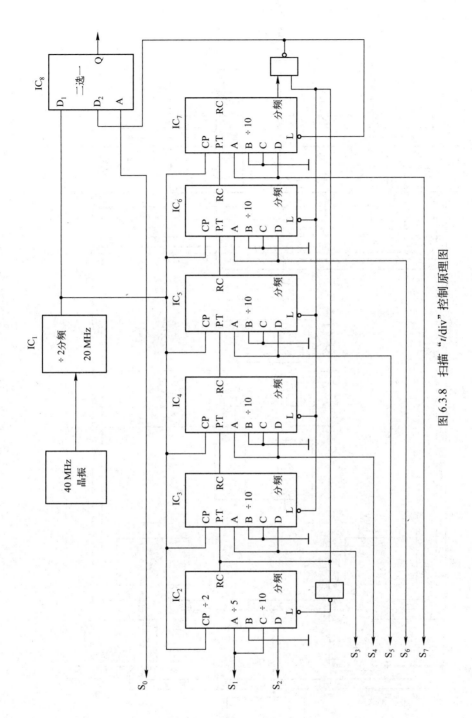

图 6.3.8 扫描 "t/div" 控制原理图

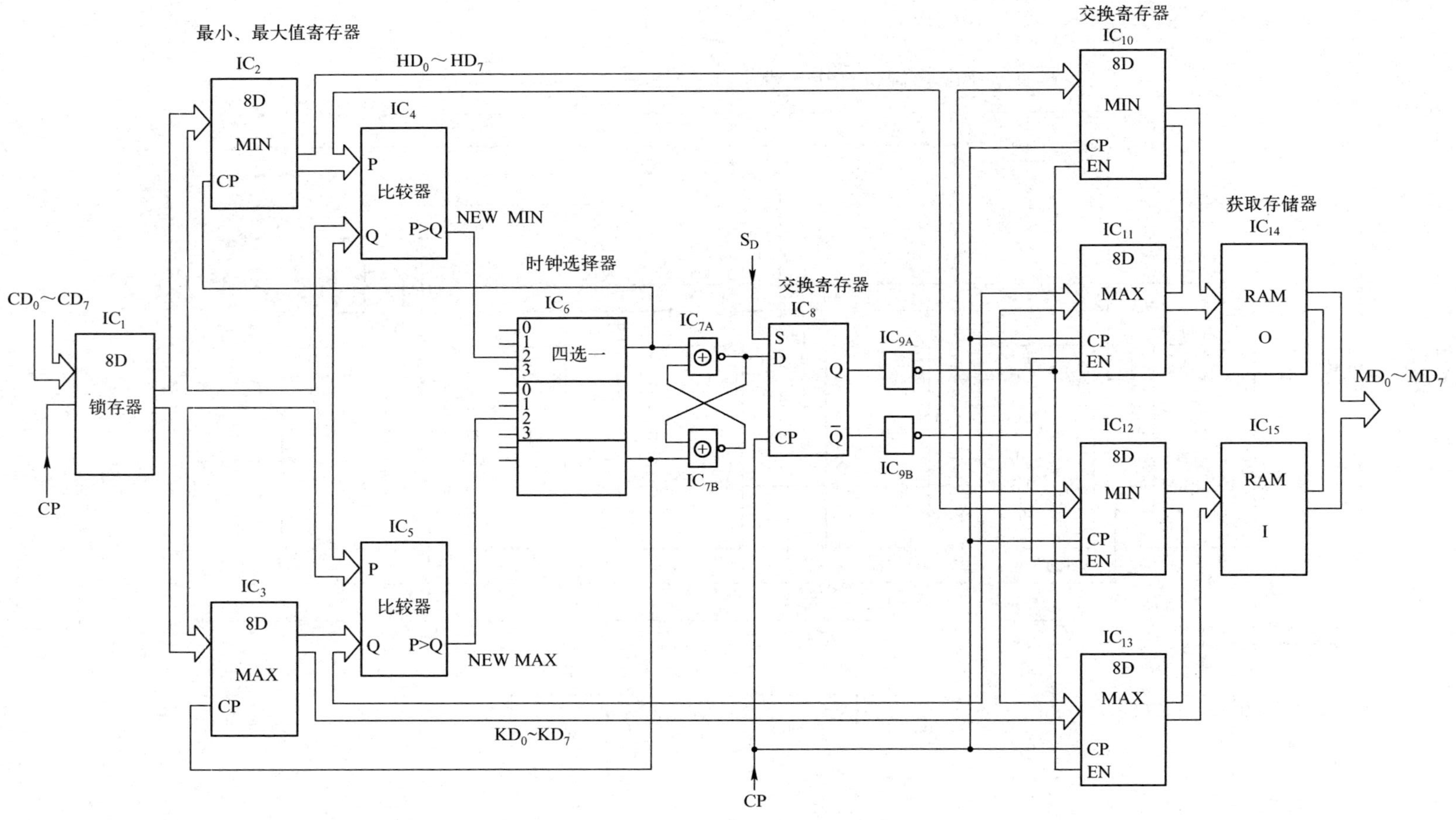

图 6.3.9 数字峰值检测电路

从第二个变换时钟开始,比较器 IC_4 或 IC_5 的输出信号作为 IC_6 的选择输入信号,结果是第二次 A/D 变换得到的数据写入 IC_1。IC_1 中新数据和 IC_2、IC_3 中的数据在比较器 IC_4、IC_5 中进行比较,若 IC_1 中新数据大于 IC_3 中数据,则 IC_5 输出一个正脉冲(NEW MAX),IC_6 选该脉冲作为 IC_3 的时钟,将 IC_1 中新数据锁存入 IC_3 中,而 IC_2 中数据保持不变;若 IC_1 中新数据小于 IC_2 中数据,则比较器 IC_4 输出一个正脉冲(NEW MIN),经 IC_6 作为 IC_2 的时钟,将 IC_1 中新数据锁存入 IC_2 中。依次类推,一直到该取样窗口内所有 A/D 变换取样值都逐个比较完,这样在 IC_2 中保存该取样窗口中取样得到的最小值,在 IC_3 中保存了该取样窗口中取样得到的最大值。IC_2、IC_3 中数据经交换寄存器组 $IC_{10} \sim IC_{13}$,再写入随机存取存储器 IC_{14}、IC_{15} 中去。其中 $IC_1 \sim IC_3$、IC_8 和 $IC_{10} \sim IC_{13}$ 均为八位数据锁存器(D 触发器),IC_{14}、IC_{15} 为随机存取存储器,IC_7 为异或门,IC_9 为非门。

交换寄存器由两组数据寄存器组成,每组又有两个数据寄存器。它们由交换控制电路控制,将最大值与最小值的次序按输入信号的斜率进行排列,以实现峰值检测功能中的平滑功能。

IC_7 用来判断最后一次检测到的是最大值还是最小值,若是最大值,则 IC_{7A} 输出为"0";若是最小值,则 IC_{7A} 输出为"1"。

若不需要平滑,则直接接置位端 S_D ="0",IC_8 的 Q 端置"1",$\bar{Q}$ 端置"0",与 IC_{7A} 输出无关,IC_{9A} 输出为"0",IC_{9B} 输出为"1",该信号使能 IC_{10} 和 IC_{13},在写时钟 CP 作用下,最小值寄存器 IC_2 中数据总是锁存入 IC_{10},最大值寄存器 IC_3 中数据总是锁存入 IC_{13}。IC_{14} 接收 IC_{10} 或 IC_{11} 数据,最小值写入 IC_{14} 中,IC_{15} 接收 IC_{12} 或 IC_{13} 数据,最大值写入 IC_{15} 中。在读出时,从 IC_{14} 和 IC_{15} 中轮流读出数据,因此得到波形的包络显示。

使用平滑功能时,直接接置位端 S_D ="1",IC_8 输出受 IC_{7A} 输出的控制。若最后一次比较得到最小值,则 IC_{7A} 输出为"0",IC_8 在 CP 时钟作用下 Q 端输出为"0",$\bar{Q}$ 端输出为"1",IC_{9A} 输出为"1",IC_{9B} 输出为"0"。该信号使能交换寄存器 IC_{11} 和 IC_{12},使最大值寄存器中数据在 CP 时钟作用下锁存入 IC_{11},再写入 IC_{14};最小值寄存器中数据在 CP 时钟作用下锁存入 IC_{12},再写入 IC_{15} 中。

若最后一次比较得到的是最大值,则 IC_{7A} 输出为"1",IC_8 在 CP 时钟作用下 Q 端输出为"1",$\bar{Q}$ 端输出为"0",则 IC_{9A} 输出为"0",IC_{9B} 输出为"1"。该信号使能另一组交换寄存器 IC_{10} 和 IC_{13},结果使最小值寄存器 IC_2 中数据在 CP 时钟作用下锁存入 IC_{10},再写入 IC_{14};最大值寄存器 IC_3 中数据在 CP 时钟作用下锁存入 IC_{13},再写入 IC_{15} 中。

综上所述,平滑时交换控制及交换寄存器的作用是将最大值和最小值按输入信号的斜率进行排列,若输入信号斜率为正,则将最小值排列在前,最大值排列在后;若输入信号斜率为负,则将最大值排列在前,最小值排列在后。这样,IC_{14} 中总是存入排列在前的数据,IC_{15} 中总是存入排列在后的数据。在读出时,从 IC_{14} 和 IC_{15} 中轮流读出数据,得到既能捕捉毛刺又能再现原始波形的显示。

3. 随机取样电路

数字存储示波器用实时取样方式观察重复信号时,由于触发信号与取样时钟是不同步的,它们之间无固定的时间关系,触发信号与下一个取样时钟间的时间是随机的,其值在 0 到 1 个取样周期内变化。所以在观察重复信号时,波形晃动与一个信号周期中的取样点成反比,随着信号频率增高,晃动变大。

数字存储示波器中采用随机取样方式来观察重复信号。图 6.3.10 为随机取样原理时序图,在随机取样方式工作时,每个获取周期取得一组取样值。第一个获取周期获得一组数据,第二个获取周期又获得一组数据,以次类推,第 N 次获取周期又获得一组数据。每个取样点的 Y 值由 A/D 转换器提供,而 X 值由下式给出:

$$t = t_{on} + nT$$

式中,T 为取样周期,t_{on} 是触发点与下一个取样时钟间的时间。

然后微处理器按照时间的先后将数据重新排列,写入显示存储器正确的地址单元中。综上所述,随机取样实质上是以触发点为参考基准进行取样存储和再现信号的。

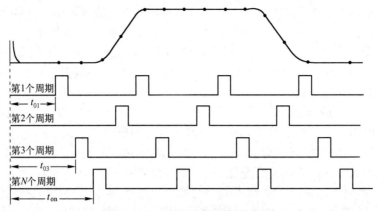

图 6.3.10　随机取样原理时序图

在随机取样技术中,关键问题是对每次获取周期的取得是否准确,测出触发点与下一个取样时钟间的时间间隔。该时间间隔极短,无法直接测量,必须采用双斜率电容充电电路来测量。

图 6.3.11(a)为双斜率电容充电电路原理图。当不允许获取时,IC_1(D 触发器)的复位端

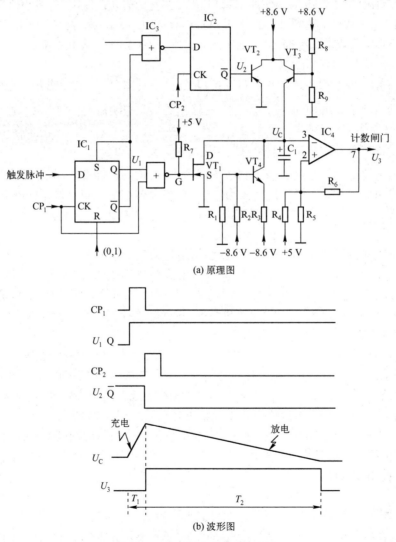

(a) 原理图

(b) 波形图

图 6.3.11　双斜率电容充电电路

R＝"0"，IC_1 的 Q 端置"0"，$\overline{Q}$ 端置"1"，在 CP 时钟信号作用下，IC_2（D 触发器）$\overline{Q}$ 端置"1"，差分电路 VT_2 截止，VT_3 导通，其电流对电容 C_1 充电。由于 IC_1 的 $\overline{Q}$ 置"1"，Q 置"0"，结果是 VT_1 导通，电容 C_1 上电荷通过场效应管 VT_1 放电。当允许获取时，R＝"1"，一旦触发信号到来，IC_1 的 Q 端置"1"，$\overline{Q}$ 端置"0"，VT_1 立即截止，VT_4 电流对 C_1 充电，C_1 两端电压线性上升。当第一个 CP 时钟信号到来时，IC_2 的 $\overline{Q}$ 端置"0"，VT_2 导通，VT_3 截止，立即切断 C_1 的充电电流。当 IC_2 的 $\overline{Q}$ 端置"0"时，通过高阻运放比较器 IC_4 允许计数器从 0 开始计数。同时，C_1 上的电荷开始通过 VT_4 缓慢向负电源放电，放电回路的时间常数远大于充电时间常数。C_1 两端电压同时加到一个运放比较器 IC_4 的反向输入端，当放电电压达到 0.6 V 时，运放比较器输出从 0 变 1。该信号使计数器停止计数，计数器中计数值正比于触发点与下一个取样时钟间的时间，图 6.3.11（b）是其时序波形图。

6.4 数字存储示波器的测试功能

数字存储示波器的测试功能包括以下几个方面。

（1）触发点位置可任意设定

数字存储示波器是将触发点设置在波形的任意位置上，从而能灵活地观测触发点之间的信号。观测单次信号时尤为方便。

（2）滚动方式

在扫描方式下，一旦接收到触发信号，屏幕上的光点就从左向右扫描，类似于一般模拟示波器。在滚动方式下，不需要外加触发信号，波形从屏幕右端进入，从屏幕左端离去。数字存储示波器犹如一台图形记录仪，记录笔在屏幕右端，记录纸由右向左移动。只有在慢扫描时才有滚动功能。当观测到特殊要求的波形时，能将波形稳定在屏幕上。

（3）峰值检测功能

当输入信号频率接近或超过取样频率时，会出现频谱混叠现象，得出错误的测量结果。在观测慢信号时，无法捕捉快速变化的毛刺信号。为了克服上述缺点，数字存储示波器中增加了峰值检测功能。当扫速变慢时，A/D 变换器仍以最高取样速率取样，并将取样值不断比较，找出这个取样窗口中的最大值和最小值，作为一组数据分别存入最大值存储器和最小值存储器中。显示时，将各个取样窗口中得到的最大值与最小值顺序排列起来，得到图像的包络显示。

峰值检测功能用来检测捕捉毛刺信号的宽度，所捕捉毛刺信号的宽度即为取样频率的倒数。峰值检测功能只能显示波形的包络，但不够逼真，所以在峰值检测功能中还增加了平滑功能。该平滑功能是在每个取样窗口，按检测到的最大值或最小值的次序，将最大值和最小值写入存储器。这样从存储器中读到的数据不再是波形包络，而是重现原始波形。

（4）累计峰值检测功能

在触发点固定的情况下，将每次扫描中在每个取样窗口得到的每组最大值和最小值与上一次扫描对应的取样窗口得到的最大值与最小值进行比较，保留最大值与最小值，再供下一次比较。累计峰值检测功能通过软件来实现。用累计峰值检测可测量 y 轴的漂移及水平晃动等。

（5）平均功能

智能化数字存储示波器通过软件实现平均功能，能将埋在噪声中的微弱信号检测出来。平均次数可设定为 2^n，n＝1～8。与累计峰值检测一样，平均扫描次数可限定或不限定。采用平均处理功能可提高分辨力和测量准确度。

（6）CRT 读出功能

在示波器屏幕上除了显示波形外，还同时显示有关参数，如通道 1 垂直灵敏度、输入耦合方式、通道 2 垂直灵敏度、输入耦合方式、A 扫描时间因数、B 扫描时间因数、A 和 B 扫描间的延迟时间、获取方式和触发点位置等。

（7）游标测量功能

智能化数字存储示波器采用游标来进行电压和时间的测量，能避免人为的读数误差，提高测量准确度。示波器屏幕上显示的有获取存储器中的波形，也有参考存储器中的波形。游标具有跟踪功能，能移至任意一个波形的任意位置，在示波器上直读两游标间的电压和时间差。有些示波器还具有直读信号的频率的功能。

（8）存储波形的扩大及缩小

采用软件技术，可将已存储波形在垂直方向上扩展 2~10 倍，或缩小 2~10 倍；在水平方向扩展 10 倍，供进一步分析处理。

（9）具有记录输出功能

备有 x 轴及 y 轴输出和提笔控制的特点，能直接驱动外部 x-y 绘图仪，将已存储波形输出供硬拷贝用，有些示波器还具有输出坐标刻度的功能。

（10）菜单功能

在智能化数字存储示波器中，用菜单选择来扩展前面板功能，即采用大量软件来减少面板上的硬件控制。

（11）接口

设置 GPIB 或 RS-232 通信接口电路，可将已存储数据送至计算机，组成自动测试系统，做进一步数据处理，通过接口电路将数据直接送到各种打印机和绘图仪。

6.5　示波器功能扩展举例

在示波器的外部配置阶梯波信号发生器便可组成晶体管特性图示仪。下面介绍用示波技术测量晶体管输出特性曲线的实例。

晶体三极管的输出特性是一个以 i_B 为参数的曲线。

$$i_C = f(u_{CE})|_{i_B}$$

采取模拟逐点测量法，利用 50 Hz 交流电源经过降压及全波整流后获得的半波脉动电压作为被测晶体三极管的集电极扫描电压，使 u_{CE} 自动变化，如图 6.5.1 所示，它自动地从 0 扫到最大值，然后又回扫到 0 值。每固定一个 i_B 的值，改变 u_{CE} 从 0 值逐点变到一定的值，测出一组 u_{CE} 及 i_C 的值，完成一条以 i_B 为某一固定值的 i_C~$f(u_{CE})$ 曲线。再改变 i_B 的值，重复上述过程，得到另一条曲

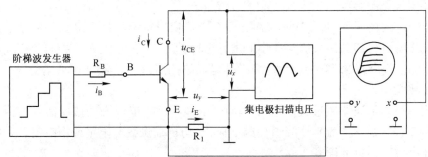

图 6.5.1　晶体管输出特性的动态测量原理框图

线的测量数据。增加阶梯波的级数,可以增加描绘曲线的条数。

基极电流i_B的变化是用一个阶梯波电压提供的,每上升一级即改变一次i_B的值。

集电极扫描电压与基极阶梯波电压应保持同步关系,如图6.5.2所示,使$T_B = nT_C$($n = 1, 2, 3,$ $\cdots$)。

取样电阻R_1上的压降$u_y = i_E R_1 \approx i_C R_1$,反映$i_C$的变化(见图6.5.1),接至示波器$y$输入端;以$u_x$电压(图中包含有压降$i_E R_1$,但$R_1$很小,可以忽略其影响)反映$u_{CE}$的变化;接至$x$输入端(示波器工作在$x$-$y$显示状态),则自动描绘出输出特性曲线,如图(b)所示。需要指出的是,图中每个扫描周期T_C的正程(由左往右)和逆程(由右往左)使亮点在屏幕上描绘出一条特性曲线。描绘出多条曲线簇便是晶体三极管的输出特性曲线。

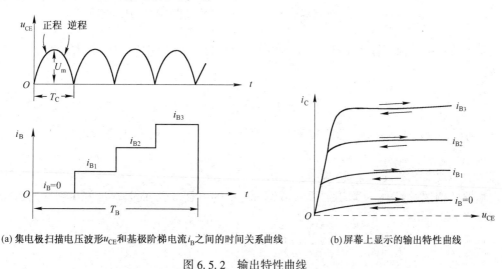

(a) 集电极扫描电压波形u_{CE}和基极阶梯电流i_B之间的时间关系曲线　　(b) 屏幕上显示的输出特性曲线

图 6.5.2　输出特性曲线

用类似方法还可以描绘出晶体管的输入特性,场效应管的相关特性或其他各种各样能转换为电压的变化量的关系,这些都极大地扩展了示波器的功能。

*6.6　示波器的应用

用示波器检测电子电路十分方便。例如,检测放大器的工作是否正常,被观察信号的波形是否失真等,而且能定量地测试其参数。

(1) 测量放大电路的放大倍数

用示波器测量多级放大电路各级电压放大倍数的原理框图如图6.6.1所示。

测试放大电路用的示波器应具有一定的频带宽度。一般选取示波器的带宽为20 MHz。测试放大电路的示波器应具有电压定度装置。用示波器对放大电路的放大倍数测试时,先将示波器的"触发选择"开关置于"内"挡,再根据测试信号的频率确定相应的扫描速度挡级。当被测放大电路的工作频率比较高时,被测信号宜通过高阻抗探极接入示波器y输入端。

测试中把被测放大电路输入端的信号经高阻抗探极送到示波器y通道的输入端,使荧光屏上显示出3~4个完整周期的信号波形,再依次把第一级输出端、第二级输出端等的信号送到示波器,示波器荧光屏上呈现相应的波形,并与输入信号波形比较。如果放大电路各级工作正常,屏幕上波形只有幅度的增加而无失真。测试时,随着被测电路输出信号幅度逐级增大,示波器y通道灵敏度选择开关也应做相应的变化,以免由于示波器放大电路本身过载而造成荧光屏上的波形失真。

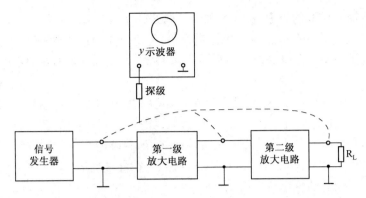

图 6.6.1　示波器测量多级放大电路电压放大倍数的原理框图

根据示波器测试得到输入电压 U_i 及输出电压 U_o 的值,便可确定被测放大电路每一级的电压放大倍数 A_u。

$$A_u = 20 \lg \frac{U_o}{U_i}(\text{dB})$$

式中,U_o 为任一级输出电压(波形高度乘以 y 轴灵敏度);U_i 为任一级输入电压(波形高度乘以 y 轴灵敏度)。

（2）用示波器观测波形失真

在电路的调试过程中,常常不需要知道失真度 γ 的值是多少,而是需要知道引起的非线性失真是否超过了允许范围。

图 6.6.2 所示为采用示波器检验波形失真的原理框图。图 6.6.3 所示为几种常见的失真波形。

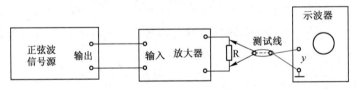

图 6.6.2　示波器观测波形失真的原理框图

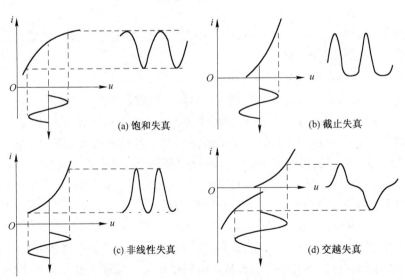

图 6.6.3　几种常见的失真波形图

当放大器工作在最大额定功率输出时,输出波形出现寄生振荡,较多出现在波形的峰顶部分,如图 6.6.4 所示。

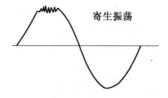

图 6.6.4　寄生振荡波形图

6.7　选型依据和使用要点

1. 选型依据

将以下几项技术指标作为数字存储示波器的选型依据。

① 根据被测信号的上限频率或上升时间确定数字存储示波器的频带宽度。一般为了减少示波器本身带宽对测量的影响,应选择数字存储示波器的带宽高于被测信号上限频率的三到五倍,这样测量准确度可达 5%~2%。若两者相等测量误差可能高达 40%。

② 根据被测信号的重复频率,确定实现带宽的采样方式,是实时采样,还是等效时间采样。若被测信号是重复信号,则上面确定的带宽可以是实时带宽或是等效带宽。若被测信号是单次或高速低重复率信号,则应选择实时带宽符合要求的数字存储示波器。一般情况下同样带宽,实时数字存储示波器比采用等效采样的数字存储示波器价格要高出较多。

③ 根据带宽和采样方式确定最高采样速率。实时数字存储示波器的采样速率应大于其实时带宽上限频率的 2.5 倍以上。采用等效时间采样的数字存储示波器,其采样速率远低于等效带宽。

④ 根据测量准确度确定垂直分辨率。如前所述,分辨率是测量精度的上限。为保证一定的测量准确度,选 7 位到 8 位即可,除非要求精确度高于 1%,否则分辨率高于 10 位也是没有必要的。

⑤ 根据水平分辨率选择存储长度。用作一般简单信号测量,分辨率要求不高,但用作复杂信号监视,为看清细节,则要求分辨率非常高。例如测试一个脉冲的上升时间,有 1 k 的存储容量就够了。而要监测 100 Mb/s 高速局域网 1 帧(ms 级)的信息,就需要 1 GSa/s 采样速率和 2 M 的存储容量。

⑥ 根据数字存储示波器的实际用途确定其他功能:

● 能检测到待测信号中的"毛刺",且毛刺检测宽度应狭于具体毛刺,具有峰值检测或包络显示。

● 测量和显示混有较大噪声的弱信号,必须具有多次平均的叠加功能。

● 具有快速傅里叶变换(FFT)功能,才能测量和显示波形频域里的多种信息。

● 为完成逻辑电路测试需求,应具有多个输入测试通道,以及数字组合触发功能。

● 根据数字存储示波器所在系统的总线选择接口方式。

● 若需保留波形可选择带关机存储的数字存储示波器;若要保存数据应选择带软驱或具有硬拷贝功能的数字存储示波器。

2. 使用要点

① 安全:数字存储示波器在设计时已对安全做了严密的考虑,出厂时也做了安全测试,但为确保人身安全,在使用前应详细阅读操作说明书,尤其是涉及安全的章节。正确使用合适的电源线,并使机壳妥善接地,严禁探极接地线接触到电源相线,在机内标有警示符号"!"处,应参阅说明书

注意事项,以免操作失误,涉及人身和仪器安全

②在进行测量前,应先利用机内校准信号对探极进行校准,以达到正确补偿。任何欠补偿或过补偿均会造成某一频段交流信号测试的误差或脉冲波形的失真。

③当数字存储示波器采样速率较低(数字存储示波器采样速率随时基而变)不能够正确地重建波形时,波形会发生"混淆"。混淆发生时,显示波形的频率将低于实际输入的波形频率或波形在已触发的情况下也不能稳定,给测量带来困难或引起极大误差。这是数字存储示波器特有的现象。检查是否发生混淆的方法是改变扫描时基因数旋钮,若波形不是按时基变化而是出现较大的异常变化,则当前波形可能会发生混淆。为避免混淆,采样频率必须不低于被测信号的2倍。

每一种类型的电子测量仪器都能完成一定的功能测试任务。在实际测试中应根据设计要求和测量工作内容作为选用电子测量仪器的重要依据。依据还应包括技术指标、质量指标、特性参数、规格参数、工作环境、可靠性、电磁条件、应用范围、价格等。在测试之前,要详细查阅所选用电子测量仪器的技术资料、操作说明书。并且要熟练掌握相关的操作流程、使用要领、注意事项等内容,才能充分发挥其功能和作用,这是测量人员必须具备的理论基础和基本技能。

习　题

6.1　示波管由哪些部分组成?各部分的功能如何?

6.2　模拟示波器包括哪些单元电路,它们的作用如何?

6.3　简述示波管波形显示原理。

6.4　示波器 y 通道为什么要加延迟线?

6.5　数字存储示波器与模拟示波器有什么区别?

6.6　某型示波器最高扫描速度为 $0.01\,\mu s/cm$,其屏幕 x 方向宽度为 $10\,cm$,如果要求能观察到两个完整周期的波形。问示波器最高工作频率是多少?问示波器的最低工作频率是多少?

6.7　分析荧光屏上显示下列波形的原因。

(1)见题6.7图(a),输入为方波电压, y 与 x 通道工作正常。

(2)见题6.7图(b),输入为正弦波, y 通道工作正常。

6.8　用示波器观察 XD—2 型正弦波信号发生器的输出电压波形。如果两台仪器不共地,会出现什么现象(见题6.8图)?

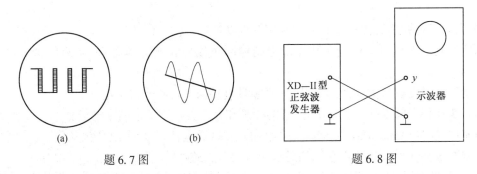

(a)　　　(b)

题6.7图　　　　题6.8图

6.9　简述数字存储示波器的组成和工作原理。

6.10　简述数字存储示波器中的峰值检测电路工作原理。

6.11　示波器有哪些应用?举例说明。

第7章 频域测量

内容摘要

扫频仪,不仅能测试网络的幅频特性,还能测量高频阻抗。本章叙述扫频仪的基本概念、分类及典型应用。对扫频仪的结构与工作原理,包括扫频法的作用、扫频电路的组成和频率标记的产生等内容也做了比较详细的介绍。频谱分析仪是对信号进行频域分析的重要仪器,可以测量信号电平、谐波失真度、频率及频率响应、频谱纯度及调制度等。本章介绍频谱分析仪的结构、工作原理及其应用。

对信号的各种参数进行分析是通过各种类型的电子测量仪器来完成的,如时域中的示波器、数据域中的逻辑分析仪、频域中的扫频仪和频谱仪等。观察和分析信号电压随时间的变化通常使用示波器,它以时间 T 作为水平轴,电压幅度 U 作为垂直轴,在时域内观察和分析信号,即为信号的时域分析。通过对信号进行傅里叶分析,信号分解为许多不同频率、幅度和相位的正弦波。如果以频率 F 为水平轴分析信号,即为信号的频域分析。信号的频谱分析是非常重要的,它能够获得时域测量中所得不到的独特信息,例如谐波分量、寄生、交调、噪声边带等。信号频域测量的主要仪器是扫频仪和频谱分析仪。

7.1 扫 频 仪

概 述

扫频仪,又称频率特性测试仪,用来测定各种有源、无源二端口和四端口网络(如调频放大器、宽频放大器、各种滤波器、鉴频器、雷达等)的传输特性、阻抗特性和反射特性等。它也能方便地测定网络的幅频特性、相频特性和延迟特性,以及输出电平、通带、增益、衰减、介电常数和反射损耗等性能参数。

扫频仪极大简化了测量操作,提高了工作效率,达到了测量过程快速、直观、准确、方便的目的,在生产、科研、教学上得到了广泛的应用。它已经向小型化、宽频带化、数字化、智能化、多用性方向发展。由于集成电路的飞速发展,电路元器件已从分立元器件、集成电路,发展到固体器件的阶段,最后达到整机的大部分电路固体化。

扫频仪在无线通信、广播电视、CATV 系统、雷达导航、卫星地球站和航空航天等领域内得到了广泛的应用,为有关电路的频率特性测试、研究、分析或改善电路性能提供了方便的条件。扫频技术是现代科技领域中发展起来的一种崭新技术,目前已获得广泛应用。

7.1.1 常用术语

扫频信号发生器:一种具有宽带频率调制特性的信号发生器。通常使用的调制波形是低频锯齿波,它能表示被测器件相对于频率变化的工作特性,并以 X-Y 图形显示被测器件的频率特性。

扫频仪:一种具有显示装置的扫频信号发生器。

有效频率范围:扫频信号发生器产生的载波频率范围,载波频率是连续的,或分成若干个频段,或由一系列间断的频率组成,在此频率范围内扫频信号发生器满足所有精度要求。

扫频宽度:扫频所覆盖的频率范围或最高频率与最低频率之差。中心频率可调的扫描信号发生器的扫描宽度等于频偏的两倍;起始和终止频率可调的扫频信号发生器的扫频宽度等于这两个频率之差。

扫频中心频率:窄带扫频或对称扫频时,扫频宽度为 0 的载波频率。

扫频方式:由扫频电压给定的方式而实现的扫频。

自动扫频:由周期性扫描电压实现的扫频工作方式。扫描电压主要是锯齿波、三角波、正弦波等。

手动扫频:由手动旋钮控制扫描电压而实现的扫频工作方式。

触发扫频:由触发脉冲信号启动扫描电压而实现的扫频工作方式。

单次触发扫频:由单次按钮启动一次扫描电压而实现仅一次的扫频工作方式。

对数扫频:扫频频率在线性扫描坐标轴上以对数刻度表示的扫频工作方式。

起止扫频:扫频宽度由起始和终止频率旋钮控制的扫频工作方式。

标志扫频:扫频宽度由两个频率标志旋钮控制的扫频工作方式。

窄带扫频:对称于中心频率的窄频带的扫频工作方式。

外扫频:由外部信号电压控制扫频信号发生器而实现的扫频工作方式。

频率标志:简称频标,用以表示扫频信号频率的标志信号,有脉冲标志、线状标志、菱形标志等多种标志形式。

分辨率:在规定的误差极限内,获得或重复产生的某一工作特性的最小增量的最大值。

扫频线性误差:在扫频时间内产生的相对于线性扫频的最大频率差 $\Delta f_{\max}$,如图 7.1.1 所示。该扫描线性误差同样适用于在多频段工作的误差。在多频段工作时,扫频覆盖一个以上的频段。同样的方法也可用来表示频标之间的误差。

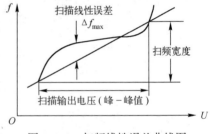

图 7.1.1　扫频线性误差曲线图

扫频时间:频率从一个规定值变化到另一个规定值的时间间隔。这两个规定值是扫频宽度的两个极限值。

7.1.2　扫频仪中的关键器件

在扫频仪中采用的关键器件之一是变容二极管。

变容二极管是指它的结电容随外加偏压而改变,并呈现明显的非线性特性。变容二极管的非线性电容通常采用 PN 结或肖特基结的结构形式来完成。消特基结变容二极管由于反向击穿电压低,反向电流大,功率容量小,故作为可变电抗(电容器或电感器)一般不采用。所以通常所指的变容二极管都是 PN 结二极管。变容二极管在 VHF、UHF 和微波领域都得到了广泛的应用,适用于参量放大、变频和倍频、电调谐、调制限幅和开关等电路。由于变容二极管在正向偏置时存在少数载流子的储存效应而形成扩散电容,所以用做开关器件时,变容二极管不如其他器件。

1. PN 结电容

(1) PN 结势垒

在 PN 结交界的两边,P 区存在很多空穴(多子),而电子很少(少子),而在 N 区,电子很多(多子),空穴很少(少子),因而在交界处就存在着电子和空穴的浓度(梯度)差别,引起扩散,电子向 P 区扩散,并同 P 区中空穴复合掉,在 N 区留下带正电的施主离子;空穴向 N 区扩散,并同 N 区中电子复合掉,而在 P 区留下带负电的受主离子。这种正负离子称为空间电荷,在 PN 结交界处形成一个空间电荷区,正负电荷之间形成一个电场,方向由 N→P。

这种自建电场对电子和空穴的扩散起着阻碍作用,电场力迫使它们返回原来区域。这种电场对载流子的作用称为漂移作用。达到动态平衡时,扩散作用和漂移作用相抵消,空间电荷区和内建电场达到相对的稳定。

用势垒概念能形象地进行描述,如图 7.1.2 所示。

根据电学原理,既然空间电荷区(势垒区)存在电场,则电子在区域内各处的电势能是不同的,电子由 N 到 P 要克服阻力,所以 P 区电势能高于 N 区。电子要从 N→P 去爬坡(克服阻力),这个坡叫做势垒,U_i 是接触电势,W 是势垒区宽度。而空穴的情况正好和电子相反。

（2）外加偏压时势垒的变化

势垒区内只有正负离子,载流子极少,是一个高阻区,称为耗尽层,所以外加电场几乎全部降落在这个区域。加正向偏置时,在势垒区亦产生一个电场,但方向和内建电场相反,故总的电场强度减弱,势垒宽度缩小,电势能差下降。加反向偏置时,情况正好相反。如图 7.1.3 所示。

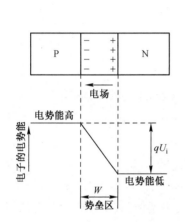

图 7.1.2　PN 结势垒示意图

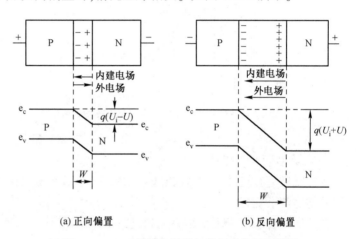

（a）正向偏置　　　　　　　（b）反向偏置

图 7.1.3　PN 结势垒随外加偏压变化的示意图

（3）PN 结电容

电容器就是存入电荷和取出电荷的容器。PN 结势垒区内亦存在电荷,当外加偏压变化时,引起载流子在势垒区的"存入"和"取出",相当于一个电容,叫 PN 结电容。PN 结电容是外加电压的函数,即反偏的 PN 结随反向电压的变化,势垒区中的电荷量也要相应地变化,这个效应可用势垒电容 C_j 来等效,其大小为:

$$C_j = K(U_T - U)^{-1/n} \tag{7.1.1}$$

式中,K 为常数,它与杂质浓度、PN 结面积等因素有关。调整这些因素可以控制势垒电容 C_j 的大小。n 也是常数,它决定于 PN 结的工艺结构,n 在 1/3～3 范围内变化。U_T 为内建电压,U 为外加电压,反向偏置时是负值,正向偏置时是正值。对于一个受电压控制的变容二极管的要求为:具有尽量大的等效电容值;具有尽可能大的电容变化比;电压与电容的关系尽可能为线性;变容二极管的等效 Q 值高,即等效损耗电阻小。

图 7.1.4 示出了突变结和超突变结的变容特性曲线。由图可知,突变结的容量较小,但变化比较线性;超突变结的容量较大,但变化不够均匀。

变容二极管的等效电路如图 7.1.5 所示,其中 C_j 为势垒电容,即电压控制可变电容。r_T 是 PN 结的反向电阻,其大小通常约在几百千欧以上。r 是半导体的材料电阻及引线电阻,L_i 是引线电感,C_c 是封装杂散电容,这些因素将影响变容二极管的 Q 值。

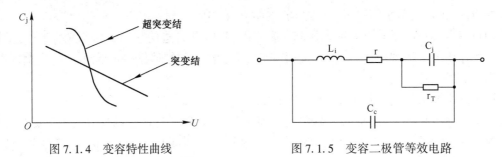

图 7.1.4　变容特性曲线　　　　　　图 7.1.5　变容二极管等效电路

图 7.1.5 也可简化成如图 7.1.6 所示。其中,图 7.1.6(b)是变容二极管的等效电路和图形符号,R_s 为其等效损耗电阻;图 7.1.6(a)是它的结构图。当其处于反向偏置时,结电容 C_j 随外加电压大小而变化,C_j 与反向电压 U_R 的关系如图 7.1.6(c)所示。

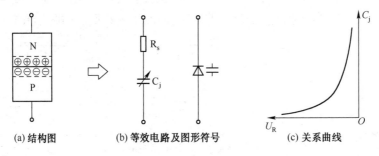

(a) 结构图　　　(b) 等效电路及图形符号　　　(c) 关系曲线

图 7.1.6　变容二极管

2. 电调谐变容二极管

变容二极管有三种类型:参数变容二极管、功率变容二极管、电调谐变容二极管。在扫频仪中使用的是电调谐变容二极管。

电调谐变容二极管用在频率调制电路中。例如,作为本振回路的电调谐,其工作原理是当加到 PN 结上的偏压变化时,结电容 C_j 跟随变化,从而改变电路的谐振频率,达到电调谐的目的。谐振频率为 $f=\dfrac{1}{2\pi\sqrt{LC_j}}$。

需要指出的是,要特别注意变容二极管在回路中的接入方式。其接入方式有图 7.1.7 所示的三种形式。

由于 $f\text{-}U$ 特性曲线是非线性的,为了加以改善,一般不采用并联接法。而是采用串联接法,如图 7.1.7(b)所示。变容二极管两端直流偏压采用大电容隔离,与固定电容 C 串联,因而 $f\text{-}U$ 特性曲线的非线性得到改善,被广泛采用。第三种接法是将两只变容二极管按相反方向串联,其非线性互补抵消,从而使 $f\text{-}U$ 非线性得到改善,但这种接法要求两管参数对称一致(主要指容-压特性),由于两管串接必然引起 $R_s\uparrow$、$Q\downarrow$,因此适用于对非线性要求较高的电路。

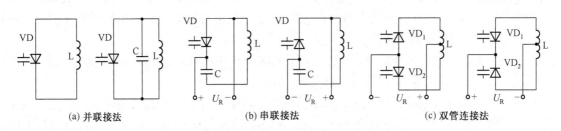

(a) 并联接法　　　　　(b) 串联接法　　　　　(c) 双管连接法

图 7.1.7　变容二极管在电路中的连接方式

调谐时总是希望失真尽可能小，最好是频率和电压之间有良好的线性关系。而超突变结最能满足此项要求，为此，在制管过程中，在 N 区采用一定的杂质浓度是负梯度(负梯度是制造晶体管的一种特定工艺方法)形成超突变结。负梯度离 PN 结越远，杂质浓度 N_D 减少越多。由势垒电容随偏压变化关系式得知，对于单边突变结，其势垒电容的大小还跟掺杂一边的杂质浓度 N_D 有关，N_D 小，电容亦小。对于突变结，N_D 在 PN 结区域保持不变;而对于超突变结，离 PN 结越远，N_D 越小，所以，当外加偏压变化时(例如向负的方向变化)，电容变化更明显。作为电调谐应用，总是希望调谐带宽越大越好，因此采用超突变结。

但是超突变结也有缺点，离 PN 结越远，N_D 越小，体电阻越高，串联电阻 R_s 越大，Q 值和截止频率 f_C 无法提高，而且噪声显著增加。

7.2 扫频仪工作原理

BT—3GⅢ扫频仪是江苏徐州隆宇电子仪器有限责任公司生产的系列扫频仪之一(此扫频仪为国际中标产品)。该仪器具有全扫、窄扫、点频、矩形内刻度示波管显示等功能。还具有测量技术先进、性能稳定可靠、功能齐全、操作简便、测量速度快、精度高等特点。

7.2.1 整机电路原理框图

扫频仪电路工作原理框图如图 7.2.1 所示。它主要由扫频信号源和显示系统两大部分构成。

(1) 扫频信号源的构成及功能

由图 7.2.1 可知，扫频信号源由扫频单元、频标单元和衰减器三部分组成，在控制信号的作用下要求扫频信号源具有以下功能。

① 能产生频率做线性变化的扫频信号;

② 这个扫频信号的输出是等幅的,且具有一定的功率;

③ 扫频信号的频偏应尽可能大且中心频率可调;

④ 要求扫频信号的线性度良好;

⑤ 能产生和扫频信号同步的频率标记;

⑥ 输出阻抗要恒定。

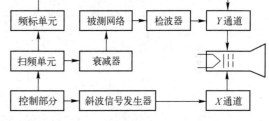

图 7.2.1　扫频仪电路工作原理框图

(2) 显示系统的构成及功能

扫频信号加到被测的四端口网络,要想观察到被测四端口网络的幅频特性,必须借助于显示系统。显示系统为测试提供了一个良好的界面,借助于这个界面可以方便和直观地观察被测网络的幅频特性曲线。对于显示系统而言,主要的要求有两点:轨迹明亮而清晰,在不失真的前提下要有足够高的增益。显示系统主要由斜波电压发生器,X、Y 轴通道放大器及示波管等电路构成。

7.2.2 单元电路工作原理

1. 扫频单元

扫频单元工作原理框图如图 7.2.2 所示。

由图 7.2.2 可看出,扫频信号是由固频振荡和扫频振荡在混频器里经差频的方法而获得的。采用差频的方法是因为差频可使中心频率获得很大的覆盖比和有可能实现全频段扫频。例如,扫频振荡频率为 500~800 MHz,固频振荡频率为 500 MHz,经差频后可获得中心频率为 150 MHz、最大

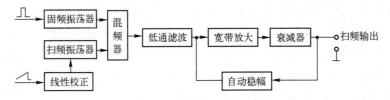

图 7.2.2　扫频单元工作原理框图

频偏为 ±150 MHz 的扫频信号,即产生 0~300 MHz 的扫频输出。混频器是一个非线性的频率变换器件。混频器的输出包含两个混频信号及由它们的谐波所产生的和频与差频频率分量,为了获得差频信号,必须由滤波器进行信号的提纯,混频器后总是接有一个低通滤波器。低通滤波器输出的扫频信号有两个特点:一是信号的幅度较小,二是扫频信号的高低端起伏较大。为了获得等幅并且具有一定功率的扫频输出,必须借助于宽带放大器进行放大,以满足所要求的输出电平,然后经衰减器馈至输出端。这里需要强调的是,宽带放大器必须带有自动稳幅电路,从而实现自动电压控制(AVC)。扫频振荡器一般采用变容二极管作为压控元件,由于变容二极管的 *C-U* 特性曲线不是线性的,为了获得线性的扫频振荡,必须对其加入的线性锯齿波进行校正,这就是框图中加入线性校正电路的根本原因。

2. 固频振荡器

固频振荡器电路如图 7.2.3(a)所示。

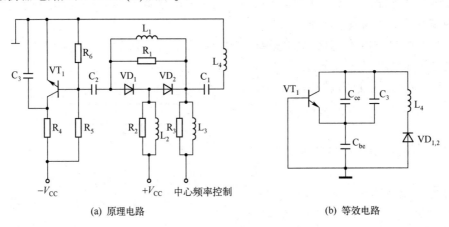

(a) 原理电路　　　　　　　　　　　　(b) 等效电路

图 7.2.3　固频振荡器电路

由图可见 VT_1 为振荡管,R_4、R_5、R_6 为其提供直流偏置,C_1、C_2 为隔直电容,R_1、R_2、R_3 为变容二极管提供直流通路。由图可看出这是一个典型的克拉泼振荡电路,等效电路如图 7.2.3(b)所示。需要说明的是:参与振荡的电容除 C_3 外,还有振荡管的结电容 C_{be} 和 C_{ce};因为振荡电路中的分布电容、分布电感及晶体管的输入电路等都已等效到振荡回路里,这种振荡器工作在频率较高的频段,振荡频率也比较稳定。另外,VT_1 的基极直接接地,这有利于变容二极管基准 0 偏置的稳定,使扫频低端的频率稳定性有所提高。VD_1、VD_2 为变容二极管,采用对接的方式是为了提高振荡频率的上限,并在一定程度上改善扫描线性。中心频率控制电压取自于面板上的电位器,中心频率控制电压一经确定,固频振荡器就会产生固定频率的振荡信号。改变中心频率控制电压也就是改变变容二极管的偏压,即改变振荡频率。固频振荡器的输出通过电感 L_4 耦合到下一级。

3. 扫频振荡器

扫频振荡器的电路原理图如图 7.2.4(a)所示。它和固频振荡器不同的是:通过穿心电容 C_{11}

加上的是经过线性校正过的斜坡电压,穿心电容的结构是空心圆柱形的电容器,信号线穿过其中,一端接地,其作用是旁路掉杂散的高频干扰信号。扫频振荡器工作在开关状态,即在工作区内产生扫频振荡,而在休止期内停振,波形如图7.2.4(b)所示;扫频振荡器的输出通过电感 L_9 耦合到下一级。

4. 混频器和低通滤波器

在高频电子电路中,通常将信号由某一频率变换成另一个频率,或者由高频信号变换成低频信号,这种技术处理不但容易实现变频和选频,而且能极大地提高信号的抗干扰能力。完成上述功能的电路有多种,像混频器(也称变频器)就是其中常用的一种。

变频就是将二个不同频率的信号(其中一个称为本地振荡信号)加到非线性器件进行频率变换后取其差频或和频。如果这种非线性器件本身既产生本振信号,又实现频率变换,则称为自激式变频器,简称变频器。如果此种非线性器件本身仅实现频率变换,本振信号由另外的器件产生,则包括产生本振信号的器件在内的整个电路,称为他激式变频器,也称为混频器。混频器(或变频器)根据所用器件的不同,划分为二极管混频器、晶体管混频器、场效应管混频器、差分对混频器、集成电路混频器等。根据工作特点的不同,又划分为单管混频器、平衡混频器、环形混频器等。对混频器在性能上的要求是:混频增益高、频率选择性好、失真与干扰要小、噪声系数要低和工作稳定性要好。

混频器和滤波器的电路原理图如图7.2.5(a)所示。固频振荡器的输出通过 L_4 感应到 L_5 上,同时扫频振荡器的输出通过 L_9 感应到 L_6 上,这样参与混频的两路信号就同时加到了混频器上。

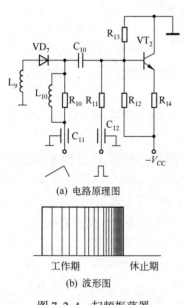

(a) 电路原理图

(b) 波形图

图 7.2.4 扫频振荡器

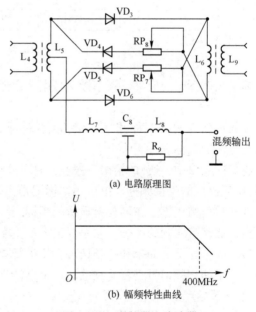

(a) 电路原理图

(b) 幅频特性曲线

图 7.2.5 混频器和滤波器

混频器由二极管 $VD_3 \sim VD_6$,电位器 RP_7、RP_8 和电感 L_5、L_6 所组成,这是一个典型的环形混频器(或称双平衡混频器)。采用平衡式混频器的原因是因为它能够有效地抑制掉一些非线性成分和互调失真。

$VD_3 \sim VD_6$ 四个二极管均处于开关状态工作,在固频振荡电压的正半周时,二极管 VD_3 与 VD_6 导通,VD_4 与 VD_5 截止,此时,混频器相当于一个二极管反相型平衡混频器。在固频振荡电压的负半周时,二极管 VD_4 与 VD_5 导通,VD_3 与 VD_6 截止,此时,混频器也相当于一个二极管反相型平衡混频器。在混频器输出电流成分中,除了和频及差频成分外,大部分的非线性成分被进一步抑制掉。

采用二极管双平衡混频器的优点是:组合频率少,动态范围大,噪声小,固频振荡电压无反辐射,也就是防止了固频振荡电压通过混频器的极间电容所产生的辐射干扰。但是,这类混频器也有一个重要缺点,变频增益小于1。

低通滤波器由电容 C_8 电感 L_7、L_8 和电阻 R_9 组成,仔细调整有关参数,使其幅频特性符合图7.2.5(b)的要求。让混频信号通过,滤除无用的高次谐波,低通滤波器的输出直接加到宽带稳幅放大器上。

7.3 频标单元

频标单元的工作原理框图如图 7.3.1 所示。

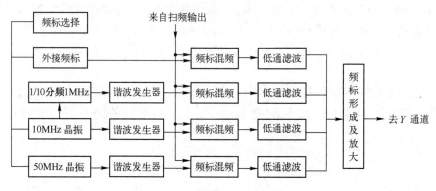

图 7.3.1　频标单元工作原理框图

频标是频率标记的简称。频率标记是用一定形式的标记对频率特性曲线上的任意点进行定量描述。

频标的形状大致有四种,即菱形频标、脉冲频标、线频标及光点式频标。在 BT—3GⅢ 扫频仪中采用的是菱形频标。

在通用扫频仪中,频标的给出一般有三种形式:单一频率间隔的频标,两种频率间隔的复合频标,专门用来校准的外接频标。由于频率标记是频率测量的标尺,因此要求频率标记具有较高的频率稳定度和频率精确度。在屏幕上显示的频标,要求其标记清晰,幅度大致相等,对于复合频标要求大小频标能够有明确的区分。频率标记的产生是靠差频的方法获得的。利用差频的方法将获得一个或多个频率标记。如果和扫频信号直接进行差频的是一个固定频率的正弦波,则只能产生一个频标。如果和扫频信号进行差频的是一个谐波丰富的窄脉冲,则能产生多个频标。

1. 单一频标产生的工作原理

单一频标产生的工作原理框图如图 7.3.2 所示。由图可见在混频器的两个输入端分别加入扫频信号 f_s 和一个频率固定的正弦波信号 f_g,在混频器里两个信号进行差频。需要强调的是:扫频信号的频率在一定的频率范围内做线性变化,并且扫频信号中必然含有一个与正弦波固定频率相等的瞬时值频率 f_{sh}。

混频时:当 f_{sh} 逐渐接近 f_g 时,扫频信号的幅值逐渐减小(差频越来越小);当 f_{sh} 等于 f_g 时,扫频信号的

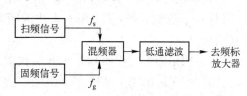

图 7.3.2　单一频标产生的工作原理框图

幅值为零,即零拍(零差频);当 f_{sh} 逐渐离开 f_g 时,扫频信号的幅值逐渐增大(差频越来越小),波形如图 7.3.3 所示。结果是以零拍点为中心(零差频)越向两边差频越小。混频器的输出经低通滤波器滤波后,差频中频标较高的部分被滤掉了,只有以零拍为对称点的一部分极低频率的差频信号被保留下来,经频标放大器放大后得到了所谓的菱形频标标记,如图 7.3.3 所示。

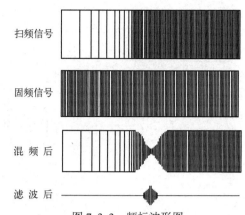

图 7.3.3　频标波形图

2. 产生多个频标的工作原理

利用固定频率的正弦波去和扫频信号相混频,只能得到一个菱形频率标记。在扫频仪中,通常采用这种工作原理来给出外接频标的产生过程。而要获得多个频标(一组等频率间隔的频标),采用上述方法显然是行不通的。下面以 10 MHz 通用频标为例来说明获得多个频标的工作原理,如图 7.3.4 所示。

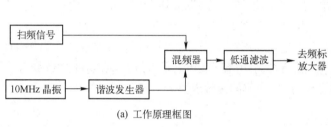

(a) 工作原理框图

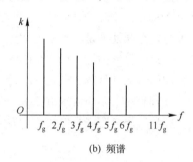

(b) 频谱

图 7.3.4　10 MHz 频标

根据图 7.3.4 进行分析,和单一频标产生的框图相比较,仅多了一个谐波发生器。然而就是这个谐波发生器使频标产生的个数发生了重大变化。这是因为 10 MHz 晶振输出的正弦波加到谐波发生器后,谐波发生器所产生的信号除含有基波信号以外,还含有极其丰富的高次谐波。如果晶振频率是 10 MHz,谐波发生器除了能产生 10 MHz 的频率分量以外,还能产生 20 MHz、30 MHz、40 MHz 及 N MHz 的频率分量。谐波发生器的频谱见图 7.3.4(b),从图上可看出谐波发生器所产生的各次谐波都具有一定的能量,且能量随着谐波次数的增高而逐渐减小。另外,各次谐波都和基波一样具有相同的频率精度和频率稳定度。这些频率分量和扫频信号中各自对应的频率瞬时值相混频,从而完成了频率变换。混频器的输出经过低通滤波器滤波、频率标记放大器放大后给出了多个菱形频率标记,波形如图 7.3.5 所示。

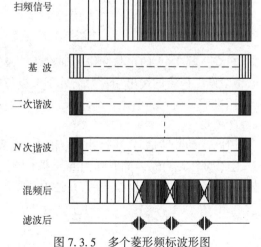

图 7.3.5　多个菱形频标波形图

3. 频标单元电路分析

其具体电路如图 7.3.6 所示。

本电路包括四个部分:10 MHz 晶振、隔离放大器、谐波发生器及混频滤波电路。

10 MHz 晶振电路:它由振荡管 VT_1、电容 C_2、C_3 和电感 L_1 构成调谐回路,当调谐回路的谐振频率大约为 10 MHz 时,由电容 C_1 和晶体 Y_1 对振荡管形成正反馈,从而形成稳定的正弦波振荡。

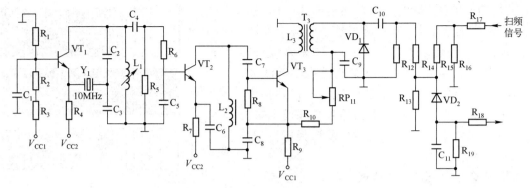

图 7.3.6　频标电路

隔离放大器：VT_2 为隔离放大器，该放大器有两个作用，即能有效地抑制谐波发生器的阶跃脉冲对晶振的影响及为 1 MHz 的频标电路提供输入同步脉冲。

谐波发生器：它由晶体管 VT_3、变压器 T_3 与阶跃二极管 VD_1 等主要器件组成，该电路主要作用是将 10 MHz 的基准信号形成前沿非常陡峭的窄脉冲，这由 VT_3 工作点的设置与阶跃二极管的连接方式来决定。这样处理是因为根据傅里叶分析，窄脉冲的谐波极其丰富，其频谱幅值较为平坦，容易获得高度一致的菱形频标。VT_3 处在截止状态，当输入脉冲到来时，VT_3 迅速导通，并通过电感线圈 L_3 将正脉冲信号加到阶跃二极管 VD_1 上。电阻 R_{10}、电位器 RP_{11} 为阶跃二极管提供正向偏置，即静态时阶跃二极管有一个正向偏置电流 I。电容 C_9 为隔离直流，电容 C_{10} 和电阻 R_{12} 除了在电路中起微分作用外，电容 C_{10} 还具有隔直作用。阶跃二极管及其附属电路的等效电路和波形如图 7.3.7 所示。

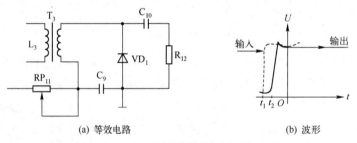

(a) 等效电路　　　　　　　　　(b) 波形

图 7.3.7　阶跃二极管等效电路及其波形

当变压器 T_3 上的正脉冲作用到阶跃二极管上时，阶跃二极管由静态时的正向偏置变为反向偏置，但阶跃二极管的输出端暂时仍处于低电位状态，经过一定的时间后，阶跃二极管离开导通状态，其电压突然跳变到高电位。即阶跃二极管从导通状态到截止状态的时间极短，这样就实现了高速脉冲的整形。

阶跃后的脉冲信号，通过由 C_{10} 和 R_{12} 组成的微分电路，经 R_{14}、R_{13} 电阻分压电路加到混频器 VD_2 上（见图 7.3.6）。同时加到混频器上的还有经过 R_{17}、R_{16} 分压后的扫频信号，混频器的输出通过 R_{19}、C_{11} 组成的滤波器滤波后，并经 R_{18} 馈至频标放大器。

7.4　Y 通道单元

扫频仪的 Y、X 通道系统同模拟示波器相似，准确地说，扫频仪中的显示系统就是一台低频示波器。但和示波器相比，扫频仪中的显示系统又有许多自身的特点，比如：Y 轴所能测量的频率比较低，一般在 0～500 kHz 左右；Y 轴除对被测信号进行线性放大外，对频率标记也能够进行一定的放大；在水平扫描方面示波器有多种扫速可供选择，而扫频仪仅有一种扫描速度。

Y 通道单元原理框图如图 7.4.1 所示。

Y 通道单元是显示系统的重要部件,一些重要的技术指标必须通过它才能反映出来。因此对 Y 通道单元的具体要求为:

① 有较高的输入阻抗。Y 通道的被测信号来自于机外的检波探头,其内部装有峰-峰值检波器。如果 Y 通道的输入阻抗太低,则检波探头从峰-峰值检波器变成了有效值检波器,这样就改变了检波探头的解调特性。因此要求 Y 通道具有较高的输入阻抗,输入阻抗一般要大于 200 kΩ。

② 有较好的频率特性。如果要求被测信号在屏幕上能稳定的显示,并且不给人眼有闪烁的感觉,那么扫描刷新速率必须大于或等于 50 Hz,即扫描的正程(工作期)和逆程(休止期)加起来不得超过 20 ms。因此,扫频仪中的时序安排如图 7.4.2 所示。由图 7.4.2 可看出,被测信号加入的时间(工作期)就是一个前沿陡峭的脉冲波,而为了不失真地将其再现到屏幕上,Y 通道必须具有良好的频率特性。

图 7.4.1　Y 通道单元原理框图　　　　图 7.4.2　扫频仪中的时序图

③ 要求有较小的漂移。Y 通道的下限频率一般要求能扩展到直流,即全部采用直流耦合。但采用直流耦合又带来了电压漂移、温度漂移及噪声等问题。漂移会使图像上下移动,噪声会使扫描线变宽和粗糙,解决这些问题的最好办法是在电路中尽量使用差动放大器,使用差动放大器作为主体电路可使漂移造成的图像移动限制在 0.3~0.5 div/h。

另外,X 轴扫描电路与显示部分电路的工作原理同模拟示波器一样,请参阅第 6 章的相关内容。

7.5　操 作 使 用

下面以 BT—3GⅢ型频率特性测试仪为例来详细介绍扫频仪的使用方法(其他扫频仪的工作原理与测试方法大致相同)。

1. BT—3GⅢ型频率特性测试仪的面板布置(见图 7.5.1)

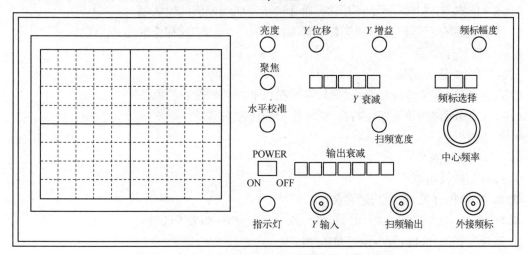

图 7.5.1　BT—3GⅢ型频率特性测试仪的面板布置

2. 按键、旋钮的名称与作用

● 前面板部分

（1）显示器：显示待测网络的幅频特性曲线。

（2）电源开关（POWER）：电源开关为红色按键，按下为接通电源（ON），指示灯亮；弹出为关闭电源（OFF），指示灯灭。

（3）水平校准：当扫描线不能和水平刻度线重合时，可加以调节。

（4）聚焦：调节该旋钮可使扫描线光滑清晰。

（5）亮度：用来调节扫描线的亮度，顺时针调节亮度最大，反之则最暗。

（6）Y 位移：调节该旋钮左右旋转，可使扫描线上下移动。

（7）Y 增益：用于调节 Y 轴输入信号幅度的大小，使待测信号能直观地显示在显示器上。

（8）Y 输入：通常接检波探头的输出端，对于含有内检波器的四端网络，该网络的输出可直接加到 Y 输入端。

（9）Y 衰减：

① +/−键：弹出为"+"（正极性），按下为"−"（负极性）。

② AC/DC 键：弹出为"DC"测量；按下为"AC"测量。

③ Y 轴输入衰减分为×1、×10、×100 三挡，按下为有效，弹出为无效，应和"Y 增益"旋钮配合使用。通过不同挡的选择，可改变整个 Y 轴的增益与扫描线的高度。

（10）中心频率：调节该旋钮，可使需要的中心频率置于显示器的中心位置。

（11）频标选择 MHz：

① 50 挡为 50 MHz 的频标，按下为有效。

② 10/1 挡为 10 MHz 和 1 MHz 组合频标，按下为有效。

③ 外接：当按下此键时，显示器上的频标会全部消失，需通过外接频标插座输入一个选定的频率信号，该频率信号会以菱形标记的形式出现在显示器上。

（12）频标幅度：顺时针调节该旋钮，可使频标幅度增大，反之则减小。

（13）扫频方式：为全扫、窄扫、点频三挡转换键，按下为有效，弹出为无效。

（14）扫频宽度：调节该旋钮能得到适合的扫频带宽。

（15）输出衰减 dB：输出衰减共分为 7 挡，通过不同的组合，可得到不同的衰减量，它的设置能够改变扫频信号的输出幅度。

（16）扫频输出：扫频信号的输出端，通常接待测四端网络的输入端。

（17）外接频标：该插座应和"频标选择 MHz"中的"外接"键配合使用。

● 后面板部分

左、右两个旋钮分别是 X 幅度、X 位移。

（18）X 幅度：调节该旋钮，可改变扫描线在水平方向幅度的长短。

（19）X 位移：调节该旋钮左右旋转，可使扫描线左右移动。

● 使用方法

（1）扫频仪检查

① 接通扫频仪电源。

② 检测/自校开关：置"自校"位置。

③ 将+/−键：置"+"挡、AC/DC 键：置"DC"挡、Y 衰减键：置"×1"挡。

④ 频标选择 MHz 键：置"10/1"MHz 挡。

⑤ 输出衰减 dB 键：置 0 dB（输出衰减按键全部弹出）。

⑥ 接通电源,显示器上将出现近似于矩形的扫描线,分别调节亮度、聚焦、水平校准、Y 位移、Y 增益等旋钮,使扫描线处于最佳状态。

（2）频标的识别

① 将频标选择 MHz 键置"10/1"挡,"中心频率"旋钮置于起始处,此时显示器上出现不同于菱形频标的特殊标识,称为零拍。

② 顺时针调节"中心频率"旋钮,会发现零拍及右面的大小频标逐渐左移,其中幅度大的为 10 MHz 频标,幅度小的为 1 MHz 频标,如图 7.5.2(a)所示。

③ 频标选择 MHz 键置"50"挡,扫频曲线如图 7.5.2(b)所示,在零拍右边的第一个频标为 50 MHz,第二个频标为 100 MHz,其余依此类推。

（3）扫频宽度

不同的四端网络有着不同的频带,预置扫描宽度太窄,待测曲线在水平方向会很小;预置扫频宽度太宽,待测曲线在水平方向会很大。因此调节扫频宽度旋钮会得到合适的扫频宽度。

（4）中心频率读取

不同的四端网络除了有不同的频带之外,还有不同的中心频率,预置中心频率过高,被测曲线会在右面,预置中心频率过低,被测曲线会在左面。

调节中心频率旋钮,使得中心频率在显示器中央,可对称地观察待测曲线,图 7.5.3 所示为中心频率为 20 MHz、扫频宽度为 24 MHz 的校准曲线。需要说明的是,中心频率 20 MHz 是在零拍右面的第 2 个大频标。

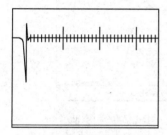

(a) 10/1 MHz 组合频率标记

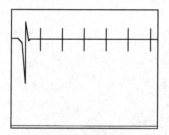

(b) 50 MHz 频率标记

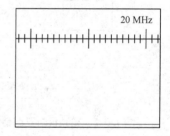

图 7.5.2 频标的识别

图 7.5.3 中心频率的读取图

*7.6 测试实例

下面以双调谐回路的扫频测量为例进行介绍。

双调谐回路的工作原理电路如图 7.6.1 所示。

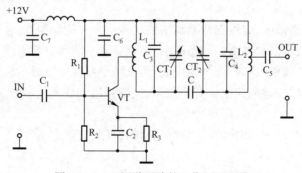

图 7.6.1 双调谐回路的工作原理电路

测量步骤如下：

（1）接通扫频仪电源。

（2）扫频仪各旋钮预置如下：

① "+/-"键：置"+"挡、"AC/DC"键：置"DC"挡，Y 衰减键：置"×1"挡。

② 输出衰减 dB 键：置 10 dB。

③ 频标选择 dB 键：置"10/1"MHz 挡。

④ 中心频率旋钮调节在 10.7 MHz 上。

⑤ 调节扫频宽度旋钮，使频率范围在 20 MHz 左右。

⑥ Y 增益旋钮顺时针调节至 5 大格位置。

（3）扫频仪与双调谐回路的连接如图 7.6.2 所示。

扫频仪扫频输出端接双调谐回路放大器的输入端，双调谐回路放大器的输出端通过检波探头接扫频仪的 Y 输入端。

（4）检测/自校开关：置"检测"位置。

注：检波探头为低阻检波器，扫频输出为带鳄鱼夹的高频电缆。

（5）合理选择输出衰减 dB 值，调节"扫频宽度"旋钮，使双调谐回路的幅频特性曲线为 5 大格，如图 7.6.3 所示。

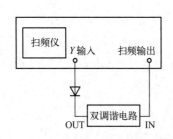

图 7.6.2　扫频仪与双调谐回路的连接

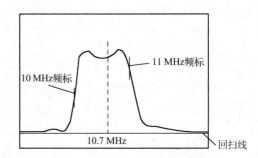

图 7.6.3　双调谐回路扫频曲线图

该双调谐回路放大器的增益等于输出衰减总 dB 值减去 10 dB。此时双调谐回路的特性曲线显示在显示器上。

*7.7　正确选用扫频仪依据

扫频仪的选型应根据实际使用要求进行选择，主要参照以下几点：

（1）频率范围：应根据所使用的频段参照具体指标，如扫频范围、扫频宽度、扫频时间、中心频率等参数进行选择。

（2）输出功率及动态范围：应根据待测网络的具体指标和技术参数，合理地选择符合测试要求的功率电平，以及满足技术参数要求的动态范围，特别是动态范围要随着测试要求的提高而增加。

（3）使用灵活、操作简单、直观、测试精度高，测试结果可直接在显示器上读出。

（4）扫频仪面板上的按键和旋钮要齐全配套、按键弹出与按下要轻松自如，旋钮调节要灵活、方便、准确。

（5）要有必备的测试附件，如检波器、电缆、各种转换接头等。

7.8   频谱分析仪工作原理

7.8.1   时域和频域的关系

对于一个电信号,一种是用它随时间的变化特性来表示,如各种电子示波器的测试波形,一般称它为时域分析方法。另一种是用信号所含的各种频率分量(频谱分布)来表示,由频谱分析仪来测量,一般称它为频域分析方法。

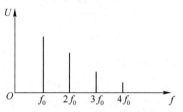

这里所说的"谱",是指按一定规律列出的图表或绘制的图像。而频谱是指对信号按频率顺序排列起来的各种成分,当只考虑其幅值时,称为幅度频谱,简称频谱。对于任何电信号的频谱所进行的研究,称为频谱分析。

图 7.8.1   周期信号的频谱图

一个周期信号,由基波和各次谐波成分等组成,当用频谱表示时,如图 7.8.1 所示。图中每一根竖线的长短代表一种正弦分量幅值(模)的大小,并且只取正值。称这些纵线为"谱线"。

既然上述时域和频域两种分析方法都能表示同一信号的特性,因此它们之间必然是可以互相转换的。时域分析是研究信号的瞬时幅度 u 与时间 t 的关系,而频域分析是研究信号中各频率分量的幅值 U 与频率 f 的关系。将二者画在同一个图上即可看出它们之间的内在联系,如图 7.8.2 所示。图中反映一个由基波和二次谐波合成的非正弦波信号的情况,它是 u、t、f 三维坐标的示意图;在时域平面上显示的是合成后的波形图,反映信号总的瞬时幅度,如图(a)所示;在频域平面上显示的是各次谐波的谱线,反映各种频率分量的幅值,如图(b)所示,这种方法能够获得电子示波器或扫频仪不能得到的一些独特信息。

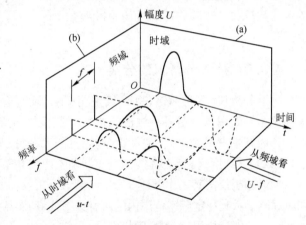

图 7.8.2   时域与频域的关系示意图

根据上述理论分析,时域分析与频域分析同样用来反映同一信号的特性,但是两者分析的方法不同,应用领域也不同。

频域分析法多用于测量各种信号的电平、频率响应、频谱纯度和谐波失真等。

时域与频域的关系通过用数学方法——傅里叶级数和傅里叶变换来表征。

例如,图 7.8.3 中给出的方波图像用下列数学式表达。

$$f(t)=\begin{cases} 1, & nT \leqslant t \leqslant nT+\dfrac{T}{2} \\ -1, & nT+\dfrac{T}{2} < t < (n+1)T \end{cases} \qquad (7.8.1)$$

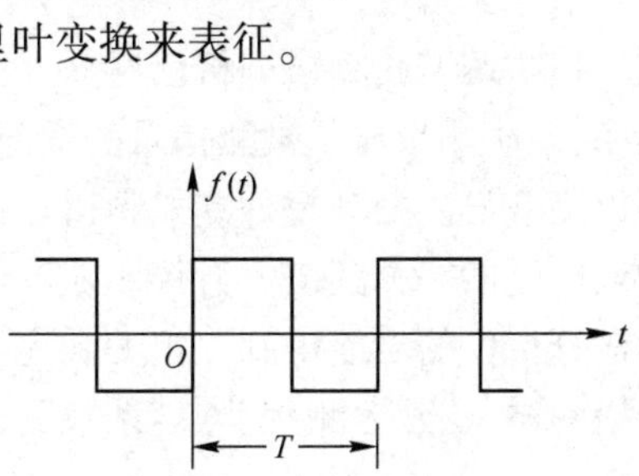

图 7.8.3   方波波形

式中,$n = 0,1,2,\cdots$。

函数表达式尽管很简单,但不连续。采用傅里叶级数写成正弦函数表达式,即

$$f(t) = \frac{4}{\pi} \sum_{k=0}^{\infty} \frac{1}{2k+1} \sin(2k+1)\omega t \quad (7.8.2)$$

任何周期函数都能展开成傅里叶级数,级数的每一项在频谱上都画成一条直线,代表信号的一种成分。而且每一项的频率都是信号频率(即基频)的整数倍,所以频谱图上各个谱线是依次等间距排列的。而非周期信号则不然,例如广播中的调频波等,需要进行特殊处理,一般用傅里叶变换的方法来研究。

在电子技术中,常见的电信号都存在频谱函数,表 7.8.1 给出了部分常见电信号的波形图与频谱图的对应关系。

表中纯正弦波,只显示一条谱线,$f_0 = 1/T$,线高等于正弦波的幅值;方波含有 1,3,5,…奇次谐波;三角波与梯形波也含有 1,3,5,…奇次谐波,但各分量的幅值与方波不同;而锯齿波含有 1,2,3,…各次谐波,按自然数排列。这些均可通过傅里叶级数求出。

表 7.8.1 部分常见电信号的波形图与频谱图对应关系

类型	波 形 图	频 谱 图
正弦波		
方 波		
三角波		
梯形波		
锯齿波		

7.8.2 频谱分析仪的分类

频谱分析仪(简称频谱仪)一般是用 CRT 显示输入信号的频率–功率(或幅度)分布的仪器。这种仪器一般用于分析各种波形的特性,在所研究的频率范围内重复扫描,就可以显示信号的全部组成。因其具有灵敏度高、频带宽、动态范围大等特点,极方便地获得时域测量中不易得到的独特信号,如频谱纯度、信号失真、寄生、交调和噪声边带等各种参数。

频谱分析仪按其工作原理分为实时频谱分析仪和非实时频谱分析仪两大类。实时频谱分析仪能同时观测显示其规定频率范围内的所有频率分量,而且保持了两个信号间的时间关系(即相位关系),使得它不仅能分析周期信号、随机信号,而且能分析瞬时信号,显示相位关系。

常用实时频谱分析仪按工作原理又划分为多通道(信道)滤波式、时基压缩式、扫频超外差式、相关存储滤波式、快速傅里叶变换(FFT)式等。根据分析信号的特点,实时频谱分析仪有时又称为动态信号分析仪。

扫描调谐式频谱分析仪对输入信号按时间顺序进行扫描调谐,在某一瞬间只能测量显示一个频率,逐次测量显示被测信号的全部频率范围。它只能分析在规定时间内频谱几乎不变化的周期性重复信号。扫频超外差式频谱分析仪的频率范围宽、选择性好、灵敏度高、动态范围大,是目前用途最广泛的一类频谱分析仪。随着电子技术、微电子技术、微波技术及计算机技术的飞速发展,使频谱分析仪的功能得到了扩大和完善,如果配备不同的选件可提供 CATV、GSM900、CDMA、EMC、网络测试、群延迟测试、噪声系数测试、相位噪声测试、数字无线电测试及矢量信号分析等多种应用功能。

由于频谱仪种类较多,这里以 FFT 型实时频谱仪和扫频超外差式频谱仪为例说明其工作原理。

1. FFT 型实时频谱仪

快速傅里叶变换(FFT)是实施离散傅里叶变换的一种极其迅速而有效的算法。它通过仔细选择和重新排列中间结果,在速度上较之离散傅里叶变换有明显优点。实施离散傅里叶变换所需计算次数约为 N^2(N 为取样数),而与之相对应的 FFT 所需的计算次数为对数运算。最常见的 FFT 算法要求 N 是 2 的幂次。频谱仪中的典型记录长度为 1024。

由于动态信号分析仪使用快速傅里叶变换(FFT)算法,因此又称为 FFT 分析仪。图 7.8.4 所示为 FFT 分析仪的简化框图。输入信号通过程控步进衰减器和模拟低通滤波器后,扩大了信号的测量范围,并滤除了频带外多余的频率分量。取样器对输入的时域信号进行取样,由 A/D 转换器完成信号的量化。采用频率取样式数字滤波器能同时减小信号带宽和降低取样频率,既改善了频率分辨力又避免出现频谱混叠。微处理器接收滤波后的取样波形,利用 FFT 计算波形的频谱,测量结果输出在显示器上。

FFT(或 DFT)在原理上是尽可能地采用有限长度时间来记录近似傅里叶变换对整个时间的积分。然而,在随时间不断重复波形时,某些波形的形状和相位会引入瞬变现象。在这种情况下,FFT 频谱便会与傅里叶变换积分形式产生较大差异,这种效应(称为泄漏)在频域中十分明显,它不是细长的谱线,而是遍布在很宽的频率范围内。泄漏问题的常用解决办法是,强迫波形在时间记录结束处变为 0,这一功能是利用窗口函数乘以时间记录来实现的。针对若干特定的数字信号处理应用,已提出许多不同的窗口函数。频谱仪中常用的窗口函数有多种,每一种窗口函数的定义、功能各不相同,如幅度精度、频率分辨力等。它们的特定应用场合也不一样,有的适用于网络测量的场合,有的适用于瞬变信号的场合等。

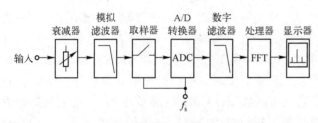

图 7.8.4　FFT 频谱仪的简化框图

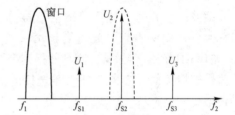

图 7.8.5　信号频谱分布图

2. 扫频超外差式频谱仪

如果在频率轴上有一个特定的窗口,那么只有进入该窗口的信号才能被检测到。如果窗口从频率点 f_1 扫描到频率点 f_2,就能获得不同频率点上的信号功率,也就得到了被测信号的频谱分布,如图 7.8.5 所示。如何实现这个特定的窗口和频率扫描呢?现代频谱仪都将窗口设计在一个固定的频率点上,利用扫描第一本振的方法,使混频得到的中频信号逐个地通过这个窗口,这样就等效于窗口的频率扫描。减小窗口的大小就可更细致地观察频差较小的两个信号,此窗口就是中频窄带滤波器。

要想将宽带频谱转换到特定的频率点上,频谱仪必须采用扫频本振方案,经利用多次变频技术来实现。本振通常采用一个固态振荡源,它具有一个频率控制端口,以便对振荡器进行频率调谐。现代频谱仪的设计多数采用 YIG(钇铁柘榴石)调谐振荡器(YTO),它具有主线圈和副线圈两个控制端口,改变流过线圈中电流的大小实现改变输出频率的目的。扫频是利用一个斜坡信号加在 YTO 驱动电路上来实现的。通常利用跟踪锁频技术或频率合成技术,将本振锁定在参考源上,提高本振的调谐准确度和稳定度。

图 7.8.6 所示为典型系列频谱仪的简化原理框图,它是一台由微处理器控制的扫频超外差式

频谱仪。在超外差式频谱仪中,镜像和多重响应的数目是随信号频率及本振扫频范围而变化的,为了识别这些镜像和多重响应,通常采用镜像法和频移法,这两种方法是利用手动识别或启动镜像识别程序。但是,有时需要在复杂的频谱环境中寻找完全未知的信号,对每种响应都要通过识别来判断会使得测量难度偏大。只有解决这个问题,才能对信号的频谱进行方便、快速、准确的分析。在宽带频谱仪的设计中,有两种方案可供选择:第一种是采用预选器;第二种是采用上变频。由于预选器频率下限的限制,宽带频谱仪总是被划分成高、低两个波段。低波段采用中频的方案,它只要一个固定的低通滤波器而不是可调的低通或带通完成对镜像进行抑制。高波段采用预选器对输入信号进行预选,有效地抑制镜像频率。

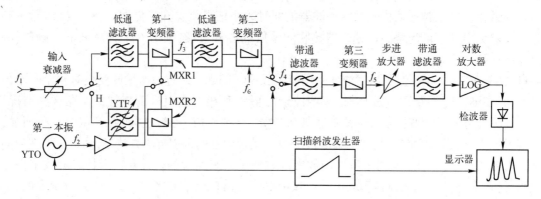

图 7.8.6　频谱仪的简化原理框图

频谱仪工作原理如下:

微波信号 f_1 经过输入衰减器后被分成两路,分别输入到高、低两个波段。在低波段,频率为 9 kHz~2.95 GHz 的信号被切换到第一变频器中的基波混频器部分(MXR1),得到第一中频 f_3(3.9214 GHz),f_3 经过第二变频器得到第二中频 f_4(321.4 MHz)。在高波段,频率为 2.75~26.5 GHz 的信号被切换到预选器(YTF),预选后的信号输入到第一变频器中的谐波混频器部分(MXR2),也得到第二中频 f_4。f_4 经第三变频器变换得到第三中频 f_5(21.4 MHz),在该中频上,对信号进行处理,使信号经不同带通滤波器的选择,再经过线性及对数放大、检波、数字量化和显示。调谐方程如下:

低波段:　　　　　　　　　　　　$f_2-f_1=f_3 , f_3-f_6=f_4$　　　　　　　　　　　　(7.8.3)

高波段:　　　　　　　　　　　　$Nf_2-f_1=f_4$　　　　　　　　　　　　　　　(7.8.4)

式中,N 为谐波混频次数;f_2 为第一本振频率;f_6 为第二本振频率;f_1 为输入微波信号频率。

输入衰减器是 0~70 dB;以 10 dB 步进的程控衰减器,主要用途是扩大频谱仪的幅度测量范围,使幅度测量上限扩展到 +30 dBm。它不但用于保护第一变频器过载,而且用于优化混频器电平以实现最大的测量动态范围。该衰减器的默认状态设置是 10 dB,用于改善频谱仪和被测源之间的匹配。

变频器的作用就是将微波信号变换成低频,对于频率范围为 9 kHz~26.5 GHz 的宽带频谱仪,它的第一变频器中包含有两个混频器,一个是用于低波段的基波混频器,另一个是用于高波段的谐波混频器。变频器中还包括 6 dB 衰减器、单刀双掷开关及匹配网络等,它们分别做在石英和陶瓷衬底上,是采用微带技术与集总元件技术相结合来实现的。因此,第一变频器是宽带频谱仪中最关键的微波部件之一。

第二变频器主要完成第一中频到第二中频的变换。本振频率是 3.6 GHz,它由 600 MHz 倍频获得。第三变频器将第二中频变换到第三中频,其本振为 300 MHz。步进增益放大器是对第三中频信号进行放大,主要用于参考电平和衰减器变化时整机增益的调整。带通滤波器可以提供 30 Hz ~ 30 MHz 多种不同分辨率的带宽。

整机采用了两个 YIG 器件,一个是用于第一本振的 YIG 调谐振荡器(YTO),它提供频率范围为 3~6.8 GHz 的信号,用于驱动第一变频器;扫描斜波发生器产生 -10~+10 V 的扫描电压,变换成斜波电流后,用于驱动 YTO 的扫频。另一个是 YIG 调谐滤波器(YTF),用于预选信号,该器件是宽带微波器件,设计上必须保证它和第一本振同步预选,保证有一个固定的频差(F_4)。

对数放大器是将信号做对数处理,扩大测量显示动态范围。交流信号由检波器转化为视频信号,再进行数字量化。最后经过各种运算得到的测量结果输出在显示器上。

7.8.3 信号频谱测量

1. 调幅信号分析

(1)扫频法

当频谱仪的剩余调频小于调制频率时,频谱仪用扫频法可得到调制信号的载波和边带,如图 7.8.7 所示。载波和边带的频率间隔就是调制频率 f_m,调幅度为

$$AM\% = 200 \times 10^{-(\Delta dB/20)}\% \tag{7.8.5}$$

如果 $f_m = 1$ kHz,dB = 26 dBm,调制频率为 1 kHz,则调幅度 $AM\%$ = 10%。

(2)时域法

在时域中,调幅信号的上、下边带以各自的频率相对载波旋转,以矢量方式叠加后形成调制信号。将频谱仪设置为点频接收机,分辨率带宽大于调制率,利用频谱仪的检波器将包络解调出来。为此,对频谱仪设置如下。

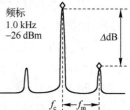

图 7.8.7 扫频法测量调幅信号

① 最宽的分辨率带宽(包括所有频谱分量)。

② 最宽的视频带宽(防止平滑)。

③ 线性显示方式。

④ 零跨度(频标读出的是时间而不是频率)。

满足以上条件时,所显示的曲线如图 7.8.8 所示,它是已解调的调制信号的时域波形。

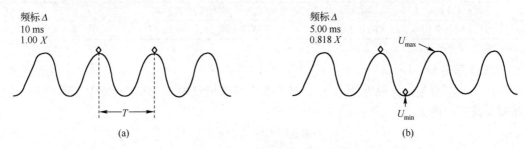

图 7.8.8 时域法测量调幅信号的波形

例如对调制频率为 100 Hz、调幅度为 $AM\%$ = 10% 的调幅信号用以上方法测量可得到两种曲线:图 7.8.8(a) 为调制频率($f_m = 1/T$);图 7.8.8(b) 为调制度 m,可按下式计算:

$$m = \frac{U_{max} - U_{min}}{U_{max} + U_{min}} = \frac{1 - U_{min}/U_{max}}{1 + U_{min}/U_{max}} \tag{7.8.6}$$

式中,U_{max}、U_{min} 分别为信号电压峰值和谷值,频谱仪在线性方式下 U_{min}/U_{max} 值会直接给出。

由图 7.8.8 中得出:$T = 10$ ms,$X = U_{\min}/U_{\max} = 0.818$,$f_m = 1/T = 100$ Hz,根据式(7.8.5)计算得到:
$$AM\% = 100 \times m\% = 100 \times (1-0.818)/(1+0.818)\% = 10\%$$

通过上述分析,将频谱仪设置为 0 跨度,频谱仪就是一个频率可选择的电子示波器,其有最宽的分辨率带宽。虽然其带宽比电子示波器小得多,但频谱仪能实现频率高达 325 GHz 的时域测量。这是电子示波器无法做到的。

（3）FFT 频域法

频谱仪在时域波形上用快速傅里叶变换（FFT）功能可得到对载波归一化的信号频谱,如图 7.8.9 所示。FFT 的起始频率为 0 Hz;终止频率为 $N/2 \cdot ST$（$N = 400$,ST 为扫描时间）。例如,1 s 扫描时间,FFT 终止频率为 200 Hz。在实际测量中,调整扫描时间使每格显示拥有 5~10 个周期即可。

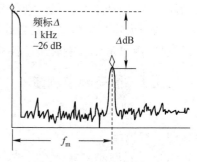

图 7.8.9　FFT 变换测量调幅信号频谱

载波显示在最左边,记为 0 Hz。边带的调制信号处于载波旁边,间隔就是调制频率 f_m。在图 7.8.9 中,$f_m = 1$ kHz。
$$AM\% = 200 \times 10^{-(\Delta dB/20)}\% = 200 \times 10^{-(26/20)}\% = 10\%$$

FFT 的幅度精度可以达到 ±0.2 dB,这比扫频频域法要好得多。但是,FFT 的频率精度主要取决于扫描时间的准确度。频谱仪的扫描时间的准确度一般为 ±20%,这就限制了 FFT 的频率准确度不超过 ±20%。

（4）调幅（AM）信号测量方法的选择

扫频法可得到最好的绝对和相对频率准确度,但该方法通常需要一台高档的频谱仪。例如,调制率小于 1 kHz 时,需要 100 Hz 的分辨率带宽;如果调制率小于 100 Hz,就需要 10 Hz 的分辨率带宽,这就是一台高档的频谱仪了。时域法精度差,对低的调制指数它的灵敏度低,然而对语音和噪声的调制解调却是非常有用的。FFT 频域法使普通的频谱仪能完成精确的 AM 测量,对于调制率小于 5 kHz 的调幅波,不论低档、中档或是高档频谱仪,只要选用适当的软件进行 FFT 测量,此方法在幅度精度、频率分辨率、速度、FM 抑制等方面均具有优势。几种方法的选择见表 7.8.2。

表 7.8.2　调幅方法选择

测量值	测量方法	测量精度	f_m	m
m	扫频频域窄 RBW	对数保真度	>RBW 形状因子的一半	>0.002
m	时域宽 RBW	线性	$1/ST_{\max} < f_m < (N/2)/ST_{\min}$	>0.01
m	FFT 频域窄 RBW	±0.2 dB	$0.02N/2 \cdot ST_{\max} < f_m < N/2 \cdot ST_{\min}$	>0.002

注:表中 RBW 是分辨率带宽

2. 调频信号分析

调频信号的频谱是由无限边带组成的,然而在窄带调频情况下,只有两个主要的边带,它们的幅度相对于载波幅度为
$$dBm = 20lg(\lambda/2) \tag{7.8.7}$$
$$\lambda = \Delta f_{peak}/f_{mod} \tag{7.8.8}$$
式中,dBm 是载波与边带第一根谱线的幅度差,λ 是调制指数,Δf_{peak} 为最大调频频偏,f_{mod} 为调制频率。

（1）扫频频域法

用扫频频域法测量窄带调频时,频谱如图 7.8.10 所示。由图中得到 $f_m = 1$ kHz,$\Delta dB = 40$ dB,则:
$$\lambda = 2 \times 10^{(\Delta dB/20)} = 2 \times 10^{(-40/20)} = 0.02$$

所以
$$\Delta f_{\text{peak}} = \lambda \cdot f_{\text{m}} = 0.02 \times 1000 = 20 \text{ Hz}$$

（2）贝塞尔（Bessel）零点法

对于调频信号，在一些特定的调制指数 λ 值下，调频信号的载频（用正弦调制时）将消失，因为，此时载频的系数为零阶，Bessel 函数为零。常用调频载波的零点和对应的调频指数见表 7.8.3。

图 7.8.11 是一个实例，由图可知，调制频率为上升边带或下降边带任意两根谱线间的频率间隔，$f_{\text{m}} = 100 \text{ Hz}$，峰值频偏为
$$\Delta f_{\text{peak}} = \lambda f_{\text{m}} = 2.4048 \times 100 = 240.48 \text{ Hz}$$

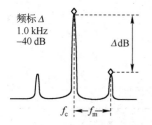

图 7.8.10　频域法测量
调频信号频谱

表 7.8.3　载波 0 点数值

0 点	调 制 指 数
1	2.405
2	5.520
3	8.654
4	11.792
5	14.931
6	18.071

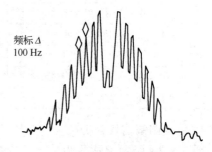

图 7.8.11　贝塞尔函数法测量调频信号频谱

（3）哈伯雷（Haberly）法

对宽带调频，有许多边带对称地分布在载波两旁。随着离开载波距离的增加，边带幅度连续递减，如图 7.8.12 所示。此区域内可用 Haberly 公式［式（7.8.8）］计算。该方法比 Bessel 0 点法优点多，对任何 λ 大于 0.37 的调频信号都适用。

按下列步骤计算宽带调频参数。

① 寻找三个邻近边带，其幅度随距离载波越远而依次减小。

② 频谱仪设置成对数方式，用电压单位。

③ 从离开载波算起确定 N 值。

④
$$\lambda = \frac{2nU_n}{U_{n-1} + U_{n+1}} \tag{7.8.9}$$

从图 7.8.12 测得的结果为：$\lambda = (2 \times 2 \times 85.7)/(99.88 + 39.76) = 2.45$。

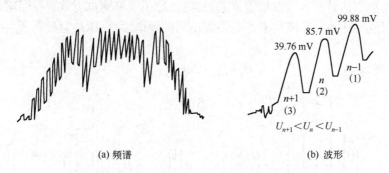

（a）频谱　　　　　　　　　　（b）波形

图 7.8.12　哈伯雷法测量宽带调频信号

（4）斜率检波/解调法

斜率检波/解调法是将频谱仪设置在零扫宽的位置上（频率跨度 SPAN = 0 Hz），利用中频滤波器的斜率来解调信号的。如果信号正好处于频谱仪中心频率处，即中频信号位于中频滤波器中心处，显示信号就变成一根直线，幅度上没有变化。如果调节频谱仪中心频率，使得信号位于中频滤

波器的斜边上,任何频率变化将引起幅度变化,因此得到解调波形。这种方法对测量非正弦调制(如噪声、音频、数字调制)的峰值频偏是非常重要的。

（5）调频（FM）信号测量方法的选择

测量调频信号的方法归纳在表 7.8.4 中,该表列出了每种方法的测量范围和精度相关的仪器指标。

表 7.8.4 调频方法选择

测量值	测量方法	测量精度	f_m	Δf_{peak}	λ
λ	窄带 FM	对数保真度	>2.5 RBW	>0.005 RBWmin	$0.002<\lambda<0.29$
λ	Haberly	对数保真度	>2.5 RBW	>0.925 RBWmin	$0.002<\lambda\leq0.2$
λ	Bessel	0.1%	>2.5 RBW	>6 RBWmin	离散值
Δf_{peak}	直接测量	SPAN 线性+峰值检波	<RBW/9	<0.01 RBW$<\Delta f_{peak}\leq1.8$ RBW	$0.09<\lambda<\infty$
Δf_{peak}	直接测量	频率精度	<RBW/9	<0.006 RBW$<\Delta f_{peak}<0.35$ RBW	$0.54<\lambda<\infty$

3. 脉冲调制信号分析

图 7.8.13 所示为脉冲调制频谱分布,合成产生的边带频谱对称地分布在载波频率 f_0 两旁,f_{PRF} 为脉冲重复频率,T 为脉冲周期。主瓣宽度是旁瓣的两倍,主瓣包络在离载频 Δ 处过 $0(\Delta=1/\tau,\tau$ 为脉冲宽度),频谱分量间隔是脉冲重复频率 f_{PRF}。用频谱仪能够测量载波频率 f_0、峰值脉冲功率 P_p、脉冲重复频

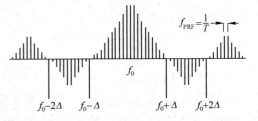

图 7.8.13 脉冲调制频谱分布图

率 f_{PRF}、脉冲宽度 t_w 等参数,其中 f_0、τ、f_{PRF} 参数采用直接测量。频谱仪测试结果不包含相位信息,所以频谱分量全部是正向的。

脉冲频谱的测量分为宽带和窄带两种方法,主要由分辨率带宽内的谱线数来决定。窄带测量时仅一根谱线在分辨率带宽内(即 RBW<0.3f_{PRF}),宽带测量时同时有很多谱线位于分辨率带宽内(即 RBW>1.7f_{PRF})。

（1）窄带测量

如何判别是窄带测试呢?通过改变频谱仪的视频带宽 VBW,观察显示信号的幅度是否与视频带宽有关来判断,如果信号幅度与视频带宽无关,则已处于窄带测试方式。窄带时,如图 7.8.14 所示,f_{PRF} 等于频谱分量的间隔,载波频率 f_0 是主瓣中间的频谱频率,脉冲宽度 t_w 是主瓣的一半,脉冲峰值功率是

$$P_p=P_{f0}-20\lg(t_w/T) \tag{7.8.10}$$

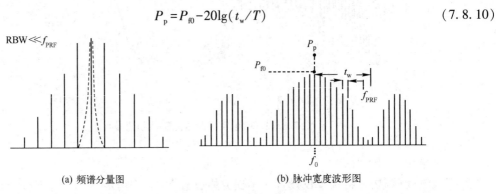

(a) 频谱分量图　　　　　　　　(b) 脉冲宽度波形图

图 7.8.14 脉冲调制窄带测量示意图

（2）宽带测量

低脉冲重复频率的脉冲频谱分量靠得很近。因此选用比f_{PRF}宽两倍的分辨率带宽,带宽内总会包含许多频谱分量,如图7.8.15(a)所示。在时域中频谱分量之间是相互作用的旋转矢量,其矢量和接近于0,但在重复频率的作用下矢量排成一行,在显示器上显示出脉冲的频率特性。脉冲响应的大小取决于分辨率带宽内频谱分量的数目和它们各自的幅度,较宽的带宽包含较多的频谱分量,脉冲响应就是较大的峰值电压。因为带宽中不包含所有的频谱分量,所以显示的脉冲响应是幅度较低的脉冲。

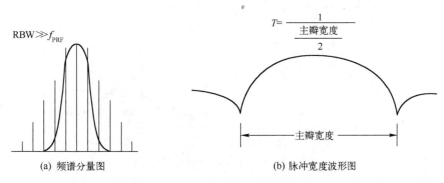

图7.8.15　脉冲调制宽带测量示意图

由于频谱线的包络是$\sin x/x$形,所以脉冲响应的包络也是$\sin x/x$形,从显示的包络测量脉冲宽度,为了使包络清晰,可增加扫描时间并用最大保持功能(MAX HOLD),如图7.8.15(b)所示,主瓣正中间是载波频率。

脉冲周期用0宽度和短扫描时间测量,其大小是两脉冲间的时间间隔。用宽带测量时,脉冲峰值功率计算公式为

$$P_p = P_{f0} - 20\lg(\tau B_i) \tag{7.8.11}$$

式中,B_i为脉冲带宽,近似为1.5 RBW。

应该指出,为了进行精确的测量,信号电平必须低于频谱仪的增益压缩电平。因为RF脉冲(射频信号)有宽广的频谱分量,这些信号的总功率可能导致混频器的压缩,因此要保持峰值脉冲功率低于增益压缩点。

4. 复合信号频谱分析

前面讲述了用频谱仪测量一般信号及调制波的方法。随着通信技术的发展,信号的处理过程日趋复杂,使得信号的复杂程度越来越高,出现了许多难以测量的信号,如射频脉冲信号、时分多址信号(TDMA)及不规则的间歇信号等。图7.8.16(a)所示的是一种复合信号,它包括#1和#2两种信号:#2是连续波信号,#1是一种数字调制信号。用普通的频谱仪测量这个信号时,由于它们的载波频率相同,显示的频谱将是#1和#2频谱重叠的结果,无法区分#1和#2的频谱,如图7.8.16(b)所示。

为解决这类信号的测量问题,现代频谱仪设计了"时间门(TIME GATED)"功能。时间门就是一个受控的闸门,在控制信号的作用下,闸门闭合与打开。当闸门闭合时,频谱仪的第一本振才开始扫频对被测信号进行响应。这样,在进行一次扫描过程中适当地调节闸门的有关参数,则分别测量出两个信号的频谱,测量结果如图7.8.16(c)和(d)所示。

为了保证闸门的动作与被测信号保持同步,频谱仪需要外部提供一个与被测信号保持同步的触发信号,使频谱仪打开或闭合闸门。工作在时间门状态下时,频谱仪的本振扫频是衔接扫频,由

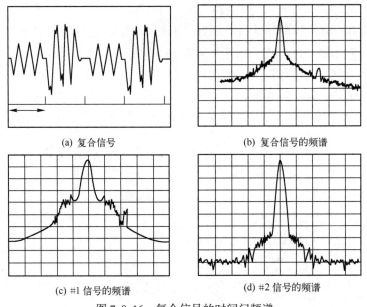

(a) 复合信号   (b) 复合信号的频谱

(c) #1 信号的频谱   (d) #2 信号的频谱

图 7.8.16 复合信号的时间门频谱

于 YIG 器件的迟滞、延时等特性,在衔接处的频率调谐需要修正才能得到较高的频率,并读出准确度。闸门开关的设置由以下四个参数描述:

① TTL 逻辑电平(触发信号)。

② 闸门的触发方式(上升沿或下降沿触发;正或负电平触发)。

③ 闸门延迟时间(T_1)设置,即在触发之后到闭合闸门的时间间隔。

④ 闸门宽度(T_2)设置,即闸门闭合的有效时间。

为了理解时间门测量中各信号之间的关系,图 7.8.17 示出了三个信号在时域中的关系。

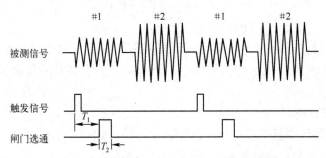

图 7.8.17 时间门测量中各信号之间的关系示意图

*7.8.4 技术性能指标

其主要技术性能指标为:

(1) 频率分辨率

频率分辨率表征频谱分析仪在频率响应中能分离出两个邻近频率输入信号的能力。它受中频滤波器带宽与其矩形系数、本振剩余调频、相位噪声及扫描时间等因素的影响。

(2) 显示平均噪声电平

显示平均噪声电平是在最小分辨率带宽和最小输入衰减的情况下,充分降低视频带宽以减小峰-峰值噪声波动之后,在频谱仪显示器上观察到的噪声电平。通常将频谱仪的平均噪声电平等效为灵敏度,并用 dBm 表示。一个等于显示噪声电平的信号将显示出近似高出显示噪声电平 3 dB

的凸包,通常认为这是最小可测量的信号电平。

最佳灵敏度可在最窄分辨率带宽、最小的输入衰减和充分的视频滤波的工作状态下获得。

（3）视频滤波器和视频平均

视频滤波器是在包络检波器之后,设计为一种截止频率可变的低通滤波器。当视频带宽等于或小于分辨率带宽时,视频电路就不能充分对检波器输出端的快速起伏做出响应。结果是迹线被加以平滑,或降低了在宽带工作方式下噪声和射频脉冲的峰-峰值偏移。

视频平均是在多次扫描期间逐点进行的平均。在每个点上新得到的数据和原有的数据一起求平均,显示值为若干次测量的平均值。

（4）动态范围

① 输入动态范围:在给定精度范围内,频谱仪输入端可测量的最大信号(通常为最大安全输入电平)和最小信号(平均噪声电平)的功率比(dBm)。

② 显示动态范围:在显示器上能够同时观察到的最大信号和最小信号之间的差值。

③ 测量动态范围:在给定不确定度的条件下,频谱仪能够测量到的,同时存在于输入端的最大信号与最小信号功率之比,并以 dBm 表示。它表征了测量同时存在的两个信号幅度差的能力。

（5）检波器与检波方式

● 检波器

① 包络检波器:输出跟随包络值的检波回路,有时称之为峰值检波器。

② 准峰值检波器:脉冲干扰对听觉影响的客观效果随重复频率的增高而增大,具有特定时间常数的准峰值检波器的输出特性近似反映这种影响。由于准峰值要反映干扰信号的幅度和时间分布,因此其充电时间常数比峰值检波器大,而放电时间常数比峰值检波器小。

● 检波方式

模拟信息被数字化并存入存储器之前进行处理的方式。

① 负峰值方式:每个被显示的点对应于用该点表示的频率跨度或时间间隔的某一部分中视频信号的最小值。

② 正峰值方式:每个被显示的点对应于用该点表示的频率间隔和时间间隔的某一部分中视频信号的最大值。

③ 取样方式:每点上所显示的值是由该点表示的频率间隔或时间间隔处视频信号的瞬时值。

④ 标准检波方式:又称 Rosenfell 检波方式,其每一点的值建立在视频信号是上升或是下降的基础上。如果视频信号只上升或只下降,则显示最大值。如果视频信号既上升又下降,则在奇数点显示最大值,偶数点显示最小值。为了防止在偶数点的信号丢失,保留在此期间的最大值,然后,在下一个奇数点上显示被保存值中的较大值。

（6）噪声边带

噪声边带表示频谱仪本振短期的不稳定性。由于边带是噪声,它们相对于频谱分量的电平随分辨率带宽而变。噪声边带常用 dBc/Hz 表示,噪声边带又称相位噪声。

（7）假响应

假响应是出现在频谱仪显示器上不希望的信号。

（8）剩余响应

剩余响应是在没有输入信号时,在频谱仪显示器上看到的离散响应。

（9）多重响应

单一频率的输入信号(CW)在显示器上引起不止一个响应,即对两个或多个本振频率都有响应,被称为多重响应。

（10）交调失真

通常将具有非线性特性器件（如混频器、放大器等）的两个或多个频谱分量相互作用形成的无用频率分量叫做交调失真。

三阶交调失真产生于存在两个信号的系统中。失真产物来自于一个信号与另一个信号二次谐波的混频。

（11）增益压缩

当频谱仪的混频器接近于饱和工作点时，频谱仪所显示的信号电平偏低，这就是增益压缩造成的。压缩点通常规定为 1 dB 或 0.5 dB。

（12）冲击带宽

与实际频谱仪输入滤波器有同样峰值电压输出的矩形滤波器带宽叫做冲击带宽。在频谱仪中，同步调谐高斯滤波器的冲击带宽约为 3 dB 带宽的 1.5 倍。

（13）预选器

置于频谱仪输入混频器之前的可调带通滤波器叫做预选器，一般只用在 2 GHz 以上。用预选器基本上能消除带外响应、多重响应和镜像响应。

*7.8.5 操作使用要点

1. 选型依据

选型时要首先考虑频谱仪的技术指标（如频率范围、灵敏度、分辨率带宽、噪声边带、动态范围等）、功能等均能满足测试任务的要求，其次要综合考虑频谱仪的价格、可操作性、显示方式、可靠性、环境适应性、体积重量与结构、可维护性、兼容性、接口与控制特性、产品售后服务与技术支持等诸多因素。性能指标相同时，建议选用便携式结构，优先选用国产测试仪器。

多功能频谱仪能满足绝大多数测量任务的需求，可用于雷达、对抗、通信、计量等测试领域，也能满足相位噪声、数字无线电、毫米波扩频等方面的测试需求。

2. 使用要点

（1）电源要求

频谱仪采用 220 V±10%，50 Hz±5% 的电网供电。为防止或减小由于多台设备通过电源产生的相互干扰，特别是大功率设备产生的尖峰脉冲干扰可能造成频谱仪硬件的毁坏，最好用 220 V 交流稳压电源供电。另外，频谱仪电源保险丝是针对频谱仪的功耗来选择的，必须使用同样规格的保险丝替代，保险丝用 Φ5×20 mm，额定电压 250 V，额定电流 3 A。电源线用符合国际安全标准的三芯电源线，电源线的额定电压 250 V，额定电流大于 3 A。

（2）静电防护

静电对电子元器件有着极大的破坏性，操作必须在防静电工作台上完成。通常有两种防静电措施：① 导电桌垫与手腕组合；② 导电地垫与脚腕组合。两者同时使用可提供良好的防静电保障。若单独使用只有前者提供保障。为确保用户安全，防静电部件必须提供至少 1 MΩ 的与地隔离电阻。

以下方法可以防止静电损坏：在同轴电缆与频谱仪连接之前，将电缆的内外导体分别与地短暂接触；操作人员必须佩带防静电护腕；保证所有频谱仪正确接地。

（3）对输入信号的要求

某些系列频谱仪要求输入信号无直流成分。频谱仪低端混频的设计采用直流耦合，如果有直流电压输入，会对混频管施加偏置，此时的频谱仪工作状态将发生变化，幅度测量不准确，如果直流量过大就会烧毁混频器。另外，频谱仪的输入功率不能超过最大允许值（+30 dBm，CW），否则，频谱仪的微波部件可能会因功率过大而烧毁。

（4）更换电池

电池用于为动态 RAM 提供不间断电源。电池电量耗尽时，用户存储的自定义信息、校准数据、状态、迹线等将很快丢失。电池电量耗尽时，接通频谱仪交流电源，显示屏幕会出现提示信息。电池电量快要耗尽时，有两种方法可以避免因更换电池造成用户数据的丢失，即在取出旧电池 10 秒时间内安放新电池，或在开启频谱仪之后更换电池，安装时注意电池的极性。

（5）地址设置

在用频谱仪组成测试系统，或通过 GPIB 连接打印机时，要保证所有的地址设置正确。

（6）其他说明

频谱仪内部一般都有许多校准数据和硬件状态设置参数，这些参数在出厂时由工厂设定，一般不对用户开放，更不允许用户修改。操作人员在使用前应仔细阅读使用说明书，掌握使用方法，避免误操作引起校准数据的丢失或引入较大的测试误差。要注意频谱仪的输入阻抗一般为 50Ω，在用电平单位表示时，显示器显示的是有效值电压。测量前需要进行一定时间的预热，必要时应对频谱仪进行校准。频谱仪不要紧靠墙壁或堆放在其他发热的测试设备上面。须进行定期维护，清洗风扇防尘滤网，保证良好的通风性。另外，如果遇到问题，不要轻易拆卸检查，应及时与生产厂家联系寻求解决办法。

习　题

7.1　扫频仪常用术语有哪些？其定义是什么？

7.2　扫频仪使用的关键器件是变容二极管，它在电路中起什么作用？解释 PN 结电容的公式。

7.3　电调谐变容二极管在电路中有几种接法？画出变容二极管在电路中的几种接入方法。

7.4　结合图 7.2.1 阐述扫频仪的工作原理。

7.5　阐述频标产生的工作原理，解释图 7.3.3 所示的频标波形图。

7.6　详细解释频标单元电路的工作原理。

7.7　扫频仪有多少种应用？举例说明。

7.8　介绍时域和频域的关系。

7.9　阐述扫频超外差式频谱仪的工作原理。

7.10　什么是 FFT 频域法？

7.11　调频信号分析有哪几种方法？

7.12　频谱仪操作使用时要注意哪几点？

第8章 数据域测量

内容摘要

数据域以时间或事件出现的次序为自变量,把状态值作为因变量的函数关系,属于数据域范畴。数据域测量是电子测量领域里的一个新的测量方法。逻辑分析仪就是一种主要的通用数据域测量仪器。本章重点讲述逻辑分析仪的特点、分类、基本工作原理、主要电路和它的主要工作方式。对典型的逻辑状态分析仪也进行了详细的分析,并且介绍了逻辑分析仪的应用。

8.1 概　　述

逻辑分析仪(Logic Analyzer)又称逻辑示波器。随着大规模集成电路和微型计算机技术的发展,数字系统被广泛地用在各个领域。微处理器的引入使系统以惊人的能力集成许多极其复杂的功能,但也带来了一些新问题。要排除以微处理器为主的数字系统中产生的故障,或者对系统进行监测、分析,用过去传统的测试方法和设备(如模拟示波器等)已无法胜任。因为数字系统的数据传输是以离散时间为自变量的数据字,而不是以连续时间为自变量的波形。为了有效地找到复杂的数字系统中出现的故障,并能进行检测和诊断,逻辑分析仪是最适合的测量仪器。针对数据域的分析测试问题,电子测量开拓了一个新的领域——数据域测试。逻辑分析仪作为数据域测试仪器中最有用、最有代表性的一种仪器,目前,它已成为调试与研制复杂数字系统,尤其是微型计算机系统强有力的工具。

逻辑分析仪是一种主要的通用数据域测试仪器,数据域测试仪器的测试对象是对数字系统中数字系统信号的测试。数字系统信号是由状态空间、数据格式和数据源构成的,它与频域和时域的信息不一样,具有以下主要特征。

① 数字信息几乎都是多位传输的,是按时序传递的,并常伴有竞争和冒险现象发生;

② 数字系统常由硬件和软件构成,其数字信息互相穿插、互相影响、难以区分,许多信息仅发生一次,出现偶然性或单次发生的信息;

③ 对造成系统出错的误码常混在一串正确的数据流中,实际上只有在错误已经发生后,才能辨认出来,这样就要求捕捉导致错误结果的那些信息,以便查找出错误的原因;

④ 信息速度的变化范围很大(如高速运行的主机和低速的外围设备)。

由此可见,对数字系统的检测不可能像对模拟系统那样,用示波器及一般的电子测量仪器是难以观察和测量数字信息的。

以上特点决定了对数字系统基本的检测要求如下:

① 跟踪与分析状态数据流,这是对数字系统进行功能分析所必须的基本测量。跟踪状态流需要利用地址总线,最好同时也能观测数据总线,以便分析总线的全面工作情况。需监视的位数多达20~40位或更多,并且是同步进行的。由于有的总线是复用的,因此要求测量时有选择数据的能力。

② 为监视总线上的数据流,需要设置一个触发字。

③ 对于分析异步总线,需要了解各信号状态序列和每个信号在给定状态的持续时间,以便判断系统是否按正确的时序运行。这就要求能分析信号状态之间的时间关系。

④ 需要捕捉干扰或毛刺。

目前先进的逻辑分析仪能同时检测几百路信号,触发方式也很灵活。除逻辑分析仪外,数据域中还有很多测量仪器,例如在数据通信中的误码仪等。

8.2 逻辑分析仪的特点

为了满足数据域的检测要求而发展起来的数据域测试仪,即逻辑分析仪,具有以下特点。

(1) 足够多的输入通道

为了适应计算机总线测试需求在结构上需要有多个输入通道。如果要检测一个具有16位地址的计算机系统,逻辑分析仪至少应有16个输入通道。若需要同时监视数据总线、控制信号和I/O接口信号,则一般应有32个或更多的输入通道。通道数是逻辑分析仪的一个重要技术指标。通道数越多,所能检测的数据信息量越大,逻辑分析仪的功能就越强。

(2) 多种触发方式

逻辑分析仪具有灵活准确的触发能力,它能在很长的数据流中,对所观察分析的那部分信息做出准确定位,从而捕获对分析有意义的信息。现代逻辑分析仪的触发方式很多。对于软件分析,逻辑分析仪可利用其触发功能跟踪运行中的任意程序段。对于硬件分析,触发功能可解决检测与显示数字系统中存在的干扰和毛刺等信息。评价逻辑分析仪的最重要的一项指标是触发能力。

(3) 具有记忆能力

逻辑分析仪内部具有高速存储器,因此它能快速地记录数据。存储器的容量大小是逻辑分析仪的另一个重要指标,它决定了获取数据的多少。这种记忆能力使逻辑分析仪能够观察单次现象和诊断随机性故障。

(4) 具有负的延迟能力

模拟示波器只能观察触发之后的信号波形,而逻辑分析仪的内部存储器能够存储触发前的信息,这样便可显示出相对于触发点为负延迟的数据。这种能力有利于分析故障产生的原因。

(5) 具有限定能力

所谓限定能力就是对所获取的数据进行鉴别挑选的一种能力。限定功能用来解决对单方向数据传输情况的观察及复用总线的分析能力。由于限定具有删除与分析无关数据的能力,这就有效地提高了逻辑分析仪内存的利用率。现代逻辑分析仪不仅都有这种能力,而且有的逻辑分析仪所拥有的限定通道数多达32个,甚至更多。

(6) 灵活而直观的显示方式

对于不同的分析方法,逻辑分析仪有相应的显示方式。例如,对于系统的功能分析,有功能显示通过使用字符、汇编语言显示程序,以适应不同码制的系统,有二、八、十、十六进制及ASCII码的数据显示;为了便于了解系统工作的全貌,有图形显示;对于时间关系分析,有用高低电平表示逻辑状态的时间图显示;对于电性能分析,有检测输入信号幅度和前后沿的电平显示等。

(7) 具有驱动时域仪器的能力

数据流状态值发生的错误有时来源于时间域的某些失常,引起失常的原因可能是毛刺、噪声干扰或时序的差错。当使用逻辑分析仪观察这些现象的时候,还经常需要借助于示波器来复现信号的真实波形。但是,在数据流中所出现的不规则的窄脉冲,模拟示波器是很难捕捉到的。逻辑分析仪则能够对数据错误进行定位,找到窄脉冲出现的时刻,同时输出一个同步信号去触发示波器,能在示波器上观察到失常信号的真实波形。逻辑分析仪驱动时域仪器的能力弥补了它在进行电性能分析方面的某些缺陷。

（8）可靠的毛刺检测能力

由于数字电路的竞争现象、信号间串扰、外界干扰和通过电源耦合等原因可能使信号中夹杂着不规则的毛刺，这是引起电路运行错误的重要因素。逻辑分析仪能通过特殊的毛刺检测技术捕捉并显示毛刺。

逻辑分析仪与示波器这两类仪器具有相辅相成的关系，它们在不同的领域中有不同的功能和作用。应当指出，以上所述仅是同示波器相比较，逻辑分析仪所具有的特点。此外，在故障诊断方面，它还有一个重要特点，就是实时检测特性。在实时操作要求较高的系统中，会引入一定的延时误差。逻辑分析仪由于其内部有高速存储器、多种触发能力、小型高阻探头等，因此对被测系统没有任何影响。这种实时检测特性有利于故障隐患的暴露，提高了故障诊断效率。

（9）其他特点

针对各种不同用途和特点，有些逻辑分析仪还具有独特的功能和附件，例如，逻辑分析仪与中心计算机进行通信而实现遥控逻辑分析。一般具有 RS-232 接口的逻辑分析仪都具有这种能力。只要在中心实验室内配备性能完善的逻辑分析系统，即根据返回的测试数据进行分析判断，解释测试结果，解决复杂数字系统的故障诊断问题。与遥控分析相关联的自动测试，一般有 IEEE—488 并行接口的逻辑分析仪具备这种能力。只要挂到 IEEE—488 总线上，即可与其他仪器设备构成自动测试系统，如在生产线上采用自动测试就能迅速发现错误。目前多采用可选附件来增加测试功能。

8.3 逻辑分析仪的分类

逻辑分析仪品种繁多，但基本结构相似。从显示方式上大体划分为两大类：逻辑状态分析仪和逻辑定时分析仪。作为逻辑分析仪，首先是以"状态"表示的，但是获得迅速发展和提高的是"定时"表示的分析仪。由于微型计算机的广泛应用，状态表示法是分析、处理、调试及测量各种数据的有效方法。下面介绍这两类分析仪的主要区别和使用的重点。

1. 逻辑状态分析仪

逻辑状态分析仪是以"0"、"1"字符或助记符显示被测系统的逻辑状态的。它的特点是显示直观，显示的每一位与各通道输入数据一一对应。逻辑状态分析仪对系统进行实时状态分析，即检查在系统时钟作用下总线上的信息状态。因此，它是用被测系统的时钟来控制记录速度的，与被测系统同步工作。这就是逻辑状态分析仪的主要特点。

逻辑状态分析仪的另一个特点是，它能有效地进行程序的动态调试，这就对中、大规模逻辑电路，以微处理器为中心的数字系统，以及软件的测试提供了方便。

2. 逻辑定时分析仪

逻辑定时分析仪用时间图来显示被测信号，显示的是一连串类似方波的伪波形，这些波形是根据预先选定的 0 和 1 所代表的高低电平，经过处理后的逻辑状态关系图，而 X 轴以所选定的时钟脉冲时间作为时基。

逻辑定时分析仪检测两个系统时钟之间数字信号的传输状态和时间关系。因此，逻辑定时分析仪内部有时钟发生器，在内部时钟控制下记录数据与被测系统异步工作，这是逻辑定时分析仪的主要特点。为了提高测量准确度和分辨力，要求内部时钟频率远高于被测系统的时钟频率。且在每个单位时间内采集的信息要增加，要求内存容量相应增大，为捕捉各种不正常的"毛刺"脉冲提供新的手段。这类分析仪都具备锁定功能，从而方便地对微处理器和计算机系统进行调试和维修，提供了新的测试方法。因此，逻辑定时分析仪对硬件的检测较为方便。

上述两类分析仪虽然在显示方式、功能特点上有所不同，但其基本用途是一致的，均能对一个数据流进行快速的测试。它通过独特的触发方式及存储功能对数据流中所需要的部分进行充分显示。它不仅显示触发字以后的信号，也显示触发字以前的信息，而触发字应根据需要预选。

随着微型计算机的广泛应用，对逻辑分析仪的需求更为迫切。在微型计算机系统调试和故障诊断过程中，既有软件故障也有硬件故障，因此近年来出现了把"状态"和"定时"组合在一起的逻辑分析仪。在微型计算机迅速发展的情况下，逻辑分析仪也采用了更多的微型计算机技术，使逻辑分析仪的功能更加完善，判断能力更强。因此，这类逻辑分析仪也称为智能逻辑分析仪。

下面以表格方式将以上两种逻辑分析仪做一比较，见表8.3.1。

表 8.3.1　逻辑定时分析仪与逻辑状态分析仪的比较

仪　器	逻辑定时分析仪	逻辑状态分析仪
使用目的	1. 观察信号线之间的时间关系，检查数据脉冲的有无，检测毛刺 2. 常用做对硬件的分析	观察母线数据的值及迁移状态，进行程序检测，常用于软件分析
取样方式	1. 测试仪器内部备有数种基准时钟，为提高测试能力，尽量用高速时钟观察（同步或非同步） 2. 采用异步方式采样	和被测系统的时钟进行取样（称为外同步方式）
显示方式	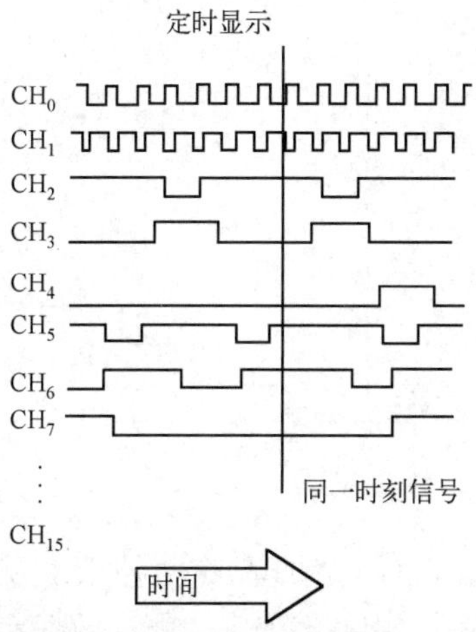	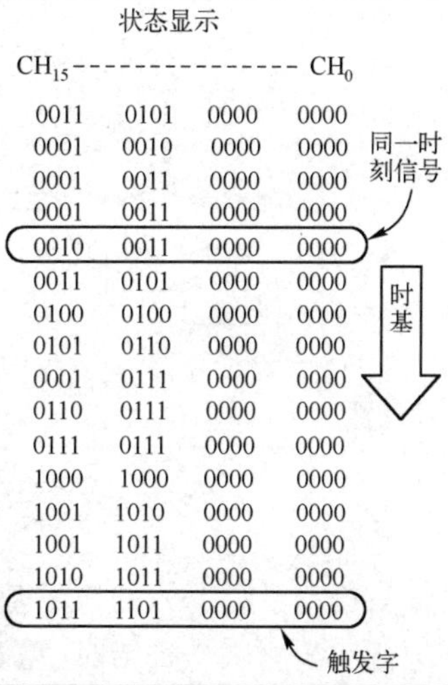

3. 数据域与数据域仪器

为了说明数据域的含义，最好的方法是将时域、频域及数据域进行比较。

（1）时域

如果信号是以连续时间为自变量的函数，则属时域范畴。图8.3.1是两种电压信号波形，它们是电压相对于时间的关系曲线。基于时域的工业产品有雷达、声呐及脉冲参数测量设备等。用于检测这类工业技术的仪器仪表有脉冲信号发生器、函数信号发生器、示波器和计数器等响应仪器。

（2）频域

以频率为自变量，功率或能量为因变量的函数关系属频域范畴。电平与频率之间的关系（频谱图）如图8.3.2所示，它是由频谱仪测得的。

麦克斯韦和傅里叶奠定了有关频域的数学基础，傅里叶提供了频域与时域关系的数学描述。以无线电、微波技术为基础的工业发展，提出了测量频率响应、增益和失真等指标要求，仪表工业则相应地提供了一系列仪器。常见的激励源有正弦信号发生器及扫频信号发生器等。响应仪器有选频电压表、频率特性图示仪及频谱仪等。

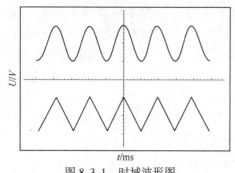

图 8.3.1　时域波形图

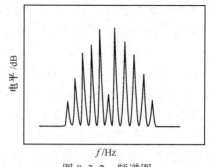

图 8.3.2　频谱图

(3) 数据域

以离散时间或事件出现的次序为自变量,把状态值作为因变量的函数关系属数据域范畴。数据域曲线可描述为关于离散时间的事件序列。它可能是周期性的,也可能是非周期性的。

例如,一个简单的十进制计数器,在激励时钟的作用下,其输出二进制码为 0000~1001,并重复此序列。这样数据域曲线便表示为一个阶梯波,其水平轴是离散的时钟信号,而垂直轴是输出状态值,如图 8.3.3 所示。

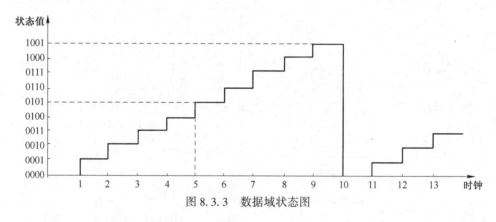

图 8.3.3　数据域状态图

布尔和冯·诺依曼奠定了数据域的数学基础,属于数据域的工业产品有数控系统及数字计算机等。对这类设备进行生产测试与查错时,需要测量其状态值、状态序列和功能。数据字发生器及脉冲发生器可做数据域检测的激励源。作为响应仪器,在频率低端为逻辑显示器(或称逻辑夹、逻辑检查器)和逻辑探头(或称逻辑笔);而在频率高端为逻辑分析仪、逻辑触发探头和逻辑比较器。

逻辑分析仪是在示波器的基础上发展起来的,为了说明逻辑分析仪的特点,将逻辑分析仪与示波器进行比较,从中可以看出它们在测量方法、触发方式和显示方式之间的主要差别,见表 8.3.2。

表 8.3.2　逻辑分析仪与模拟示波器的比较

仪　　器	逻辑分析仪	模拟示波器
检测方法和范围	利用时钟脉冲进行采样,显示范围与采样时钟周期和存储器容量有关,显示触发前后的状态	只能显示触发后扫描时间设定范围内的波形
输入通道	容易实现多通道	很难实现多通道
触发方式	数字方式触发,根据多通道逻辑组合进行触发,容易实现与系统动作同步触发,用随机的窄脉冲进行触发,并进行多级序列触发	模拟方式触发,根据特定的输入信号进行触发。对于多路系统,较难实现与系统动作同步触发,不能用随机的窄脉冲进行触发,不能进行多级序列触发
显示方式	数据存入存储器后,低速读出进行显示	实时显示输入波形
触发点	由特定数据字决定	由信号电压斜率和电平决定

仪　　器	逻辑分析仪	模拟示波器
数据窗口与扫描区	由分析仪内部存储器的容量决定数据窗口的大小。用对时钟或触发次数进行数字延时决定数据窗口与触发点间的关系	由扫描时间来控制扫描区。用延迟扫描置入的时间延迟来确定扫描区与触发点间的关系
终点	用存满存储器或设置一个特定的数据字来终止数据窗口	由扫描截止电路提供一个信号，使扫描电路复位到初始状态

目前，逻辑分析仪正朝着高测试时钟频率、多输入通道、高存储深度、多种触发方式及内嵌高性能微处理器方向发展。

8.4　逻辑分析仪的基本工作原理

逻辑分析仪组成的原理框图如图 8.4.1 所示。由图可见，逻辑分析仪主要由数据捕获和数据显示两种电路组成。数据捕获电路用来捕获并存储要观察的数据，其中数据输入电路将各通道的输入变换成相应的数据流；而触发产生电路则根据数据捕获方式，在数据流中搜索特定的数据字，当搜索到特定的数据字时，就产生触发信号去控制数据存储器开始存储有效数据或停止存储数据，以便将数据流进行分块（数据窗口）。数据显示电路则将存储在存储器中的有效数据以多种显示方式显示出来，以便对捕获的数据进行分析。整个系统的运行，都是在外时钟（同步时钟）或内时钟（异步时钟）的作用下实现的。

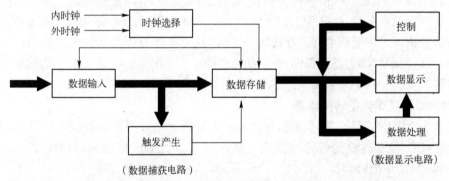

图 8.4.1　逻辑分析仪组成的原理框图

在逻辑分析仪的系统结构中，数据处理及数据显示功能均由微型计算机来完成。因此整个逻辑分析仪的控制、管理和系统硬件的设计主要集中在高速数据捕获及与微型计算机的接口上，而软件设计主要集中在系统管理、数据处理及数据显示上。

高性能逻辑分析仪在功能上有许多特点，其中最为关键的几种功能为高速数据的同步采集与可靠存储，高速多通道数据的多功能触发跟踪，以及系统快速后处理功能的实现，例如数据变换、模拟、统计、识别甚至故障提示与查询等。

8.5　逻辑分析仪的主要电路

逻辑分析仪是一台复杂的测试仪器，下面简述逻辑分析仪主要电路的功能与作用。

1. 数据获取控制电路

逻辑分析仪获取数据的功能是在几种主要触发方式下完成的。主要触发方式有：自激触发、起始显示触发、起始延迟触发、终端显示触发等。数据获取电路的作用是在被测试的数据流中打开一个窗口,把对分析有意义的数据存入存储器中。下面以起始延迟触发方式为例简述获取数据的过程。

被测系统的并行数据经数据探头进入数据输入通道,限定信号由限定通道输入。数据和限定信号经过延迟网络延迟后加到暂存器的数据输入端。根据对时钟沿的选择,把适当的时钟作为同步时钟,将一个数据字(连同限定信号一起)锁入暂存器内。暂存器的输出一方面不断地与设置的触发条件和限定条件进行比较,以寻找满足限定条件的触发字;另一方面,把数据字在受限定的写时钟作用下写入由写地址计数器确定的 RAM 单元中。

一旦限定与触发识别电路识别出所需的触发字,便产生触发信号。该信号在触发产生电路中产生触发输出脉冲,同时启动数字延迟电路,按预定数目对延迟时钟进行计数。当延迟计数达到终值状态时,产生延迟信号,使存储控制电路中的起始触发器工作,从而建立起数据存储窗口的起点,从这时起存入存储器的数据就是有效数据。检索计数器对存入存储器的数据个数进行计数,它的计数终值表明存储器已存满有效数据。这个状态使终止触发器置位,封锁写时钟,存储器不再写入新数据,跟踪即告结束。与此同时,所获取的数据完成了信号的提取工作,以此信号去启动显示电路:写地址计数器自动加 1,把地址指针指向第一个有效数据字所在地址,为读出数据做好准备。最后解除对显示屏的消隐,显示复位结束,进入数据显示周期。

2. 图形显示(MAP)电路

当数据获取电路把有效数据存入 RAM 之后,便转入数据显示周期。数据显示电路的作用是把已存入 RAM 中的数据读出,并显示在屏幕上。

逻辑分析仪在进行图形显示时,数据接收有两点区别:第一,不根据数据字的要求捕获数据,只要是在暂存器中暂存的数据字,由数据存储器都给以存储和显示器显示。第二,由于内存有限,当被测数据字高于存储容量时,必须采用多次取样方式,以保证存入暂存器的数据都有机会存入存储器,因此,逻辑分析仪采用随机取样。在接收功能时,只要有外时钟逻辑分析仪就能存储数据。另外,转换显示接收时的时间也是随机的,电路结构已保证了在图形显示时对被测数据进行随机取样,但要求时钟的速率不能太慢,一般要求速率大于 100 kHz。

3. 数据整形和逻辑电平转换电路

在测量数字电路中的信号时,被测信号进入逻辑分析仪是按照逻辑类型进行整形和电平转换的。也就是把任何输入的数据信号转换成二进制形式。为适应检测不同逻辑系列(例如 TTL、ECL、CMOS 等)数字系统的需要,门限电平(或称阈值)有一个可调范围,一般是 −10V ~ +10V。该电路内的高速电压比较器把被检测信号与门限电平进行比较,以判断信号的逻辑电平是"1"还是"0"。任何高于门限电平的正输入电压,被记录为逻辑高,即逻辑"1";任何低于门限电平的正输入电压,被记录为逻辑低,即逻辑"0"。

4. 并行数据输入电路

在逻辑定时分析仪中,并行数据输入电路划分为两类:一类是采用锁定电路监测输入数据,只要在两次取样之间发现有瞬变状态,锁存器就锁存这个状态。显示时用一个采样周期的宽度展宽显示毛刺。另一类是采用高速逻辑电路,即在每个输入通道上装两个毛刺检测器,按采样周期交替工作。锁存方法有两点不足之处,一是毛刺和数据一样显示,难以区分毛刺,二是有些毛刺靠锁存方法不能发现。第二类方法在检测中,只要两个检测器中的任何一个在一次采样周期内发现测试数据有两次瞬变,就在毛刺存储器存储一个位信号;若在一次采样周期中没有发现测试数据有两次瞬变,就在数据存储器中存储一个位信号,而逻辑分析仪显示两个存储器的合成信号。第二类方法能可靠地捕获和显示测试电路中的毛刺。

5. 限定与触发识别电路

为了在很长的数据流中获取唯一的所需要的数据段,就需要有一个识别器电路来完成。

识别器电路有两个作用:一是进行限定判断和识别触发字,二是产生受限定的触发信号和写时钟,以实现触发限定和显示限定两种功能。

限定判断与触发识别的电路结构和工作原理相同。实际上,识别电路就是多位并行数字比较器,它把输入数据字(或限定信号)与设置的触发字(或限定条件)进行比较。如果两者相同,就说明这个数据字是触发字,并且产生触发信号,用限定识别信号去约束触发信号(即相"与"的关系),产生受限定的触发信号,它表示识别出满足限定条件的触发字。相应地使用限定识别信号同系统时钟相"与"而产生存储器的写时钟。显示出写入存储器的数据全部满足限定条件,实现显示限定。

8.6 逻辑分析仪的主要工作方式

1. 数据的采集方式

逻辑分析仪的数据采集划分为定时分析(异步时钟或内时钟)和状态分析(同步时钟或外时钟)两种工作方式。而采集速率一般是指采样时钟的最高工作频率。逻辑分析仪的采样过程是把采样时钟跳变时的信号状态(逻辑电平)记录下来,并将该状态一直保持到下一个采样时钟沿,而与两时钟沿之外的状态无关,其工作原理框图如图8.6.1(a)所示,波形图如图8.6.1(b)所示。

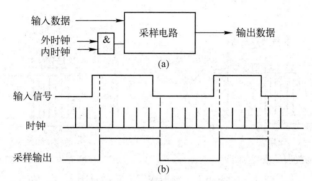

图 8.6.1 用采样方式采集数据的工作原理框图与波形图

2. 触发与跟踪方式

触发在逻辑状态分析仪中的含义是,由一个数据字、字或事件的序列来控制获取数据,并选择观察系统工作情况的窗口。

因为逻辑分析仪中存储器的容量是有限的,不可能将所有的数据都放进去。用逻辑分析仪观察大量数据的方法是,设置特定的观察起点、终点或与被分析数据有一定关系的某一个参考点,这个特定的点在数据流中一旦出现,便形成一次触发事件,相应地把数据存入存储器。这个过程称为触发。参考点是一个数据字,也可能是字或事件的序列,称为触发字,触发字是一个用于选择数据窗口(或存储窗口)的数据字。

与触发有关的功能是跟踪。由逻辑分析仪收集并在显示屏上显示出来的一组数据称为一次跟踪。实际上,跟踪是被测数据流中的一个观察窗口,触发与跟踪的关系是前者决定后者在数据流中的位置。触发方式可分为以下三种。

(1) 基本触发

基本触发包含开始触发和终止触发。

开始触发是指当识别出触发字时,就开始存储有效数据,直到存储器存满为止。这时存储器中所存入的信息就是从触发字开始的一组数据,如图8.6.2(a)所示。

终止触发是指当判定存储器已存满新数据之后,才开始在数据流中搜索触发字。一旦识别触发

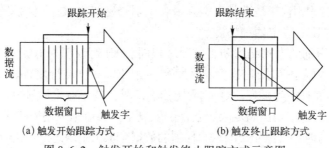

(a) 触发开始跟踪方式　　　　　　　(b) 触发终止跟踪方式

图 8.6.2　触发开始和触发终止跟踪方式示意图

字,便停止存储数据。这时存储器中所存入的信息就是以触发字为终点的一组数据,如图 8.6.2(b)所示,这种功能对故障诊断是很有价值的。因为若把触发字设置在系统出错的某个数据上,则逻辑分析仪将搜索到导致出错的一系列数据,这样便于分析故障的原因。

（2）延迟触发

延迟触发就是在数据流中搜索到触发字时,并不立即进行跟踪,而是延迟一定数目的触发字之后,才开始或停止存储有效数据。因此延迟触发是改变数据窗口与触发字之间相对关系的一种触发,如图 8.6.3 所示。

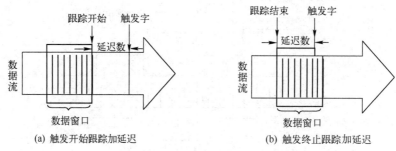

(a) 触发开始跟踪加延迟　　　　　　(b) 触发终止跟踪加延迟

图 8.6.3　延迟触发方式示意图

对于有延迟的触发终止跟踪,当选择的延迟数恰好等于存储器的一半时,可使触发字位于这个数据窗口的中央,这种情况有时称为中心触发。又根据延迟的对象不同,有字延迟和事件延迟两种情况。前者对取数时钟进行延迟,后者对触发字进行延迟。

字延迟用于逐段观察程序运行及用于测量程序的执行时间等。事件延迟主要用于分析循环、嵌套循环类程序。

（3）序列触发

序列触发是为检测复杂子程序而设计的一种重要触发方式。这是一种多级触发,由多个触发字按预定的次序排列,只有当被观察的程序按同样的顺序先后满足所有触发条件时才能触发,从而进入跟踪状态。序列触发在软件调试的过程中特别有用。

如图 8.6.4 所示的两级序列触发,只有在满足第一级的触发条件下,第二级触发才有效。

3. 数据的存储

由于逻辑分析仪内设有存储器,因而可以同时记录多通道并行的数字信号,这是它能够观察单次现象、非周期信号及具有负的时间延迟的主要原因。每个通道能够存储的状态数据总数称为存储深度。

依次记录数据流是所有的逻辑分析仪都具备的一种基本存储形式,数据的写入与读出都是顺序进行的。根据所采用的存储器的不同,存储方式划分为两类。

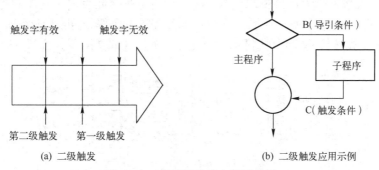

図 8.6.4　序列触发及应用示意图

（1）移位寄存器存储

逻辑分析仪采用移位寄存器存储数据。当一个采样时钟到来时,存储器便存入一个新数据;当下一个采样时钟到来时,原先存入的数据字移到下一单元,而第一个单元存入新数据。随着采样时钟的陆续到来,存入的数据依次移位。

存储器的容量总是有限的,可能在存储器存满后仍未产生触发,因此一般采用先进先出存储器。当存储器存满而又继续写入数据时,最初的数据将溢出丢失。

（2）随机存储器存储

使用随机存储器（RAM）作为逻辑分析仪的存储器,每个存储单元由地址计数器进行选址。目前的逻辑分析仪大都采取这种方法存储数据。

4. 数据显示的区别

为了便于对数字系统进行分析,逻辑分析仪有多种显示方式,其中状态表和定时图显示分别是状态分析仪和定时分析仪的基本显示方式。

状态表显示是最基本的一种显示方式,除可用二、八、十、十六进制显示程序的机器码或用汇编语言显示源程序（见图 8.6.5）外,有些逻辑分析仪还能同时显示两个状态表,以便加以比较,把两表中的不同状态用加亮字符显示出来。

在定时图显示中,将每个通道的输入用波形再现。为了使再现的波形接近于原数据状态变化的时间关系,一般都用高速内部时钟对原数据异步取样。定时图除了显示状态时间关系外,主要显示比状态表更长的数据序列。一般都具备水平扩展功能,从而精确地判断错误逻辑的发生时间及持续时间。图 8.6.6 所示为定时图显示的实例。

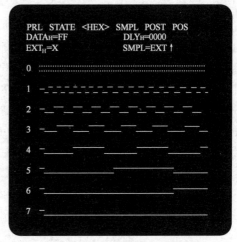

图 8.6.5　状态表显示实例　　　　　　图 8.6.6　定时图显示实例

映射图显示式能观察系统运行全貌的动态情况。它用一系列光点表示一个数据流,其主要原理是把逻辑分析仪内存中获取的每一个数据字分成低位和高位两部分,再分别经 D/A 转换成模拟信号,驱动 CRT 的 x, y 偏转板,从而合成显示一个光点。如图 8.6.7 所示。

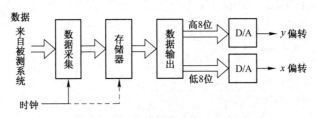

图 8.6.7　16 位二进制数据映射图的显示原理框图

每一个光点对应一个数据字,而不是某一位。当然,数据位的改变将影响到光点位置,但观察的对象仍然是字。对于 16 个通道的逻辑分析仪,映射图显示的最大容量为 $2^8 \times 2^8 = 65\,536$。

根据不同的数据获取方法,映射图显示又分为两种:一种是由矢量线连接起来的由一系列光点组成的图形。这种显示要求被测系统循环工作,而且要有较高的工作速度,否则可能丢失数据。这种显示的原理是利用高速随机采样方式获取数据,采样与显示反复交替进行,靠 CRT 长余辉性能记忆,从而实现对系统运行全貌的动态观察。它的优点是,用容量小的存储器,就能观察到系统运行的全貌,显示直观。另一种是用大容量的存储器一次获取数据,然后反复读出,以光点形式显示。这种显示不需要被测系统循环工作,但一次所能观察到的信息比前一种少。在既有定时又有状态显示的逻辑分析仪中,由于其存储器容量较大,便能一次获取较多的数据。将一系列光点组成图形,从而对系统进行动态全貌观察。

逻辑分析仪的这种多方式显示功能,在复杂的数字系统中能较快地对错误数据进行定位。例如,对于一个有故障的系统,首先用映射图对系统全貌进行观察,根据图形变化,指出错误的大致范围;然后用 D/A 显示对错误进行深入检查,根据图形的不连续特点缩小故障范围;再用状态表找出错误的字或位。

5. 数据的建立和保持时间

数据建立时间(t_s,数据必须比时钟跳变提前建立的时间)和数据保持时间(t_h,数据必须在时钟跳变后继续保持的时间)是逻辑分析仪进行同步检测时所特有的性能指标,它们的意义如图 8.6.8 所示。

进入逻辑分析仪的数据与同步采样时钟之间的关系必须满足 t_s 和 t_h 指标,否则逻辑分析仪不能正确取数。尽可能小的建立时间和保持时间,不仅使逻辑分析仪有高的工作频率,而且数据存取可靠。对逻辑分析仪来说,保持时间 t_h 是重要的。考虑到逻辑分

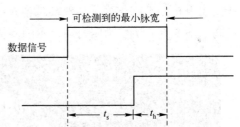

图 8.6.8　数据建立时间和数据保持时间时序图

析仪的数据通道和时钟通道延时的非一致性,时钟对数据取样的结果可能出现如图 8.6.9 所示的三种情况:(a)取样现态,(b)取样下态,(c)取样不定态。在(b)、(c)两种情况下,将造成取样数据错误或不稳定的读数,t_D 为取样时间。

由于电路元器件的误差,各元器件的传输延迟时间不同,为了可靠地读取数据,必须使数据通道的最小延迟时间 t_{Dmin} 大于或等于时钟通道的最大延迟时间 t_{Dmax},即

$$t_{Dmin} \geqslant t_{Dmax}$$

这种非正常的保持时间,是以减小建立时间的余量获得的,因而对数据通道中所使用元器件的时间提出了更高的要求。

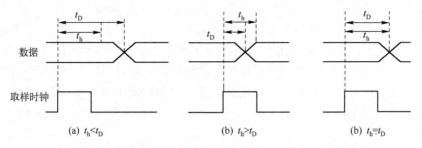

图 8.6.9   建立时间和保持时间与正确取样之间的关系时序图

一般的逻辑分析仪利用延迟网络使数据保持时间为 0。在数据通道中设置延迟网络,主要是针对暂存器的写时钟的,目的是增大数据的延迟时间。适当地选择延迟时间使数据与时钟到达暂存器时,正好满足暂存器的保持时间 t_h 的要求,而从逻辑分析仪的输入端测试又可得到 $t_h = 0$ 的效果。图 8.6.10 是逻辑状态分析仪延迟网络,经过延迟的数据送入暂存器。暂存器的主要作用有两个:第一,它利用经过变换后的系统时钟作为采样时钟,把被测系统数据写入暂存器,实现与系统运行同步,因此,暂存器是逻辑状态分析仪能够同步取数的核心部件;第二,输入多位并行数据在一个时钟作用下进入暂存器,使得各通道信号同步便于后边的触发识别,消除因各信号延时不同形成的误触发。

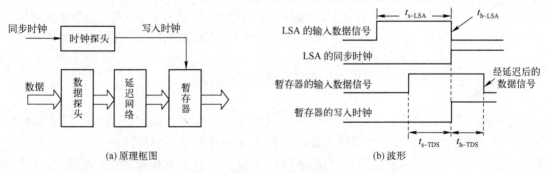

图 8.6.10   延迟网络

图 8.6.10(b)中,LSA 为逻辑状态分析仪的简称;t_{s-LSA} 为逻辑状态分析仪的数据建立时间;t_{h-LSA} 为逻辑状态分析仪的数据保持时间;t_{s-TDS} 为暂存器的数据建立时间;t_{h-TDS} 为暂存器的数据保持时间。

6. 最高工作频率

逻辑定时分析仪的内时钟与输入数据间的时间关系是不确定的,因此,数据建立时间和保持时间的概念在应用时没有实际意义。而用最小脉冲宽度(MPW)或最小脉冲持续时间(MPD)来表示能可靠地观测到的最窄脉冲:

$$MPW = 1/f + k$$

式中,k 是一个规定的常数,f 为时钟频率。

最高工作频率是逻辑定时分析仪的重要指标。工作频率越高,时间分辨率就越高,即最小可检测的间隔越小,通常情况下采样频率取被测系统工作频率的 5~10 倍。由于内部存储器的容量是有限的,如果频率过高只能跟踪极窄时间范围内的数据,在保证提高时间分辨率的前提下,尽量满足捕获信息时间窗口的要求。

7. 影响时间分辨率的因素

在理想输入信号的前提下，即信号上升沿、下降沿的时间为0，逻辑定时分析仪的时间分辨率由采样频率决定。但实际输入信号的上升沿和下降沿不可能为0，这就要进一步考虑被测信号波形与门限电平设置之间的关系，以及它们对时间分辨率和测量误差的影响。这要从两个方面考虑：第一，由于硬件的延时和负载电容的影响，使信号的跳变时间加长；第二，由于存在门限电平误差，逻辑定时分析仪设置的门限电平不可能与电路实际工作的门限电平完全一致，这使得信号在逻辑定时分析仪和被测电路中的翻转时间不同，于是产生了附加测量误差，如图 8.6.11 所示。

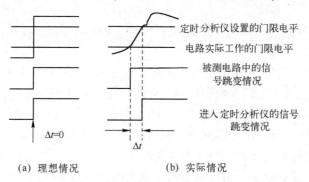

（a）理想情况　　　　　　　（b）实际情况

图 8.6.11　信号的上升沿对分辨率的影响时序图

因此，为了满足测量精度的要求，需要进一步提高采样频率。同时在使用逻辑分析仪时，应该仔细设置门限电平，使之尽量接近被测电路工作的实际门限电平，以减小时间延迟对分辨率的影响。另外，由于逻辑定时分析仪各通道的时间延迟不同（这个时差称为时滞），同样会降低测量精度。

8.7　逻辑状态分析仪

这里以国产典型逻辑状态分析仪为例叙述其工作原理。它用二进制码"0"或"1"显示各种组合数据电平的状态，每一位与各通道输入数据相对应，采用被测系统时钟同步方式工作，并以真值表格式显示并行输入数据。它使用方便、观察直观，较适用于对小型和微型计算机软件、硬件的程序调试和故障查找，并可用于对逻辑电路及数据集成电路的测试和故障检测。

1. 基本工作原理和流程图

逻辑分析仪是一种在不同触发方式下完成数据获取和信息流显示的、具有极强分析能力的电子测量仪器，它交替工作于取样周期和显示周期之间，取样/显示处于"重复"和"单次"两种工作状态。在数据取样周期，输入数据根据预选的触发字，开始存储到随机存储器中。当要求的数据存储到内部存储器中后，便开始显示周期，此时存储器的数据被取出，提供给 CRT 显示。当所有存储的数据都被取出并显示后，便进入下一个周期。

典型逻辑状态分析仪的原理框图如图 8.7.1 所示，其整机可由三部分电路组成：输入探极、逻辑控制插件及主机。逻辑控制插件是逻辑状态分析仪的核心电路。

首先是通过组合接入探极将被测系统的信号传输到逻辑控制插件，逻辑状态分析仪交替工作于数据获取和显示两个周期之间。数据获取周期主要由以下几部分电路组成：缓冲暂存器、识别电路、主存储器（RAM）、延迟发生器、获取控制电路等。它的功能是：同步地将被测系统的信号写入随机存储器；在触发方式选择下如何控制数据的获取。由图可知，被测系统的信号（时钟、数据或甄别）并行地传输到三只高阻组合探极，信号与阈值电平进行比较整形，然后进入逻辑控制插件。

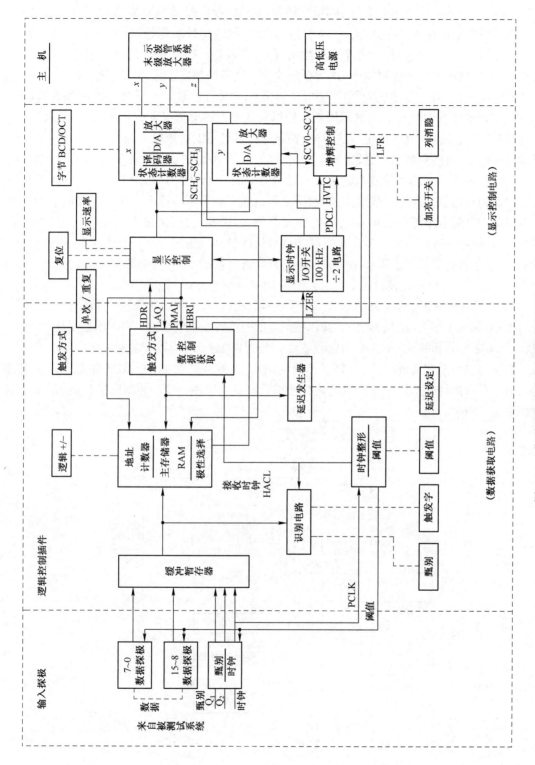

图 8.7.1 典型逻辑状态分析仪原理框图

来自被测系统的同步时钟分别送到缓冲暂存器和时钟整形电路,在时钟脉冲作用下,输入数据被缓冲存入暂存器,而经时钟整形电路后得到的时钟具有一定的脉冲宽度,并形成与被测试系统同步的接收时钟(HACL)。在数据获取控制下,随机存储器(RAM)根据时钟的速率将由暂存器输出的并行数据按次序不断地被存入主存储器,它的存储位置由存储地址计数器控制。根据"先进先出"原则,存储器一旦存满后,就从头开始清除原有数据,存入新数据。一旦预选的触发字与被测系统的数据全部相符时,则产生一个取数指令,该指令的执行由选定的触发方式控制。这个指令一方面控制存储器的数据写入,另一方面决定何时开始显示所获取到的数据。当所有的指令都被满足后,HDR(高态,数据准备)产生,便进入显示周期。数据获取电路还增加了延迟发生器电路,通过触发方式的选择和控制,获得经延迟设定后的数据,在存储器容量不大的情况下观察有效数据。

显示控制电路,由两只状态计数器(16 位水平的和 16 位垂直的状态计数器)、显示时钟产生电路、D/A 转换器、放大器和增辉控制电路组成。显示周期的开始取决于 HDR 的产生,一旦产生后,被写入存储器的数据就被读出。数据是同步并行写入,固定速率串行读出。在显示周期中,读出时钟由仪器内部二分频电路得到的 50 kHz 控制,叠加在 16 个阶梯上,再经放大电路被加到示波管的偏转系统。显示屏上每读出一行,就由水平状态计数器的最高位输出一个信号来控制 16 位垂直状态计数器,电子束就在显示屏上下移一行,直到 16 行全部显示结束,存储的数据全部被读出。显示控制的主要功能:①重复显示,显示速率由面板控制;②单次取样方式下始终显示存储内容,直到按下"复位"键,接收新数据后再显示新内容。为了便于观察分析,在水平状态计数器后面还有一个译码器(ROM),用来控制显示字节(BCD/OCT)。显示控制电路的增辉控制电路的主要作用是使显示的数据便于识别,以加亮触发字和消去不必要的列信号。这些操作均通过面板操作装置进行控制。

数据获取与显示是交替进行的,一旦显示周期结束后,就会产生 LAQ(低态,取数)信号,重新进入新的数据获取周期。框图中的主机电路与模拟示波器的原理一样。数据取样和显示周期的流程图如图 8.7.2 所示。

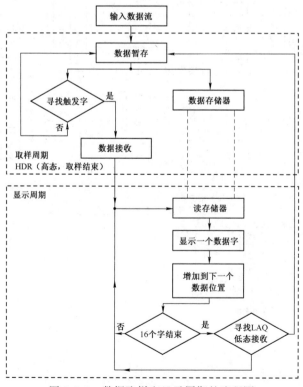

图 8.7.2　数据取样和显示周期的流程图

2. 数据取样

每个输入数据在写入存储器之前,先在缓冲寄存器暂存,然后与面板设定的触发字比较,当输入数据和触发字全部相符时,产生一个取数指令。该指令的执行由选定的触发方式控制,并控制存储器的写入,决定被取样的数据何时开始显示。当所有指令条件满足时,产生 HDR 信号(取样结束),使显示系统进入显示周期。

3. 显示周期

显示周期始于 HDR(高态、取样结束)的产生,将取样周期中写入存储器的数据读出,并显示一组码,在每组被显示码的末端,示波管的电子束移到下一组码的位置,这个过程一直持续到第 16 组码末端。在第 16 组码终止时,显示系统根据选定的触发方式和显示速率来决定是否需要新的数据。如果不需要新数据,那么该显示周期再次重复;若需要新数据,则产生 LAQ 信号,又进入数据取样周期。图 8.7.3 更能具体地说明图 8.7.2 的工作过程。

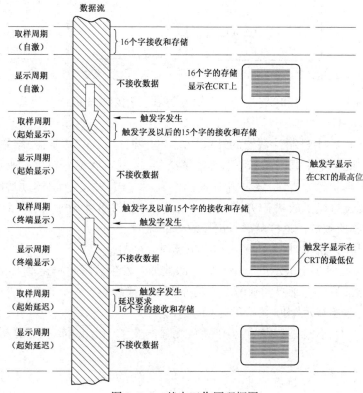

图 8.7.3　基本工作原理框图

*8.8　逻辑分析仪的应用

学习逻辑分析仪的主要目的在于应用。在基本掌握其工作原理的基础上,通过自己的实践才能逐步用以解决具体工作中的实际问题。本节举几个应用实例以开阔思路。使用不同型号的分析仪,还应了解其具体操作方法。

下面的例 1～例 7 是应用逻辑状态分析仪的实例,例 8 是应用逻辑定时分析仪的实例。

【例 8.8.1】 显示数据流。

对于逻辑状态分析仪,显示数据流是最基本的用途。如果要测试二–十六进制的计数器的状态流,将探极的四个通道接到被测计数器的输出端,不用的通道全部置 OFF 位;然后选择触发字,若选 0000，触发方式置起始显示，时钟输入用计数器的 CP 进行同步。在 CRT 上将显示出二-十六进制的输出状态流，如图 8.8.1 所示。

【例 8.8.2】 利用分析仪取出微处理器中的任何程序。

逻辑状态分析仪是分析软件和检查程序的最好工具。将探极夹到被测电路中去，通过选择触发字和触发方式，能在 CRT 上显示出程序流的情况，如图 8.8.2 所示。

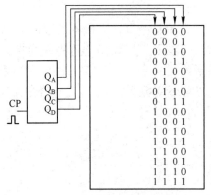

图 8.8.1　二-十六进制计数器的输出状态流示意图　　　图 8.8.2　接通程序中的程序流示意图

【例 8.8.3】 利用"单次"和"终端显示"触发方式，寻找和分析微处理器中如何达到某一种状态。

图 8.8.3 所示的二-十进制计数器的计数情况不正确，应该在 99 复位，结果在 89 就复位了。为什么会在 89 复位呢？这个原因是示波器无法解决的，但逻辑状态分析仪有驱动示波器的能力。因此，可重新调整逻辑状态分析仪，触发方法置起始显示方式，触发字置 88，用触发输出来启动示波器，则可发现在复位母线上的状态 90 处有一个毛刺，如图 8.8.4 所示。测试结果是由复位线上产生的这一瞬变过程所致的。这样就寻找出了故障的原因。

【例 8.8.4】 利用"自激"触发方式来检查电路重复信号。

当正常工作时，从 CRT 上显示的将是 0 和 1 的叠加。发生故障时只显示 1 或 0，这样就能清楚地看出工作不正常，然后再仔细寻找故障产生的原因及故障地点。

【例 8.8.5】 "起始显示"和"起始延迟"的使用。

存储器的容量再大，但总是有限的，为了适应测量的要求，利用逻辑状态分析仪的延迟功能来解决。

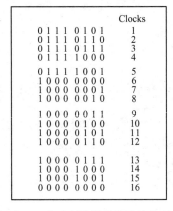

图 8.8.3　二-十进制计数器的计数情况示意图

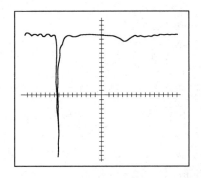

图 8.8.4　用逻辑状态分析仪驱动示波器来寻找故障示意图

首先将初始触发字设置好,如果要看 M 个时钟后的数据信号,则触发方式置起始延迟,延迟设定置 M,时钟输入用系统的时钟,这样 CRT 显示的将是经过 M 个时钟延迟后的 16 个数据信号。典型逻辑状态分析仪可延迟 99999 个时钟数。

【例 8.8.6】 无时钟、无触发指示的应用。

无时钟高、低指示,如果在大于 0.1s 的时间里没有时钟脉冲,则"无时钟指示灯"亮,告诉测量者时钟工作不正常。由于时钟输入是与阈值电平进行比较的,高于阈值电平或低于阈值电平,或者在阈值电平±0.2V 之内都能给予指示,这样就成为一支逻辑笔。

而无触发指示,是表示触发不符合条件的标志,不论是触发条件设错,还是没有这个数据,则操作面板上的"无触发指示灯"亮。

【例 8.8.7】 ROM 片最高工作频率的测试。

用数据发生器(或者能产生 ROM 地址的地址计数器)产生被测试 ROM 的地址,用逻辑状态分析仪监视 ROM 的输出数据,用数字频率计测量数据发生器的时钟频率,连接方法如图 8.8.5 所示。

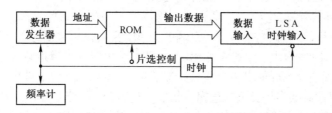

图 8.8.5　ROM 工作频率的测试原理框图

首先使数据发生器低速工作,其输出地址供 ROM 使用,逻辑状态分析仪把采集到的 ROM 输出数据作为正确数据,通过键盘将其存入参考存储器内;然后逐渐提高 ROM 的工作速度,使用逻辑状态分析仪的比较功能对每次获取的新数据与原存的正确数据进行比较,当发现两者的内容不一致时,频率计所测得的时钟频率就是 ROM 的最高工作频率。

【例 8.8.8】 寻找毛刺脉冲产生的原因。

图 8.8.6 所示为一个译码器的时序图,D_0,D_1,D_2 是译码器的三个输入端的波形。D_3,D_4,D_5,D_6 是四个输出端的波形,每个输出波形上都有毛刺脉冲。

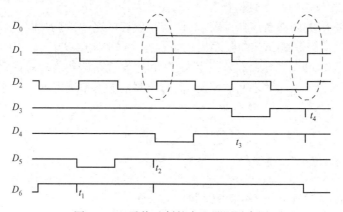

图 8.8.6　寻找毛刺的产生原因时序图

由图可见,所有的毛刺都出现在输入信号的跳变沿上。例如,t_2 和 t_4 时刻的毛刺都是由输入端 D_0,D_1,D_2 同时跳变引起的(见图中虚线圈)。t_2 时刻 D_4 信号变负,t_4 时刻 D_6 信号变负。由于译码器中采用的触发器性能及级数造成不同的延迟时间,在翻转过程中产生毛刺。跳变的输入信号多,产生毛刺的可能性就大。解决的主要办法是采用高速集成触发器芯片,而不用中低速集成芯片。

*8.9 逻辑分析仪的选用原则和使用要点

1. 选用原则

目前,逻辑分析仪型号多种多样,但从性能和价格两个方面来衡量,划分为以下三种类型。

① 廉价型逻辑分析仪。廉价型逻辑分析仪的主要特点是功能比较简单,价格便宜。这种逻辑分析仪中的定时分析仅有简单的触发功能,常作为多通道示波器使用。状态分析的序列触发级数少于 4 级,通道数不超过 32 个,最高内部采样时钟频率通常低于 50 MHz。一般这类产品仅具有有限的功能,选件也不多,常用于分析 8 位微型计算机。便携式逻辑分析仪多属于这种类型。

② 通用型逻辑分析仪。通用型逻辑分析仪的特点是功能强,适应面广。一般这类产品的通道数不少于 40 个,最高内部采样时钟频率高于 50 MHz,内存容量 1 KB 左右。从功能上考虑,定时分析有毛刺检测与毛刺触发。状态分析有 4 级以上的序列触发。并且一般都有多种反汇编、双 CPU 跟踪、交互分析、多总线分析,以及系统性能分析等能力。除此之外,还有大量的附件支持。常用于 8 位、16 位微型计算机的开发、生产和故障查找。这类逻辑分析仪品种较多。

③ 高性能逻辑分析仪。高性能逻辑分析仪的通道数不少于 64 个,最高内部采样时钟频率不低于 200 MHz,内存容量 4 KB 以上。有数据输出能力,数据发生器输出通道数大于 40 个。还有两个以上的数字存储示波器通道。高性能逻辑分析仪一般价格是比较高的,为了满足不同的测试需要,通常都采用模块化结构,以便组成多种类型的逻辑分析仪。逻辑分析系统属于高性能逻辑分析仪。

选用逻辑分析仪时,还需特别注意附件的选择,它的功能和价格与附件有直接的关系。许多产品都有多种附件,如反汇编插件,同一台设备也带有多种微型计算机的反汇编插件。购买时,至少要选用其中的一种。有的逻辑分析仪把整个仪器分成延迟、取数和显示等几个插件,其中取数部分只完成仪器的触发和采集数据的任务。对这种逻辑分析仪更应注意选择,以免造成浪费。

一般逻辑分析仪都是比较昂贵的。为慎重起见,在初步选定某种型号之后,最好详细查阅生产厂家有关型号的技术说明和使用说明,以便进一步核实是否满足自己的需要。因为选用逻辑分析仪是一项技术性很强的工作,必要时还应请专家咨询和向有关用户了解逻辑分析仪的性能及使用情况。

2. 使用要点

① 逻辑分析仪探头较多,每个探头与被测点连接时必须将该探头的地线尽量靠近测试点附近处接地,以避免误触发或影响时序分析精度。

② 高档逻辑分析仪的内部高速器件较多,仪器一般有一定的预热时间。

③ 要非常清楚地了解被测信号的电平特性,以选择合适的阈值设定,如 TTL、ECT 或特殊电平等。

④ 每个测试探头尽量设置详细的名称定义,并利用设置存储功能随时保存设置。

⑤ 注意存储容量和采集速率之间的矛盾,根据被测信号速率选取该两项指标。

习　题

8.1　数字系统信号有哪些主要特征?

8.2　逻辑分析仪有哪些特点?

8.3　逻辑分析仪有几种类型? 并分别叙述它们的工作过程。

8.4　结合图 8.4.1 阐述逻辑分析仪的工作原理。

8.5　逻辑分析仪有哪几种主要工作方式?

8.6　状态表显示和定时图显示有何主要区别?

8.7　详细分析典型逻辑状态分析仪的工作原理。

8.8　逻辑分析仪在哪些领域得到了应用? 举例说明。

第9章 调制域测量

内 容 摘 要

调制域的特征是反映信号频率、相位与时间的关系,它同时域、频域形成了信号的三维空间。本章介绍调制方式的划分、信号的三维空间及调制信号的测量,重点阐述连续计数技术(ZDT)、调制域分析仪的基本工作原理、主要技术指标和应用。

9.1 概 述

在无线电通信、广播电视、导航、雷达、遥控、遥测及航空、航天领域里,以不同的传输手段和方法进行各种信息的传输,信息在传输过程中都要采用调制和解调技术。调制就是在传送信号的发射端将所要传送的低频信号"捆绑"到高频振荡(射频)信号上,然后再由天线发射出去。其中,高频振荡信号是携带低频信号的"运载工具"。这种将低频信号"装载"于射频振荡的过程称为调制,经过调制后的高频振荡信号称为调制信号。如果信息传送方式与调制是相反的过程则称为解调,也就是在接收信号的接收端需要经过解调(反调制)的过程,把载波所携带的信号提取出来,得到原有的信息。反调制过程也称检波,是通过解调器(检波器)来完成的。

调制与解调都是频谱变换的过程:由于非线性元件的输出信号比输入信号具有更为丰富的频率成分,因此,用非线性元件才能实现频率转换,选出所需要的频率成分,消除其余不需要的频率成分。

9.2 调制方式的划分

按照随信号变化的高频振荡参数(幅度、频率和相位)的不同,调制方式划分为振幅调制,频率调制和相位调制,分别简称为调幅(AM)、调频(FM)和调相(PM)。另外,调制方式又划分为模拟调制、数字调制及脉冲调制。

一个载波电压(或电流)$U_A \sin(\omega t + \varphi)$ 有三个参数可以改变,即:振幅 U_A,频率 $\dfrac{\omega}{2\pi}$[①],相角 φ。利用低频信号电压(或其他待传送的信号)来改变这三个参数中的某一个,就是连续波调制,简述如下。

(1) 调幅

载波频率与相角不变,使载波的振幅 U_A 按照信号的变化规律而变化。例如,图9.2.1(a)就是正弦调幅波的波形;高频振幅变化所形成的包络波形就是原信号的波形,如图(b)所示。

(2) 调频

载波振幅不变,使载波的瞬时频率按照信号的变化规律而变化。这时瞬时频率的变化即反映了信号的变化。图9.2.2(a)表示正弦调频波的波形,图(b)则表示它的瞬时频率变化的波形。

---

① 通常将 ω 称为角频率,$f = \dfrac{\omega}{2\pi}$ 称为频率。为了方便,在本书中有时对 ω 与 f 不再加以区分,而统称为频率。

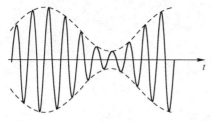

(a) 调幅波波形

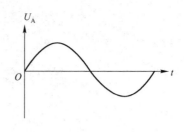

(b) 原信号波形

图 9.2.1　正弦调幅

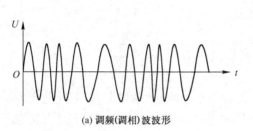

(a) 调频(调相)波波形

(b) 瞬时频率(或相位)波形

图 9.2.2　正弦调频

（3）调相

载波振幅不变,使载波的瞬时相位按照信号规律而变化。这时瞬时相位的变化即反映了信号的变化。瞬时相位的变化总会引起瞬时频率的变化,并且任何相位变化的规律都有与之相对应的频率变化的规律。因此,从瞬时波形看,很难区分调相与调频。正弦调相波仍然可用图 9.2.2(a)来表示。由于以上的原因,调频和调相有时统称为调角。当然,调频与调相还是有根本的区别。

另一大类调制是脉冲调制。这种调制首先要使脉冲本身的参数(脉冲振幅、脉冲宽度与脉冲位置等)按照信号的规律变化,亦即使脉冲本身先包含信号,然后再用该已调脉冲对高频电信号进行调制。这就是脉冲调制的过程。由此可见,脉冲调制是双重调制:第一次调制是用信号去调制脉冲;第二次是用该已调脉冲对高频信号进行调制。这就是所谓的二级(二次)调制。

（4）信号的三维空间

如前所述,时域的特征是反映信号幅度 U_A 与时间 t 的关系,如示波器;频域的特征是反映信号幅度 U_A 与频率 f 的关系,如频谱分析仪;而调制域的特征是反映信号频率 f、相位与时间 t 的关系,如调制域分析仪。因此,对一个待测信号应从时域、频域和调制域三个方面进行观察和分析,直接测量复杂信号的调制特性,甚至在时域和频域范围内无法观察到的现象,采用调制域的测量方法就能比较容易地实现。

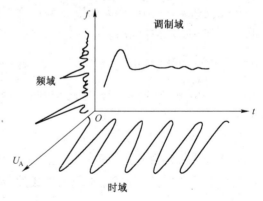

图 9.2.3　信号的三维空间示意图

从图 9.2.3 可知,调制域反映了信号频率 f 和时间 t 之间关系,这样对一个调制信号可由三维空间进行观测,即从时域、频域和调制域三个方面进行观察、分析和研究。

调制域分析仪对信号的频率、相位、时间间隔等参数与时间的关系能进行快速、直观、精确的测量。如测量数字通信系统中数字脉冲间隔的抖动,雷达脉冲重复周期的抖动,噪声干扰机的噪声边带,锁相环中压控振荡器(VCO)的频率阶跃变化,以及通过监测仪器测量磁带、磁盘、光盘驱动器、打印机和绘图仪等机电设备的抖动特性。

9.3　调制信号测量的定义

由于调制技术在通信中的重要作用,在对正弦信号的测量中需对信号的调制进行测量。通常调制指用一个信号(如语言信号)对载波的特性,如幅度、相位和频率进行调制,使它随调制信号进行变化。对调制信号主要测量调制指数,包括调幅指数、调频指数等。

1. 幅度调制测量的定义

幅度调制(AM)一般被认为是最简单的调制体制,通常用下式表示:

$$U(t) = U_A(1+M_a\cos\Omega t)\cos\omega t \qquad (9.3.1)$$

式中,M_a 为调幅指数,定义为受调制后的载波电压变化量和未调制时载波的电压振幅之比,表示载波幅度受调制信号控制的程度。

从上式可看出,幅度调制在时域中意味着信号的幅度是随时间变化的。而从频域中看可以这样认为,载波信号被看做是一根无限细的谱线,只占据一个频率点;调制信号的加入意味着信号带宽变宽,根据调制信号的不同,在载波附近出现一对频谱分量或具有离散形式的频谱,甚至更为复杂的频谱,如语音信号。一个标准的单音幅度调制在时域和频域中用图 9.3.1 表示。

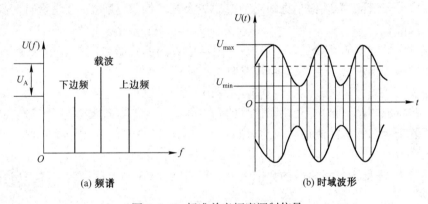

(a) 频谱　　　　　　　　　　　　　　(b) 时域波形

图 9.3.1　标准单音幅度调制信号

上面介绍的是调幅信号的基本形式,从频域中得出此时频谱宽度是两倍的调制信号频率,但一个边带就已包含了调制信号的全部信息,在实际运用中为充分利用频谱资源可将其中一个边带抑制掉,称为单边带调制。这样就将调幅信号的带宽降低了一半,而对实际需要传输的信息没有影响。另外由于在普通调幅波中,载波的功率占总功率的大部分,但它并不含所要传输的调制信息,为提高有效利用率,在调幅系统中通常采用抑制载波的调制方式。

在调幅信号的测量中最重要的指标是调幅指数,调幅指数需要在频域和时域中得到测量。

在时域中利用示波器,根据调幅指数的定义,测得受调信号的最高包络电压为 U_{max},最小包络电压为 U_{min},利用下式计算调幅指数。

$$M = (U_{max}-U_{min})/(U_{max}+U_{min}) \qquad (9.3.2)$$

在频域中利用频谱分析仪对调幅系数进行测量,只需测得载波信号和调制边频的幅度差为 $U_A(dBc)$,利用下式求得调幅指数。

$$M = 2\times10^{U_A/20}$$

2. 角度调制的定义

调幅是对信号幅度的调制。调频与调相是对频率和相位的调制,它们之间的差别是很小的,所不同的是变化的规律有差别,因此统称为角度调制。调频和调相的基本公式如下:

调频: $$U(t)=U_a\cos(\omega t+M_f\sin\Omega t) \tag{9.3.3}$$

调相: $$U(t)=U_a\cos(\omega t+M_f\cos\Omega t) \tag{9.3.4}$$

M_f 为调频指数,定义为最大频偏和调制信号的频率之比。

由上式分析,将调相系统中的调制信号积分就等效为对载波进行的频率调制;而如果对调频之前的调制信号求导后进行调频,就等效为调相。由于它们的这些特点,在讨论角度调制时经常只对调频信号进行重点研究。

调频信号在时域范畴里是指载波信号的频率随时间的变化,在调制信号振幅为正的最大时其频率最高,在振幅为负的最大时其频率最低。在调频波中有三个角频率值得注意:一个是载波角频率 ω;第二是最大角频偏 $\Delta\omega$,表示瞬时角频率随调制信号变化时偏离载频的最大量;第三个是调制信号频率 Ω,说明瞬时角频偏在载频附近变化的快慢程度。而在频域中则被看成载波信号功率在无限宽的频谱中进行重新分配,它的频谱是无限宽的,但由于其中大部分功率集中在离载波较近的范围内,所以通常将幅度超过十分之一载波幅度的全部边带组成的频谱宽度称为调频信号的带宽。在调制指数小于 0.2 的窄带调频信号中,调频波带宽就近似为 2Ω。在调频信号中最大频偏和带宽是不同的,调频信号瞬时角频率在 $\omega+\Delta\omega\sim\omega-\Delta\omega$ 之间变化,并不表示带宽为 $2\Delta\omega$,带宽是指长时间稳定下来的频谱分布情况,而频偏是指瞬时频率的最大频率偏移,两者一个是瞬时情况,一个是稳定的结果,不可混淆。

在调频信号中最重要的参数是调频指数,在通信中大的调频指数能提高信噪比。通常调频信号的测量是使用频谱仪进行测量,在窄带调制时由下式计算得到:

$$M_f=2\times10^{U_A/20} \tag{9.3.5}$$

由于在一些特殊的调制指数上,调频信号的有些频谱分量将为 0,利用这种特性在频谱仪上对这些特殊的调制指数都能直接测得。目前对调制信号的测量有专门的测量接收机,能直接测出调幅指数和调频指数。

在现代通信中,还出现了对离散的数字信号进行调制,原理和上述调制一样,只是被调制对象不同而已。

9.4 连续计数技术(ZDT)

调制域分析仪是建立在连续计数技术的基础上实现的,连续计数技术又称为零空闲(ZDT)计数,而 ZDT 计数器是调制域分析仪中的关键电路,这种计数器硬件在两次测量之间不复位。大多数电子计数器在测量频率时,主门的开启时刻与计数脉冲之间的时间关系是不相关的,它们在时间轴上的相对位置是随机的。这样在相同的主门开启时间内计数器所计得的脉冲个数却不一定相同,可能会产生测频误差,不能准确和连续不断地进行测频。而 ZDT 计数器能有效地解决上述不足和缺点。实现 ZDT 计数器的方案有多种,如取样法、双路计数法、计数内插法、转换外插法等。

ZDT 计数器在工作原理上主要是由两路计数器组成的,如图 9.4.1 所示。其中,一路称为事件计数

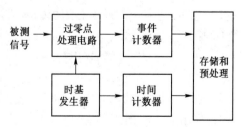

图 9.4.1 ZDT 计数器组成框图

器,对经过处理的被测信号过零点进行计数;另一路称为时间计数器,对时基脉冲进行连续计数。作为定时的时间单位,时基脉冲间隔越小,则测量精度越高。两路计数器是同步对应工作的。现以频率测量为例,通过图9.4.2的波形来说明其工作过程。设输入的被测信号是两个不同频率的正弦波,经过零点处理电路的放大、微分、整形后,得到如图9.4.2(d)所示的脉冲串,然后送到图9.4.1

所示的事件计数器计数。这里的"事件"是指信号一个周期的时间间隔,如图9.4.2(d)中的 T_1 和 T_2。与此同时,图9.4.1中的时间计数器对时基脉冲(设其周期为 T_0)进行同步计数,其波形如图9.4.2(e)所示(图中略去了触发同步等信号)。经过存储和数据处理,可求得 T_1、T_2 与 T_0 的对应关系,即求得被测信号的频率 f_1、f_2。

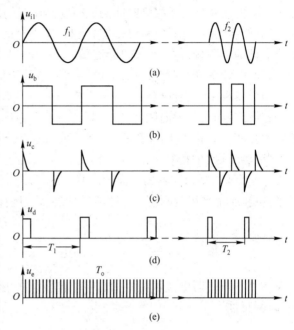

$$T_1 = N_1 T_0, \quad f_1 = 1/T_1 = f_0/N_1$$
$$T_2 = N_2 T_0, \quad f_2 = 1/T_2 = f_0/N_2$$

在工作原理上只要出现一个"事件",即一个周期即能测出频率,故 ZDT 计数器对瞬时频率能准确地进行动态测量。事实上载波信号不会只有一个周期,需通过多个"事件"计数,然后求平均频率,测量精度会更高。同理,相位或时间间隔也作为"事件",而且"过零"处理交叉点的阀值由用户设定。因此,该方法同样用来分析相位或时间间隔与时间的对应关系。

图 9.4.2　ZDT 计数器工作原理波形图

9.5　调制域分析仪的基本工作原理

图9.5.1所示为典型调制域分析仪的工作原理方框图。图中 A、B、C 是被测信号的三个输入通道,其电路形式基本相同。被测信号可以是任何波形的电信号,如正弦波、三角波、方波等。被测信号送入放大整形电路进行放大、整形,变换成具有一定规律的脉冲序列,此脉冲序列称为事件。将事件送入事件计数器1和2,它们为高速计数器,不但能计数最高的脉冲频率,而且还能起到整形的作用。

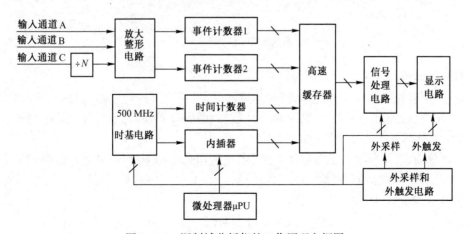

图 9.5.1　调制域分析仪的工作原理方框图

500 MHz 的时基电路用来产生标准时间,它的稳定度和准确度将决定时间计数器的测量准确度。计数器的标准时间信号必须具备两个显著的特点:其一是具有极高的精度,其二是必须适应不同频率和时间的测量要求,且具有多值性。时基电路产生的标准时基脉冲加到时间计数器和内插器。时间计数器是以时间为基础的计数器,该时间计数器能达到进行时间间隔测量所需的最高分辨力。内插器是为了提高时间测试精度而设置的。以上电路输出的脉冲信号均送入高速缓存器寄存,仪器启动后由微处理器(μPU)控制,完成对信号的分析、加工、处理及传输等功能,最后在显示器上显示出测量结果,实现自动测量。

下面以频率–时间特性、时间间隔–时间特性为例,简要说明调制域分析仪的工作原理。

(1)频率–时间特性(f-t)

测量信号的频率–时间特性时,只有一个事件计数器及时间计数器、内插器参与工作。当仪器被触发脉冲启动后,时间计数器、事件计数器不断计数,其时序图如图 9.5.2 所示。同时在采样脉冲(图中为↑沿)的控制下,依次读出 n、$n+1$ 时刻的事件计数器的计数值 e_n、e_{n+1},时间计数器的计数值 t_n、t_{n+1} 及内插计数器的内插脉冲宽度 Δt_n、Δt_{n+1}。Δt 的范围是 200 ps~1.8 ns。$t_{min} \leqslant 200$ ps 难于直接测量,通常采用时间倍乘电路将脉冲展宽后用计数器测量。由上述测量值计算 t_n 时刻的采样值 f_n。

$$f_n = \frac{e_{n+1} - e_n}{t_{n+1} - t_n + \Delta t_{n+1} - \Delta t_n} \tag{9.5.1}$$

由式(9.5.1)可知:f_n 代表在 $t_n \sim t_{n+1}$ 时间范围内信号的平均频率。重复上述过程,即测得信号的频率–时间特性。

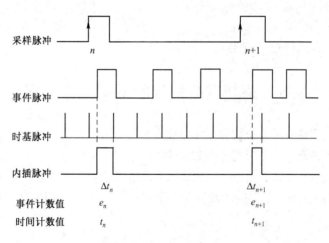

图 9.5.2 测频时序图

(2)双通道正负时间间隔–时间特性($\pm TI$-t)

测量 A、B 通道两路信号的时间间隔–时间特性时,有两个事件计数器及时间计数器、内插器参与工作。当仪器被触发脉冲启动后,两个事件计数器、时间计数器、内插计数器不断计数。其 n、$n+1$ 时刻的时序波形图如图 9.5.3 所示。

由图进行分析,在采样脉冲的控制下,系统依次读出 n、$n+1$ 时刻的时间计数器的计数值 $T_{A,n}$,$T_{B,n}$,$T_{A,n+1}$,$T_{B,n+1}$ 及内插脉冲宽度值 $\Delta t_{A,n}$,$\Delta t_{B,n}$,$\Delta t_{A,n+1}$,$\Delta t_{B,n+1}$。由这些测量值计算出事件 A 脉冲,事件 B 脉冲在 n 及 $n+1$ 时刻的时间间隔。

$$\Delta T_{AB,n} = T_{B,n} - T_{A,n} + \Delta t_{A,n} - \Delta t_{B,n} > 0$$
$$\Delta T_{AB,n+1} = T_{B,n+1} - T_{A,n+1} + \Delta t_{B,n+1} - \Delta t_{A,n+1} < 0$$

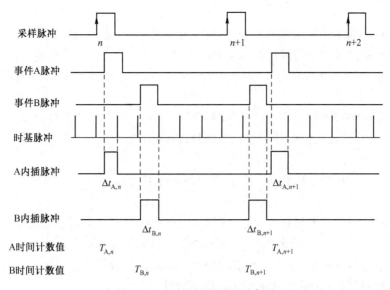

图 9.5.3　时间间隔测量时序图

$\Delta T_{AB,n}>0$ 是因为事件 A 脉冲超前于事件 B 脉冲，$\Delta T_{AB,n+1}<0$ 是因为事件 A 脉冲滞后于事件 B 脉冲。重复上述过程，便测量出 A、B 两路信号之间的时间间隔–时间特性。

9.6　主要技术指标及应用

1. 主要技术指标

（1）测量范围

测量范围包括频率测量范围及时间间隔测量范围。

● 频率测量范围：测量最低至最高的频率范围。

● 时间间隔测量范围：测量最小至最大的时间间隔范围。

（2）灵敏度

系指测量的输入信号最小幅度值，用有效值或 dBm 表示。

（3）动态范围

系指输入信号最小至最大幅度范围。

（4）分辨率

分辨率包括频率分辨率及测时分辨率。

● 频率分辨率：测量频率时的最小频率间隔 Δf。Δf 不是一个常数，由公式 $\Delta f = f\lambda\Delta t$ 估计，式中 f 为被测平均频率，λ 为采样速度，Δt 为测时分辨率。

● 测时分辨率：测量时间间隔时可分辨的最小时间间隔 Δt。

（5）存储深度

系指一次测量可存储的测试数据个数。

（6）最高采样速度

系指采样速度的最大值 λ_{max}。

2. 调制域分析仪的应用

调制域分析仪广泛应用于下列军事及民用领域。

（1）通信

调制域分析仪在通信中的应用遍及模拟通信、移动通信、数据通信等几乎一切通信领域。

- 调频、调相、移频键控、移相键控、脉宽调制等通信方式中的调制特性测量；
- CDMA、GSM、SSB、FM、ΦM 等新型抗干扰跳频、扩频通信中的跳频合成器、发射机捷变频特性测量；
- 各种通信系统中频率源相位噪声、时间抖动、残留 FM、频率源漂移的测量；
- 各种数字、数据传输系统中数据、时钟时间抖动测量及抖动谱分析等。

（2）雷达

在各种军用及民用(如气象、航海、航空、汽车防撞)雷达系统中,调制域分析仪实现对射频脉冲的如下测试：

- 线性调频脉冲的频率偏移特性测量,应用于线性调频脉冲压缩雷达系统及部件；
- 脉冲载频频率捷变特性测量,应用于捷变频雷达系统及部件；
- 脉冲相位编码信号测量,应用于相位编码脉冲压缩雷达及部件；
- 脉冲频率抖动测量,应用于 MTI 雷达系统及部件；
- 线性调频连续波频率偏移特性测量,应用于连续波雷达及部件；
- 脉冲雷达参数测量,包括脉冲宽度、占空比、上升及下降时间、脉冲包络的峰值功率、振幅、调幅度及脉冲宽度、重复频率、包络参数的抖动分析等。

（3）电子战系统及核物理

通信对抗、雷达对抗、核物理领域信号的调制域特性分析。

（4）数字存储装置、机电系统

调制域分析仪用于检测磁带、光盘、磁盘驱动器的时容限性能,精确测量数据–数据源、数据–时钟序列的时间关系。在机电系统中,用于测试伺服系统编码器提供的频率对时间的关系,以分析系统的速度、阻尼、过冲及响应时间等。

（5）VCO、PLL 等元器件特性测量

调制域分析仪用于测量 VCO(压控振荡器)、PLL(锁相环)等元器件的频率、相位与时间的关系曲线,测量频率、相位的漂移、建立时间、过冲及相位噪声等特性。

习　题

9.1　调制方式是根据信号的何种参数进行划分的？并说明各种调制方式的特点。

9.2　图 9.1.1 中信号的三维空间的物理意义是什么？

9.3　阐述调制信号测量的具体内容。

9.4　详细阐述连续计数技术(ZDT)的工作原理及波形。

9.5　说明调制域分析仪的基本工作原理。

9.6　分析测频时序和时间间隔测量时序。

9.7　说明调制域分析仪的主要技术指标及应用。

第10章 阻抗域测量

10.1 概　述

电子测量按电信号的性质和特征划分测试的种类有多种,阻抗域测量是其中之一,其主要应用于电子元器件与电路特性等领域。电子元器件是一个品种繁多、数量庞大的电子基础产品,任何一台电子装置、设备或系统都离不开它。它们的性能、质量参数和可靠性直接影响电子产品的优劣,甚至起到决定性的作用。对电子元器件参数的测量是保证元器件质量的重要措施。

阻抗是测试、评定电子元器件与电路系统的一个最基本的技术参数。它表征在给定的工作频率下,对流经元器件或电路电流的总抵抗能力。阻抗测量包括电阻(R)、电容(C)、容抗(X_C)、电感(L)、感抗(X_L)及相关的品质因数(Q)、损耗角(δ)、耗散因子(损耗因数)(D)等参数的测量。电阻、电容和电感是集中参数元件,而且是集中参数电路的基本参量。在集中参数电路中,R表示电路中电能量的损耗,C和L分别表示电场能量和磁场能量的积累、存储与变换等。

电阻器、电容器及电感线圈除其基本参量电阻、电容及电感外,同时还存在一些寄生参量,即分布参数。考虑寄生参量的影响时,电容器和电感线圈需要采用等效电容、等效电感和等效电阻来共同做系统性分析和处理,这些等效参量均与频率有关。因此,必须在工作频率上进行测量。无论是测量基本参量还是测量等效参量,测量数据一定要满足测量精度的要求。

10.2　阻抗特性及表示方法

阻抗能准确地描述电子元器件或各种类型电路系统的传输及变换特性。对于一个单口或双口网络,阻抗定义为加在端口(回路)上的电压$\dot{U}$与流进端口的同频电流$\dot{i}$之比,如图10.2.1所示,阻抗Z可表示为

$$Z = \dot{U}/\dot{i} \qquad (10.2.1)$$

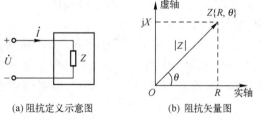

(a) 阻抗定义示意图　　(b) 阻抗矢量图

图 10.2.1　阻抗定义示意图与阻抗矢量图

式(10.2.1)不仅适用于单口或双口网络,还可推广至多口或多端网络。在集中参数电路系统中,电阻、电容及电感等元件是根据其内部发生的电磁现象从理论上定义的。如果没有特殊的要求,通常将以上元件作为固定不变的常数进行测量。但是,要严格分析这些元件内部的电磁现象是非常困难和复杂的。实际测量中,阻抗元件并不是以纯电阻、纯电容或纯电感特性出现的,而是这些阻抗因素的组合。测量条件的任何变化均会引起被测阻抗特性的改变。阻抗可在直流或交流的情况下进行测量,直流测量的基本参量是电阻,交流测量的基本参量是电容和电感。

在直流情况下,线性两端元器件的电阻由欧姆定律来定义,根据加在元器件两端的电压和流过的电流确定。在交流情况下,电压与电流的比值为复数,即阻抗矢量。阻抗矢量由实部(电阻R)和虚部(电抗X)两部分组成。

阻抗在直角坐标系用 $R+jX$ 的形式表示,或在极坐标系中用幅度 $|Z|$ 和相角 θ 表示,见图 10.2.1(b),即:

$$Z=\dot{U}/\dot{I}=R+jX=|Z|e^{j\theta}=|Z|(\cos\theta+j\sin\theta) \qquad (10.2.2)$$

以上参数之间的关系为:

$$|Z|=\sqrt{R^2+X^2},\theta=\arctan\frac{X}{R};\quad R=|Z|\cos\theta,X=|Z|\sin\theta$$

导纳 Y 是阻抗 Z 的倒数,即

$$Y=\frac{1}{Z}=\frac{1}{R+jX}=\frac{R}{R^2+X^2}+j\frac{-X}{R^2+X^2}=G+jB \qquad (10.2.3)$$

其中 G 和 B 分别为导纳 Y 的电导分量和电纳分量。导纳的极坐标表达式为

$$Y=G+jB=|Y|e^{j\phi} \qquad (10.2.4)$$

式中,$|Y|$ 和 ϕ 分别是导纳幅度和导纳角

10.3　集中参数元件(RCL)的基本阻抗特性

集中参数元件(阻抗元件)在某些特定条件下,可近似地作为理想的纯电子元件。但是,在精密测量中为减小测量误差,提高测量的准确度,必须将集中参数元件中的寄生参量,如寄生电容、寄生电感和损耗等因素进行综合性的分析和处理。考虑到寄生参量的不良影响,它们又不是单一的纯电子元件。这些电子元件中的每一个元件都包含三个基本阻抗参量:电阻、电容与电感。式(10.2.2)中的实部电阻代表元件的损耗部分,虚部电容、电感则代表其储能部分。一个非常简单的元件,如果考虑各种因素,则其等效电路将是相当复杂的。

电阻器、电容器与电感器是电子电路和电子设备中最常用的重要元件之一,应用非常广泛。

1. 电阻器

电阻器是具有一定电阻值的电子元件,又称为电阻。电阻器通常分固定电阻器和可变电阻器两大类,而固定电阻器按电阻体材料及用途又可划分成多种类型。电阻器在电路中的作用有多种,如在电路中用作分压器、分流器和负载电阻。电阻器所组成的基本电路有分压、分流、阻抗匹配及RC 充放电电路等。

图 10.3.1 是电阻器的等效电路,其中,除纯电阻 R 外,还存在串联固有电感 L_0 和并联分布电容 C_0。也就是说,电阻器的等效电路相当于一个直流电阻 R 与固有电感 L_0 串联,然后再与分布电容 C_0 并联。其固有谐振频率为

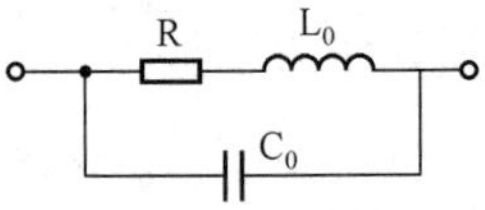

$$f_{R0}=\frac{1}{2\pi\sqrt{L_0C_0}} \qquad (10.3.1)$$

图 10.3.1　电阻器的
等效电路

在工作频率较高的实际应用中,尽量选用高频电阻器,此类电阻器的分布电容和固有电感很小,所造成的不良影响极低,它主要应用于无线电发射机和接收机等领域。

电阻器的主要特性参数有标准电阻值和允许偏差、额定功率、最大工作电压和额定工作电压、绝缘电压和绝缘电阻、稳定性参数、噪声电动势、高频特性等。

另外,还有一些特殊用途的电阻器,如压敏电阻、热敏电阻、光敏电阻等。

2. 电容器

电容器是一个充放电荷的电子元件,电容量是电容器储存电荷多少的一个量值,按绝缘介质材料的不同划分成不同类型的电容器。其中,按可调性又划分为固定电容器、可变电容器及微调电容器三大类。电容器的基本特性是储存电荷,具有隔断直流、通过交流的作用。它在滤波、调谐、耦

合、旁路、延时、整形等电路中得到了非常广泛的应用。

图 10.3.2 是电容器的等效电路。其中,除纯电容外,还存在介质损耗电阻 R_0,由引线、接头、高频集肤效应等产生的损耗电阻 R_0',以及在电流作用下因磁通引起的电感 L_0。

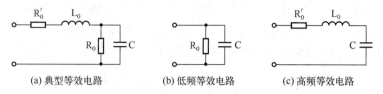

(a) 典型等效电路　　　　(b) 低频等效电路　　　　(c) 高频等效电路

图 10.3.2　电容器的等效电路

电容器的频率特性是指电容器的电容量随频率变化的关系。一般情况下,电容器在高频工作时,随着工作频率的升高,由于绝缘介质的介电系数减小,损耗将增大,并且会影响电容器的分布参数。为了保证电容器的稳定性,具体应用时应将电容器的极限工作频率选择在固有谐振频率的 $1/3\sim 1/2$ 范围之内。

通常将电容器在电场作用下因发热而消耗的能量称为电容器的损耗。习惯上以损耗角的正切值 $\tan\delta$ 表示电容器损耗的大小。$\tan\delta$ 又称为损耗因数。以正弦信号为例,由于电容器存在损耗,使加在电容器上的正弦交流电压,与通过电容器的电流之间的相位差不是 $\pi/2$,而是稍小于 $\pi/2$,形成了偏离角 δ。δ 称为电容器的损耗角,如图 10.3.3 所示。

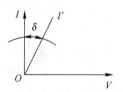

图 10.3.3　电容器的损耗角

电容器的损耗因数是衡量电容器品质优劣的重要指标之一。各类电容器都规定了在一定频率范围内的损耗因数允许值,在选用脉冲、交流、高频等电路中的电容器时应考虑这一参数。

电容器的主要特性参数:标称电容量与允许偏差、额定电压、温度系数、抗电强度、绝缘电阻、漏电流、损耗因数与频率特性等。

3. 电感器

电感元件称为电感线圈,简称线圈。任何线圈中有电流通过时,线圈的周围就会产生磁场。当线圈中通过交流电流时,根据电磁感应定律可知,在线圈两端产生感应电动势,这种感应电动势是由线圈中电流引起的,即所谓的自感应作用,称为自感。电感元件产生的自感电动势总是阻止线圈中的电流变化,故电感元件对交流电有阻力,阻力的大小用感抗 X_L 来衡量。感抗的表达式为:

$$X_L = 2\pi f L \ (\Omega) \tag{10.3.2}$$

式中,f 为交流电频率(Hz);L 为电感元件的电感量(H)。

电感元件分固定电感器和可调电感器两大类。电感线圈的主要参数有电感量及允许偏差、品质因数 Q、额定电流等。但也存在损耗电阻 R_0 和分布电容 C_0。

● 分布电容

电感线圈匝与匝之间、层与层之间、线圈与地之间,以及线圈与屏蔽盒之间所具有的电容,统称为电感线圈的分布电容,用 C_0 表示。它和线圈可等效为一个由 L、R、C_0 组合的并联谐振回路,其谐振频率为

$$f_0 = \frac{1}{2\pi\sqrt{LC_0}} \tag{10.3.3}$$

f_0 称为电感线圈的固有频率。为保证线圈有效电感量的稳定,使用电感线圈时,应使工作频率远低于线圈的固有频率。需要指出的是,分布电容的存在会降低电感线圈的稳定性,因此,应采取有效措施减小分布电容的不良影响。

从式(10.3.2)可知,电感元件在低频时 X_L 较小,通过直流时, $f_0 = 0$,故 $X_L = 0$,仅线圈直流电阻起作用,因电阻很小,电感线圈近似短路。所以,电感元件在直流电路中一般不用其感抗性能。当电感元件在高频下工作时, X_L 很大,近似开路。图 10.3.4 是电感线圈的高频等效电路。

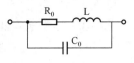

图 10.3.4 电感线圈的高频等效电路

电感线圈的特性与电容器完全相反,所以利用电感器、电容器能组合成各种低频、高频滤波器,以及调谐、选频、振荡、补偿、延迟回路及阻流器等。

● 品质因数 Q

品质因数 Q 是表示线圈质量的一个重要参数, Q 值的大小,表明电感线圈损耗的大小。 Q 值越大,线圈的损耗越小;反之其损耗越大。

品质因数 Q 的定义:当线圈在某一频率的交流电压下工作时,线圈所呈现的感抗和线圈直流电阻的比值。它的公式如下:

$$Q = 2\pi f L / R = \omega L / R \tag{10.3.4}$$

式中, ω 为工作角频率, $\omega = 2\pi f$; L 为线圈电感量; R 为线圈的总损耗电阻。

根据应用条件的不同,对品质因素 Q 的要求也不一样。对调谐回路中的电感线圈, Q 值要求较高,因为 Q 值越高,回路的损耗就越小,其效率就越高;对耦合线圈, Q 值可低一些;而对于低频或高频扼流圈,则不做要求。

实际上, Q 值的提高通常受到一些因素的限制,如导线的直流电阻、线圈骨架的介质损耗、铁芯和屏蔽引起的损耗,以及高频工作时的集肤效应等。因此线圈的 Q 值不可能做得很高,只要满足测量精度的要求即可。

10.4 集中参数元件(RCL)的等效电路与等效阻抗

电阻器、电容器与电感器都不是理想的纯电子元件,既有基本参量,又有寄生电容、寄生电感和损耗。表 10-1 列出了集中参数元件(RCL)的等效电路与等效阻抗(R_0 、 R_0' 、 C_0 与 L_0 分别表示等效分布参量)。

表 10-1 集中参数元件(RCL)的等效电路与等效阻抗

元件名称	参量组成	等效电路	等效阻抗
电阻器	纯电阻	R	$Z = R$
	包括引线电感	R L_0	$Z = R + j\omega L_0$
	包括引线电感和分布电容	R L_0 C_0	$Z = \dfrac{R + j\omega L_0\left[1 - \dfrac{C_0}{L_0}(R^2 + \omega^2 L_0^2)\right]}{(1 - \omega^2 L_0 C_0)^2 + \omega^2 C_0^2 R^2}$
电容器	纯电容	C	$Z = \dfrac{1}{j\omega C}$
	包括泄漏、介质损耗等	C R_0	$Z = \dfrac{R_0}{1 + \omega^2 C^2 R_0^2} - j\dfrac{\omega C R_0^2}{1 + \omega^2 C^2 R_0^2}$
	包括泄漏、引线电阻和电感	R_0' L_0 C R_0	$Z = \left(R_0' + \dfrac{R_0}{1 + \omega^2 C^2 R_0^2}\right) + j\left(\omega L_0 - \dfrac{\omega C R_0^2}{1 + \omega^2 C^2 R_0^2}\right)$

元件名称	参量组成	等效电路	等效阻抗
电感器	纯电感	L	$Z = j\omega L$
	包括导线损耗	L R_0	$Z = R_0 + j\omega L$
	包括导线损耗和分布电容	R_0 L C_0	$Z = \dfrac{R_0 + j\omega L\left[1 - \dfrac{C_0}{L}(R_0^2 + \omega^2 L^2)\right]}{(1 - \omega^2 L C_0)^2 + \omega^2 C_0^2 R_0^2}$

集中参数元件 R、C、L 不仅有特性参数和规格参数,还有特定的质量参数。质量参数的特点是,描述阻抗元件特性参数和规格参数随环境因素变化的规律。质量参数包括温度系数、噪声电动势、高频特性、机械强度、可焊性与可靠性等。

当测量条件不同时,阻抗测量值也不一样。例如,过强的信号可能使阻抗元件表现出非线性;不同的温度或湿度使阻抗出现不同的值;不同的工作频率,阻抗变化较大,甚至同一阻抗元件表现的阻抗性质完全相反。考虑周围电磁环境的影响,测试现场不应有强电场、强磁场或强电磁场的干扰,严重时会造成元件功能的失效。由于影响阻抗的因素很多,任何测量环境的变化都会造成同一元件测量结果的差异。电阻器、电容器和电感器只有在某些特定条件下才能作为理想的纯元件。为确保元件阻抗特性稳定不变,实际测量时,需要做到工作条件与测量条件保持一致。否则将会产生较大的测量误差,甚至出现错误的测量结果。

不同类型的阻抗元件在材料、结构形式、工艺及用途等方面千差万别,这些因素决定了每一种元件的性能指标和技术参数,尤其考虑到寄生参数的存在,在拟定阻抗测量方案时要做到:元件严格筛选,电路优化设计,元件分布合理,装配工艺可靠。以上措施是选择和使用元件的依据。

10.5　阻抗测量方法

阻抗测量有伏安法(又称电压电流法)、RF(射频)电桥法、平衡电桥法、谐振法、网络分析法等方法。

10.5.1　电阻的测量

1. 伏安法

伏安法测量电阻依据的是欧姆定律,即 $R = U/I$,通过测量出被测电阻两端电压与流过它的电流,然后计算出电阻值。图 10.5.1 所示为伏安法测量直流电阻原理图。

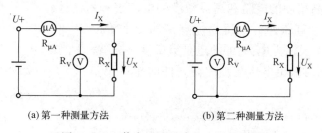

(a) 第一种测量方法　　　　(b) 第二种测量方法

图 10.5.1　伏安法测量直流电阻原理图

图 10.5.1(a)为电流表内阻较小的测试方法,图 10.5.1(b)为电流表内阻较大的测试方法。

电流表的内阻不同应采用不同的测量方法,否则会引起测量误差。因此,在实际应用中要根据具体的技术要求选择合适的测量仪器和测量方法。

2. 电桥法

电桥法测量阻抗的基本电路是四臂电桥电路,以电桥平衡原理为基础,并使用示零电路作为测量结果的指示器。电桥的类型较多,但是各种电路相互之间没有原则上的区别,因为它们都是以四臂电桥为基础演变而来的。

(1) 四臂电桥

典型的四臂电桥原理电路如图 10.5.2 所示。

图中,由 Z_1,Z_2,Z_3 和 Z_4 四个臂组成了一个典型的四臂电桥,此电桥又称为交流电桥。电桥中的任何一个臂都可接入被测电阻或电容、电感,也可以是一个相当复杂的网络。U_S 为信号源,G 为指示器。调节桥臂中的可调元件使 G 的电流为零,电桥处于平衡状态,称为电桥平衡。一般情况下,电桥各臂既含有电阻成分,又含有电抗成分,它们每一个都表现为复数阻抗。

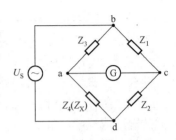

图 10.5.2 典型的四臂电桥原理电路

电桥的平衡条件为 $\qquad Z_1 Z_X = Z_2 Z_3 \qquad$ (10.5.1)

根据式(10.5.1)可计算出被测阻抗的值,电桥达到平衡状态时,下式成立。

$$|Z_1| \cdot |Z_X| = |Z_2| \cdot |Z_3| \qquad (10.5.2)$$
$$\varphi_X + \varphi_4 = \varphi_2 + \varphi_3 \qquad (10.5.3)$$

式中,$|Z_1|,|Z_2|,|Z_3|,|Z_X|$ 为复数阻抗 Z_1,Z_2,Z_3,Z_X 的模;$\varphi_1,\varphi_2,\varphi_3,\varphi_X$ 为 Z_1,Z_2,Z_3,Z_X 的相角。

从式(10.5.1)～式(10.5.3)可知,交流电桥的平衡条件与上述公式相关,只有当电桥中相对臂的阻抗模乘积相等(振幅平衡条件),相对臂的阻抗角之和也相等(相位平衡条件)时,电桥才能达到平衡。即要使桥路平衡,必须同时满足振幅和相位平衡条件。另外,在选择调节元件时,为使其达到平衡,在交流情况下,调节元件不应少于两个,最理想的调节元件参数需要做到分别平衡于阻抗中的电阻分量和电抗分量。

(2) 直流四臂电桥

若交流四臂电桥中的四臂元件全部采用纯电阻,则构成直流四臂电桥,如图 10.5.3 所示。

电桥平衡条件为 $\qquad R_X = R_2 R_3 / R_1 \qquad$ (10.5.4)

信号源 U_S 采用直流信号,电阻的分布参数可忽略不计;为避免分布参数的影响,信号 U_S 采用交流信号应选择低频。

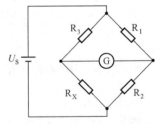

图 10.5.3 直流四臂电桥测电阻原理电路

用电桥法测量电阻的误差取决于 R_1,R_2,R_3 的误差,以及电桥平衡的指示误差。选用高精度的电阻和高灵敏度的电流表和检流计,可得到较高的准确度。直流四臂电桥的优点是测量准确度高、结构简单、平衡调节灵活方便;它的缺点是灵敏度不高、输出电阻大、电桥不平衡时输出电压与被测臂元件的相对误差呈非线性等。

有源电桥的典型电路如图 10.5.4 所示,其中,R_1,R_2,R_3,R_X 组成电桥的四个臂,R_X 为待测电阻,A 是一个理想的运算放大器。

从电路的结构可知,有源电桥的平衡条件同图 10.5.3 的

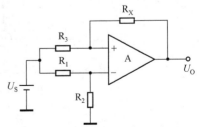

图 10.5.4 有源电桥的典型电路

平衡条件：

$$R_X = R_2 R_3 / R_1 \qquad (10.5.5)$$

桥路中加入运算放大器 A，并将其共模抑制比 CMRR 视为无穷大，能有效地提高无源电桥的性能。对于无源电桥，桥输出电压 U_0 与其相对误差 γ 呈非线性关系，准确度偏低。而有源电桥的 U_0 与 γ 因桥路接入运算放大器 A 而呈线性关系，可提高准确度。同时将被测电阻转换成电压，再用电压确定电阻，即能构成精密的数字欧姆表。由于有源电桥的 U_0 与相对误差 γ 呈线性关系，因此，在 γ 大小固定的情况下，有源电桥比无源电桥的灵敏度更高，桥路输出电压 U_0 的数值也更大，这使得桥路的各项指标得到不同程度的改善。

式（10.5.5）是在运算放大器 A 的共模抑制比为无穷大时推导出来的。

10.5.2 电容、电感的测量

测量电容、电感的方法主要有直接测量法、交流电桥法和谐振法等。谐振法用于高频测量。直接测量法以欧姆定律为基础，用电流表或电压表测量，电路简单，使用方便，仅用于一些简易的测量。电桥法是测量电容和电感最常用的方法，可测量电容、电感损耗或 Q 值，应用广泛。

1. 电桥法测电容

电桥法测电容有串联电容电桥和并联电容电桥两种，如图 10.5.5 所示。

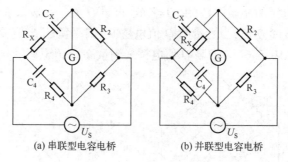

(a) 串联型电容电桥　　　　(b) 并联型电容电桥

图 10.5.5　测电容电桥

（1）串联电容电桥

图 10.5.5(a) 是串联型电容电桥，C_X 是被测电容，R_X 是其等效串联损耗电阻，调节桥臂中的可调电阻使桥路平衡。由桥路的平衡条件 $Z_X Z_4 = Z_2 Z_3$，经推导后得出：

$$R_4\left(R_X - \frac{1}{j\omega C_X}\right) = R_3\left(R_2 - \frac{1}{j\omega C_2}\right)$$

$$R_X - \frac{1}{j\omega C_X} = \frac{R_3}{R_4}R_2 - \frac{R_3}{R_4}\frac{1}{j\omega C_2} \qquad (10.5.6)$$

上式实部相等得出

$$R_X = \frac{R_3}{R_4}R_2 \qquad (10.5.7)$$

上式虚部相等得出

$$C_X = \frac{R_4}{R_3}C_2 \qquad (10.5.8)$$

损耗因数

$$\tan\delta = 1/Q = \omega C_2 R_2 \qquad (10.5.9)$$

调节 R_4，直读 C_X；调节 R_2，直读 $\tan\delta$；调节 R_3 以改变测量量程。测量时先根据被测电容的范围，改变 R_3 选择一定的量程，反复调节 R_4 和 R_2 使电桥平衡（指示器读数最小）。直接从 R_4，R_2 刻度读 C_X 和 $\tan\delta$ 值。这种电桥适用于测量损耗小的电容器。

（2）并联电容电桥

图 10.5.5（b）是并联型电容电桥，C_X 为被测电容，R_X 为其等效并联损耗电阻。测量时，调节 C_2 和 R_2 使电桥平衡，此时可推导出

$$C_X = \frac{R_4}{R_3} \cdot C_2 \tag{10.5.10}$$

$$R_X = \frac{R_3}{R_4} \cdot R_2 \tag{10.5.11}$$

$$\tan\delta = \frac{1}{\omega C_2 R_2} \tag{10.5.12}$$

这种电桥适用于测量损耗较大的电容器。

2. 电桥法测电感

（1）低 Q 值电感电桥（马氏电桥）

当测量低 Q 值电感时（$Q<10$）采用图 10.5.6（a）所示的电桥，其中 L_X 为被测电感，R_X 为电感的等效损耗，ω 为回路谐振频率，由交流电桥平衡条件求得

$$L_X = R_2 R_3 C \tag{10.5.13}$$
$$R_X = R_2 R_3 / R \tag{10.5.14}$$

如果需要测出被测电感的品质因数，由 $Q = \omega RC$ 求出 Q 值。一般取 R_2 和 R 作可调元件，由 R_2 刻度直读 L_X，由 R 刻度直读 Q 值；当测量高 Q 值电感时，调平衡的 R 值较大不易做得准确。为提高测量的精准度，可用图 10.5.6（b）的高 Q 值电桥来测量高 Q 值电感。

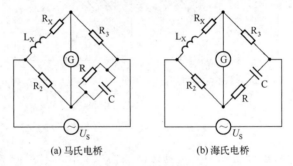

(a) 马氏电桥　　　　　　　(b) 海氏电桥

图 10.5.6　测电感电桥

（2）高 Q 值电感电桥（海氏电桥）

图 10.5.6（b）与图 10.5.6（a）不同的是将 RC 并联臂改为 RC 串联臂，适用于测量高 Q 值电感（$Q>10$）。

由电桥平衡条件求得 $\qquad L_X = R_2 R_3 C \tag{10.5.15}$

$$Q_X \approx \frac{1}{\omega RC} \tag{10.5.16}$$

同样选择 R_2 和 R 作为可调元件，从 R_2 刻度上直读 L_X，从 R 刻度上直读 Q 值，R_3 用作量程选择。

测量方法：首先估计被测电感 Q 值范围，据此选择电桥电路类型；再根据电感量程范围调节 R_3，选择合适的量程；然后反复调节 R_2 和 R 使指示器读数最小，这时即可从 R_2 和 R 的刻度读取 L_X 和 Q 值。

第 11 章　非电量测量

内 容 摘 要

电子测量可以测量电量,还能测量非电量。非电量的测量是通过传感器将非电量转换成电量来实现的。本章重点介绍非电量及其测量的分类、基本工作原理,传感器的分类、特性,集成传感器和智能传感器的性能特点等。重点阐述非电量的应用,单线智能传感器的工作原理与应用。

电子测量除测量电量、磁量以外,还能完成非电量的测量。非电量无论是在种类上还是在数量上都比电量和磁量数量多。这些量有大有小、有强有弱;有些不随时间而变化,有些随时间而变化;有些是标量,有些是矢量;有些是离散的,有些是连续的;这些量涉及到机械、热工、化学、光学和声学等不同领域。在科学技术研究及工业生产应用的过程中,对这些量不仅要进行测量,而且要对其进行控制、变换、传输、显示、记录、存储等。非电量测量是通过传感器将非电量转换成电量(电流 I 或电压 U),再通过测量电量(电流 I 或电压 U)的方法和措施呈现出非电量的数值的。大多数非电量可以精确地转化为相应的电量,于是非电量就可用电量的测量技术对其进行测量,这就是所谓的非电量检测技术,或称非电量电测技术。

11.1　非电量及其检测的分类

1. 非电量的分类

非电量主要归纳为以下四类:

① 热工量:温度、热量、比热、热流、热分布;压力、压强、压差、真空度;流量、流速、风速;物位、液位、界面等。

② 机械量:位移、尺寸、形状、形变;力、应力、力矩、扭矩;重量、质量;转速、线速度;振动、加速度、噪声。

③ 物理和成分量:气、液体化学成分、酸碱度、盐度、浓度、粘度、硬度;密度、比重。

④ 状态量:颜色、透明度、磨损量、裂纹、缺陷、泄漏等。

2. 非电量检测的分类

用电测技术的方法对非电量进行测量,称为非电量的检测技术,即非电量电测或称非电量测量。它首先把非电量转换成电信号,然后对其进行测量。非电量检测的方法依据传感器转换原理的不同而有不同的分类方法。归纳起来,主要划分为以下几类:

① 电磁检测。包括:

电阻式——电位计式、应变片式、压阻式;

电感式——自感式、互感式(差动变压器)、电涡流式、压磁式、感应同步式;

电容式——电容式、容栅式;

磁电式——磁电感应式、磁栅式、磁敏式(霍尔式);

热电式——热电偶、热电阻、热敏电阻;

压电式——正压电式、声表面波式;

谐振式——振弦式、振筒式、振片式。

② 光学检测。包括：光电式,激光式,红外线式,光栅式,光导纤维式,光学编码器式等。

③ 超声波检测。

④ 同位素检测。

⑤ 微波检测。

⑥ 电化学检测。

3. 非电量检测的主要优点

其优点如下。

① 便于实现连续测量。由于电子技术及微电子技术的飞速发展,达到了对电量的测量准确度高、灵敏度高、反应速度快的程度。因此,能够实现非电量的连续测量。

② 便于实现远距离测量和集中控制。现代无线电技术及通信技术的发展,使得远距离测量和控制得以实现。

③ 便于实现静态和动态测量。随着传感器、测量电路响应速度的不断提高,以及信号数值分析和数据处理速度的提高,不但能实现对静态或稳态下的性能参数进行准确的测量,而且对于动态特性参数的实时测量也能容易地实现。

④ 便于实现大范围测量。由于电子技术的发展,测量装置的量程很容易实现多量程,测量装置的频带可达到很宽,因此,很容易实现大范围的测量。

⑤ 便于实现计算机辅助检测。计算机技术的发展及其在检测中的应用,使得检测系统的校正功能、信息变换功能、分析处理功能、人机交互功能获得全面的提高,从而使检测系统的性能得到极大的改善。

11.2 非电量测量的组成与基本工作原理

非电量测量的组成和工作原理方框图如图 11.2.1 所示。一个完整的非电量测量系统一般包括信息的获得、转换、显示和处理等几个部分。首先要获得被测量的非电量信息,它是通过传感器来实现的。传感器是非电量测量系统中的关键元件,它是一种能感应被测参量功能的转换元件(或装置),它能将光、磁、热、力、超声、气体、射线和酶等物理学、化学、光学、生物学等的非电量转换成与之有对应关系或容易精确处理的电量和其他形式的信号。

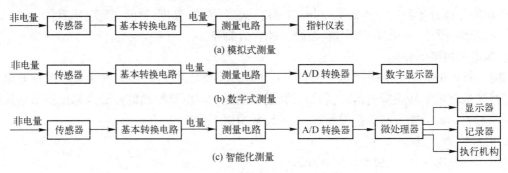

图 11.2.1 非电量测量工作原理方框图

基本转换电路的功能是将传感器的参数变化转换为电量输出。例如,传感器为电参量式的,即被测信号的变化引起传感器的电阻、电感或电容等参数的变化,传感器输出为电路参数 R、L、C,则通过基本转换电路将其转换为容易测量的电量(如电压、电流或电荷等)。若传感器的输出已是电量,则不需要基本转换电路。

测量电路包括放大器、衰减器、调制与解调电路、滤波器、振荡器、运算器等电路,测量电路的作用是把传感器输出的信号进行阻抗变换、放大、滤波、电平转换、隔离屏蔽、调制解调、模拟和数字计算等功能的传输与处理。测量电路的种类通常由传感器的类型决定,同时还需要考虑信号在传送过程中可能受到的影响,如噪声、温度、工作环境等。要采取不同的措施处理不同的被测对象。测量电路重点需要考虑和处理的是,要完成各项性能指标,传输与处理的信息是模拟信号还是数字信号,是电压还是电流,信号的形式是单端的还是差分的,输出量是电平、幅值还是功率,以及输出阻抗等。

从传感器到运算电路处理的都是模拟信号,而计算机处理的都是数字量。如果被测模拟量要通过计算机处理,则必须把模拟量转化为相应的数字量,此工作由模数(A/D)转换电路来完成。若需推动控制系统的执行元件或模拟显示、记录仪器,则要将计算机处理输出的数字信号转换成模拟信号,即进行必要的数模(D/A)转换,此工作由数模(D/A)转换电路来完成。

测量的目的是为了获得信息,即测量数据结果,所以必须有显示电路或装置来完成。常用的显示方式有三种:模拟显示、数字显示和图形显示。模拟显示就是利用表头指针的偏转角度的大小来显示读数,常用的有毫伏表、毫安表、微安表等指示器。数字显示是用数字形式来显示读数,实际上是一只专用的数字电压表、数字电流表或数字频率计。图形显示通过屏幕显示读数或被测参数变化的曲线。在测量过程中有时不仅要读出被测参数的数值,还要了解它的变化过程,特别是动态过程的变化。动态过程的变化根本无法用显示仪器仪表指示,那么就要将信号送至记录仪进行自动记录。常用的自动记录仪有笔式记录仪(如电平记录仪、x-y 函数记录仪等)、光线示波器、磁带记录仪、电传打字机等。对于动态信号的测量过程,有时需要对测得的信号数值加以分析和数据处理,例如对复杂波形要进行频谱分析和运算。属于信号处理的仪器有频谱分析仪、波形分析仪、实时信号分析仪、快速傅里叶变换仪、逻辑分析仪等。

微型计算机在测量系统中的应用,使测量系统产生了极大的飞跃。如计算机数据采集系统、智能数据采集系统及虚拟设备技术等,都是计算机技术在测量系统中应用的结果。测量数据通过微型计算机处理,不仅对信号进行分析、判断、推理,产生控制量,还能以数字、图表的形式显示测量结果。如果在微型计算机中采用多媒体技术,使测量结果的显示更逼真。

11.3　传感器的分类

非电量测量中的关键器件是传感器。传感器一般都是根据物理学、生物学的效应和规律设计而成的。

传感器种类繁多,功能各异。由于同一被测量可用不同转换原理实现探测,利用同一种物理法则、化学反应或生物效应设计制作出检测不同被测量的传感器,而功能大同小异的同一类传感器应用于不同的技术领域,故传感器有不同的分类法。

(1) 根据传感器感应外界信息所依据的基本效应,将传感器划分成三大类:基于物理效应,如光、电、声、磁、热效应等进行工作的物理传感器;基于化学反应,如化学吸附、选择性化学反应等进行工作的化学传感器;基于酶、抗体、激素等分子识别功能的生物传感。

(2) 按工作原理分类,划分为应变式、电容式、电感式、电磁式、压电式、热电式等传感器。

(3) 根据传感器使用的敏感材料分类,划分为半导体传感器、光纤传感器、陶瓷传感器、金属传感器、高分子材料传感器、复合材料传感器等。

(4) 按照被测量分类,划分为力学量传感器、热量传感器、磁传感器、光传感器、放射线传感器、气体成分传感器、液体成分传感器、离子传感器和真空传感器等。

（5）按能量关系分类，划分为能量控制型和能量转换型两大类。所谓能量控制型是指其变换的能量是由外部电源供给的，而外界的变化（即传感器输入量的变化）只起到控制的作用。如用电桥测量电阻温度变化时，温度的变化改变了热敏电阻的阻值，从而使电桥的输出发生变化（注意电桥的输出是由电源供给的）。而能量转换型是由传感器输入量的变化直接引起能量的变化。如热电效应中的热电偶，当温度变化时，直接引起输出电热改变。再如，传声器直接将声音信号转化成电信号输出。

（6）按传感器是利用场的定律还是利用物质的定律，划分为结构型传感器和物理型传感器。二者组合兼有两者特征的传感器称为复合型传感器。场的定律是关于物质作用的定律，例如动力场的运动定律、电磁场的感应定律、光的干涉现象等。利用场的定律做成的传感器，如电动式传感器、电容式传感器、激光检测器等。物质的定律是指物质本身内在性质的规律，例如弹性体遵从的虎克定律，晶体的压电性，半导体材料的压阻、热阻、光阻、湿阻、霍尔效应等。利用物质的定律做成的传感器，如压电式传感器、热敏电阻、光敏电阻、光电管等。

（7）按是否依靠外加能源工作，划分为有源传感器和无源传感器。有源传感器敏感元件工作需要外加电源，无源传感器工作不需外加电源。

（8）按输出量是模拟量还是数字量，划分为模拟量传感器和数字量传感器。

（9）按内部结构和工艺分类，划分为分立元件传感器和集成传感器。集成传感器又包含智能传感器，它是集成传感器与计算机通信技术的结晶。目前，传感器正从分立式向集成化、智能化、网络化和系统化的方向发展。

*11.4　传感器的特性

传感器的特性分为静态特性和动态特性两种，传感器的各种特性主要是根据输出量与输入量之间的关系进行描述的。传感器在稳态（输入量为常量或变化极为缓慢的状态）信号作用下，输入和输出的对应关系称为静态特性；在动态（输入信号随时间作快速变化的状态）信号作用下，输入和输出的对应关系称为动态特性。

1. 传感器的静态特性

（1）线性度

理想传感器的输出与输入呈线性关系。然而，实际的传感器即使在量程范围内，其输出与输入的线性关系并不是理想的线性关系，总存在一定的非线性。线性度是评价非线性程度的参数。其定义为：传感器的输出-输入校准曲线与理论拟合直线之间的最大偏差与传感器满量程输出之比，称为该传感器的"非线性误差"或称"线性度"，也称"非线性度"。通常用相对误差表示其大小：

$$\gamma_L = \pm \frac{\Delta_{max}}{Y_{FS}} \times 100\% \qquad (11.4.1)$$

式中，γ_L 为非线性误差（线性度），Δ_{max} 为校准曲线与理想拟合直线间的最大偏差，Y_{FS} 为传感器满量程输出平均值，如图 11.4.1 所示。

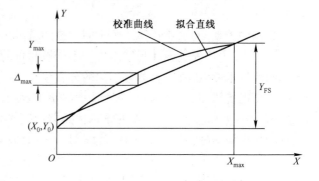

图 11.4.1　非线性误差校准曲线图

（2）迟滞误差（回程误差）

传感器在正（输入量增大）、反（输入量减小）行程中输出－输入曲线不重合称为迟滞。迟滞特性曲线如图 11.4.2 所示，它一般由实验方法测得。迟滞误差一般以满量程输出的百分数表示，即

$$\gamma_H = \pm(1/2)(\Delta_{Hmax}/Y_{FS}) \times 100\% \tag{11.4.2}$$

式中，Δ_{Hmax} 为正反行程间输出的最大差值。

（3）重复性

重复性是指传感器在输入按同一方向连续多次变动时所得输出特性曲线不一致的程度。

图 11.4.3 所示为输出重复特性曲线，正行程的最大重复性偏差为 Δ_{Rmax1}，反行程的最大重复性偏差为 Δ_{Rmax2}，重复性偏差取这两个偏差之中较大者，为 Δ_{Rmax}，再以满量程 Y_{FS} 输出的百分数表示，即

$$\gamma_R = \pm(\Delta_{Rmax}/Y_{FS}) \times 100\% \tag{11.4.3}$$

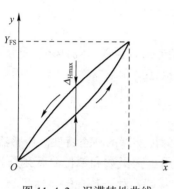

图 11.4.2　迟滞特性曲线

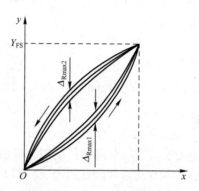

图 11.4.3　重复特性曲线

（4）灵敏度与灵敏度误差

传感器输出的变化量 Δy 与引起该变化量的输入变化量 Δx 之比即为其静态灵敏度，即

$$k = \Delta y/\Delta x \tag{11.4.4}$$

由此可见，传感器输出曲线的斜率就是其灵敏度。对具有线性特性的传感器，其特性曲线的斜率处处相同，灵敏度 k 是一常数，与输入量大小无关。

由于某种原因会引起灵敏度变化，产生灵敏度误差。灵敏度误差用相对误差表示，即

$$\gamma_S = (\Delta k/k) \times 100\% \tag{11.4.5}$$

（5）分辨力与阈值

分辨力是指传感器能检测到的最小输入增量。有些传感器，当输入量连续变化时，输出量只做阶梯变化，则分辨力就是输出量的每个"阶梯"所代表的输入量的大小。分辨力用绝对值表示，用与满量程的百分数表示时称为分辨率。在传感器输入零点附近的分辨力称为阈值。

（6）稳定性

稳定性是指传感器在长时间工作的情况下输出量发生的变化，有时称为长时间工作稳定性或零点漂移。测试时先将传感器输出调至零点或某一特定点，相隔 4 h、8 h 或一定的工作时间后，再读出输出值，前后两次输出值之差即为稳定性误差。稳定性误差用相对误差表示，亦用绝对误差表示。

（7）温度稳定性

温度稳定性又称为温度漂移，它是指传感器在外界温度下输出量发生的变化。测试时先将传感器置于一定温度（例如 20℃），将其输出调至零点或某一特定点，使温度上升或下降一定的度数（例如 5℃或 10℃），再读出输出值，前后两次输出值之差即为温度稳定性误差。温度稳定性误差用温度每变化若干℃的绝对误差或相对误差表示。每℃引起的传感器误差又称为温度误差系数。

（8）抗干扰稳定性

它是指传感器对外界干扰的抵抗能力,例如抗冲击和振动的能力、抗潮湿的能力、抗电磁场干扰的能力等。评价这些能力比较复杂,一般也不易给出数量概念,需要具体问题具体分析。

（9）静态误差

静态误差是指传感器在其全部量程内任一点的输出值与其理论值的偏离程度。

静态误差的求取方法如下:把全部输出数据与拟合直线上对应值的残差,看成是随机分布,求出其标准偏差 σ,即

$$\sigma = \sqrt{\frac{1}{n-1}\sum_{i=1}^{n}(\Delta V_i)^2} \tag{11.4.6}$$

式中,ΔV_i 为各测试点的残差;n 为测试点数。取 2σ 和 3σ 值即为传感器的静态误差。静态误差也用相对误差来表示,即

$$\gamma = \pm(3\sigma/Y_{FS})\times 100\% \tag{11.4.7}$$

静态误差是一项综合性指标,它基本上包括了前面叙述的非线性误差、迟滞误差、重复性误差、灵敏度误差等,若这几项误差是随机的、独立的、正态分布的,也将这几个单项误差综合而得,即

$$\gamma = \pm\sqrt{\gamma_L^2 + \gamma_H^2 + \gamma_R^2 + \gamma_S^2} \tag{11.4.8}$$

2. 传感器的动态特性

传感器的输出量对于随时间变化的输入量的响应特性称为传感器的动态特性。传感器的动态特性取决于传感器本身及输入信号的形式。因此, 工程上常用正弦函数和单位阶跃函数作为"标准"信号函数, 对传感器的动态特性进行分析,据此确立评定传感器动态特性的指标。

（1）传感器的频率响应特性

传感器的频率响应函数为

$$G(j\omega) = \frac{b_m(j\omega)^m + b_{m-1}(j\omega)^{m-1} + \cdots + b_1(j\omega) + b_0}{a_n(j\omega)^n + a_{n-1}(j\omega)^{n-1} + \cdots + a_1(j\omega) + a_0}$$

式中,$a_0, a_1, \cdots, a_n, b_0, b_1, \cdots, b_m$ 为取决于传感器参数的常数。它表示将各种频率不同而幅值相等的正弦信号输入传感器,其输出正弦信号的幅值、相位与频率之间的关系,简称频率特性。

幅频特性:频率特性 $G(j\omega)$ 的模,即输出与输入的幅值比。$A(\omega) = |G(j\omega)|$,以 ω 为自变量,以 $A(\omega)$ 为因变量的曲线称为幅频特性曲线。

相频特性:频率特性 $G(j\omega)$ 的相角 $\varphi(\omega)$,即输出与输入的相角差。$\varphi(\omega) = -\arctan G(j\omega)$,以 ω 为自变量,以 $\varphi(\omega)$ 为因变量的曲线称为相频特性曲线。

由于相频特性与幅频特性之间有一定的内在关系,因此在表示传感器的频响特性及频域性能指标时主要用幅频特性。图 11.4.4 是典型的对数幅频特性曲线。工程上通常将 ±3 dB 所对应的频率范围称为频响范围,又称通频带。对于传感器常根据所需测量精度来确定正负分贝数,所对应的频率范围,称为工作频带。

（2）传感器的阶跃响应特性

当给静止的传感器输入一个单位阶跃信号时,即

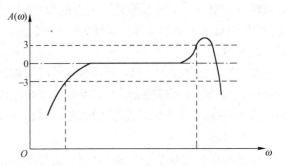

图 11.4.4　典型的对数幅频特性曲线

$$u(t) = \begin{cases} 0, & t \leqslant 0 \\ 1, & t > 0 \end{cases}$$

其输出信号称为阶跃响应。衡量阶跃响应的指标如图 11.4.5 所示,有:

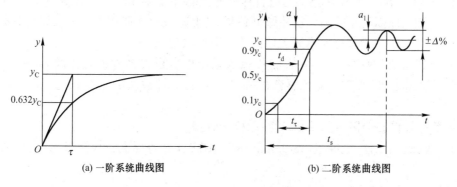

(a) 一阶系统曲线图   (b) 二阶系统曲线图

图 11.4.5 一阶、二阶系统的阶跃响应曲线图

① 时间常数 τ:传感器输出值上升到稳态值 y_c 的 63.2% 所需的时间。

② 上升时间 t_τ:传感器输出值由稳态值的 10% 上升到 90% 所需的时间。

③ 响应时间 t_s:输出值达到允许误差范围 $\pm\Delta\%$ 所经历的时间。

④ 超调量 a:输出第一次超过稳定值之峰高,即 $a=y_{max}-y_c$,常用 $(a/y_c)\times100\%$ 表示。

⑤ 衰减度 ψ:指相邻两个波峰(或波谷)高度下降的百分数,用 $(a-a_1)/a\times100\%$ 表示。

⑥ 延迟时间 t_d:响应曲线第一次达到稳定值的一半所需的时间。

其中,时间常数 τ、上升时间 t_τ、响应时间 t_s 表征系统的响应速度性能;超调量 a、衰减度 ψ 则表征系统的稳定性能。通过这两个方面就能完整地描述系统的动态特性。

3. 集成传感器的性能特点

（1）集成传感器

集成传感器是指采用专门的设计与集成工艺,把构成传感器的敏感元件、晶体管、二极管、电阻、电容等基本元器件制作在一个芯片上,能完成信号检测及信号处理的集成电路。因此,集成传感器亦称做传感器集成电路。

与传统的由分立元件构成的传感器相比,集成传感器具有功能强、精度高、响应速度快、体积小、微功耗、价格低、适合远距离信号传输等特点。集成传感器的外围电路简单,具有很高的性价比,为实现测控系统的优化设计创造了有利条件。

（2）智能传感器

智能传感器是集成传感器与计算机、通信技术的结晶。所谓智能传感器,就是带微处理器、兼有信息检测和信息处理功能的传感器。智能传感器的最大特点就是将传感器检测信息的功能与微处理器的信息处理功能有机地融合在一起。从一定意义上讲,它具有类似于人工智能的作用。需要指出,这里讲的"带微处理器"包含两种情况:一种是将传感器与微处理器集成在一个芯片上构成所谓的"单片智能传感器";另一种是指传感器能够配置微处理器。显然,后者的定义范围更宽,但二者均属于智能传感器的范畴。

智能传感器主要有以下功能:

① 具有自动调零、自动校准、自动标定功能。智能传感器不仅能自动检测各种被测参数,还能进行自动调零、自动调平衡、自动校准,某些智能传感器还能自动完成标定工作。

② 具有逻辑判断和信息处理功能,能对被测量进行信号调理或信号处理(对信号进行预处理、线性化,或对温度、静压力等参数进行自动补偿等)。例如,在带有温度补偿和静压力补偿的智能差压传感器中,当被测量的介质温度和静压力发生变化时,智能传感器中的补偿软件能自动依照一

定的补偿算法进行补偿,以提高测量精度。

③ 具有自诊断功能。智能传感器通过自检软件,能对传感器和系统的工作状态进行定期或不定期的检测,诊断出故障的原因和位置并做出必要的响应,发出故障报警信号,或在计算机屏幕上显示出操作提示(PPT 系列智能精密压力传感器即有此项功能)。

④ 具有组态功能,使用灵活。在智能传感器系统中可设置多种模块化的硬件和软件,用户通过微处理器发出指令,改变智能传感器的硬件模块和软件模块的组合状态,完成不同的测量功能。

⑤ 具有数据存储和记忆功能,能随时存取检测数据。

⑥ 具有双向通信功能,能通过 RS-232、RS-485、USB、I^2C 等标准总线接口,直接与微型计算机通信。

（3）集成化智能传感器

集成化智能传感器主要有以下特点:

① 高精度。由于智能传感器采用了自动调零、自动补偿、自动校准等多项新技术,因此其测量精度及分辨力都得到大幅度提高。

② 宽量程。智能传感器的测量范围很宽,并具有很强的过载能力。

③ 多功能。能进行多参数、多功能测量,这也是新型智能传感器的一大特色。

④ 自适应能力强。某些智能传感器还具有很强的自适应能力。

⑤ 可靠性高、寿命长,具有自检与自校准功能。

⑥ 微功耗。智能传感器普遍采用大规模或超大规模 CMOS 电路,使传感器的耗电量大为降低,有的可用叠层电池甚至纽扣电池供电。暂时不进行测量时,还采用待机模式将智能传感器的功率降至更低。

⑦ 高信噪比。智能传感器具有信号放大及信号调理功能,可极大提高传感器的信噪比。

⑧ 超小型化、微型化。随着微电子技术的迅速推广,智能传感器正朝着短、小、轻、薄的方向发展,以满足航空、航天及国防尖端技术领域的需要,并且为开发便携式、袖珍式检测系统创造了有利条件。

11.5　非电量测量的应用

非电量测量的应用非常广泛,它应用于所有的科学技术领域、工农业生产、国防部门及日常生活中。下面以非电量的温度和湿度测量为例加以阐述。

11.5.1　温度和湿度测量电路

1. 单线智能温度传感器 DS18B20

DS18B20 是可组网的单线智能温度传感器芯片,具有耐磨耐碰、体积小、使用方便、封装形式多样等优点。

其特点如下:

① 独特的单线(1-Wrie)总线接口方式。通过串行通信接口(I/O)直接输出温度值,适配各种单片机或系统机。

② 内含 64 位经过激光修正的只读存储器,支持多点组网功能,多个 DS18B20 并联在唯一的三线上,实现多点测温。

③ 在使用时不需要外接任何元件。

④ 测温范围：-55℃ ~ +125℃。

⑤ 温度分辨力可编程。

⑥ 温度以 9~12 位数字量读出。

⑦ 供电电压范围：+3.0 V ~ +5.5 V，内含寄生电源。供电方式有两种：采用单线总线供电，或选用外部电源，接近零待机功耗。

⑧ 用户可分别设定各路温度的上限和下限，并写入随机存储器 RAM 中。利用报警搜索命令和寻址功能，准确迅速地识别出发生温度超限报警的器件。

⑨ 内含电源反接保护电路，当电源电压极性反接时，该芯片不会因发热而损坏，只是不能正常工作。

（1）内部结构

DS18B20 采用 3 脚 PR-35 或 8 脚 SOIC 封装，其引脚排列如图 11.5.1 所示，内部结构框图如图 11.5.2 所示。从图 11.5.2 可知，DS18B20 电路组成如下。

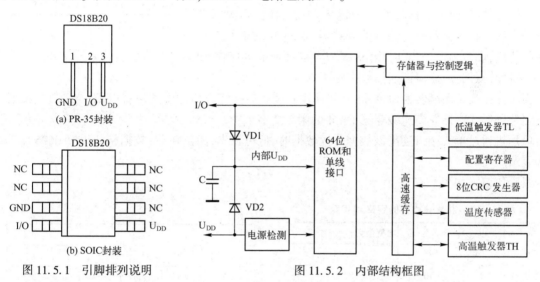

图 11.5.1　引脚排列说明　　　　图 11.5.2　内部结构框图

① 寄生电源

由二极管 VD_1、VD_2 和寄生电容 C 组成，电源检测电路的作用是判定供电方式，并输出相应的逻辑电平。逻辑电平为"0"表示用寄生电源供电，逻辑电平为"1"表示用外部电源供电，以使高速缓存器能够读出数据和命令。I/O 线电平的高低决定二极管的导通和截止及电容 C 的作用。寄生电源有两个作用，一个是在缺少正常电压时能读出 ROM 的信息，另一个是在检测远程温度时不需要本地电源。

② 64 位激光 ROM

芯片内部有经过激光处理的 ROM，内含 64 位 ROM 编码。开始 8 位是产品系列类型的编号，中间 48 位是每个器件的唯一序号，最后 8 位是前面 56 位的 CRC 检验码，这是多个 DS18B20 采用单线进行通信的原因。非易失性温度报警触发器 TH 和 TL，通过软件写入用户报警上下限数据。编码格式如图 11.5.3 所示。

8位产品系列号		48位产品序号		8位 CRC 编码	
MSB	LSB	MSB	LSB	MSB	LSB

图 11.5.3　编码格式

③ 高速缓存器

它包括一个高速缓存器 RAM 和一个非易失性电擦写的 E^2PROM。高速缓存器 RAM 的结构为

9 字节的存储器,结构如图 11.5.4 所示。

　　前两字节包含测得的温度信息。第三字节和第四字节是 TL 和 TH 的拷贝,是易失的,每次上电复位时被刷新。第五字节为配置寄存器,其内容用于确定温度值的数字转换分辨率,分辨率将温度再转换为相应精准的数值。该字节各位定义见图 11.5.5。

　　其中低 5 位一直为 1,TM 是测试模式位,用于设置 DS18B20 为测试模式或工作模式。DS18B20 在出厂时,该位被设置为 0,用户不需要进行修改,R1 和 R0 是可编程分辨力位,通过对这两位进行不同的编程,决定不同温度的分辨力和最大转换时间,其定义方法见表 11.5.1。

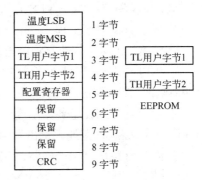

图 11.5.4　高速缓存器 RAM 结构图

　　由表 11.5.1 可见,DS18B20 温度转换的时间比较长,而且设定的分辨力越高,温度数据转换时间越长,因此,在实际应用中要将分辨力和转换时间权衡考虑。高速缓存器 RAM 的第 6、7、8 字节保留待用,设置为全逻辑 1。第 9 字节是前面所有 8 字节 CRC 码,用来检验数据,从而保证通信数据的正确性。

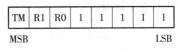

图 11.5.5　各位定义

　　当芯片接收到温度转换命令后,开始启动转换。转换完成后的温度值就以 16 位带符号扩展的二进制补码形式存储在高速缓存器 RAM 的第 1、2 字节中。

　　单片机通过单线接口读出该数据。读数据时,低位在先,高位在后,数据格式以 0.0625℃/LSB 形式表示。

　　温度值格式如图 11.5.6 所示。

表 11.5.1　芯片分辨力的定义和规范

R1	R0	分辨力/位	温度最大转换时间/ms
0	0	9	93.75
0	1	10	187.5
1	0	11	375
1	1	12	750

低字节							
2^3	2^2	2^1	2^0	2^{-1}	2^{-2}	2^{-3}	2^{-4}
高字节							
S	S	S	S	S	2^6	2^5	2^4

图 11.5.6　温度值格式

　　其中,S 表示符号位。当 S=0 时,表示测得的温度值为正值,可直接将二进制转换为十进制;当 S=1 时,表示测得的温度值为负值,先将补码变成原码,再计数十进制值。

　　芯片完成温度转换后,将测得的温度值 T 与 RAM 中的 TH、TL 字节内容做比较,T>TH 或 T<TL,则芯片的报警标志为置位,并对主机发出的报警搜索命令做出响应。因此,采用多只 DS18B20 能同时测量温度并进行报警搜索。

　　在 64 位 ROM 的最低 8 字节中存有循环冗余检验码(CRC)。主机根据 ROM 的前 56 位来计算 CRC 值,并与存入 DS18B20 的 CRC 值作比较,以判断主机收发到的 ROM 数据是否正确。

　　(2) 测温工作原理

　　芯片内部测温电路原理框图如图 11.5.7 所示。低温度系数振荡器用于产生稳定的频率 f_0,高温度系数振荡器相当于温度 t/频率 f 转换器,实现将被测温度 t 转换成频率信号 f。图中还包括计数门,当计数门打开时,芯片对低温度系数振荡器产生的时钟脉冲 f_0 进行计数,进而完成温度测量,计数门的开启时间由高温度系数振荡器来决定。每次测量前,首先将−55℃所对应的基数分别置入减法计数器、温度寄存器中,在计数门关闭之前若计数器已减至零时,温度寄存器中的数值就增加$0.5℃$。同时计数器依斜率累加器的状态置入新的数值,再对时钟计数,然后减至零,温度寄存器的值又增加$0.5℃$。只要计数门仍未关闭,就重复上述过程,直至温度寄存器值达到被测温度值。斜率累加器的作用是对振荡器的非线性予以补偿,以提高测量准确度。

芯片的典型测温误差曲线如图11.5.8所示。由图可见,在$0～70℃$范围内,芯片的上、下限平均测温误差分别为$+0.15℃$、$-0.2℃$。

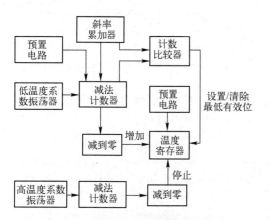

图11.5.7 芯片内部测温电路原理框图

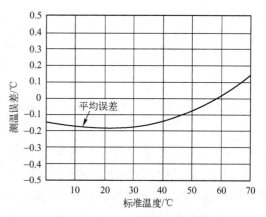

图11.5.8 芯片典型测温误差曲线

2. 湿度传感器 HS1101

HS1101是电容式湿敏元件,当环境湿度发生变化时,湿敏电容的介电常数发生变化,使其电容量也随之发生变化,并且电容变化量与相对湿度成正比。湿敏电容的主要优点是产品互换性好、响应速度快、灵敏度高、湿度的滞后量(简称湿滞)小、便于制造、容易实现小型化和集成化。

其特点如下:

① 湿度范围:$(0～100\%)RH$,在55%RH下的标称电容量为180pF,允许有$±3pF$的偏差。

② 具有良好的互换性,在标准环境下($10kHz$、$+25℃$),更换HS1101时不需要中心校正。

③ 响应速度快(响应时间为5s),恢复时间短(10s),高可靠性与长时间稳定性。

④ 便于组成线性电压或线性频率输出回路,所组成的振荡器的振荡频率范围:$5kHz～100kHz$,典型应用频率为$10kHz$。

⑤ 工作电压:$+5V$,最高不能超过$+10V$。

⑥ 工作温度:$-40～+100℃$。

电路符号见图11.5.9(a),外形与引脚排列见图11.5.9(b)。

图11.5.10是典型湿度传感器的电容量与相对湿度的响应曲线。设测试条件为工作频率$f=10kHz$,室温$T_A=+25℃$时,湿敏电容在55%RH下的电容量为C_0。由图11.5.10可知,典型湿度传感器的$C_0=181.5pF$。当相对湿度从0%变化到100%时,C从163pF增加到201pF。

当$RH\neq55\%$时,可按下式对电容量进行校正:

$$C=(0.90+0.208RH)C_0$$

根据上述公式得出,当$C_0=181.5pF$、RH分别等于0%、100%时,C依次为163.4pF、201.6pF。这与从图11.5.10上所验证的结果是一致的。

当工作频率$f\neq10kHz$时,应按下式计算实际电容量C':

$$C'=(1.027-0.01185\ln f)C$$

式中,频率的单位是kHz,允许工作频率范围是$5kHz～100kHz$。例如,当$f=5kHz$时通过上述公式

计算得出 $C' = 1.0079C$；当 $f = 100\,\text{kHz}$ 时，$C' = 0.972C$。

(a) 电路符号

(b) 外形与引脚排列

图 11.5.9　HS1101 的电路符号、
外形与引脚排列

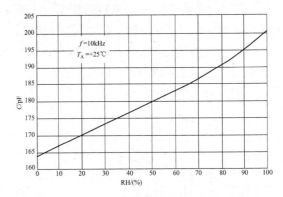

图 11.5.10　湿度传感器的电容量与相对湿度的
响应曲线

HS1101 的工作范围包含三个区域，如图 11.5.11 所示，其中，Ⅰ 为长期稳定区，可长期连续工作，Ⅱ 为短期稳定区，仅供短期测量使用，Ⅲ 为禁止使用区。

湿度传感器 HS1101 在测量电路中有两种设计方案，一种是电压输出式，即输出电压与相对湿度成线性关系，比例系数为正值；另一种是频率输出式，输出频率与相对湿度也成线性关系，但比例系数为负值。至于采用哪一种设计方案应根据设计要求进行选择。

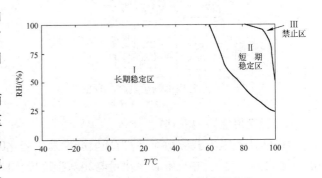

图 11.5.11　HS1101 的工作范围曲线

（1）线性电压输出式湿度测量电路

线性电压输出式湿度测量电路的原理框图如图 11.5.12 所示。其特点是将 HS1101 作为电容器接入桥式振荡器中，当相对湿度发生变化时，湿敏电容量随之改变，使得振荡频率也发生变化，再经过整流滤波器和放大器，输出与相对湿度成线性关系的输出电压信号 U_o。当电源电压 $U_{CC} = +5\,\text{V}$、环境温度 $T_A = +25\,℃$ 时，输出电压与相对湿度的数据对照表见表 11.5.2。输出电压 U_o 直接由数字电压表（DVM）直接读出，也可由单片机通过编程在显示器上显示。

图 11.5.12　线性电压输出式湿度测量电路原理框图

表 11.5.2　输出电压与相对湿度的数据对照表

RH/(%)	0	10	20	30	40	50	60	70	80	90	100
U_o/V	—	1.41	1.65	1.89	2.12	2.36	2.60	2.83	3.07	3.31	3.55

（2）线性频率输出式湿度测量电路

线性频率输出式湿度测量电路如图 11.5.13 所示，它由 CMOS 型单时基芯片 $1IC_2$、电阻 R_8、R_9、电位器 $1RP_1$、$1RP_2$、电容 $1C_5$ 和湿度传感器 HS1101 $1C_4$ 组成单稳态电路，将相对湿度转换成频率信号。输出频率范围是 $7351 \sim 6033\,\text{Hz}$，所对应的相对湿度为 $0 \sim 100\%$。当 $RH = 55$、$f = 6660\,\text{Hz}$

时,输出频率信号送至数字频率计或单片机系统,测量并显示出相对湿度值。R_8 为输出的限流电阻,起保护作用。

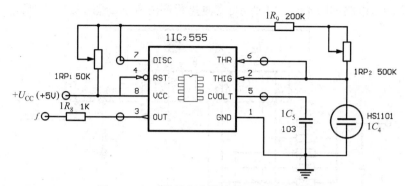

图 11.5.13　线性频率输出式湿度测量电路

通电后,+5 V 电源电压经电位器 $1RP_1$、$1RP_2$、电阻 $1R_9$ 对湿敏电容 $1C_4$(湿度传感器)充电,经过时间 t_1 后,湿敏电容 $1C_4$ 的压降 U_C 被充电到 $1IC_2$ 的高触发电平 U_H($U_H = 2/3U_{CC}$),使内部比较器发生翻转,输出端 OUT 的输出为低电平。然后湿敏电容 $1C_4$ 经电位器 $1RP_2$、电阻 $1R_9$、7 脚与内部电路放电。经过时间 t_2,湿敏电容 $1C_4$ 的压降 U_C 降至低触发电平 U_L($U_L = 1/3U_{CC}$),内部比较器再次发生翻转,使输出端(3 脚)OUT 的输出为高电平。周而复始地进行充、放电。充电、放电时间分别为:

$$t_1 = 1C_4(1RP_1 + 1RP_2 + 1R_9)\ln2 \qquad t_2 = 1C_4(1RP_2 + 1R_9)\ln2$$

式中,t_1 为充电时间,t_2 为放电时间。

输出波形的频率(f)和占空比(D)的计算公式如下:

$$F = \frac{1}{T} = \frac{1}{t_1 + t_2} = \frac{1}{1C_4\left[2(1RP_2 + 1R_9) + 1RP_1\right]\ln2}$$

$$D = \frac{t_1}{T} = \frac{t_1}{t_1 + t_2} = \frac{1RP_2 + 1R_9 + 1RP_1}{2(1RP_2 + 1R_9) + 1RP_1}$$

通常取 $1RP_1 \ll 1RP_2 + 1R_9$,使 $D \approx 50\%$,输出接近方波。例如,取 $1RP_1 + 1R_9 = 576\ \text{k}\Omega$、$1RP_1 = 49.9\ \text{k}\Omega$ 时,$D = 52\%$。当 $1C_4 = C_0 = 181.5\ \text{pF}$ 时,通过上述公式求出 $f = 6668\ \text{Hz}$,这与 6660 Hz(典型值)非常接近。当 RH = 55%、$T_A = +25℃$ 时,输出方波频率与相对湿度的数据对照表见表 11.5.3。

表 11.5.3　输出方波频率与相对湿度的数据对照表

RH/(%)	0	10	20	30	40	50	60	70	80	90	100
f/Hz	7351	7224	7100	6976	6853	6728	6600	6468	6330	6186	6033

当 RH ≠ 55% 时,可利用下式对输出频率进行修正:

$$f' = (1.1038 - 0.1979\text{RH})f$$

举例说明,当 RH = 0% 时,通过上述公式计算出

$$f' = 1.1038f = 1.1038 \times 6660\ \text{Hz} = 7351.3\ \text{Hz}$$

同理,当 RH = 100% 时,$f' = 0.9059f = 6033.3\ \text{Hz}$。这与表 11.5.4 中给出的数据相吻合。

电路设计要点:

① 在选用其他型号 CMOS 时基器件时,电阻的阻值需要调整。

② $1C_5$ 的作用是改变器件 $1IC_2$ 的阈值电压,达到与湿度传感器 HS1101 的湿度匹配,$1C_5$ 尽量选用精密电容。

③ 在保证 $1RP_2 + 1R_9 \gg 1RP_1$ 的条件下,电路才能可靠地工作,然而 $1RP_2 + 1R_9$ 也不能取值太

小,否则输出的方波信号失真大。

3. 温度与湿度测试电路

温度与湿度测试电路如图 11.5.14 所示,其测量程序流程图如图 11.5.15 所示。

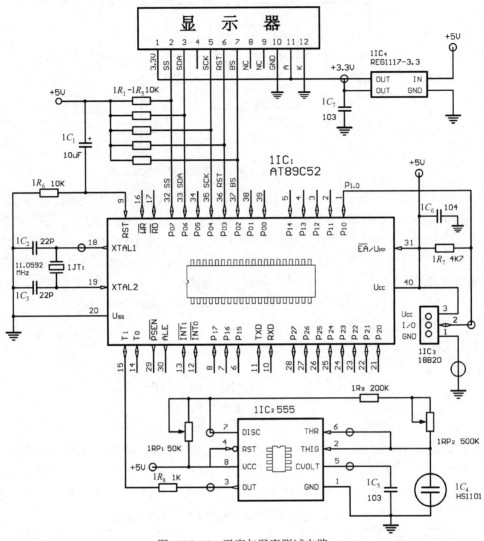

图 11.5.14 温度与湿度测试电路

工作原理:

当环境温度或温度发生变化时,DS18B20 将接收到的温度值,通过它的单线总线 I/O 端口第 2 脚送入单片机 $1IC_1$(AT89C52)的第 1 脚 P1.0 口。

当环境湿度或湿度发生变化时,湿度传感器 $1C_4$ 将感应到的湿度值转换成相对应的电容值。时基电路 $1IC_2$(555)、湿度传感器 $1C_4$、电位器 $1RP_1 \sim 1RP_2$ 组成单稳态电路。通过单稳态电路,$1C_4$ 的电容值转换成具有一定频率的方波,由输出端 OUT(第 3 脚)输出,并送入单片机 $1IC_1$(AT89C52)的第 15 脚(T1 口)。

$1IC_1$ 内含 8 KB ROM,256 B RAM。单片机对所获得的

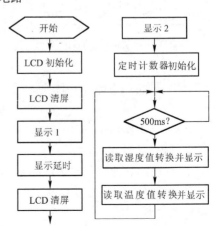

图 11.5.15 温度与湿度测量程序流程图

温度和湿度值进行采集、分析、判断与比较,并将处理结果送入显示器,最后由显示器显示出测得的温度值或湿度值。上述工作均是在软件支持下完成的。

*11.5.2　集成磁场测量电路

磁场的测量是通过磁电式、磁弹性式和磁敏传感器来实现的,其类型有分立式和单片集成式两种。这类传感器的用途很广,它不仅能测量磁量(如磁场强度、磁通密度),而且还能测量电量(如频率、相位),以及非电量(如振动、位移、位置、转速)等。下面介绍用 HMC 系列磁敏电阻(MR)构成的单片集成磁场传感器的工作原理与应用。

1. HMC 系列磁敏电阻(MR)的性能特点

① 传感器内部有一个由 4 只半导体磁敏电阻构成的 MR 电桥,当受到外部磁场作用时桥臂电阻随之发生变化,使 MR 电桥输出一个差分电压信号。

② 内部有补偿和置位/复位两组线圈,实现多种功能测量。它不但能消除环境磁场对测量的不良影响,达到高灵敏度指标,而且还能自动校准,减小温度漂移、非线性误差及铁磁性失真。

③ 灵敏度高,测量范围宽。分单轴磁场和双轴磁场传感器两种类型,一种是单独使用,另一种是配套使用,还能构成 3 轴(x 轴、y 轴、z 轴)磁场传感器,测量空间磁场。

④ 正常工作电压为 +5 V 电源供电,最高电源电压分别为 +12 V、+25 V。

⑤ 不同型号的产品在技术指标上存在着差异,选用时要重点考虑。体积小,便于安装也是需要考虑的。

2. 基本工作原理

以 HMC1001 型为例,阐述单片集成磁场传感器的工作原理。HMC1001 的内部电路原理框图如图 11.5.16 所示。

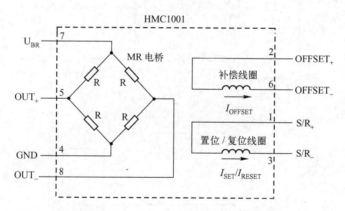

图 11.5.16　HMC1001 型集成磁场传感器的内部电路原理框图

它由 MR 电桥和两个带绕式线圈组成。两个带绕式线圈包括等效为 2.5 Ω 标称电阻的补偿线圈和等效为 1.5 Ω 标称电阻的置位/复位线圈。其中,$OFFSET_+$、$OFFSET_-$为补偿线圈的引出引脚,+、-代表电流极性。S/R_+、S/R_-为置位/复位线圈的引出脚,改变脉冲电流的极性可分别实现置位、复位功能。图中的小箭头代表 MR 传感器灵敏轴的方向。U_{BR}为桥路电源引脚,接+5 V电源,GND 为公共地。

接通电源后,所产生的一个确定的直流电流通过补偿线圈,形成沿 x 轴方向的磁场。补偿线圈的功能是,利用它所感应的磁场去抵消环境磁场(特别是地磁场)的有害影响。当 MR 传感器周围存在铁磁性物质或有外界干扰磁场时,采用补偿技术,调节补偿线圈中的电流使 MR 桥路失调电压为零。传感器正常工作时,补偿线圈可作为 MR 电桥的自动校准使用。当环境温度变化时,还能检测沿传感器灵敏轴方向的灵敏度。另外,补偿线圈也作为闭环电路中的反馈元件使用,当补偿线圈接入电流反馈环路中时,桥路放大器的输出经可调电流源去驱动补偿线圈,再通过高增益的负反馈电路驱动 MR 电桥,使之输出为零,以抵消被测磁场或其他无用磁场变化的影响。此时,MR 电桥的工作环境可等效为零磁场。

置位/复位线圈的功能是,当被测弱磁场受到一个强磁场干扰时,MR 传感器输出信号有可能被强干扰信号所淹没,甚至造成输出信号丢失。为了减小这种影响,并使输出信号为最大值,采用置位/复位线圈来辅助完成。通过置位/复位线圈的电流是脉冲大电流,且正脉冲置位,负脉冲复位。该线圈能产生 MR 传感器沿 y 轴方向中最不敏感方向的磁场,利用这一特性,可以改变输出电压的极性,如果被置位或复位,即可进行低噪声、高灵敏度测量。两组线圈具有磁场调节功能,能够极大地提高信噪比和高灵敏度特性,减小温度漂移,改善非线性失真等。

当外部磁场信号作用于传感器上时,能改变磁敏电阻的电阻值,产生电阻率为 $\Delta R/R$ 的变化,使 MR 电桥输出一个随外部磁场变化的电信号,经测试电路对该电信号进行测量,最后在显示器上显示出测量结果。

3. 集成磁场传感器应用电路

以双轴磁场传感器 HMC1002 为例,叙述集成磁场传感器的应用,其应用电路如图 11.5.17 所示。它由双轴磁场传感器、运算放大器、A/D 转换器、DC/DC(直流–直流)转换器、驱动器等电路组成。

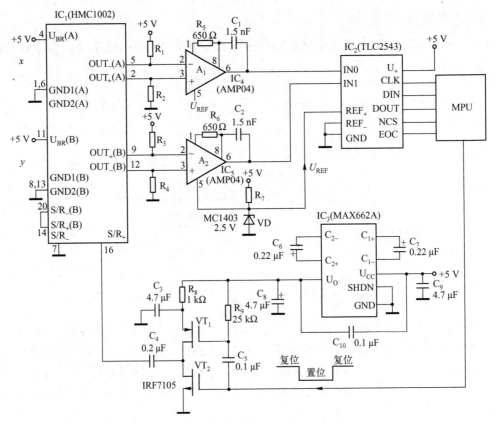

图 11.5.17　双轴磁场传感器的应用电路

IC_1(HMC1002)是双轴磁场传感器,这种传感器具有灵敏度高、可靠性好、体积小等特点。IC_1

从 A、B 两个端口同时输出两路电压信号,分别经 A_1、A_2 两个运算放大器放大后,送至 12 位 A/D 转换器 IC_2(TLC2543)的两个模拟输入端 IN0、IN1。由+5 V 和稳压二极管 VD 分压获得的 2.5 V 电压也送至 IC_2 的基准电压端 REF_+。再通过接口电路接微处理器(MPU),微处理器输出置位、复位信号去控制驱动电路 IRF7105,IRF7105 内含互补型 N 沟道、P 沟道功率场效应管 VT_1、VT_2。由微处理器输出的驱动信号分别送至 VT_1 和 VT_2 的栅极,使 VT_1、VT_2 交替导通和截止,起放大整形作用。输出电流通过微分电容 C_4 后,获得 S/R 脉冲信号,再送至 IC_1 的 S/R_+ 端,S/R_- 端接地。

IC_3(MAX662A)是高效升压型 DC/DC 转换器,将+5 V 电压提升到+10 V,作为驱动器 IRF7105 的电源。DC/DC 转换器实质上是一种小功率的开关式稳定电源,它主要用于输出电流较小的工作环境,工作电流可达几十毫安至几百毫安,其转换效率可达 70%~80%,适合传感器电路使用。

习　题

11.1　说明非电量及其检测的分类,它的主要优点有哪些?

11.2　叙述和分析非电量检测的基本工作原理。

11.3　传感器分类方法有哪些?

11.4　传感器的特性有几种? 各是什么?

11.5　写出传感器的静态误差公式,举例加以说明。

11.6　解释电感器的一阶、二阶系统的阶跃响应曲线的具体含义。

11.7　说明集成传感器、智能传感器的定义。

11.8　举例分析非电量测量的应用。

11.9　详细分析和阐述 MHC1001 型集成磁场传感器的特点和工作原理。

第12章　电磁兼容测量

内容摘要

由于各种电子产品及设备被大量的生产和使用,以及设备功率的不断提高,电磁辐射和干扰的程度日趋严重。电磁兼容已经成为衡量电子产品及设备优劣的一项极其重要的技术指标,电磁兼容测量为电子测量领域开拓了一个新的测量内容。本章重点介绍电磁干扰的分类,电磁兼容测量的基本概念和基础理论。另外,还阐述了测量天线的相关知识,测量接收机的工作原理等。

12.1　概　　述

当前,各种名目繁多的电子设备和产量越来越多,一个电子设备既处于同一系统中其他电子设备所产生的电磁环境里,又处于系统之外自然界和人为产生的电磁辐射之中。因此,电磁环境对产品的性能必然产生直接或潜在的不利影响,甚至造成其性能劣化或功能失效。随着电子技术的飞速发展,电子设备得到了非常广泛的应用,其数量多、功率大、所占频带宽,使所产生的各类噪声电平越来越高。电磁环境污染日趋严重已成为当今的主要公害之一。在许多领域里电磁兼容已成为电气和电子产品必须具备的技术指标或性能评价的依据,甚至关系到一个企业或一种产品的生死存亡的大问题。电磁兼容学科是一门尖端的综合性科学,它涉及数学、电磁场理论、天线与电磁波传播、电路理论、信号分析、材料科学、工艺学和生物医学等理论基础。

电磁兼容简称 EMC(Electromagnetic Compatibilitg),是指电子设备在一定的电磁环境中,保持其固有性能和完成规定功能的能力。

EMC 包括两个方面的含义:

① 电子设备在自然界和人为产生的电磁环境中正常运行的能力。

② 电子设备与其他电子设备或系统互相兼顾而共容共存的能力。

电子产品内部的电子电路大量地采用了大规模、超大规模集成电路,随着微电子技术的发展,集成度越来越高,在其内部运行、传输、变换的信息均是微小信号,而且向处理更微小信号的方向迈进,且其处理信号的数量和速度也在不断地提高。电子电量的这些变化和发展对提高产品性能,以及适应其他工作环境和使用条件均带来了非常有利的改善。世界上的任何事物既有利又有弊,由于这些微电子器件对电磁环境更为敏感,所以给电子产品设计提出了更高的要求和带来极大的困难。对电磁环境极为敏感的低功耗固体半导体与微电子器件,最容易接收从各种途径耦合进来的有害电磁能,轻者使其性能发生暂时性的或永久性的退化、失效,重者会发生产品突然损坏。EMC 发展至今已成为一种产业,通过了解和学习 EMC 测量原理去掌握和运用 EMC 试验技术是非常有益的。

12.2　电磁兼容测量的基本概念

为便于对电磁兼容学科的理解和学习,有必要介绍一些重要的或易于出现理解错误的名词术语及其定义。

- 传导发射:沿导线传导的由某个器件产生的电磁能量。

- 辐射发射:由一个器件产生而被辐射到空间去的电磁能量。
- 电磁兼容性:当通信电子设备在同一种电磁环境中能在一起执行或完成其各自功能时,没有因为来源于或给予同一种电磁环境中的其他电子设备和系统的电磁干扰,可能造成或承担不可接受的恶化,这样一种状况称为电磁兼容性。
- 环境电平:在规定的测量点和时间内所存在的辐射或传导信号及噪声的量值。
- (性能)降低:装置、设备或系统的工作性能与正常性能的非期望偏离。
  注:"降低"一词可用于暂时性失效或永久性失效。
- 电磁骚扰:任何可能引起装置、设备或系统性能降低或对有生命或无生命物质产生损害作用的电磁现象。
  注:电磁骚扰可能是电磁噪声、无用信号或传播媒介自身的变化。
- 电磁干扰:由电磁骚扰所引起的设备传输通道或系统性能的下降。
- 电磁噪声:一种明显不传送信息的时变电磁现象,它可能与有用信号叠加或组合。
- (对骚扰的)抗扰度:装置、设备或系统面临电磁骚扰不降低运行性能的能力。
- (电磁)敏感度:在有电磁骚扰的情况下,装置、设备或系统不能避免性能降低的能力。
- (骚扰源的)发射电平:由某装置、设备或系统发射所产生的电磁骚扰电平。
- (来自骚扰源的)发射限值:规定的电磁骚扰源的最大发射电平。
- 发射裕量:电磁兼容电平与发射限值之比。
- 抗扰度电平:将给定的电磁骚扰施加于某一装置,设备或系统、而其仍能正常工作,且保持所需性能等级时的最大骚扰电平。
- 抗扰度限值:规定的最小抗扰性电平。
- 抗扰度裕量:抗扰度限值与电磁兼容电平之比。
- (电磁)兼容裕量:抗扰度限值与发射限值之比。

有关发射电平、抗扰度电平、兼容性电平之间的关系如图 12.2.1 所示。该图纵坐标采用对数坐标(分贝)。

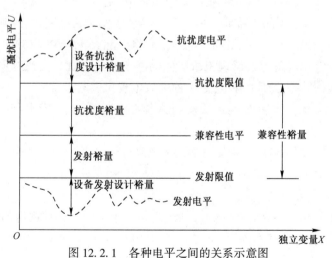

图 12.2.1 各种电平之间的关系示意图

12.3 电磁干扰的分类

产生电磁干扰的原因是多种多样的,不仅产生电磁干扰的种类繁多,而且在性质上也千差万别。目前,干扰分类均按产生的原因或性质来划分。

1. 按干扰产生的原因分类

(1)外部干扰(噪声)

它来自于传输系统的外部,以电磁辐射的形式或者通过交流电流而串入系统之内,形成对正常传输信号的干扰。

外部干扰又分为人为性干扰与自然性干扰两大类。

1)人为性干扰

它是指从家庭、学校、政府机关等办公场所所使用的电器,到工厂、企业、商业系统所使用的电气装置等,无一不是干扰源。尤其是比较陡的尖顶脉冲所形成的干扰辐射,以及火花放电过程中产生的干扰波,均含有十分丰富的高频谐波分量。

人为性干扰源主要包括:

① 大量投入生产与使用的工业、科研、医疗设备。这些大功率的电气设备在其工作过程中,由于负载变化大、频率不稳定,很容易产生杂波辐射形成干扰。

② 高压输配电线路。随着电力工业的大发展,高压输配电线路的架设纵横交错、密度不断增加,必然形成较强的电晕放电等杂波,构成干扰。

③ 汽车高压点火系统。具有整流电路的电动机、带触点的电器等装置或设备,这些设备所产生的杂波辐射频带很宽,且多呈脉冲性质,因而造成的干扰也是很严重的。

④ 大功率发射设备之间的电波相互干扰。随着国民经济与人们物质文化生活的提高,以及广播通信事业的不断发展,各种类型的大功率发射台站不断兴建与投入使用,经常发生电台之间的相互干扰问题,特别是当频率分配不当或管理不严的情况下,电波相互干扰现象更加严重和突出。

⑤ 荧光灯、氖灯、电视机、电冰箱、电脑、微波炉等电器的广泛应用所产生的辉光放电杂波也比较突出,因而形成强烈的干扰。

2)自然性干扰

它产生于自然界中的某些自然现象,在这些干扰之中,主要有以下几种干扰:

① 雷电放电过程中所产生的干扰波。由于自然界经常发生某些变化,经常在大气层中引起电荷的电离发生,电荷的积聚,当电荷积聚到一定程度后将引起火花放电,其频谱很宽。

② 云层、雨点、砂尘和雪花等自然现象所产生的静电放电干扰。上述物质在空间飘移运动过程中,由于摩擦与碰撞的结果会产生静电,发生静电放电现象引起干扰。

③ 太阳电磁辐射干扰。太阳的黑点活动与黑体喷射出大量的带电粒子和磁暴,均可形成干扰。

此外,星体中特别是银河系恒星的爆发、宇宙间的电离子移动、宇宙射线等均可形成干扰。

(2)内部干扰(噪声)

主要产生原因有以下几种:

① 散粒干扰与热噪声。散粒干扰(噪声)的产生是由于电子元器件内部的电流具有随机性;热噪声则是由导体中的自由电子热运动所产生的电流和电压发生波动形成的。

② 抖动噪声、材料特性引起的不均匀性噪声、电路性噪声等。

2. 按干扰性质分类

(1)按噪声波形分类

划分为脉冲性噪声与连续性噪声两类。脉冲性噪声具有重复出现的持续时间极其短促的脉冲波形,例如汽车噪声等;而连续性噪声具有类似于热噪声一样的连续性波形。

（2）从理论上分类

划分为平稳性噪声和非平稳性噪声。平稳性噪声具有统计特性不随时间变化的特点；而非平稳性噪声则具有随时间变化而变化的特点。

（3）从噪声幅度分布的形状分类

若幅度是按高斯特性分布的一般称为高斯噪声；若幅度分布是按雷利特性分布的则称为雷利噪声。

另外，按频谱形状划分为白色噪声与着色噪声；或分为相加噪声与相乘噪声等多种。由于人为原因所形成的干扰称为工业干扰。由于工业干扰的产生源种类不同，产生的时间和地区的差别也不同，以及频率分布等诸项因素，导致工业干扰十分复杂。一般情况下，工业干扰划分为三种类型：单一干扰、城市噪声和建筑物干扰。

12.4　电磁兼容测量的基础理论

由于元器件、电路、电子仪器设备中的分布参数对电磁发射与抗扰度的电平值影响较大，加上电磁噪声的时域，频域特性极其复杂，并且频率范围较宽，甚至高达 GHz 数量级。从目前的科学水平和测量技术手段去衡量，数学建模计算及计算机仿真的结果与实际测量条件下的误差相差甚远。制定满足系统要求的技术指标只有通过实际测量才能完成，测量在电磁兼容领域里既是必要的，也是不可缺少的。另外，根据电磁噪声的特性，要严格和合理地选择测量仪器仪表、测量场地及测量方法等。

1. 电磁发射测量与抗扰度测量

对于电磁骚扰发射或受试设备受电磁骚扰的侵害，都要通过受试设备的端口，但这种端口是广义的（见图 12.4.1），与一般理解的电路端口有所不同。辐射骚扰出现在设备周围的媒体中，而传导骚扰出现在各种金属性媒体中（如导线、结构等）。端口的概念划分为 5 类：外壳端口、交流电源端口、直流电源端口、信号线/控制线端口，以及地端口。在这 5 类端口中，通过外壳端口发射的电磁骚扰或通过外壳端口侵入的骚扰都是属于辐射骚扰，而通过其他端口的则属于传导骚扰。

（1）辐射发射测量

辐射发射测量的系统示意图如图 12.4.2 所示。

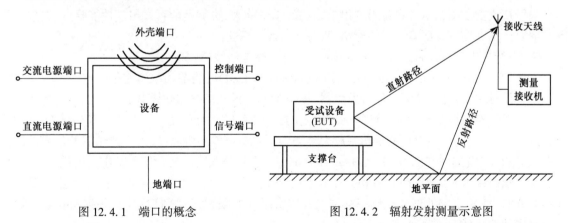

图 12.4.1　端口的概念　　　　　图 12.4.2　辐射发射测量示意图

对试验场地的要求是：地面对电磁波具有良好的全反射面，而场地四周及上部（或天花板）是完全开放的，或者允许具有可充分吸收电磁波的墙壁。

受试设备放在一个具有规定高度、并能旋转的 360° 的支撑台上，以便在测量时旋转、找寻最大发射方向。

接收天线在距受试设备规定的距离(如3m,10m)处架设。由受试设备发射的电磁骚扰有两条路径可达接收天线,一条路径是直射波,另一条路径是通过地面的反射后到达接收天线的。为了使两条路线到达接收天线骚扰相位相同,该天线必须在规定的高度范围内扫描(如:测量距离3m时,扫描高度1~4m),以找寻接收的最大场强。接收到的场强由天线转换为电压,馈送至测量接收机进行测量。

受试设备也统称为EUT,它包括各种类型的电子产品;这些电子产品可能是用于工农业、科技、医疗等的设备或装置,传递、处理、变换及输出数据的信息技术类设备等民用产品,也可以是用于军事目的的军用产品等。

(2)传导发射测量

传导发射测量的系统示意图如图12.4.3所示。该图以单相电源线传导发射测量为例。受试设备的单相三线制电源线通过人工电源网络(LISN)接至电网上。人工电源网络的作用是:第一,将受试设备产生的电磁骚扰与电网的电磁骚扰分隔开,以保证测量到的只是受试设备的发射作用。第二,对于不同的电网,由于其负荷的差异,因而输入阻抗(包括低频至数十兆赫兹范围内)的变化很大,大致在几欧姆直至数十千欧姆之间。受试设备电源线发射的电磁骚扰在不同输入阻

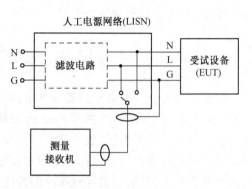

图12.4.3　单相电源端口传导发射测量示意图

抗的电源系统上的电压降不同,因而会造成测量结果重复性不好,不同受试设备之间或不同实验室之间的测量数据可比性较差。为此人工电源网络的第二个作用是将由受试设备电源线输入到该网络的阻抗稳定在一个统一的规定值上(例如50Ω),起到稳定阻抗的作用。第三,将受试设备电源线上的骚扰电压经过隔离电容器隔断工频电压后,送至端口上以供测量接收机测量。该端口的输出通过人工电源网络内的开关分别切换到相线(L)或中线(N)上。测量接收机与辐射发射测量所用的方法相同,用来测量由人工电源网络引出的受试设备电源线传导的发射电压。三相电源线传导发射测量或信号线传导发射测量系统,其各部件的功能大体上与此相同。

2. 辐射抗扰度测量

辐射抗扰度是测试电子设备对辐射电磁场的承受能力,也就是能否会出现性能降低、失效或故障。辐射抗扰度测量方法有天线辐射法、TEM、GTEM小室法等。

注:TEM cell (Transverse Electromagnetic cell)　横电磁波传输室

GTEM cell (Gigahertz Transverse Electromagnetic cell)　吉赫横电磁波传输室

测试设备主要包括三部分:信号发生器、场强辐射装置及场强监测设备。

信号发生器为被测设备提供测量标准规定的极限值电平,可以是一台具有一定功率输出的信号发生器,也可用信号源附加宽带功率放大器得到所需功率输出电路,或者经调制后的信号源。信号发生器的频率范围为25 Hz~18 GHz或40 GHz,一般需分频段由多台信号发生器提供。

场强辐射装置有天线,TEM室和GTEM室等形式。天线发射应覆盖全频段,为多数测量标准推荐的方法;TEM室和GTEM室频率高端受其本身尺寸的限制,一般TEM室做辐射抗扰度测试时最高可用到500 MHz,GTEM室可用到6G Hz。

场强监测设备用于测量所施加的场强是否达到标准极限值,通常采用带光纤传输线的全向电场探头监测。

其他辅助测量装置还有同轴衰减器、同轴负载、定向耦合器和功率计等。

测试对象包括电子系统、设备及其互连电缆。干扰场强分为磁场、电场和瞬变电磁场。干扰信号包括连续波、加调制的连续波及瞬变脉冲等信号。

测量方法如下。

（1）天线法测量

在半电波暗室中用天线法测量辐射抗扰度时，要在标准规定的条件下测量。具体规定是，电场发射天线距被测件 1 m，磁场发射天线距被测件表面 5 cm，发射的干扰电磁场应对着被测件最敏感的部位照射，如有接缝的板面、电缆连接处、通风窗、显示面板等部位。天线法测量辐射抗扰度的示意图如图 12.4.4 所示。

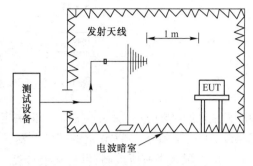

图 12.4.4　天线法测量电场辐射抗扰度示意图

测量辐射抗扰度的天线通常采用可承受大功率的宽带天线。一般情况下，工作频率在 25 Hz～100 kHz 范围内的电场辐射抗扰度采用小环天线，在 10 Hz～30 MHz 频段内采用平行单元天线，在 30～300 MHz 频段内采用双锥天线，在 300～1000 MHz 频段内采用对数周期天线，1 GHz 以上频率采用双脊喇叭或角锥喇叭天线等。

辐射场强所需要的宽带功率放大器的最大输出功率由辐射场强的大小确定，一般情况下，辐射场强是 20 V/m，工作频率在 10 kHz～200 MHz 范围内选择 1000 W 功率放大器，在 200 MHz～1000 MHz 频段内选择 75 W 功率放大器。因为在低频段发射天线的尺寸远小于工作波长，辐射效率较低，必须采用大功率放大器进行驱动，才能达到预定的场强值。辐射抗扰度的测量过程由测量软件和自动测试系统来实现，通过测量软件可以控制及调节测量仪器，分析、传输及处理测试数据，如通过电场探头监测被测设置处的场强大小，并调节信号源使之达到标准要求的值等。测试在测量软件控制下，以一定的步长进行辐射场的频率扫描，由监测设备或视频监视器观测被测件在辐射电磁场中的工作过程。

半电波暗室是由装有吸波材料的屏蔽室组成的，屏蔽室将内部空间和外部的电磁环境相隔离。环境电磁波频谱来自包括电视信号、无线电广播、个人通信设备，以及人为环境噪声等。屏蔽室的作用就是使屏蔽室内的外部干扰强度明显低于受试设备（EUT）本身所产生的干扰场强。在半电波暗室设计时，主要应该考虑屏蔽室、屏蔽效能、电磁吸波材料及暗室的建造等因素。

（2）TEM 室法测量

横电磁波传输室（TEM 传输室）由信号源、放大器、功率计、50 Ω 负载和 TEM 室等组成。其特点是传输室体积小，应用灵活，价格低廉。它将被辐射设备或器件置于测量装置内部，测试设备置于外部，以避免外界信号对测试信号的干扰，使被测信号与外界干扰信号之间能有效的隔离。

图 12.4.5 所示为 TEM 室测量辐射抗扰度的示意图，它由信号源、放大器、定向耦合器、TEM 室（内设置中心隔板、EUT）、电场探头、50 Ω 传输线和接收机所组成。对于电磁兼容测量应在 TEM 传输室进行。直接调节信号源使之达到要求的场强，此信号通过放大后送至定向耦合器，再由定向耦合器输入到 TEM 室，其内部的中心导体拓展成一块平直的宽板，即中心隔板。当被放大后的具有一定场强的信号注入到 TEM 传输室的一端时，就能在中心隔板和上下板之间形成很强的均匀电磁场，此场强通过放入一个电场探头进行监视，或由计算公式得到输入的功率值。

测量软件用来控制信号源以一定的步长进行辐射场的频率扫描，由监测设备或视频监视器观测被测件在干扰场辐射下的工作过程。以上在 TEM 室内进行的辐射抗扰度的测量同样是采用自动测量系统及测量软件来完成的。使用 TEM 室的优点是不必占用较大的试验空间，并且用较小的功率放大器即可得到所需强度的场强。缺点是被测件的尺寸受均匀场大小的限制，不能超过隔板

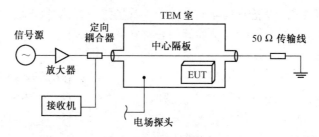

图 12.4.5　TEM 室测量辐射抗扰度的示意图

和底板之间距离的 1/3,TEM 室的尺寸也决定了测试的上限频率,TEM 室尺寸越大,最高使用频率就越低。GTEM 室是在 TEM 室的基础上发展起来的,两者的特点基本相似,只是 GTEM 室比 TEM 室使用的上限频率有所提高,可达几个 GHz。

3. 传导抗扰度测量

传导干扰是通过导体传播的干扰。传导干扰与辐射干扰的界限并不是非常明显,除频率非常低的干扰信号外,许多干扰信号的传播也是通过导体和空间混合传输。在某些场合,干扰信号先以传导的形式,通过导体将能量转移到新的空间,再向空中辐射。而在另一些场合,干扰信号先在空中传播,在其传播的过程中遇到导体,就会在导体中感应出干扰信号,变成传导干扰,沿导体继续传播。

传导干扰源按是否携带信息划分为信息传导干扰源与电磁噪声传导干扰源两类。信息传导干扰源指的是带有信息的无用信号对电子设备产生的干扰。电磁噪声传导干扰源指的是不带任何信息的电磁噪声对电子设备的干扰。传导干扰源产生的电压或电流沿着地线网络、电源和信号线等路径传输,在其他电路或设备中产生相应的电流或电压。对电子设备而言,这些由外部电路输入的干扰信号对正常工作会产生一定程度的不良影响。

传导抗扰度测量是指测量被测设备的电源线、互连线(信号线、控制线)、天线输入端及设备壳体上承受按规定要求的抗干扰信号的能力。观察被测件工作时可能出现的异常现象,例如性能降低、元器件损坏或功能故障等。施加的干扰信号种类主要有连续波干扰和脉冲波干扰。由于测试对象、测试频段及干扰信号种类的不同,需要采用不同的施加方式进行测量。

测量传导抗扰度的测量设备主要由三部分组成:

① 信号发生器。为被测设备提供测量标准规定的极限值电平。低频段可采用功率源或带有宽带功率放大器的信号源,以提供所需要的电平。在需要调制信号输出方式时,可采用经调制的带有宽带功率放大器的信号源,以提供所需电平。工作频率在 25 Hz~400 MHz 范围内。

② 干扰注入装置。有注入变压器法、电流注入探头法、耦合网络法等形式。具体操作时采用何种干扰注入方式要根据测量频段、测量对象和注入的干扰形式等因素进行选择,但必须确保测量结果的一致性。

③ 监测设备。用于测量所施加的干扰信号是否达到标准极限值,通常采用示波器监测干扰电压;或是通过测量接收机处加电流测量探头,用于监测干扰电流。

其他辅助测量装置还有同轴衰减器、同轴负载等。

抗扰度和敏感度都反映装置、设备或系统的抗干扰能力,即装置、设备或系统面临电磁干扰时而不降低运行性能的能力,只是两者从不同的角度出发去进行衡量。抗扰度是指超过某一个电平,装置、设备或系统就会出现性能降低;而敏感度是指刚一出现性能降低的电平。所以,对装置、设备或系统而言,抗扰度电平与敏感度电平是同一个值。军用标准中常用敏感度这一术语,民用标准中常用抗扰度这一术语。

根据施加的模拟干扰信号波形的不同,划分成连续波和脉冲波两种不同类型的测量方法,下面分别加以阐述。

（1）连续波传导敏感度测量

此项测量包括变压器注入法、电流探头注入法。采用此种测量方法所施加的模拟干扰信号为正弦波信号,应根据测量频段和对象的不同选择不同的具体测量措施。

① 变压器注入法

此方法适用于50 kHz以下频段电源线的连续波干扰注入。测试时首先截断EUT端的一根被测电源线,接至注入变压器的次级,信号源产生的正弦波模拟干扰信号经功率放大器放大后送到注入变压器的初级,采用示波器直接测量干扰电压,其示意图如图12.4.6所示。测试时按频点施加干扰电压达到标准规定的限值,并观察和分析被测件的工作状况。

在传导测量中,为了统一测量条件,在射频段,公共电源直接向被测设备端子提供一个50 Ω负载阻抗,并且隔离被测设备与公共电源之间的干扰,即应在被测设备的电源与公共电源之间插入一个人工电源网络。网络由电感、电容和电阻等组成,不同的频率和标准采用的网络结构形式和元件数值略有不同。10 μF的电容用来消除人工电源网络内部寄生参数的有害影响,起到良好的隔离效果,减小测量时带来的较大测量误差。

② 电流探头注入法

此法适用于100 kHz~400 MHz频段电缆线束的连续波注入。测试时直接将电流注入探头接触在靠近EUT端的一束被测电缆上,信号源产生的正弦波模拟干扰信号经功率放大器放大后送到电流注入探头。通常使用接收机或频谱仪和电流测量探头监测干扰电流,测试示意图如图12.4.7所示。测试过程中,在信号源的每一个输出频率上分别调整输出幅度,以达到标准规定的极限电平,保持输出幅度维持不变,以便观察和分析被测件是否有工作失效、性能下降或出现故障等现象。如发生敏感观象,则将信号发生器调到发生敏感的频率上,降低信号发生器输出幅度至敏感门限电平以下,然后再上升至门限电平以上的方法来检查滞后的信号幅度,选择两者中较小的幅度作为敏感门限电平。

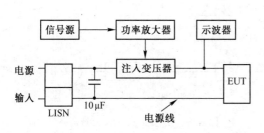

图12.4.6　注入变压器法测量传导敏感度示意图　　图12.4.7　电流探头注入法测量传导敏感度示意图

（2）脉冲信号的传导敏感度测量

在脉冲信号的传导敏感度测量中,所施加的模拟干扰信号为各种脉冲信号,测量的重点是尖峰信号对被测设备电源线的传导敏感度,及脉冲信号对电缆束产生的感应电流的传导敏感度。脉冲型干扰的注入方式有电流探头法、变压器法、并联注入法等。

① 电源线尖峰信号传导敏感度测量

一台电子设备或由几台电子设备组成的系统都离不开电缆,电缆起到传递电源电压和各种信号的作用,它虽然本身不产生电磁干扰,但却为电磁干扰信号提供干扰和辐射的媒体。电缆可等效成为一个偶极子天线,既能起到辐射天线的作用,成为电磁干扰辐射源的一部分,又能起到接收天线的作用,成为系统对辐射发射敏感度的重要一环。

电缆分电源电缆和信号电缆,它们都能为传导电磁干扰电压和电流提供耦合路径。

图 12.4.8 所示为并联注入法测量尖峰信号传导敏感度的示意图,该测试信号为电源尖峰信号,测试内容是从外部为被测件提供电源的悬浮式直流或交流引线,重点是脉冲数字电路的设备电源线。如果使用交流供电的被测件,具体的连接方法是,将尖峰信号发生器接到注入变压器的初级,注入变压器的次级与被测件的电源线采用串联注入方式,测试连接示意图同图 12.4.6 相似,只需将其中的信号源,功率放大器替换成尖峰信号发生器即可。而使用直流供电的设备连接示意图如图 12.4.8 所示。若使用交流供电引线,测试前将尖峰信号发生器直接与被测件的电源线并联,首先在一个 $50\,\Omega$ 的特定电阻上校准输出波形和幅度,使之达到规定的测试要求,在测试过程中,分别改变尖峰信号发生器的输出脉冲幅度、宽度、极性、相位等参数,每种状态要保持在一定的时间范围内,观察被测件是否有工作失效、性能下降和故障等。如发现敏感现象,则需降低尖峰幅度到敏感门限电平,并确定尖峰在交流电源波形上的位置和重复频率。

为确保电网电源线与被测件电源输入端能有效地进行隔离,使尖峰信号主要施加在被测件上,不至于分压在电源线上或附加到电源干线上,如果是串联注入方式,需在注入变压器靠近交流电源端串联一个 $20\,\mu H$ 的电感。如果是并联注入方式,需在被测件直流电源端并联一个 $10\,\mu F$ 的电容,串联电感和并联电容起旁路寄生参数不良影响的作用,目的是减小测量误差,提高测量精度。

② 阻尼正弦及瞬变脉冲传导敏感度测量

测量电路示意图如图 12.4.9 所示,干扰脉冲信号的注入方式采用电流探头法。脉冲信号发生器输出的瞬变脉冲或阻尼正弦送到注入探头,脉冲信号经注入探头施加到被测电缆上,测试项目为电缆束或电源线,测试被测设备电源线或电缆束对阻尼正弦或瞬变脉冲干扰的承受能力。图中监测探头距被测件电缆连接器 5 cm,注入探头距监测探头也为 5 cm。由监测探头和示波器测量所加脉冲信号幅度的大小。调节脉冲信号的频率或幅度,观察被测件是否有工作失效、性能下降或故障等敏感现象出现。对每一个连接器和电源线提供确定的敏感门限电平,以达到测试脉冲传导敏感度的具体要求。

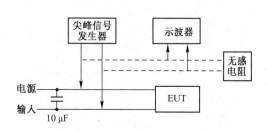

图 12.4.8 并联注入法测量尖峰信号
传导敏感度示意图

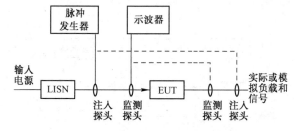

图 12.4.9 电流探头注入法测量脉冲
传导敏感度示意图

③ 电快速瞬变脉冲群抗扰度测试

在电子电路中各种电气和电子设备中的开关、继电器等部件的频繁使用,都会产生瞬态脉冲,对设备造成干扰,这种干扰以脉冲群形式出现,如果电感性负载多次重复切换,脉冲群就会以相应的时间间隔多次重复出现,其特点是脉冲上升时间短,脉冲重复频率高和能量低,频谱分布较宽等。因电气和电子设备受到干扰,可能导致其性能下降或失灵,产生误动作,甚至造成可靠性降低。为评定产品对这类电快速瞬变脉冲群抗扰度的水平,一般需要进行快速瞬变脉冲群抗扰度试验。在国际和国内的相关电磁兼容标准中,对电快速瞬变脉冲群抗扰度试验制定了相应的试验等级。根据设备安装使用的工作环境条件分为 5 个等级:

第 1 级:具有良好的保护环境

第 2 级:受保护的环境

第 3 级:典型的工业环境

第 4 级:严酷的工业环境

第 5 级:需要加以分析的特殊环境

以上每个等级的环境都有明确的设施标准,执行操作时必须严格遵守。该试验划分为实验室试验和设备安装条件下的现场试验两种,必要的设备包括:接地参考平台,耦合装置(耦合网络和耦合夹),去耦网络和试验发生器等。

电快速瞬变脉冲群抗扰度测试示意图如图 12.4.10 所示。电快速瞬变脉冲发生器产生的电快速瞬变脉冲群,通过耦合/去耦网络施加到设备的供电电源端口,耦合/去耦网络主要用于电源端口试验。容性耦合夹主要用于 I/O 端口和通信端口试验。测试时从脉冲幅度最低的等级施加电快速瞬变脉冲群,观察和分析被测件的工作状态,若无影响则一直加到所选定的试验等级。如果线路上的电流大于耦合/去耦网络规定的电流容量,应该经过一个耦合电容把试验电压施加到 EUT 上的供电电源端口。

④ 浪涌抗扰度测试

浪涌抗扰度主要分浪涌电压和电流两种抗扰度试验,浪涌信号是模拟开关动作和雷电引起的干扰信号(如电容组切换,可控硅、电源短路或电弧,负载变化等),浪涌抗扰度用于测试被测设备对大能量的浪涌干扰的承受能力。浪涌来自自然界的雷击,大型电力系统开关的切换瞬间,也会在供电线路上感应出极大的浪涌电压和电流,这两种浪涌的共同特点是能量特别大,波形呈脉冲状、幅度高、时间短,对电子仪器和设备的破坏性较大。对浪涌抗扰度的试验等级、环境、程度、设备都有详细规定和要求,执行操作时要严格遵守。

图 12.4.11 所示为浪涌抗扰度测量示意图,浪涌信号发生器输出的浪涌信号经耦合网络加到 EUT 的电源端口上,为了避免对同一电源供电的非 EUT 产生不利影响,需要使用去耦网络,为浪涌提供足够大的去耦阻抗以便能在受试线路上形成规定的波形。对于屏蔽线,耦合/去耦网络不再适用。

图 12.4.10　电快速瞬变脉冲群抗扰度测量示意图　　　图 12.4.11　浪涌抗扰度测量示意图

12.5　测量天线

天线的功能是发射和接收电磁场,是把高频电磁能量通过各种形状的金属导体向空间辐射出去的装置。同样,天线亦可把空间的电磁能量转化为高频能量收集起来。测量天线要求频率范围宽、增益高、波束宽、驻波小及机械尺寸小等。为了测量方便,测量天线一般都是宽带的,频率范围在几十 Hz~几十 GHz 之内。

1. 主要参数

(1) 增益

天线增益是衡量天线将辐射信号聚集于一个方向或从一个方向接收信号的能力,天线不能产生功率,它只能集中功率,通常用相对于理想全向天线的功率增益之比(dB)来表示(理想全向天线在所有方向上的增益为1）。一般情况下，每副天线都有正增益和负增益，正增益是有益的，负增益是不期望的，测量天线应具有尽可能大的正增益和尽可能小的负增益。

（2）天线系数（AF）

天线系数是电磁场领域中用来定义天线传感器校准关系的术语。它是将入射到天线上的电磁场变换成天线输出端上电压的天线效率的量度。天线系数定义为

$$AF = E/U \qquad (12.5.1)$$

式中，AF 为天线系数（1/m）；E 为要测量的电场强度（V/m）；U 为测量天线输出端电压（V）。

上式用 dB 表示为 $\qquad AF(dB/m) = E(dB\mu V/m) - U(dB\mu V)$

所以 $\qquad E(dB\mu V/m) = U(dB\mu V) + AF(dB/m)$

在实际测量中，电缆损耗不能忽略，所以测得的场强还要加上电缆损耗 $L(dB)$，实际测量场强为

$$E(dB\mu V/m) = U(dB\mu V) + AF(dB/m) + L(dB)$$

（3）输入阻抗（Z_A）

即天线在馈电点的电压 $U(V)$ 与电流 $I(A)$ 之比，其表达式如下

$$Z_A = U/I \qquad (12.5.2)$$

（4）天线方向图

即用极坐标形式表示不同角度下天线方向性的相对值。其最大方向的轴线又称为前视轴。天线最大辐射方向与半功率点（–3dB）之间的夹角 θ 又称天线波瓣的夹角。

（5）电压驻波比（VSWR）

根据传输理论，在传输线阻抗与负载阻抗不匹配的情况下，必然引起输入波的反射。驻波比是表征失配程度的系数，其表达式如下

$$VSWR = \frac{1+\rho}{1-\rho} \qquad (12.5.3)$$

式中，ρ 为反射系数，即反射电压与入射电压之比。

匹配时，$\rho = 0$，则 VSWR = 1；失配时，$\rho \neq 0$，则 VSWR > 1。

2. 天线种类

测量天线的种类很多，用途也多种多样，常用的天线种类见表 12.5.1。

表 12.5.1　常用天线种类表

天线种类	频率范围	用　途
环形天线	<30 MHz	接收和发射
1 m 无源杆天线	10 kHz~30 MHz	接收大信号和定标场强
1 m 有源杆天线	10 kHz~30 MHz	接收
平行单元天线	10 kHz~30 MHz	产生电场
双锥天线	20~200（300）MHz	接收和发射
对数周期天线	200~1000 MHz 1~18 GHz	接收和发射 接收和发射
对数螺旋天线	200~1000 MHz 1~10 GHz	接收和发射 接收和发射
双脊喇叭天线	200~1000 MHz 1~18 GHz	接收和发射 接收和发射
喇叭天线	18~40 GHz	接收和发射

12.6　测量接收机

1. 概述

测量接收机是测量电磁干扰电压的主要仪器,实际上电磁干扰场强或干扰电流都能转换成干扰电压,通过测量接收机进行测量。只要通过天线将场强转换为电压的系数或通过电流探头将电流转换为电压的系数,再经电压测试法测量场强或电流。

从电磁噪声测量的角度考虑,一台用于测量电磁噪声的测量接收机的组成划分为三大部分:线性放大电路、非线性幅度检波电路,以及带有一定指标要求的显示电路,如图 12.6.1 所示。

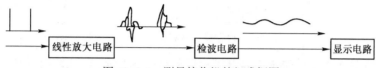

图 12.6.1　测量接收机的组成框图

线性放大电路包括变频电路、中频放大器、检波后的直流放大器及衰减器等。这些电路虽然作用不尽相同,但都是线性电路。它们的作用有两个:第一是把微弱的电磁噪声放大到足以推动显示电路。第二是选频,选择测量所需要的工作频率,决定整机的通频带,以及抑制寄生响应。显然,对于宽带噪声测量,若通频带不同,测量出的电平值也不相同。衰减器的作用是防止放大器过载。

幅度检波器是将中频噪声电压检波为直流或缓慢变化的脉冲电流以推动显示电路,这一过程就像调幅接收机的检波器将中频信号的包络(音频信号)解调下来一样。测量接收机的幅度检波器是将中频噪声电压的包络解调下来,以便去测量其包络的有关参数。所以电磁噪声测量接收机实质上是一台测量噪声包络参数的仪器。

显示电路是测量接收机的最后一个组成部分,通过显示电路直接显示测量结果。

电磁干扰通常情况下不是纯正的正弦波信号而是一个宽带信号,从时域分析它具有各种不同的形状,从频域分析所占有的频带很宽。因此,接收机采用不同带宽、不同检波方式,对同一种电磁干扰有不同的测量结果。为了测量值统一,对测量结果有可比性,必须明确规定测量带宽和检波方式。

为了用统一的指标来评价电磁噪声,各个国家都规定了相关的指标要求。某些国际组织,如国际无线电干扰特别委员会(CISPR)也规定或推荐了一些指标要求。例如,准峰值测量接收机要完全符合 GB/T6113.1-1995《无线电干扰和抗扰度测量设备规范》的国家标准。

2. 测量接收机的工作原理

典型测量接收机的工作原理框图如图 12.6.2 所示。

将接收天线感应的高频电磁信号加到输入衰减器,其作用是将接收到的幅度过大的高频电磁信号或干扰电平衰减。调节衰减量的大小确保输入电平在测量接收机的测量范围之内,防止输入端因过载而引起系统线性和测量值的失真,或者烧毁衰减器、高频放大器、混频器而损坏测量接收机。

测量接收机带有校准信号发生器,校准信号是一种具有特殊形状的窄脉冲,目的是通过比对的方法确定被测信号的强度,可随时对接收机的增益进行自校,保证测量值的精度。

通过高频放大器放大后的高频信号 f_i 进入混频器与本机振荡器输出的频率稳定的振荡信号 f_h 进行混频,提取出差频信号 $f_0 = f_h - f_i$,此差频信号经中频滤波器后得到一个纯正的中频信号。为满足脉冲测量的需要,接收机还应具有预选器,即输入滤波器,对接收信号频率进行调谐跟踪,防止混频器输入端的宽带噪声过载,降低过载电平,减小测量误差。中频信号经中频衰减器、中频放大器后送入包络检波器,中频衰减器使中频信号 f_0 幅度适中,防止中频信号幅度过大导致中频放大器

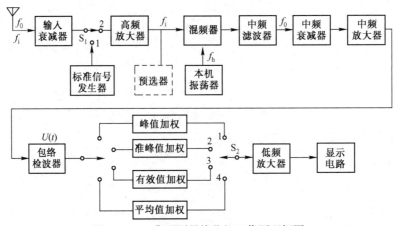

图 12.6.2　典型测量接收机工作原理框图

产生非线性失真,中频放大器的调谐电路既可提供严格的频带宽度,又能获得较高的增益,确保接收机的总体选择性和整机灵敏度。

包络检波器滤除中频,检波出低频信号 $U(t)$,$U(t)$ 再一次进行加权检波,根据测量要求选择检波器,并获得 $U(t)$ 的峰值(Peak)、有效值(RMS)、平均值(Ave)或准峰值(QP)。

需要指明的是:由于干扰信号的形式不同,则在不同检波器上有不同的响应,检波方式不同,充、放电时间常数也不同。在测量接收机里采用以下三种检波器:

峰值检波器:其读数只取决于信号的幅度,能测试出信号包络的最大值,这种检波器的充电时间很快,而放电时间很慢。即使一个很窄的单脉冲也能很快充电到峰值,由于放电时间很慢,所以峰值能在长时间内保持不变,这对军用设备的电磁兼容测量特别有用,因为即使出现一次的单脉冲也可能使数字设备误动作。峰值检波器对脉冲宽度和重复频率的变化所引起的输出结果影响不大。不易判断脉冲数的积累情况是峰值检波器的缺陷。

平均值检波器:其读数是信号包络在一段时间内的平均值,充、放电时间常数相同。平均值检波器不能作为脉冲干扰客观评定的手段。

准峰值检波器:具有规定充、放电时间常数的检波器,其充、放电时间常数介于峰值检波器和平均值检波器之间,充电时间常数比峰值检波器的大,而放电时间常数比峰值检波器的小。准峰值检波器的读数与信号幅度和时间分布都有关,检波值非常接近人耳的听觉特性,反映人耳对干扰的响应情况,同时也接近人耳对周期脉冲干扰的接收特性。国际无线电干扰特别委员会(CISPR)的标准都是采用这种检波方式。

检波器加权网络是配合不同检波器而设置的,其功能是使包络检波器的检波效果更好。检波后的低频信号经低频放大器放大后驱动显示电路,最后在显示电路上显示出测量结果。

习　　题

12.1　EMC 包括哪两个方面的含义?电磁兼容测量有哪些基本概念?

12.2　电磁干扰是根据何种因素划分的?举出一个实例解释电磁干扰产生的原因和性质。

12.3　阐述电磁发射测量与抗扰度测量的工作原理。

12.4　人工电源网络(LESN)在电路中起什么作用?

12.5　测量天线的功能是什么?主要参数有哪些?

12.6　包络检波器有几种类型?它们的功能又是什么?

12.7　简述测量接收机的工作原理。

第二部分　现代电子测量

第13章　智能仪器

内容摘要

随着大规模、超大规模集成电路,以及计算机技术的飞速发展,传统电子测量仪器在原理、功能、精度及自动化水平等方面都发生了巨大的变化,逐渐形成了新一代测试仪器——智能仪器。本章重点介绍智能仪器的特点、基本组成,内、外总线,GP-IB 通用接口总线,智能仪器设计等内容。

13.1　智能仪器的特点

电子测量仪器是指采用电子技术测量电量或非电量的测量仪器。而智能仪器是指计算机技术应用于电子测量仪器之中,也就是仪器内部含有微处理器系统。智能仪器的特点是,在程序的支持下具有自动判断、数据运算、处理及控制的测量功能。

智能仪器具有以下一些突出的特点:

① 功能较多,应用极其广泛。多功能的特点主要是通过间接测量来实现的,配置各种传感器或转换器实现进一步扩展测量功能的作用。

② 面板控制采用数量有限的单触点功能键和数字键输入各种数据及控制信息,按键需完成多次复用(一键多用),甚至通过一定的键序(键语)进行编程,从而使得仪器的使用非常方便,极其灵活而多样化。

③ 面板显示采用各种数码显示器件,如液晶数码显示器、发光二极管显示器、荧光和辉光数码显示器。

④ 常带有 GPIB 通用接口,有完善的远程输入和输出能力。有些仪器也配置 BCD 码并行接口或 RS-232C 串行接口,均可纳入自动测试系统中工作。

⑤ 除了能通过接口电路接入自动测试系统中之外,仪器本身具备一定的自动化能力,如自动量程转换、自动调零、自动校准、自动检查及自动诊断、自动调整测试点等。

⑥ 利用微处理器执行准确或精密的测量算法,做到克服或弥补仪器硬件电路的缺陷和弱点,从而获得较高的性价比。

智能仪器是以微处理器为基础而设计制造的具有上述特点的新型仪器,如智能型的稳压器、电桥、数字电压表、数字频率计、逻辑分析仪、频谱分析仪,网络分析仪等。

13.2　智能仪器的结构及其作用

智能仪器与传统电子测量仪器在结构上有本质的区别。传统电子仪器的所有测试功能完全由硬件电路实现,而智能仪器则由硬件和软件两大部分组成,它实际上是一个专用的微型计算机系统,所有的测试功能是硬件电路在软件的支持下完成的,这是智能仪器的突出特点。智能仪器的结构与基本工作原理框图如图 13.2.1 所示。

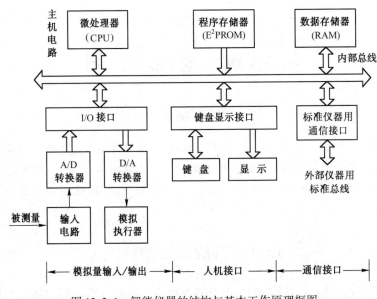

图 13.2.1　智能仪器的结构与基本工作原理框图

硬件部分包括主机电路、模拟量输入/输出通道,人-机接口电路、通信接口电路等。

1. 模拟量输入通道

智能仪器从输入端接收的被测量大部分是模拟量,而智能仪器的核心器件是微处理器(CPU),微处理器只能接收和处理数字量,因此被测模拟量首先需要通过 A/D 转换器转换成数字量,并通过适当的接口电路送入微处理器。A/D 转换器是将模拟量转换成数字量的器件,这个模拟量泛指电压、电流、时间、电阻等,在没有说明的情况下,模拟量泛指电压参量。A/D 转换器的种类繁多,用于智能仪器设计的 A/D 转换器主要有逐次比较式、积分式、并行比较式和改进型四种。

2. 模拟量输出通道

模拟量输出通道的功能与模拟量输入通道的功能相反。该通道的作用是将经微处理器处理后的数据利用 D/A 转换器及相应的接口电路转换成模拟量输出。它是许多智能设备,如波形发生器、X-Y 绘图仪、电平记录仪等的重要组成部分。模拟量输出通道包括 D/A 转换器、多路模拟开关及采样/保持器等电路。D/A 转换器同 A/D 转换器一样,种类繁多,在性能指标上也存在差别。

注:A/D 与 D/A 转换器的具体内容请参阅本书有关章节。

3. 数据采集系统

数据采集系统是智能仪器的重要组成部分,其功能是通过调整一个内部定时器,规定每隔若干时间间隔自动测量一个数据,并把数据或数据曲线由显示器直接显示和通过打印机打印出来。数据采集系统简称 DSA(Data Acquisition System),目前已有许多生产厂家专门生产与各种微型计算机系统相配套的 DAS 插件板。微型计算机同 DAS 相结合能实现各种测试功能,其具有极强的兼容性。随着微电子技术、集成技术的飞速发展,数据采集系统的体积已从机箱、插件板到大部分器件均可集成压缩到一块芯片内,甚至可将其中的一部分功能电路嵌入到微处理器当中,但其基本工作过程及组成仍维持不变。

数据采集系统在逻辑电平控制下处于"采样"或"保持"两种工作状态,亦称为采样/保持器(S/H 电路),在"采样"状态下电路的输出紧跟输入模拟信号,转为"保持"后,电路的输出保持着前一次采样结束时刻的瞬时输入模拟信号,直至进入下一次采样状态为止,以便进行数据处理(量化)或模拟控制。一个系统的数据采集工作应包括以下内容:

(1) 数据采集:被测信号经输入电路(放大、多路开关选择、滤波等)、A/D 转换,并将转换后的数字量通过接口电路送入主机电路。这里要重点解决采样/保持、转换准确度、带通选择、抑制干扰及与主机电路接口等功能。

(2) 数据处理:主机电路根据不同的功能要求对采样后的原始数据进行各种数学运算。

(3) 处理结果的重现与保存:将处理后的测量结果与 CRT 屏幕显示器相连接,也可与磁盘、磁卡、X-Y 绘图仪或微型打印机(μLP)相连接以获得硬拷贝。其次外部通信接口用于智能仪器与外部系统的沟通。

以上全过程完全是在主机电路系统的指导下由软件通过 DAS 实现的。

4. 接口电路

智能仪器的接口电路包括键盘与接口电路、LED 显示与接口电路、CRT 显示与接口电路、微型打印机与接口电路等。这些接口电路共同完成智能仪器的人-机交互功能,即用户与智能仪器交换信息的功能。它要完成两方面的任务:一个是用户对智能仪器进行状态干预和数据输入,另一个是智能仪器向用户报告工作状态和测量结果。

5. 通信接口

智能仪器通常设置通信接口,以便实现程控目的,方便用户组成自动测试系统。目的是不同厂家生产的不同型号的仪器均完成直接用一条电缆线相连接,通过一个准确的接口电路连接主机电路系统。目前,世界各国均按同一个标准设计智能仪器的通信接口电路,如 GPIB、RS-232、USB 等。

6. 主机电路

主机电路包括微处理器(CPU)、程序存储器(E^2PROM)、数据存储器(RAM)、输入/输出(I/O)、接口电路内部总线及相关附件等,它是智能仪器的核心电路,作用是存储程序、数据,并进行一系列运算和测试完成微型计算机的大部分功能,或者是一个独立的单片微型计算机的大部分功能。随着新器件、新技术、新工艺的不断涌现,智能仪器的智能水平将会得到极大提高。

7. 总线

在智能仪器中,硬件是载体,硬件只有在软件的支持下才能发挥其作用,两者相辅相成,实现多种功能的测试任务。使用各类编程语言编制的系统程序、应用程序、完成各种功能的子程序及数据等分别保存在程序存储器(E^2PROM)或数据存储器(RAM)中。要求编制的所有程序尽量做到标准化、模块化、通用化和子程序化。并且要求做到只需将局部程序重新组合或增加一些程序后便可实现新的功能。程序要具有自诊断功能,而且对各种操作失误或置数错误能进行相应的处理和解决,以保证仪器的正常工作。

在研究智能仪器的结构时,经常遇到总线问题。总线是智能仪器中各种信息流进行交换或传输时的通道。在总线中通道都是分类安排的,如果分类都一致,而且在总线的机械结构的安排上也能相互协调,这将对智能仪器之间的信息交换,以及部件的互换性及兼容性带来很大的灵活性,使智能仪器的应用更加广泛。因此,在总线方面各种企业标准或国际标准正在不断发展,以适应多方面的需要。总线从应用上划分为外总线及内总线两大类。

（1）外总线

外总线又称通信总线，它用于微型计算机仪器与外部系统之间的通信联系。目前所通用的标准有 RS-232C，GP-IB，CAMAC 等。下面以 RS-232C 为例进行分析。

RS-232C 串行接口是微型计算机系统中常用的外部总线标准接口，它以串行方式传送信息，是用于数据通信设备（DCE）和数据终端设备（DTE）之间的串行接口总线。例如，CRT、打印机与微型计算机之间的连接，几乎是通过 RS-232C 标准接口来实现的，它是一种数据的 ASCII 码串行通信标准。接口标准包括机械特性、功能特性和电气特性等内容。

RS-232C 串行接口总线适用于：设备之间的通信距离不大于 15 m；传送速率最大为 20 kb/s；负逻辑电平。"1"：-5 V~-15 V；"0"：+5 V~+15 V。

由于 TTL 电平的"1"和"0"分别为 2.7 V 和 0.8 V，因此采用 RS-232C 总线进行串行通信时需外接电平转换电路。在发送端用驱动器将 TTL 电平转换成 RS-232C 电平，在接收端用接收器将 RS-232C 电平再转换成 TTL 电平。电平转换器 MAX232 内部有电荷泵电压变换器，可将 +5 V 电源变换成 RS-232C 所需的 ±10 V 电压，以实现电压的转换，既符合 RS-232C 的技术规范，又可实现 +5 V 单电源供电，所以 MAX232 收发器电路给短距离串行通信带来极大方便。该电路引脚及内部逻辑如图 13.2.2 所示，工作时外接 4 个 0.1 μF 电容。有关 RS-232C 信号电缆及引脚功能如表 13.2.1 所示。

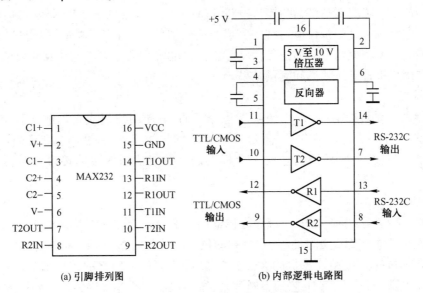

(a) 引脚排列图　　　　　(b) 内部逻辑电路图

图 13.2.2　MAX232 引脚及内部逻辑电路图

表 13.2.1　MAX232 标准接口主要引脚定义表

DB-25 脚电缆	DB-9 脚电缆	信　号　属　性	信　号　方　向
8	1	接收信号检测（载波检测 DCD）	DTE←DCE
3	2	接收数据（RXD）（串行输入）	DTE←DCE
2	3	发送数据（TXD）（串行输出）	DTE→DCE
20	4	数据终端准备就绪（DTR）	DTE→DCE
7	5	信号地（SGND）	信号的基准点
6	6	数据装置准备信号（DSR）	DTE←DCE
4	7	请求发送（RTS）	DTE→DCE
5	8	允许发送（CTS）	DTE←DCE
22	9	振铃指示（RI）	DTE←DCE

有关 GPIB 通用接口总线部分内容请翻阅 15.8 节。

（2）内总线

内总线又称板级总线或系统总线,它是微型计算机系统内部各印制板插件之间的通信通道。从功能上划分为数据总线、地址总线及控制总线三种,如图 13.2.3 所示。随着微计算机技术的日益发展,其应用日益广泛,总线的设置及标准逐渐完善起来。采用总线标准设计、生产的计算机模块(包括主机、EPROM、RAM、A/D、D/A 等)兼容性很强。在机械尺寸、插头座的计数、各引脚的排列及定义、总线工作的电气特性及时序等方面都按照统一的总标准设计和生产出来的计算机模块,经过不同的组合即可构成不同用途的计算机系统(微型计算机仪器系统也包括在内),从而极大促进了计算机的研制、开发、生产、应用、维修等工作。目前常用的有影响的标准总线有:S-100总线、STD 总线、Multi 总线、Future 总线等。

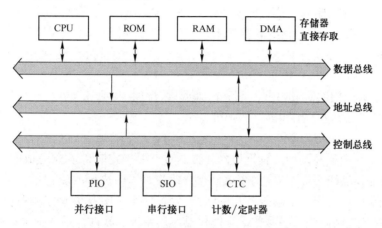

图 13.2.3　智能仪器内总线系统示意图

13.3　智能仪器设计

智能仪器设计包括两大部分,即硬件设计和软件设计。由于实现的功能和要求不同,设计方案也会有所不同,因而在设计方法和手段上没有固定的统一模式,但其设计过程的步骤几乎是相同的。

1. 方案设计

智能仪器设计的第一步是方案设计,它包括以下几个方面:

① 选择总体方案。总体方案是指针对提出的任务、要求和条件,从全局出发采用具有一定功能的若干单元电路构成一个完善的整机,去实现各项功能。应尽可能设计出多种方案,通过分析和比较、优化出一种最佳方案,作出硬件和软件框图。对总体方案进行反复的修改和补充,最后使总体方案逐步完善。

② 根据总体方案设计出各单元电路。各单元电路必须满足性能和技术指标要求,再根据单元电路选择微处理器、单片机和各种元器件,尤其是要重点考虑大规模、超大规模集成电路的选择。

③ 硬件和软件功能划分要明确。智能仪器的硬件和软件要进行统一的规划。因为一种功能不仅由硬件实现,也可由软件实现,最后应根据性价比进行综合确定。一般情况下,用硬件实现速度比较快,可以节省 CPU 的时间,但硬件接线复杂、成本较高。用软件实现较为经济,却要更多地占用CPU 的时间。所以,在 CPU 时间不紧张的情况下应尽量采用软件实现。

④ 性能指标要能满足整机功能的要求,避免过多的功能闲置不用,使性价比较高。

⑤ 整机结构要布局合理,层次分明。

⑥ 货源要充足,多元化,供应要稳定可靠,有利于批量和大量生产。

2. 硬件设计

硬件设计是指根据整体设计方案规定的要求设计出硬件系统原理图,具体确定电路系统中所使用的元器件,经过必要的实验后完成工艺结构设计、电路板制作和样机的组装、测试。硬件设计主要包括以下几个方面。

① 微处理器、单片机电路设计,主要包括时钟电路、复位电路、供电电路等。

② 扩展电路设计,主要包括程序存储器、数据存储器、I/O 接口电路和其他功能器件扩展电路等。

③ 输入/输出通道设计,主要包括传感器电路、各种放大电路、多路开关、A/D 转换器、D/A 转换器、开关参量接口电路、驱动及执行机构等。处理好输入/输出信号的个数、种类变化范围和相互关系,以及这些信号所进行的是何种转换关系,如何与微处理器、单片机接口等。

④ 控制面板设计,主要包括人机对话功能,如开关、按键、键盘、显示器、语音电路及报警电路等。

⑤ 了解和掌握智能仪器的应用环境条件,如温度、湿度、震动、供电电压、现场干扰与工作现场等,以及采用何种措施防止干扰和进行保护等。

3. 软件设计

在智能仪器设计中软件设计占有重要的位置。重点要确定软件所要完成的任务,根据任务确定软件结构。智能仪器应用程序采用顺序编写法,即按照程序执行的流程进行顺序编写。一个系统程序一般由主程序和若干个中断服务程序组成,要根据系统中各个操作的性质规定主程序完成哪些操作,中断服务程序完成哪些操作。智能仪器应用系统的软件包括数据采集和处理程序、控制算法实现程序、人机联系程序和数据管理程序等。软件设计尽量采用标准化、模块化、子程序化。

在做具体程序设计时,常采用模块化结构,即将功能完整、长度较长的程序分解成若干相对独立、长度较小的模块,或称为子程序,然后分别进行编写、调试。主程序和中断服务程序一旦需要,则进行调用。

在划分子程序模块时,应注意以下几点:

① 每个模块不宜太长,以方便检查和修改。

② 每个模块在逻辑上相对独立,模块之间的界限要清楚。各模块之间不应发生寄存器、状态标志等单元内容的冲突。因而,将各模块进行连接时,应特别注意各部分之间的衔接。

③ 尽量选用现成的模块程序,以减少软件工作量。图 13.3.1 示出了单片机软件的设计流程。

4. 系统调试

智能仪器应用系统的软、硬件制作完成后,必须反复进行调试、修改,直至完全正常工作为止。调试工作通常分三个步骤进行。

① 硬件调试。首先,用逻辑笔、万用表等工具对硬件电路进行脱机检查,看连线是否与逻辑图一致,有无短路、虚焊等现象。元器件的型号、规格、极性是否有误,插接方向是否正确。检查完毕

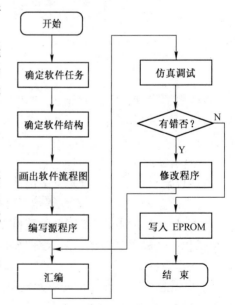

图 13.3.1 软件设计流程图

后用万用表测量一下电路板正负电源端之间的电阻,排除电源短路的可能性。

通电检查时,需要模拟各种输入信号分别送入电路的各有关部分,观察 I/O 口的动作情况,查看电路板上有无元器件过热情况,有无冒烟、异味等现象发生,各相关设备的动作是否符合设计要求。

② 软件调试。软件的调试必须在开发系统的支持下进行。先分别调试各个模块程序,然后调试中断服务程序及调试主程序,最后将各部分进行联调。调试的范围应由小到大逐步增加。调试方式通常交叉使用单步运行、断点运行、连续运行等多种方式,每次执行完毕后,检查 CPU 执行现场、RAM 的有关内容、I/O 口的状态等。发现一个问题,解决一个问题,直到全部通过。

③ 软硬件联调。在软硬件分别调试成功的基础上,进行软硬件联机仿真,当仿真成功后,将应用程序写入 EPROM 中,并插回到应用系统电路板的相应位置,即可脱机运行。

智能仪器设计开发流程图如图 13.3.2 所示。

总之,硬件设计和软件设计两者互为依托,又具有一定的互换性,在设计过程中要全面考虑。事实证明,如果加大软件成本的比重,减少硬件成本的比重,虽然成本会下降,但也增加了软件的复杂程度。如果加大电路系统中硬件的比重,可以提高工作速度,减少软件的工作量,这又会使电路变得复杂,成本增加。因此,必须在硬件和软件之间反复权衡、合理布局,以达到既容易实现又经济实用。

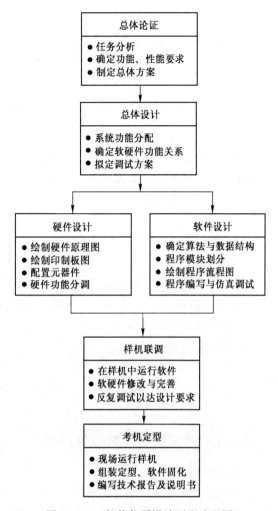

图 13.3.2 智能仪器设计开发流程图

习 题

13.1 智能仪器同传统电子测量仪器在原理和功能上有哪些突出的特点?

13.2 阐述智能仪器的基本组成和工作原理。

13.3 内、外总线在应用上有何区别?

13.4 智能仪器设计分哪两部分?其设计方案分几个步骤进行?具体内容又是什么?

第14章 虚拟仪器

内 容 摘 要

虚拟仪器技术是测试技术与计算机技术综合集成的产物,它代表了现代测试技术和仪器技术发展的最新方向。虚拟仪器代表着从传统的以硬件为主的测量系统到以软件为中心的测量系统的根本性转变。本章重点介绍虚拟仪器的概念、组成、分类、特点及应用等,并且对虚拟仪器的编程环境与总线做了详细的阐述。

随着计算机技术、大规模集成电路技术和通信技术的飞速发展,电子测量技术领域发生了巨大的变化;仪器结构的日趋复杂,仪器性能的不断提高,仪器的测试技术已成为测量领域里的研究重点。美国国家仪器公司(National Instruments)于20世纪80年代中期首先提出基于计算机技术的虚拟仪器(Virtual Instruments,简称VI)的概念,把虚拟测试技术带入了新的发展时期,随后研制和推出了多种总线系统的虚拟仪器。虚拟仪器技术的提出与发展,标志着21世纪测试技术与仪器技术发展的一个重要方向。

14.1 概　　述

14.1.1　传统仪器与虚拟仪器简介

1. 传统仪器

传统仪器通常是一台独立的装置,从外观上看,它一般由操作面板、信号输入端口、检测结果输出等几部分组成。操作面板上有一些开关、按键、旋钮等;检测结果的输出方式有数字显示、指针式表头显示、图形显示及打印输出等。

从功能方面考虑,传统仪器划分为信号的采集、控制、分析、处理、结果的表达与输出显示等电路。传统仪器的功能都是通过硬件电路或固化软件来实现的,而且由仪器生产厂家给定,其功能和规模一般都是固定的,用户无法随意改变其结构和功能。传统仪器大都是一个封闭的系统,与其他设备的连接受到一定的限制。

另外,传统仪器价格偏贵,技术更新慢和开发费用高,而且还没有摆脱独立使用的模式,在较为复杂的应用场合或测试参数较多的情况下,操作复杂。

2. 虚拟仪器

虚拟仪器的独特优点是在必要的数据采集硬件和通用计算机支持下,通过软件来实现仪器的部分或全部功能。

所谓虚拟仪器,就是用户在通用计算机平台上,根据需求定义和设计仪器的测试功能,使得操作人员在操作这台计算机时,就像是在操作一台他自己设计的测试仪器一样。VI以透明的方式把计算机资源(如微处理器、内存、显示器等)和仪器硬件(如A/D、D/A、数字I/O、定时器、信号处理等)的测量、控制能力结合在一起,通过软件实现对信号的分析处理、传输及图形化用户接口等,其内部功能划分如图14.1.1所示。

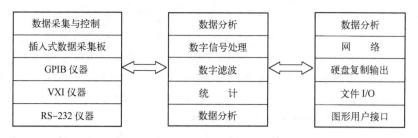

数据采集与控制	数据分析	数据分析
插入式数据采集板	数字信号处理	网　络
GPIB 仪器	数字滤波	硬盘复制输出
VXI 仪器	统　计	文件 I/O
RS-232 仪器	数据分析	图形用户接口

图 14.1.1　VI 的内部功能划分示意图

应用程序将可选硬件(如 GPIB、VXI、RS-232、DAQ 板)和可重复使用原码库函数等软件结合在一起,实现了仪器模块间的通信、定时与触发。原码库函数为用户构造自己的 VI 系统提供了基本的软件模块。由于 VI 的模块化、开放性和灵活性,以及软件是核心的特点,当用户的测试要求变化时,由用户自己来增减硬软件模块,或重新配置现有系统以满足新的测试需求。这样,当用户从一个测试项目转向另一个测试项目时,就能简单地构造出新的 VI 系统而不丢失已有的硬件和软件资源。

虚拟仪器概念的出现,打破了传统仪器由厂家定义,用户无法改变的工作模式,使得用户根据自己的需求,设计自己的仪器系统,在测试系统和仪器设计中尽量使用软件代替硬件,充分利用计算机技术来实现和扩展传统测试系统与仪器的功能。"软件就是仪器"是虚拟仪器概念最简单,也是最本质的表述。

测试仪器种类很多,功能也各异。但不论是何种仪器,其结构均由信号采集与控制单元、信号分析与处理单元及结果表达与输出单元三个电路所组成。由于传统仪器的这些功能单元基本上是以硬件或固化的软件形式存在的,因此只能由生产厂家来定义、设计和制造。目前,现代测试仪器是在通用计算机平台上增加必要的数据采集与控制硬件,就已经具备了构成测试仪器的基本条件,关键是根据仪器的具体要求设计开发出包括数据采集、控制、分析、处理、显示等功能,并且支持灵活的人机交互操作的系统软件。

需要特别指出的是:虚拟仪器实质上是一种创新的仪器设计思想,而非一般具体的仪器。虚拟仪器有各种各样的形式,采用何种形式完全取决于实际的结构系统和构成仪器数据采集单元的硬件类型。但是有一点是相同的,就是虚拟仪器离不开计算机的控制,软件是虚拟仪器设计中最重要,也是最复杂的部分。

电子测量仪器经历了由模拟仪器、带 IEEE-488 接口的智能仪器到全部可编程 VI 的发展历程。其中每一次飞跃无不以高性能计算机的发展为动力。由于计算机技术、特别是计算机总线标准的发展导致 VI 在 PXI 和 VXI 两个领域中得到了快速的发展,它们已成为未来仪器行业的两大主流仪器。

14.1.2　软件的功能

给定计算机的运算能力和必要的仪器硬件之后,构造和使用 VI 的关键在于应用软件。这是因为应用软件为用户构造或使用 VI 提供了集成开发环境、高水平的仪器硬件接口和用户接口(参见图 14.1.1)。软件是虚拟仪器的核心,"软件即仪器"形象地概述了软件在 VI 中的重要作用。

应用软件最流行的趋势之一是图形化编程环境。最早应用图形化编程技术开发 VI 始于 NI 公司 1986 年推出的 LabVIEW 软件包。目前市场上的图形化 VI 框架有 NI 公司的 LabVIEW 和 HP 公司的 VEE。应当指出,图形化开发环境与图形化 VI 框架是不同的,其主要区别在于使用 VI 组件进行开发时,可重复使用原码模块的能力,而后者的这些原码模块必须具有被其他原码模块继承性调用的能力。

通过应用程序提供的仪器硬件接口,使用透明的方式操作仪器硬件。能方便、有效地使用这类硬件。控制诸如万用表、示波器、频率计等特定仪器的软件模块,即所谓的仪器驱动程序(Instrument Drivers),它现在已经成为应用软件包的标准组成部分。这些驱动程序可以实现对特定仪器的控制与通信,成为用户建立 VI 系统的基础软件模块。而以往用户必须通过学习各种仪器的命令集、编程选项和数据格式等才能进行仪器编程。采用标准化的仪器驱动程序从根本上消除了这种仪器编程的复杂过程,能够把精力集中于仪器的使用而不是仪器的编程上。

除仪器硬件接口(即仪器驱动程序)是 VI 应用软件的标准模块之外,用户接口开发工具(User Interface Development Tools)不仅是通用语言的标准组成部分,而且也已成为 VI 应用软件的标准组成部分。现在的 VI 软件包括诸如菜单、表头、可编程光标、纸带记录仿真窗和数字显示窗等 VI 应用接口属性。

14.2　虚拟仪器的组成与分类

虚拟仪器的组成包括硬件和软件两个基本部分。虚拟仪器中硬件的主要功能是获取真实测试中的被测信号,而软件的作用是控制实现数据采集、分析、处理、显示等功能,并将其集成为仪器操作与运行的命令环境。

虚拟仪器有多种分类方法,既按应用领域划分,又按测量功能划分,但是最常用的还是按照构成虚拟仪器的接口总线不同,划分为数据采集插卡式(DAQ)虚拟仪器、RS-232/RS-422 虚拟仪器、并行接口虚拟仪器、USB 虚拟仪器、GPIB 虚拟仪器、VXI 虚拟仪器、PXI 虚拟仪器和最新的 IEEE-1393 接口虚拟仪器。

DAQ 虚拟仪器广泛应用于一般的测试系统与工业过程控制,并且正在从过去的 16 位标准 ISA 总线发展到 32 位的 PCI 总线插卡,为设计各种测试仪器提供了更好的数据采集和控制能力。当然,DAQ 虚拟仪器需要打开主机机箱连接,使用比较麻烦,并且容易将干扰引入计算机,因此,通用计算机标准配置接口的各种外接式 VI 将成为发展方向。外接式方案避免了 PC 内部的噪声,特别适合于低电平信号应用,为仪器设计提供更广阔的空间、更好的隔离能力和更方便的连接方式。RS-232/RS-422 串行接口在各种现场过程控制仪器仪表中应用较多,支持长线传输,抗干扰能力强,但数据传输率低,不适合动态测试应用。并行接口也是一种比较传统的高速接口,一般打印机都配置并行接口,目前已经有配置并行接口的数字存储示波器、逻辑分析仪等虚拟仪器。目前,最有发展前途的是 USB 通用串行总线技术和 IEEE-1394 高速串行总线技术。USB 总线目前已成为 PC 的标准配置,并且支持热插拔功能,IEEE-1394 总线在一些高档台式和笔记本微型计算机上也已经开始流行。USB 和 IEEE-1394 总线最大的优点是数据传输率高,目前 IEEE-1394 总线的 VI 已经达到 100 Mb/s 的数据传输率,完全满足高性能动态测试的要求。

GPIB、VXI 和 PXI 总线都是专门为程控仪器设计的计算机接口总线;其中 GPIB 仪器具有独立的仪器操作界面,既能脱离计算机独立使用,又能通过标准 GPIB 电缆连接计算机实施程序控制;而 VXI 和 PXI 仪器没有独立的仪器操作界面,必须依赖仪器驱动器提供的虚拟操作界面。

虚拟仪器软件开发环境是虚拟仪器技术的重要组成部分。目前最常用的可视化编程语言,如 Visual C++、Visual Basic 等都可用做 VI 软件开发环境。首先要求其编程必须简单,易于理解和修改;其次,它必须具有强大的人机交互界面设计能力,易于实现各种复杂的仪器面板(即软面板);另外,它还必须具有数据可视化分析能力,提供丰富的仪器和总线接口硬件驱动程序。以 NI 公司的 LabVIEW 和 HP 公司的 HP-VEE 为代表的新一代图形化编程语言环境是目前开发 VI 的最佳软件平台。

14.3 虚拟仪器的系统构成

虚拟仪器由硬件和软件两大部分构成,如图 14.3.1 所示。

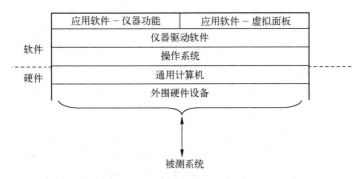

图 14.3.1 虚拟仪器的系统组成框图

虚拟仪器通常包括通用计算机和外围硬件设备。通用计算机可能是笔记本电脑、台式计算机或工作站等。外围硬件设备通常选择 GPIB 系统、VXI 系统、PXI 系统、数据采集系统或其他系统,或者选择由两种或两种以上系统构成的混合系统。其中,最简单、最廉价的形式应采用 ISA 与 PCI 总线的数据采集卡,或是采用 RS-232 与 USB 总线的便携式数据采集模块。

虚拟仪器的软件包括操作系统、仪器驱动器软件和应用软件三个层次。操作系统可以选择 Windows 9x/NT/2000、SUN OS、Linux 等。仪器驱动器软件是直接控制各种硬件接口的驱动程序,应用软件通过仪器驱动器实现与外围硬件模块的连接。应用软件包括实现仪器功能的软件程序和实现虚拟面板的软件程序。用户通过虚拟面板与虚拟仪器进行交互。

还有前面提到的 HP 和 NI 等公司推出的专用于虚拟仪器开发的集成开发环境,如目前流行的 HP VEE、LabVIEW、LabWindows/CVI 等。

14.4 虚拟仪器的特点与应用

14.4.1 虚拟仪器的特点

1. 虚拟仪器与传统仪器的比较

虚拟仪器与传统仪器的比较见表 14.4.1,其最主要的区别是 VI 的功能由用户使用时自己定义,而传统仪器的功能是由厂商事先定义好的。

表 14.4.1 虚拟仪器与传统仪器的比较

虚 拟 仪 器	传 统 仪 器
软件使得开发与维护费用降至最低	开发与维护开销高
技术更新周期短(1~2 年)	技术更新周期长(5~10 年)
关键是软件	关键是硬件
价格低、可复用与可重配置性强	价格昂贵
用户定义仪器功能	厂商定义仪器功能
开放、灵活、可与计算机技术保持同步发展	封闭、固定
便于与网络及其他周边设备互联,组成仪器系统	功能有限、互联有限的独立设备

2. 虚拟仪器的特点

（1）突出"软件就是仪器"的新概念。传统仪器的某些硬件功能在虚拟仪器中被软件所代替。由于减少了因随时间可能带来的漂移，以及需要定期校准的分立式模拟硬件电路，并且增加了标准化总线的应用，使仪器的测量精度、速度和可重复性得到极大的提高。

（2）丰富和增强了传统仪器的功能。虚拟仪器将信号分析、处理、存储、显示、打印和其他管理功能集中交由计算机来完成，充分利用了计算机强大的数据处理、传输和发布能力，使得测试系统达到更加灵活与简单的程度。

（3）开放的工业标准。虚拟仪器的硬件、软件都制定了开放的工业标准，因此，用户将仪器的设计、使用和管理统一到虚拟仪器的标准上，极大地提高了资源的可重复利用率，容易扩展测试功能，管理统一规范，降低维护和开发费用。

（4）便于构成复杂的测试系统，经济性优良。虚拟仪器不仅作为测试仪器独立使用，而且能通过高速计算机网络构成复杂的分布式测试系统，进行远程测试、监控与故障诊断。另外，用基于软件体系结构的虚拟仪器代替基于硬件体系结构的传统仪器，还能极大地节省仪器购买和维护费用。

（5）仪器由用户定义。虚拟仪器通过提供给用户组建自己仪器的可重复用源代码库，根据设计要求很方便地修改仪器功能和面板设置，设计仪器的通信、定时和触发功能，实现与外设、网络及其他应用系统的连接，提供给用户一个充分发挥自己主动性和创造性的空间。

14.4.2　虚拟仪器的应用

虚拟仪器技术经过不断的发展，目前正沿着总线与驱动程序标准化、硬/软件模块化、编程平台的图形化和硬件模块的即插即用方向发展。以开放式模块化仪器标准为基础的虚拟仪器标准正日趋完善，建立在虚拟仪器技术上的各种先进仪器将会层出不穷。例如在电子测量和过程控制领域，以及与人们的生活紧密相关的许多其他领域，如电信、医学等方面。

用计算机控制一台 GPIB 或 RS-232 仪器，通过计算机屏幕上的图形化前置面板操作仪器，这与操作一台独立的仪器没有区别。

另一种情况是，将一个图形化仪器的前置面板放在计算机上，计算机连接着一块插入式数据采集卡和一个 VXI 功能模块，而不连接 GPIB 仪器，由于仪器本身没有前置面板，因而不能将它作为一台独立的仪器来使用。但是，计算机却成了这个仪器系统的一个组件，计算机的前置面板操作也就成了唯一的操作仪器的方式。

还有一种情况是，在没有任何功能模块连接在计算机上时，虽然计算机上同样有前置软面板，但是计算机仍通过数据文件和网络得到数据，对它进行分析处理，或者它不用外部的真实数据，而是通过计算机处理一些其内部的数据，并对一个物理过程或某个项目进行仿真。

下面举例说明虚拟仪器在以下几个方面的应用。

（1）虚拟仪器在测量方面的应用

虚拟仪器系统开放、灵活，并与计算机技术保持同步发展，在测量领域能够提高精确度、降低成本和节省用户的开发时间，因此已经在测量领域得到广泛的应用。

（2）虚拟仪器在监控方面的应用

用虚拟仪器系统随时采集和记录从传感器传来的数据，进行统计、数字滤波、频域分析等处理，从而实现监控功能。

（3）虚拟仪器在检测方面的应用

在实验室中，利用虚拟仪器开发工具开发专用虚拟仪器系统，能将一台个人计算机变成一组检测仪器，用于数据/图像采集、控制与模拟。

（4）虚拟仪器在远程教育方面的应用

现在,随着虚拟仪器系统的广泛应用,越来越多的教学部门也开始用它来建立教学系统,不仅节省开支,而且由于虚拟仪器系统具有灵活与重复利用性强等优点,使得教学方法也更加灵活。

虚拟仪器教学系统既作为一个课件子系统挂接在远程教育中心,也作为独立系统运行。虚拟仪器教学系统充分利用远程教育系统平台的通用功能(如视、音频交互等)达到更好的教学效果,当然这有赖于基础设施的建设。作为独立系统运行能经济有效地实现远程仪器教学。E-mail和白板显示器也能为系统提供适当的交互能力。这种配置的灵活性取决于Web/Browser应用平台在各种网络应用中的流行。对于Web的远程仪器教学,是通过将仪器的前置面板Windows应用程序窗口引入到浏览器界面来实现的,这种传输过程完全借助于WWW,通过操作带有网络分布浏览器中的仪器前置面板达到实现远程使用仪器的目的。其中,位于不同位置的客户,包括无线接入的移动用户均对远程仪器服务器上的虚拟仪器实现访问与操作。

*14.5 虚拟仪器总线

总线是信号或信息传输的公共路径。在大规模集成电路内各部分之间、一块插件板上的各芯片之间,一个系统的各模板之间,以及系统和系统之间,普遍采用总线进行连接。

总线技术在自动测试系统与仪器技术的发展过程中起着十分重要的作用。作为连接控制器和程控仪器的纽带,总线的能力直接影响着系统的总体性能。总线技术的不断升级换代推动了自动测试技术水平的提高。

下面对虚拟仪器中常用的总线性能和特点做简要的介绍。

14.5.1 VXI总线

1. 简介

VXI(VME Extensions for Instrumentation)总线是"用于仪器的VME总线扩展"的简称,它是一种正在不断成长和壮大的仪器系统总线标准。自1987年VXIbus规范的第一个版本问世以来,目前已在全世界得到广泛认同。制定VXI标准的初衷是为了利用先进的计算机技术来降低测试系统成本,增加其数据吞吐量,减少系统开发时间。VXI具有互操作性好、数据传输速率高、可靠性强、体积小、重量轻、可移动性好等优点。目前,已有1000多家生产厂家生产各种VXI仪器,VXI的应用范围越来越广。

VXI总线规范的目标是定义一系列对所有厂商开放的、与现有工业标准兼容的和基于VME总线的模块化仪器标准,其特点为:

① 通过使用统一的公共接口,降低系统集成时间的软件开发成本;

② 使用专门的通信协议和更宽的数据通道,为测试系统提供更高的数据吞吐率;

③ 使VXI标准比机架堆叠式系统具有更小的体积;

④ 通过使用虚拟仪器原理能容易地扩展测试系统的功能;

⑤ 提供用于军事模块化仪器的测试设备;

⑥ 使设备之间以更明确的方式通信;

⑦ 在该规范内定义实现多种模块仪器系统的方法。

2. VXIbus的系统结构

（1）结构配置

从物理结构来看,一个VXI总线系统由一个能为嵌入式模块提供安装环境与背板连接的主机箱组成。

由图 14.5.1 可见,VXI 总线标准以 IEEE 1014 VME 标准为基础,采用 32 位 VME 体系结构,并在 VME 标准的基础上增加了两种模块尺寸与一个连接器。P1 和 P2 连接器的中排插针严格按照 VME 规格的定义保留下来,VXI 对 VME 用户可定义的 P2 连接器外面两排插针和 VXI 所增加的 P3 连接器作了定义。

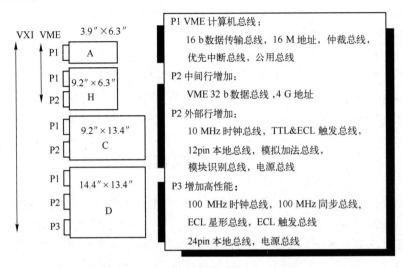

图 14.5.1　VXI 模块尺寸与总线分布图

（2）电气结构

VXI 使用与 VMEbus 相同的地址和数据转换信号,但又在此基础上增加了专为定时和同步设计的仪器总线,如图 14.5.2 所示。仪器总线由以下四种总线组成。

① 模块识别总线（MODID）:它源于 VXIbus 的 0 号槽模块,接至其他高号槽。其作用是检测槽中模块的存在与否。

② 触发总线:它用于模块之间的通信与定时,是通用的。可用于触发、"握手"、时钟或逻辑状态的传送。

③ 模拟加法总线:为相加总线,任何模块都能驱动或接收它的信息,也使各模块输出叠加,合成复杂的波形信号。

④ 局部总线:它由相邻的模块确定界限,后置面板将来自 N 号槽的 LBUSC 引脚接至 $N+1$ 号槽的 LBUSA 引脚。相邻的模块之间通过局部总

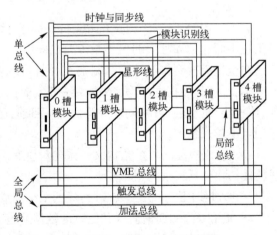

图 14.5.2　VXIbus 电气结构图

线通信,而不必使用 VME 数据转换总线,这样数据转换总线就可用于其他用途。

3. VXIbus 接口软件

软件是成功开发虚拟仪器系统的关键,软件的选择不但影响整个系统性能和系统功能,而且影响用户开发应用的时间、效率、维护及将来工程的软件可重复利用性。应用开发环境应能与操作系统和程序设计语言兼容,软件应能容易地移植。当构建一个 VXI 系统时,有许多程序设计语言、操作系统、应用开发环境和应用软件包可供选择。在选择时,要考虑到现在建成系统及将来使用和维护系统的费用。

应当指出,诸如 C、C++、BASIC、ADA、ATLAS 等标准语言并没有内置的 VXI 能力。VXI 能力是通过 VXI 总线接口软件函数库实现的。该软件之所以很重要,是因为它直接影响 VXI 计算机硬件、操作系统、编程语言和 ADE 的选择。

4. VXI 总线的运用

对 VXIbus 总线有了一个比较清晰的了解以后,再按步骤讨论怎样运用 VXI,因为所有的优越性都必须在具体应用中才能体现。

(1) 确定目标

使用 VXI,首先要确定一定的目标和具体方案。例如,要把 VXI 加入到一个现存的系统中或是要构建一个新的系统,打算利用它的哪一个方面或是几个方面等。

(2) 选择软件和 VXI 即插即用框架

软件是构建 VXI 重点考虑的内容,使用 VXI 即插即用兼容软件,系统组合就会非常容易,VXI 即插即用定义了大量的系统框架以便于能容易地选择常用的软件。一旦选定了框架,使用附带的完整软件上的提示来选择所需要的仪器。

(3) 选择控制器

使用 VXI 总线有多种方式,使用一台 VXI 仪器便构成一个系统,也有把它插入到一个系统中与其他的 GPIB 仪器或 DAQ 板一起组成系统。每种系统的配置都有自己独特的优点。几种配置方法如下。

① 把计算机直接纳入主框架内,这样可以充分利用 VXI 的高性能,因为计算机直接与 VXI 背板通信。另一种配置是利用高速的 VXI 总线把外部计算机与 VXI 背板连接,它实际上是把嵌入方式的高性能与 GPIB 外挂的灵活性综合起来。

② 用低成本的 IEEE-1394 或串口总线去控制一个 VXI 系统,VXI-1394 用一块板插入计算机,一条 6 线式 IEEE-1394 电缆,以及一个 0 槽模块就组成了一个完整的 VXI 控制系统方案,但性能较差。

③ 由一个或多个 VXI 主框架通过 GPIB 与外部计算机相连,用户使用这种配置方式把 VXI 组合到一个现成的 GPIB 系统中,并且使用 GPIB 软件设计 VXI 仪器程序。

为了使配置方案有最好的选择,用户应该考虑以下几个因素:物理结构方面,如尺寸、位置、灵活性;性能方面,如系统吞吐率、软件开发工具、易用性等。

(4) 选择 VXI 主框架

VXI 主框架在物理尺寸、扩展槽数、可用电源和冷却能力上都有很大的不同。主框架最多可有 13 个扩展槽,但是扩展槽较少的框架可靠性较高,且体积较小,更便于使用。当应用系统选择框架时,对扩展槽数量的要求还要考虑将来可能的需要。同时,要使选择的框架所能提供的电源与冷却能力应同时满足所选的 VXI 仪器的要求。如果应用系统将来有进一步扩展的可能,选择的框架在各个性能指标方面都应满足这些增加仪器的需要。

一个 VXI 框架成本最高也是最重要的组成部分就是电源。VXI 框架电源性能的两个重要参数就是有效电源和可用电源。有效电源是电源提供的额定值,可用电源是指实际能传送给 VXI 模块的电压值,它精确地反映了 VXI 框架在每一个实际应用中如何去工作。当要比较不同框架之间的电源情况时,应比较可用电压而不是有效电压。如果 VXI 系统的实际使用电压小于有效电压是合理的,因为当 VXI 框架不是以全部有效电压供电时,它的使用寿命将会延长。例如,一个 VXI 系统消耗 450W 的功率,而额定功率为 1100W,这样,电源只用了 41% 的能力;如果同样的系统安装在一个额定功率为 500W 的框架上,就用了 90% 的驱动能力,无疑会缩短寿命。

总之,主框架的选择不但依赖于扩展槽的数目,而且还有许多其他因素,如功率、冷却能力和物理配置等。

（5）选择 VXI 仪器

VXI 仪器的选择范围是很广泛的。目前,各种价位、性能和应用范围的仪器超过 1000 多种,并且这种增长还在日新月异。这当中包括所有的传统仪器、GPIB 仪器、第二代虚拟仪器,例如 VXI 仪器模块,它利用了 VXI 虚拟仪器的独特性能。其中用户依据自己的设计要求在自己的系统中选择任何仪器模块和软件资源。由于 VXI 系统的软件标准是由系统联盟确定的,所以选择与 VXI 即插即用兼容的仪器会使系统组合更加容易实现。

（6）堆叠组合

当选定了所有的软/硬件以后,其衡量标准是最后的结果是否达到最初的设计要求。如果做其他方面的选择会使某些方面的性能做到最优化和最小化,如性能、成本等。

经过多年的发展,VXIbus 依靠有效的标准化,采用模块的方式实现了系列化、通用化及 VXIbus 仪器的互换性和互操作性,其开放的体系完全符合测量仪器的要求。

目前,VXIbus 仪器和系统已经成为仪器系统发展的主流,并已在检测、数据采集、测量等诸多方面得到了广泛的应用。随着各种 VXI 技术的飞速发展,VXIbus 系统的成本将不断降低,其应用范围也将越来越广。VXIbus 代表了一个新的模块化仪器系统时代的开始,它已被公认为 21 世纪仪器总线系统和自动测试系统的优秀平台。

14.5.2　PXI 总线

1. 简介

在 VI 系统中,用灵活、强大的计算机软件代替传统仪器的某些硬件,用人的智力资源代替许多物质资源,特别是系统中应用计算机直接参与测试信号的产生和测量特征的解析,使仪器中的一些硬件,甚至整个由电路组成的仪器从系统中"消失",而由计算机的软/硬件资源来完成它们的功能已经是一种发展趋势。但是,在 GPIB、PC-DAQ 和 VXI 三种 VI 体系结构中,GPIB 实质上是通过计算机来实现对传统仪器功能的扩展与延伸的;PC-DAQ 直接利用标准的工业计算机总线,为设计各种测试仪器提供了更强的数据采集和控制能力。

PXI 是 PCI 在仪器领域的扩展（PCI eXtensions for Instrumentation）,它将 CompactPCI 规范定义的 PCI 总线技术发展成适合于试验、测量与数据采集场合应用的机械、电气和软件规范,从而形成新的虚拟仪器体系结构,如图 14.5.3 所示。制定 PXI 规范的目的是为了将台式 PC 的性能价格比优势与 PCI 总线面向仪器领域的必要扩展完美地结合起来,形成一种主流的虚拟仪器测试平台。

PXI 这种新型模块化仪器系统是在 PCI 总线内核心技术基础上、通过增加成熟的技术规范和要求而形成的。它通过增加用于多板同步的触发总线和参考时钟,用于进行精确定时的星形触发总线,以及用于相邻模块间高速通信的局部总线,以满足试验和测量用户的要求。PXI 规范在 CompactPCI 机械规范中增加了环境测试和主动冷却要求,以保证多厂商仪器的互操作性和系统的易集成性。PXI 将 Microsoft Windows NT 和 Microsoft Windows 95 定义为其标准软件框架,并要求所有的仪器模块都必须带有按 VISA 规范编写的 WIN32 设备驱动程序,使 PXI 成为一种系统级规范,保证系统的易于集成与应用,从而进一步降低最终用户的开发费用。

2. PXI 机械规范及其特性

由 CompactPCI 规范引入的 Eurocard（印制电路板标准）坚固封装形式和高性能的 IEC 连接器被应用于 PXI 所定义的机械规范中,如图 14.5.4 所示,使 PXI 系统更适于在工业环境下使用,而且也更易于进行系统集成。

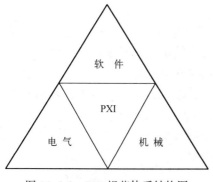

图 14.5.3　PXI 规范体系结构图

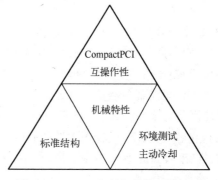

图 14.5.4　PXI 机械规范体系结构图

PXI 提供了两条与 CompactPCI 标准兼容的途径：

（1）高性能 IEC 连接器

PXI 应用了与 CompactPCI 相同的、一直被用在如远距离通信等高性能领域的高级针座连接器系统,这种由 IEC-1076 标准定义的高密度（2 mm 间距）阻抗匹配连接器,能够在各种条件下提供尽可能好的电气性能。

（2）Eurocard 机械封装与模块尺寸

PXI 和 CompactPCI 的结构形状完全采用了 ANSI310—C、IEC—297 和 IEEE 1101.1 等在工业环境下具有很长应用历史的 Eurocard 规范,这些规范支持小尺寸（3U＝100 mm×160 mm）和大尺寸（6U＝233.35 mm×160 mm）两种结构尺寸。IEEE 1101.1 和 IEEE 1101.11 等最新的 Eruocard 规范中所增加的电磁兼容性（EMC）、用户可定义的关键机械要素,以及其他有关封装的条款均被移植到 PXI 规范中,这些电子封装标准严格定义其坚固而紧凑的系统特性,使 PXI 产品可以安装在堆叠式标准机柜上,并保证在恶劣工业环境中应用时的可靠性。

3. PXI 规范的电气性能

某些仪器应用条件需要具有 ISA 总线（系统总线标准,也称 AT 总线）、PCI 总线（外部设备互连总线）或 CompactPCI 背板总线所没有的系统定时能力,PXI 总线通过增加专门的系统参考时钟、触发总线、星形触发线和模块间的局部总线来满足高精度定时、同步与数据通信要求。PXI 不仅在保持 PCI 总线所有优点的前提下增加了这些仪器特性,而且比台式 PCI 计算机多提供三个仪器插槽,使单个 PXI 总线机箱的仪器模块插槽总数达到 7 个以上。

（1）参考时钟

PXI 规范定义了将 10 MHz 参考时钟分布到系统中所有模块的方法。该参考时钟可被用做同一测量或控制系统中的多卡同步信号。由于 PXI 严格定义了背板总线上的参考时钟,而且参考时钟所具有的低时延性连接特点、能使各个触发总线信号的时钟边缘更适于满足复杂的触发协议。

（2）触发总线

PXI 不仅将 ECL 参考时钟改为 TTL 参考时钟,而且只定义了八根 TTL 触发线,不再定义 ECL 逻辑信号。这是因为保留 ECL 逻辑电平需要机箱提供额外的电源种类,从而显著增加 PXI 的整体成本。

使用触发总线的方式是多种多样的。例如,通过触发总线同步几个不同 PXI 模块上的同一种操作,或者通过一个 PXI 模块控制同一系统中其他模块上一系列动作的时间顺序。为了准确地响应正在被监控的外部异步事件,将触发从一个模块传递给另一个模块。一个特定应用所需要传递的触发数量是随机事件的数量与由复杂成分而引起变化的总和。

（3）星形触发

PXI 星形触发总线为 PXI 用户提供了只有 VXI D 尺寸系统才具有的超高性能同步能力。在星形触发专用槽中插入一块星形触发控制模块,给其他仪器模块提供非常精确的触发信号。如果系统不需要这种超高精度的触发,也可以在该槽中安装别的仪器模块。

应当指出,当需要向触发控制器报告其他槽的状态或报告其他槽对触发控制信号的响应情况时,就得使用星形触发方式。PXI 系统的星形触发体系具有两个独特的优点:一是保证系统中的每个模块功能触发的要求,或者人为地限制触发时间。二是每个模块槽中的单个触发点所具有的低时延连接性能,保证了系统中每个模块间非常精确的触发关系。

（4）局部总线

PXI 局部总线是每个仪器模块插槽与左右邻槽相连的链状总线。该局部总线具有 13 线的数据宽度,既用于在模块之间传递模拟信号,也用于进行高速边带通信而不影响 PCI 总线的带宽。局部总线信号的分布范围包括从高速 TTL 信号到高达几十伏的模拟信号。

（5）PCI 性能

除了 PXI 系统具有多达八个扩展槽（一个系统槽和七个仪器模块槽）,而绝大多数台式 PCI 系统仅有三个或四个 PCI 扩展槽,除扩展槽的数目存在差别之外,PXI 总线与台式 PCI 规范具有完全相同的 PCI 性能。而且,利用 PCI-PCI 桥技术扩展多台 PXI 系统,使扩展槽的数量从理论上最多能扩展到 256 个。其他的 PCI 性能还包括：

- 33 MHz 性能;
- 32 b 和 64 b 数据宽度;
- 132 Mb/s（32 bit）和 264 Mb/s（64 bit）的峰值数据吞吐率;
- 通过 PCI-PCI 桥技术进行系统扩展;
- 即插即用功能。

4. 软件性能

像其他的总线标准体系一样,PXI 定义了保证多厂商仪器互操作性的仪器级（即硬件）接口标准。与其他规范所不同的是,PXI 在电气要求的基础上还增加了相应的软件要求,以进一步简化系统集成。这些软件要求形成了 PXI 的系统级（即软件）接口标准。

PXI 的软件要求包括支持 Microsoft Windows NT 和 95（Win3. 2）这样的标准操作系统框架,要求所有仪器模块带有配置信息（Configuration Information）和支持标准的工业开发环境（如 NI 的 LabVIEW、LabWindows/CVI 和 Microsoft 的 VC/C++、VB 和 Borland C++等）,而且符合 VISA 虚拟仪器软件体系规范的设备驱动程序（Win3. 2 device drivers）。

对于其他没有软件标准的工业总线硬件厂商,它们通常不向用户提供其设备驱动程序,用户通常只能得到一本描述如何编写硬件驱动程序的手册。用户自己编写这样的驱动程序,其工程代价（包括要承担的风险、人力、物力和时间）是很大的。PXI 规范要求厂商而非用户来开发标准的设备驱动程序,使 PXI 系统更容易集成和使用。

PXI 规范还规定仪器模块和机箱制造商必须提供用于定义系统能力和配置情况的初始化文件,及其他一些软件要求。初始化文件所提供的这些信息是操作软件用来正确配置系统所必不可少的。例如,通过这种机制来确定相邻仪器模块是否具有兼容的局部总线能力。如果信息不对或者丢失,将无法操作和利用 PXI 的局部总线能力。

由 CompactPCI 工业总线规范发展起来的 PXI 系统是从众多软/硬件中集合形成的,如运行在 PXI 系统上的应用软件和操作系统等,就是最终用户在通常的台式 PCI 计算机上所使用过的软件。PXI 通过增加坚固的工业封装、更多的仪器模块扩展槽,以及高级触发、定时和边带通信能力能更好地满足仪器用户的需要。

14.5.3 IVI 技术

1. 简介

长期以来,互换性成为建造测试系统的发展目标,因为在很多情况下,仪器硬件不是过时就是需要更换,因此迫切需要一种无须改变测试程序代码,便能采用新的仪器硬件改进系统的方法。为了解决这一技术上的不足和缺点,在 1998 年 9 月成立了 IVI(Interchangeable Virtual Instrument)基金会。IVI 基金会是最终用户、系统集成商和仪器制造商的一个开放的联盟。目前,该联盟已经制定了五类仪器的规范——示波器/数字化仪器(IVIScope)、数字万用表(IVIDmm)、任意波形发生器/函数信号发生器(IVIFGen)、开关/多路复用器/矩阵(IVISwitch)及电源(IVIPower)。美国国家仪器公司(简称 NI)作为 IVI 的系统联盟之一,积极响应 IVI 的号召,开发了基于虚拟仪器软件平台的 IVI 驱动程序库。

IVI 基金会成员经常召集其系统联盟来讨论仪器类的规范和制定新仪器类规范。在适当的时候,将会成立专门的工作组来处理特殊技术问题,如:

① 为新仪器类建立规范;

② 结合仪器规范,概括应用程序的标准(如设立标准波形的文件格式和版本文件);

③ 定义仪器驱动程序的测试步骤;

④ 建立故障报告和分布式更新机制;

⑤ 调查计算机的工业标准,为软件通信、软件封装制定规范。

IVI 基金会努力从基本的互操作性(Interoperability)到可互换性(Interchangeability)为仪器驱动领域提升标准化水平。通过为仪器类制定一个统一的规范,使测试系统获得更大的硬件独立性,减少软件维护和支持费用,缩短仪器编程时间,提高运行性能。运用 IVI 技术使许多部门受益。例如使用 IVI 技术的事务处理系统把不同的仪器用在其系统中,当仪器变得陈旧或者有升级的、高性能或低造价的仪器时,可以任意更换,而不需要改变测试程序的源代码;在电信和电子消费品中,当仪器出现故障或者需要修复时,以确保它们的生产线能正常运行;各种大型的制造公司很容易地在部门和设备之间复用及共享测试代码,而没有必要强迫用同样的仪器硬件。

2. IVI 规范及体系结构

因为所有的仪器都不可能具有相同的功能,因此不可能建立一个单一的编程接口。正因为如此,IVI 基金会制定的仪器类规范被分成基本能力和扩展属性两部分。前者定义了同类仪器中绝大多数仪器所共有的能力和属性(IVI 基金会的目标是支持某一确定类仪器中 95% 的仪器);后者则更多地体现了每类仪器的许多特殊功能和属性。以下简要地把这五类规范作一介绍。

IVI 示波器类把示波器视为一个通用的,采集变化电压波形的仪器来使用。用基本能力来设置示波器,例如设置典型的波形采集(包括设置水平范围、垂直范围和触发)、波形采集的初始化及波形读取。基本能力仅支持边沿触发和正常的采集。除了基本能力外,IVI 示波器还定义了它的扩展属性:自动配置、求平均值、包络值和峰值、设置高级触发(如视频、毛刺和宽度等触发方式)、执行波形测量(求上升时间、下降时间和电压的峰-峰值等)。

IVI 电源类把电源视为仪器,并作为电压源或电流源,其应用领域非常宽广。IVI 电源类支持用户自定义波形电压和瞬时现象产生的电压。用基本能力来设置供电电压及电流的极限、打开或者关闭输出。用扩展属性来产生交、直流电压、电流及用户自定义的波形、瞬时波形、触发电压和电流等。

IVI 函数信号发生器类定义了产生典型函数信号的规范。输出信号支持任意波形序列的产生,包括用户自定义的波形。用基本能力来设置输出函数信号,包括设置输出阻抗、参考时钟源、打开或者关闭输出通道、对信号的初始化及停止产生信号;用扩展属性来产生一个标准的周期性波形或者特殊类型的波形,并通过设置幅值、偏移量、频率和初相位来控制波形。

IVI 开关类规范是由厂商定义的一系列 I/O 通道。这些通道通过内部的开关模块连接在一起。用基本能力来建立或断开通道间的相互连接,并判断在两个通道之间是否有可能建立连接;用扩展属性等待触发来建立连接。

IVI 万用表类支持典型的数字万用表。用基本能力来设置典型的测量参数(包括设置测量函数、测量范围、分辨率、触发源、测量初始化及读取测量值);用扩展属性来配置高级属性,如自动范围设置及回零。万用表类定义了两个扩展的属性:IVIDmm Multipoint 扩展属性对每一个触发采集多个测量值;IVIDmm Deviceinfo 扩展属性查询各种属性。

NI 开发的 IVI 驱动程序库包括 IVI 基金会定义的五类仪器的标准 Class Driver(标准类驱动程序)、仿真驱动程序和软面板。该软件包为仪器的交换提供了一个标准的接口,通过定义一个可互换性虚拟仪器的驱动模型来实现仪器的互换性。图 14.5.5 为 NI 设计的 IVI 体系结构。

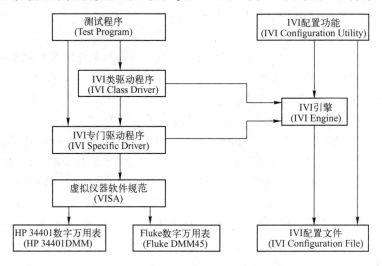

图 14.5.5　IVI 体系结构

IVI 驱动程序比 VXI Plug&Play(简称 VPP,即插即用标准)联盟制定的 VISA 规范更高一层。它扩展了 VPP 仪器驱动程序的标准,并增加了仪器的可互换性、仿真和状态缓存等功能。

测试程序可直接调用仪器的 Specific Driver(专门驱动程序),也可通过 Class Driver 来调用 Specific Driver。采用直接调用方式时,将执行状态缓存、范围检查及简单的仿真,但是如果更换仪器,则需要修改测试程序;采用间接调用方式时,应用程序通过调用 IVI Configuration UtiIlty 中的 WIDEnEEl-Configure 函数来调用仪器的 Specific Driver,因此不用修改测试代码。例如在图 14.5.5 中,测试程序不直接调用 Fluke 45-Configure 或者 HP-34401-Configure,这样,当系统中使用的是 Fluke 45Dmm 时,程序在运行中会动态地自动装载到 Fluke 45-Configure。如果以后将测试系统中的 Fluke 45Dmm 换成了 HP-34401Dmm,IVIDmm 驱动程序自动定向调用到 HP-34401-Configure。按照这种"虚拟"方式把同一类仪器中的不同仪器的特性差异"封装"起来,以保证应用程序完全独立于硬件仪器,也同时保证了仪器的可互换性。

对于一个标准的仪器驱动程序,状态跟踪或者缓存是其最重要的特点。状态缓存命令可用 IVI 的状态缓存特性在 Specific Driver 下执行,因此不会影响 Class Driver 的运行。IVI Engine 通过控制仪器的读写属性,来监测 IVI 驱动程序。通过状态缓存,存储了仪器当前状态的每一个属性设置值,消除了送到仪器的多余命令,当所设置的一台仪器已经存入了属性值时,IVI 引擎将会跳过这个命令,从而提高程序的运行速度。

因为 IVI 仿真驱动程序有内置的许多仿真数据产生算法,因此对仪器硬件能进行仿真。当程序操作使仪器不能运行或者不完整时,需要采用软件仿真前端仪器的采集、计算和验证功能,同时,仿真驱动程序也对仪器的属性值进行范围检查。即当写测试代码而没连接仪器时,IVI 仿真驱动程序会自动识别所发送的值是否有效。同时,当输入参数超过范围时,强迫给定一个正确值。仿真功能在 Spmile Driver 的控制下发生,有没有 Class Driver 都能使用这个特性。因此通过仿真,降低了测试的开发成本,缩短了仪器的编程时间。

软面板检查所用的仪器是否正常工作,并保证简单、交互式测量,IVI 驱动程序库已经有五类仪器的软面板,使用灵活方便。

14.6 虚拟仪器编程环境

构造一个虚拟仪器系统,基本硬件确定以后,通过不同的软件实现不同的功能。软件是虚拟仪器系统的关键,因为是利用计算机技术实现和扩展传统仪器的功能。目前世界上最具有代表性的三个虚拟仪器开发平台为:美国 NI 公司的 Lab Windows/CVI、Lab VIEW 和惠普公司的 HP VEE(现在称为 Agilent VEE)。下面以 LabWindows/CVI、LabVIEW 为例介绍比较有代表性的虚拟仪器开发平台。

1. LabWindows/CVI

LabWindows/CVI——完整的交互式 C 语言开发环境,也就是虚拟仪器软件开发平台。它以标准 C 语言为核心,将功能强大、使用灵活的 C 语言平台与用于数据采集、分析和显示的测控专业工具有机结合起来。它的交互式开发平台、交互式编程方法、丰富的功能面板和库函数增强了 C 语言的功能,为建立自动化检测系统、自动测量环境、数据采集系统、过程控制系统等提供了一个理想的软件开发环境。作为交互式的集成开发环境,LabWindows/CVI 是使用 C 语言进行编写检测、数据采集、监控程序的理想工具。

(1) LabWindows/CVI 基本概念

LabWindows/CVI 建立在开放式软件体系结构之上,以工程文件为主体框架,将 C 语言的源代码程序(＊.c)、头文件(＊.h)、库文件(＊.lib)、目标模块(＊.obj)、用户界面文件(＊.uir)、动态链接库(＊.dll)、仪器驱动程序(＊.drv)等多种文件集于一体,并支持动态数据交换(DDE)和 TCP/IP 网络协议。

LabWindows/CVI 为每一个函数都提供函数面板,用户可进行交互式编程,减少了源代码语句的键入量和程序语法错误,提高了设计的效率和可靠性。

同时,LabWindows/CVI 还有以下模块。

- 用于仪器控制、数据采集和分析的交互式标准 C 语言编译软件包。
- 用于构成 GUI(图形用户界面)编程器。
- 用于快速样机开发的代码产生工具和内部编译器。
- 用于 GPIB、VXI、串行接口、DAQ(数据采集仪器,也称为 PC 总线插卡仪器)、信号分析处理、TCP/IP 协议和用户界面的函数库。

使用 LabWindows/CVI 进行虚拟仪器设计与使用 C 语言进行程序设计的过程大体一致。工程文件(＊.prj)是程序文件的主体框架,它包含了 C 源代码文件(＊.c)、头文件(＊.h)、用户界面文件(＊.uir)三个部分。全部软件调试好后,所涉及的文件类型有如下几类。

① *.h 文件。*.h 文件称为头文件,其结构与 C 语言中的 *.h 文件的结构完全一致。在 LabWindows/CVI 中,*.h 文件是自动生成的,当设计完 *.uir 文件后,自动生成 *.h 文件。

② *.c 文件。*.c 文件称为源程序文件。此文件为标准的 C 语言程序文件,由三部分组成:头文件、主程序文件和回调函数。其结构和 C 语言的结构一致。

③ *.uir 文件。*.uir 文件称为用户界面文件。该文件为虚拟仪器的面板文件,类似其他语言中的窗体。该文件包含仪器面板和仪器面板中的各类控件,如旋钮、开关等,每个控件有自己的属性,如旋钮的刻度等。同时,控件还有事件。用鼠标单击控件或用键盘改变控件时,单击事件发生,调用相应的回调函数,即可完成相应的功能。

当用户界面文件(*.uir)设计完毕,保存该文件时,LabWindows/CVI 自动生成头文件(*.h),并保存。

④ *.fp 文件。*.fp 文件代表已有的仪器或子函数。

⑤ *.prj 文件。*.prj 文件称为工程文件,它包括上述的四类文件。

(2)LabWindows/CVI 开发环境

LabWindows/CVI 开发环境有以下三个最主要的窗口(Window)与函数面板(Function Panel)。

● 项目工程窗口(Project Window);
● 用户接口编辑窗口(User Interface Editor Window);
● 源代码窗口(Source Window)。

2. LabVIEW

LabVIEW(Laboratory Virtual Instrument Engineering)是一种图形化的编程语言,它应用广泛,被视为一个标准的数据采集和仪器控制软件。LabVIEW 集成与满足了 GPIB、VXI、RS-232 和 RS-485 协议的硬件及数据采集卡通信的全部功能。它还内置了便于应用 TCP/IP、ActiveX 等软件标准的库函数。这是一个功能强大且灵活的软件,利用它能方便地建立自己的虚拟仪器,其图形化的界面使得编程及使用过程都非常方便和迅速。

图形化的程序语言,又称为“G”语言。使用这种语言编程时,基本上不写程序代码,取而代之的是流程图,它尽可能利用所熟悉的术语、图标和概念。因此,LabVIEW 是一个面向最终用户的工具。通过定义和连接代表各种功能模块的图标,为用户提供了实现仪器编程和数据采集系统的便捷途径。使用它进行原理研究、设计、测试并实现仪器系统时,能极大地提高工作效率。

利用 LabVIEW,可产生独立运行的可执行文件,它是一个真正的 32 位编译器。像许多重要的软件一样,LabVIEW 提供了 Windows、UNIX、Linux、Macintosh 等多种版本。

(1)LabVIEW 的基本概念

使用 LabVIEW 开发平台编制的程序称为虚拟仪器程序,简称为 VI。VI 包括三个部分:程序前面板、流程图和图标/连接器。VI 采用数据流驱动,具有顺序、循环、选择等多种程序结构控制。程序前面板用于设置输入数值和观察输出量,用于模拟真实仪表前面板。在程序前面板上,输入量被称为控制(Controls),输出量被称为显示(Indicators)。控制和显示是以各种图标形式出现在前面板上的,如旋钮、开关、按键、图表、图形等,这使得前面板直观易懂。

① 前面板。前面板是图形用户界面,也就是 VI 的虚拟仪器面板,这一界面上有用户输入和显示输出两类对象,具体表现有开关、旋钮、图形及其他控制(Control)和显示对象(Indicator)。图 14.6.1 所示是一个随机信号发生器和显示的简单 VI 前面板,上面有一个显示对象,以曲线的方式显示了所产生的一系列随机数。还有一个控制对象——开关,控制启动和停止工作。显然,并非简单地画两个控件就能运行,在前面板后还有一个与之配套的流程图。

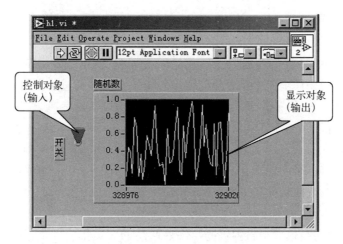

图 14.6.1 随机信号发生器的前面板

② 流程图。流程图提供 VI 的图形化源程序。在流程图中对 VI 编程,以控制和操纵定义在前面板上的输入和输出功能。流程图中包括前面板上控件的连线端子,还有一些前面板上没有,但编程必须有的东西,例如函数、结构和连线等。图 14.6.2 是与图 14.6.1 对应的流程图。从图中看到流程图中包括了前面板上的开关和随机数显示器的连线端子,还有一个随机数发生器的函数及程序的循环结构。随机数发生器通过连线将产生的随机信号送到显示控件,为了使它持续工作下去,设置了一个 While Loop 循环,由开关控制这一循环的结束。

如果将 VI 与标准仪器相比较,那么前面板上的部件就是仪器面板上的部件,而流程图上的部件相当于仪器箱内的部件。在许多情况下,使用 VI 可以仿真标准仪器,不仅在屏幕上出现一个逼真的标准仪器面板,而且其功能也与标准仪器相差无几。

③ 图标/连接器。VI 具有层次化和结构化的特征。一个 VI 相当于一个子程序,这里称为子VI(SubVI),被其他 VI 调用。图标与连接器在这里相当于图形化的参数。

(2) LabVIEW 的操作模板

LabVIEW 具有图形化可移动的工具模板(Tools Palette),用于创建和运行程序。LabVIEW 共有三类模板,包括工具(Tools)、控制(Controls)和功能/函数(Functions)模板。如图 14.6.3 所示。

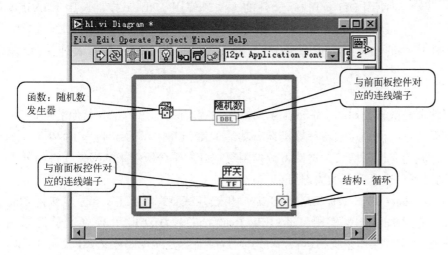

图 14.6.2　随机信号发生器的流程图

图 14.6.3　工具模板图

3. LabVIEW 的主要特点

（1）图形化编程软件

LabVIEW 最有力的特性就是能提供图形化的编程环境，使用 LabVIEW 在电脑屏幕上创建一个图形化的用户界面，即设计出完全符合自己要求的虚拟仪器。通过这个图形界面完成以下功能：操作仪器程序、控制硬件、分析采集到的数据、显示结果。通过使用旋钮、开关、转盘、图表等自定义前面板，用以代替传统仪器的控制面板，创建自制测试面板或图形化来表示控制和操作过程。标准流程图和图形化程序图的相似性使得它不像基于文本的传统语言那样难学，从而极大缩短了用户的整个学习过程，只需将各个图标连在一起创建各种流程图表，即可完成虚拟仪器程序的开发。利用图形化编程，在保持系统的功能与灵活性的同时，能迅速加快开发速度。

（2）连接功能和仪器控制

虚拟仪器软件编程的高效率来自内置的与硬件产品的完美集成性。旨在开发测试、测量和控制系统的虚拟仪器、软件还包括各种广泛的 I/O 功能。

LabVIEW 带有现成即用的函数库，用户使用它集成各种独立台式仪器、数据采集设备、运动控制和机器视觉产品、GPIB/IEEE 488，RS-232 设备及可编程控制器等，从而开发出一套完整的测量和自动化解决方案。LabVIEW 还包含了主要的仪器标准，如 VISA-GPIB、串口和 VXI 仪器可共用的标准；PXI 和基于 PXI 系统联盟 CompactPCI 标准的软硬件；IVI 可互换虚拟仪器驱动程序；VXI Plug&Play；VIX 仪器标准驱动程序。

（3）开放式环境

虽然 LabVIEW 已经提供了诸多应用系统所需要的工具，但它还是一个开放式的开发环境。软件的标准化取决于它与其他软件、测量和控制硬件及一些开放式工业标准的兼容性，因为这些都决定了它与出自不同生产厂家产品的可兼容性。如果所选择的软件符合这些标准，则能保证用户应用系统和整个公司都能充分利用来自不同厂家的最优秀的产品。此外，与开放式商业标准同步发展，即能帮助用户降低整个系统成本。

目前，有许多第三方软硬件生产厂家在开发并维护成百上千个 LabVIEW 函数库及仪器驱动程序，以帮助用户借助于 LabVIEW 轻松地使用它们的产品。然而，这并不是与 LabVIEW 应用系统相连接的唯一办法。LabVIEW 还提供与 ActiveX 软件、动态链接库（DLLs）及其他开发工具的共享成果之间的开放式连接。另外，还使用 DLL、可执行文件的方式或使用 ActiveX 控件调用 LabVIEW 代码。

LabVIEW 同样提供了广泛的通信及数据存储方式，如 TCP/IP，OPC，SQL 数据库连接，以及 XML 数据存储格式。

（4）支持多平台

大部分计算机使用的都是微软公司的 Windows 系列操作系统。除此之外，也有其他的选择，对某些特定应用也存在显而易见的优势。随着计算机运算功能的增强和体积的缩小，实时和嵌入式开发的应用在多数工业领域均有迅猛增长。这使得减少因更换开发平台所带来的损失变得格外重要，而选择正确的软件则是解决这个问题的关键所在。

LabVIEW 可运行在 Windows 2000/NT/XP/Me/98/95 和嵌入式 NT 环境下，同时还支持 Mac OS，Sun Solaris 与 Linux。通过 LabVIEW 实用（LabVIEW RealTime）模块，LabVIEW 还能够编译代码，让程序在 VenturCom ETS 实时操作系统中运行。考虑到程序兼容性的重要意义，NI 公司的 Lab-VIEW 继续支持较早版本的 Windows，Mas OS 和 Sun 操作系统。LabVIEW 是独立于平台的，在一种环境下编写的虚拟仪器程序，能够透明地转移到其他 LabVIEW 平台上。

（5）分布式开发环境

利用 LabVIEW 能够轻松地开发分布式应用程序,即便进行跨平台开发。利用简单易用的服务器工具,将需要密集处理的程序下载到其他机器上进行更快速处理,也能实现创建远程监控应用系统。强大的服务器技术简化了大型、多主机系统的开发过程。另外,LabVIEW 本身也包含了标准网络技术,如 TCP/IP,以及企业内部的发布与订阅协议等。

（6）分析功能

在虚拟仪器系统中,将信号采集到计算机中并不意味着任务已经完成,通常还需要利用软件完成复杂的分析和信号处理工作。在机械状态监视和控制系统的高速测量应用中,经常需要对振动信号进行精确的阶次分析。闭环嵌入式系统一般要利用控制算法进行逐点运算以便保证稳定性。除了在 LabVIEW 中已安装的高级分析功能库外,NI 公司还为不同要求的测量提供了相应的附加工具包,如 LabVIEW 信号处理工具包,LabVIEW 声音与振动工具包,以及 LabVIEW 阶次分析工具包等。

（7）可视化功能

在虚拟仪器用户界面中,LabVIEW 提供了大量内置的可视化工具用于显示数据:从图表到图形,从 2D 到 3D 显示,应有尽有。同时还可以随时修改界面特征,如颜色、字体尺寸、图表类型,还有动态旋转、缩放等。除了图形化编程和方便的定义界面属性外,只需利用拖放工具,就可将物体拖放到仪器的前面板上。

（8）灵活性与可调整性

通过建立以功能强大的开发软件（如 LabVIEW）为基础的虚拟仪器系统,即可设计出软硬件无缝集成的开放式架构。这一切确保了用户系统不仅能在今天使用,在未来也能轻松集成新技术,或根据新要求在原有基础上扩展系统功能。此外,每个应用系统都有自己独特的要求,需要多种解决方案。这一特点是 LabVIEW 的主要优势。

4. 虚拟仪器在工程处理中的应用

在工程处理的每一阶段,虚拟仪器均能提供出色的服务:从研发、设计到生产测试。

（1）研发和设计

在研发和设计阶段,要求快速开发和建立系统原型。利用虚拟仪器,能快速创建程序,并对系统原型进行测量、分析结果,完成这一切只需花费与传统仪器完成同样任务的一小部分时间而已。如果用户要求灵活性,那么以一个可升级的开放式平台为基础,它能以各种形式出现,包括台式、嵌入式系统、分布式网络等。

研发、设计阶段需要软硬件的无缝集成。不论用户使用 GPIB 接口与传统仪器连接,还是直接使用数据采集板卡及信号调理硬件采集数据,采用 LabVIEW 都能够容易实现。通过虚拟仪器,使测试过程自动化,消除人工操作引起的误差,并能确保测试结果的一致性。

（2）开发测试和验证

利用虚拟仪器的灵活性和强大功能,能轻而易举地建立复杂的测试体系。对自动化设计、认证、测试应用等内容,用户可在 LabVIEW 中完成测试程序开发并与 IN TestStand 集成使用,TestStand 为用户提供了强大的测试程序管理功能。这些开发工具在整个过程中提供的另一个优势是代码重复使用功能。在设计过程中开发代码,然后将它们插入到各种功能工具中进行认证、测试或生产工作。

（3）生产测试

减少测试时间和简化测试程序的开发过程是生产测试策略的主要目标。基于 LabVIEW 的虚拟仪器与强大的测试执行管理软件（如 TestStand）相结合,为用户提供高性能的软件来满足生产测试的需求。这些工具采用高速、多线程引擎、并行运行多个测试序列,从而达到严格的流量要求。

（4）生产

生产应用要求软件具有可靠性、共同操作性和高性能。基于 LabVIEW 的虚拟仪器提供所有这些优势,它集成了如报警管理、历史数据追踪、安全、网络、工业 I/O、企业内部连网等功能。利用这些功能方便地将多种工业设备,如 PLC、工业网络、分布式 I/O、插入式数据采集卡等集成在一起使用。

14.7 ATE 中的虚拟测量仪器

1. ATE 中的虚拟通用测量仪器

ATE(自动测试设备)中所使用的其中一部分测量仪器,采用如图 14.7.1 所示的虚拟仪器结构框图来实现,它以信号调理器、数字化仪器及计算机为基础,采用不同的仪器软件来实现多种仪器功能。信号调理器将信号变换到数字化仪器所要求的形式,数字化仪器将信号数字化后,送给计算机进行分析与处理,计算机执行各种软件仿真功能或各种仪器所需要的分析与处理算法,构成 ATE 中的虚拟测量仪器。图 14.7.1 所示的结构可实现的仪器为:数字存储示波器、频谱分析仪、功率计、频率计数器、时间量分析仪、脉冲参数测量仪、动态波形分析仪、瞬态信号分析仪、相位计、噪声分析仪等多种仪器,也可构成专用 ATE 的核心部分。

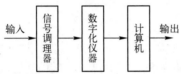

图 14.7.1 虚拟测量仪器结构框图   图 14.7.2 虚拟信号发生器结构框图

2. ATE 中的虚拟信号发生器

ATE 中所需的虚拟信号发生器很方便地用虚拟仪器来实现,图 14.7.2 示出了虚拟信号发生器的一般结构框图。计算机产生所需要的基带范围的波形,通过 D/A 转换器将波形转换成模拟信号,经信号调理器将该模拟信号变换到被测量的参量所要求的幅度或提供所需的功率驱动。用这种虚拟仪器的办法能仿真如下信号类仪器:任意波形发生器、任意调制发生器、脉冲发生器、雷达信号仿真器等。

从上述两方面论述,以当代计算机技术为基础的虚拟仪器能提供极为丰富的仪器功能,而无需对每台仪器配置复杂的物理硬件,只需采用公用的硬件平台即可。对于许多 ATE,整个公用的虚拟仪器硬件系统都可利用 VXI 总线系列产品的各类模块来组建,充分利用 VPP 和 IVI 规范的软件标准规定,以及各种虚拟仪器软件开发工具中,获得从软件开发方面提供的支持,使得基于虚拟仪器的 ATE 研制工作得到了全面的提高,可提升高性能价格比、使体积重量大为降低,且易于维护 ATE 系统。

习　题

14.1 虚拟仪器与传统仪器相比有哪些优点?

14.2 简述虚拟仪器的组成与分类、特点与应用。

14.3 虚拟仪器中常用哪些总线? 简述它们的性能和特点。

14.4 虚拟仪器编程环境的内涵是什么?

14.5 简述 Lab VIEW 的主要特点。

14.6 虚拟仪器在工程管理中有哪些具体应用?

第15章 自动测试系统

内 容 摘 要

本章重点介绍自动测试系统的发展简介、定义、概念、结构、硬件组成、数据库等,GPIB 系统的硬件平台及工作原理,典型 GPIB 接口硬件电路、系统软件平台,详细阐述 VXIbus 仪器模块。简介 LXI 总线和 USB 仪器等内容。

15.1 概 述

现代科学技术、现代工农业生产和军用电子设备对电子测量和测试技术提出了越来越高的要求,测试内容日趋复杂,测试任务的工作量和复杂程度急剧增加,对测试设备的功能、性能、速度、准确度和精度的要求也在不断增加。传统的人工测试已经很难满足要求,发展自动测试系统势在必行。从智能仪器、个人仪器,到自动测试系统(ATS,Automatic Test System),计算机及软件技术已逐步渗透到整个测量领域。计算机辅助测试(CAT,Computer Aided Testing),不仅充分利用了计算机的软硬件资源,而且从根本上改变了测试仪器、测试系统的传统观念和体系结构。从 GPIB 到 VCIbus 系统,从程控仪器、虚拟仪器到可视化自动测试环境(Visual Automatic Environment),计算机在测试中发挥了极其重大的作用。

自动测试系统泛指那些采用计算机及软件技术,能实现自动化测试系统,完成激励、测量、数据处理及显示,或输出测试结果一类系统的统称。这类系统通常是在标准的测试系统或仪器总线(CAMAC、GPIB、VXI、PXI、LXI)的基础上组建而成的。自动测试系统具有高速度、高精度、多功能、多参数和测量范围宽等优点。工程上的自动测试系统是针对一定的应用领域和被测对象的,如大规模集成电路自动测试系统、印制电路板自动测试系统、雷达自动测试系统、导弹自动测试系统等。

15.2 自动测试系统发展简介

自动测试系统经历了从专用型、台式积木型到模拟化集成型三个阶段的发展过程。在初期仅侧重于自动测试设备(ATE)本体的研制和应用,随后重点建立整个测试系统的体系结构,同时注重 ATE 研制和测试程序集(TPS,Test Program Set)开发和可移植领域,以及人工智能在自动测试系统中的应用。目前,ATE 正向分布式的集成诊断测试发展。

1. 专用型

第一代自动测试系统大多数为专用型系统,是针对具体测试项目而研制的。它主要应用于测试工作量极大的重复测试,高可靠性的复杂测试,在短时间内为提高测试速度必须要完成的规定测试,以及操作人员难以进入的恶劣环境测试。

专用型测试系统至今仍在应用,各式各样的针对特定测试对象的智能检测仪就是其中的典型例子。随着计算机技术的发展,特别是随着单片机与嵌入式系统应用技术、以及能支持第一代测试系统快速组成计算机总线(PC-104)技术的飞速发展,这类自动测试系统已具有新的测试方法、研制策略和技术支持。第一代自动测试系统是从人工测试向自动测试迈出的重要一步,它在测试功能、性能、测试速度和效率，以及使用方便等方面明显优于人工测试，使用这类系统能够完成一些人工测试无法完成的测试任务。

专用型自动测试系统也存在着明显的不足，即仪器与仪器、仪器与计算机之间的接口及标准化方面，具体是指所选仪器/设备的复用性、通用性和互换性较差。

2. 台式积木型

台式积木型测试系统为第二代自动测试系统。它是在标准接口总线（GPIB，CAMAC）的基础上，以积木方式组建的系统。系统中的各种设备（计算机、可程控仪器、可程控开关等）均为台式设备，每台设备都配有符合接口标准的接口电路。组装系统时，用标准的接口总线电缆将所含有的各台设备连接在一起构成系统。这种系统组建方便，特点是一般不需要重新设计接口电路。由于组建系统时的积木特点，使得这类系统更改、增减测试内容更灵活，而且设备资源的复用性好。系统中的通用仪器（如数字多用表、信号发生器、示波器等）既作为自动测试系统中的设备来用，亦作为独立的仪器使用。应用一些基本的通用智能仪器在不同时期、针对不同的要求、灵活地组建不同的自动测试系统。

目前，组建这类自动测试系统普遍采用的接口总线是 GPIB 总线，也称之为 IEEE 488，并已公布了相应的国际标准。GPIB 总线组建的自动测试系统特别适合于科学研究或武器装备研制过程中的各种试验、验证测试。已广泛应用于工业、交通、通信、航空航天、核设备研制等多种领域。

由 GPIB 总线组建的自动测试系统也存在明显的不足，主要表现为：（1）总线的传输速率不够高（最大传输速率为 1MB/s），很难以此总线为基础组建高速、大数据吞吐量的自动测试系统。（2）由于这类系统是由一些独立的台式仪器用 GPIB 电缆串接组建而成的，系统中的每台仪器都有自己的机箱、电源、显示面板、控制开关等，从系统角度分析，这些机箱、电源、面板、开关大部分都是重复配置的，它阻碍了系统的体积、重量的进一步降低。这说明以 GPIB 总线为基础，按积木方式难以组建体积小、重量轻的测试系统。对于某些应用领域，特别是军事领域，对体积、重量的要求是很高的。

3. 模块化集成型

模块化集成型是第三代自动测试系统。它是基于 VXI、PXI 等测试总线，主要由模块化的仪器/设备所组成的自动测试系统。VXI 总线是 VME 计算机总线向仪器/测试领域的扩展，具有高达40MB/s 的数据传输速率。PXI 总线是 PCI 总线（其中的 Compact PCI 总线）向仪器/测试领域的扩展，其中数据传输速率为 132~264MB/s。以这两种总线为基础，可组建高速、大数据吞吐量的自动测试系统。在 VXI（或 PXI）总线系统中，仪器、设备或嵌入计算机均以 VXI（或 PXI）总线的形式出现。自动测试系统或采用众多的模块化仪器/设备均插入带有 VXI（或 PXI）总线插座、插槽、电源的 VXI（或 PXI）总线机箱中。仪器的显示面板及操作，用统一的计算机显示屏以软面板的形式来实现，从而避免了系统中各仪器、设备在机箱、电源、面板、开关等方面的重复设置，极大降低了整个系统的体积、重量、并能在一定程度上节约成本。

基于 VXI、PXI 总线等先进的总线，由模块化仪器/设备组成的自动测试系统具有数据传输速率高、数据吞吐量大、体积小、重量轻、系统组建灵活、扩展容易、资源复用性好、标准化程度高等优点，是当前先进的自动测试系统特别是军用自动测试系统的主流组建方案。在组建这类系统中，VXI 总线规范是其硬件标准，VXI 即插即用规范（VXI Plug & Play）是其软件标准，一些以货架产品（COTS）形式提供的虚拟仪器开发环境（LabWindows/CVI、LabVIEW、VEE 等）为研制测试软件可采用的基本软件开发工具。目前，一部分仪器不能以 VXI（或 PXI）总线模块的形式提供，因此，在以 VXI 总线系统为主的自动测试系统中，必须采用 GPIB 总线，灵活连接所用的 GPIB 总线台式仪器。

15.3 自动测试系统的结构

自动测试系统一般由三大部分构成,即自动测试设备(ATE)、测试程序集(TPS,Test Program Set)和TPS软件开发工具,如图15.3.1所示。

15.3.1 自动测试设备(ATE)

在自动测试系统(ATS)中,自动测试设备是指完成测试任务的全部硬件和软件所构成的完整设备的统称,它是自动测试系统中的最具有代表性意义的组成部分。

自动测试设备是伴随着工业生产过程和研制过程的自动化进程而产生和发展的。以电子工业为例,在这一领域里自动测试设备被用来对各种集成电路、电路板、部件和整台设备(如雷达、电台等)的自动检测,以达到提高产品质量和生产率的目的。在整个测试过程中都是通过操作人员向ATE控制的计算机发出指令来完成的。各种自动完成的测试任务能避免因手动测试时可能发生的错误、遗漏、不正确的判断,错误的测量和其他一些手动控制带来的缺点。

采用自动测试设备最直接的目的是将产品的测试过程自动化,实现这一目的的基本做法是将实现产品测试所需的资源(测量仪器、信号源、转换开关、电源等)集成到一个统一的系统之中,测试过程由系统中的控制器(计算机)通过执行测试软件进行控制,其基本组成如图15.3.2所示。系统中信号源提供测试被测对象(UUT)所需的各种激励信号(函数信号发生器输出的信号、D/A转换器输出的信号、电源等)送往UUT。测量仪器(主要是数字万用表、频率/计数器、示波器、A/D转换器等)则用来测量UUT各测量点在施加激励后的响应。开关系统按照控制器的指令将信号切换至所要求的路径。控制器控制整个测试过程并处理所测得的数据,控制器通常为通用微型计算机或嵌入式微型计算机。人-机接口为操作员与ATE进行交互的工具,主要包括CRT显示器、键盘、打印机等。测试夹具及适配电路是UUT与ATE的接口,可保UUT与ATE之间可靠的机械、电气连接与匹配。

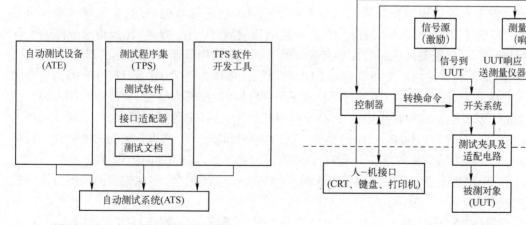

图15.3.1 自动测试系统结构框图　　　　　图15.3.2 ATE的基本组成

目前,ATE产品或系统的种类较多,在定义ATE的需求方面应尽可能地考虑产品自动检测时的各种不同要求,从具体应用角度划分,常见的ATE系统均属于下列6种自动测试系统的范畴:

(1)半导体产品及器件自动测试系统。

(2)电路板自动测试系统。

（3）功能自动测试系统。

（4）采用替换对比方法的自动测试系统。

（5）采用参考对比方法的自动测试系统。

（6）基于通用 ATE 的自动测试系统。

按被测对象的信号或功能特征划分为以下几种：

（1）低频 ATE：检测信号频率在 100kHz 以下的各类设备、组件、电路板等。

（2）数字 ATE：检测数字设备、数字组件、数字电路板等。

（3）微波 ATE：检测各类微波设备及组件。

（4）传递函数 ATE：检测被测设备、部件、器件的传递函数，评估其动态品质。

（5）IF 及 RF 系统 ATE：检测各类中频及射频设备及组件。

除以上类型的 ATE 外，还可按被测对象在其产品生命周期中所处的阶段进行划分，如产品在开发阶段使用的 ATE，在生产过程中使用的 ATE（包括小型 ATE、多功能 ATE、分布式 ATE、现场维护用 ATE 等）。

15.3.2　测试程序集（TPS）

测试程序集是与被测对象及其测试要求密切相关的硬件与软件的集合。TPS 由测试程序（TP，Test Program）、接口适配器（TUA，Test Unit Adapter）及其专用电缆、测试/诊断被测对象所需的文件及附加的设备三部分组成，它是自动测试系统（ATS）的另一个重要组成部分。在自动测试系统的开发、应用和维护过程中，TPS 的高质量、低成本开发和有效地使用和维护，至今仍是自动测试领域面临的重要研究课题，在规定的开发成本和研制进度条件下，TPS 的开发和高质量的交付是一项艰巨的任务。在自动测试系统的总成本中，TPS 是极其重要的成本因素，目前，ATE 已趋向综合、通用的方向发展，对于某些复杂的被测对象如飞机、导弹等系统，其各类 UUT 测试所需的多种 TPS 总成本，甚至会超过 ATE 的成本。

TPS 中，测试程序是在 ATE 的计算机上运行，用于控制 ATE 的资源来测试指定的被测对象 UUT 的软件的总称，它不仅包含对测试过程的控制（如对 ATE 激励、开关、测量仪器的选择与控制、对激励信号及测量点的选择与控制等），还应包含所测得的响应信号的处理，完成对被测对象是"正常"还是"不正常"的判断。在"故障"时，还应能隔离故障，找出故障源（比如指出故障的组件或器件）。由此可见，无论测试程序的控制测试过程还是实现故障诊断都与该测试程序的 UUT 有着密切的关系，这两种软件的开发必须是对 UUT 的详尽分析作为基础的。选择 UUT 的依据通常包括下述文件的一部分或全部：UUT 的产品技术手册、硬件和软件开发规范、硬件和软件的设计说明、原理电路和逻辑图、接口控制连接图、产品验收测试文件、已开发的测试需求文件、现有的测试程序、UUT 的内部测试（BIT，Built-In Test）文件、重要时序图和波形图、与其有关的重要公式和传递函数、故障模式及相关的数据等。为了实现 TPS 的可移植性（transportable），即 TPS 可与不同的 ATE 配合工作，要求测试程序采用通用的测试语言（ATLAS 语言）编写，或在规定的系列通用的软件环境下完成开发。

接口适配器（TUA）是连接 ATE 与 UUT 的设备，接口适配器的一侧通过接卡器（Receiver）的 ICA 与 ITA 的配对插接，完成接口适配器与 ATE 的连接。在接口适配器的另一侧配置一组连接器插座，再经由若干专用的测试电缆，连接到相应的 UUT，如图 15.3.3 所示。

为了实现 TPS 的可移植，接口适配器与 ATE 的接口必须遵循一定的标准或行业通用的接口连接规范，其中关于标准接口模块、标准接口功能说明、接卡器模块定义、标准接口机械规范、ATE 电缆走线及接地连接指导、测试接口适配器的识别等方面的内容对接口适配器的开发具有极大的参考价值。

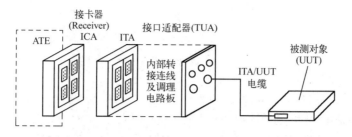

图 15.3.3　接口适配器的作用示意图

15.3.3　TPS 软件开发工具

开发测试软件要求有一系列的工具,这些工具统称为测试程序集开发工具,有时被称为 TPS 软件开发环境,它包括:ATE 和 UUT 仿真器,ATE 和 UUT 描述语言,编程工具等。不同的自动测试系统所能提供的测试程序集开发工具有所不同。

TPS 开发工作可划分为两个主要方面:一是建立 TPS 的开发环境,二是实现 TPS 的工程质量。前者包括制定开发策略,确定人员配置,拟定开发进度计划,选择必需的开发工具,建立各 TPS 中的共同开发进程等;后者包括针对各个 UUT 分析测试需求并编写需求文件,确定 UUT 的测试策略和诊断方法,完成 TPS 的硬件和软件的设计与集成。TPS 的开发进度和生产质量在很大程度上决定着自动测试系统的研制进度和产品质量。

15.4　自动测试系统的硬件组成

被测对象的种类较多,自动测试系统最终用户的需求也千差万别,但自动测试系统的硬件组成存在一些共性,在具体测试过程中需要统筹考虑,并合理取舍相关限定因素。要重点考虑测试系统的工作运行环境、测试吞吐量、安装空间与便携能力、扩展能力、软件运行环境、应用范围、支付周期及经费预算等诸多事项。自动测试系统硬件组成如图 15.4.1 所示。

测试控制器实现自动测试中各种激励资源、检测资源和开关资源系统的培植,并决定其工作方式、状态、功能、参数和控制测试信号通道的选择与切换。测试仪器/电源系统是指各种信号源、测试仪器,如函数信号发生器、数字多用表、频率计/计数器及程控电源等,它们之间的连接是通过程控仪器的通用接口总线来实现的。开关系统是 ATE 中信号连接的核心部分,其性能直接影响 ATE 的功能和指标。开关系统在 ATE 系统中的作用是切换各种信号,如模拟信号、串行数字信号、离散信号、射频信号及其他信号。信号参数范围跨度大、信号频率从直流到几十 GHz,幅度从毫伏到几百伏甚至上千伏,电流从毫安到几十安培。因此开关设计和配置应在充分满足测试要求和方法的基础上,选择合适的开关类型和不同组态,才能给测试信号提供全面、可靠的通道。

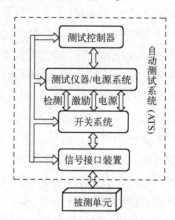

图 15.4.1　自动测试系统硬件组成

信号接口装置用于实现 ATE 系统资源与被测单元的物理连接,它包括 ATE 系统上的接卡器、与各 UUT(被测对象)对应的测试夹具两个部分。其类型有两种,一种是面向特定被测单元的专用测试连接和针对多种被测单元的通用测试连接。另一种是通过信号接口装置实现自动测试系统与被测单元的信号传输。

15.5　自动测试系统举例

以 VXI 总线为核心的自动测试系统的组成框图如图 15.5.1 所示,除了 VXI 总线仪器/设备外,还包括一部分 GPIB 仪器,如程控电源、射频/微波仪器等。为使 ATE 对一定范围的被测对象具有通用性,除了 ATE 的仪器/设备资源应具有足够的覆盖面外,ATE 与外界接口部分需遵循一定的接口标准。为了使多种类型的接口适配器都能方便地连接到同一台 ATE 上,它们在与 ATE 中的电气、机械设备连接时,需采用接口连接器主件(ICA,Interface Connector Assembly)和接口适配器中的接口测试适配器模块(ITA,Interface Test Adapter)相配对,以"接卡"方式快速地接入或拆卸。

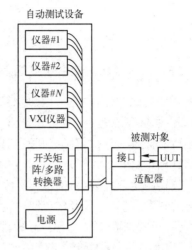

图 15.5.1　以 VXI 总线为核心的自动
测试系统的组成框图

ATE 的核心部分采用 VXI 总线系统使得系统硬件配置灵活,具有开放性,能按照各种测试需求来配置系统硬件资源。最普遍采用的是以一个 C 尺寸 13 槽 VXI 机箱及若干模块为核心组成的系统,这类系统适合于测试任务量不是很大的中、小型自动测试设备。当测试任务量大、所选用的测试资源很多时,宜采用 MXI 和 GPIB 总线来控制多个 VXI 机箱及 GPIB 台式仪器。典型情况下,采用 MXI 总线最多能控制 8 台 VXI 总线机箱。

15.6　自动测试系统数据库

数据库的构建与管理在自动测试系统的开发与应用过程中占有十分重要的地位。数据库是支持整个软件环境的基础,是系统数据存储、信息加工的中心,也是系统各个部分的纽带和桥梁。在自动测试系统中,根据被测对象的需求不同,采用的数据库软件也有所区别。数据库软件需求分为两种:传统的数据库软件和实时数据库软件。

传统的数据库的作用是处理永久的、稳定的数据。强调维护数据的完整性、一致性,在性能指标上要求高的数据吞吐量和低的代价。实时数据库就是其数据和事件都应具有定时特性或显示定时限制的数据库。实时数据库应用在时间关系要求严格、数据量非常大的生产过程控制中,或要求在运行中对被测对象进行动态测试和诊断,需要测试系统记录下被测对象的全程数据。

在自动测试系统的应用中,用户需要根据自己的需求,在充分了解被测对象的基础上,选用合适的数据库软件,以功能上能够满足系统需求和扩展要求为原则。但是应尽量选用比较广泛的数据库软件,这样在系统开发时,设计人员根据设计要求采用大量已经成熟完善的功能模块,从而能够缩短开发周期,有利于提高系统的可靠性,也有利于系统的扩展和维护。

15.6.1　数据库在自动测试系统中的作用

随着测试技术的发展,测试系统设计越来越趋向于通用化、模块化、专业化。自动测试系统要具备自动检测、故障诊断、维护向导、计量、校准、数据维护、设备配置等多项功能。而采用数据库技术能够最大限度地降低系统在管理、扩展、升级等操作时施加给系统的人为干预程度,使软件具有较好的通用性、可移植性、互换性、可维护性、可扩充性,使软件开发过程变得更加模块化、标准化,提高系统的开发效率。

在自动测试系统的设计中,软件设计通常采用模块化的设计方案。其中包括设备管理与维护;测试工艺、流程、逻辑、对象;诊断、校准、打印、人员管理等模块。在遵循整个系统规范的基础上,设计每个模块时,应将实际模型用数据库的方式来表达,并且和具体的软件模块相结合,使管理软件成为一个管理整个系统、解释运行的工具。这样整个系统模型是以数据库的形式出现的,在整个系统的开发中有利于系统的开发、维护和管理。随着测试技术的发展,研究的被测对象的复杂化,在自动测试系统中,数据库所发挥的作用也将会越来越大。

15.6.2　数据库的设计与实现

在自动测试系统中,数据库的设计实际上就是数据模型的设计和建立。模型是对现实事物的抽象和模拟,数据库则是数据模型在计算机中的一种表示方式及实现。将数据库中模型划分成两类:概念模型和数据模型。概念模型按照用户的观点对数据和信息进行建模,它用于信息事务的建模,是不依赖于某一个数据库管理系统(DBMS,Data Base Management System)支持的数据模型,但它可以转换为计算机上某一 DBMS 支持的特定的数据模型。数据模型主要包括网状模型、层次模型、关系模型等,它是按照计算机系统的观点对数据建模的,用于 DBMS 实现。数据模型是数据库系统的基础和核心。设计一个包括数据库的软件系统,需要对相应数据库进行设计,在给定的应用环境下构造最优的数据库模式,使之有效地存储数据及加工和处理数据。数据库设计流程图如图 15.6.1 所示,它包括六个阶段。

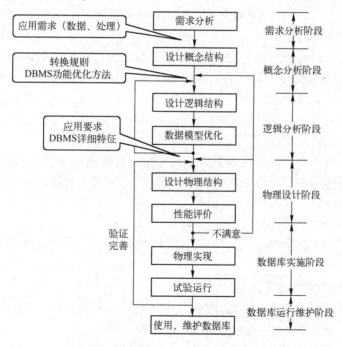

图 15.6.1　数据库设计步骤流程图

数据库的具体设计步骤如下。

(1)需求分析。需求分析的任务是详细调查要处理对象的情况,确定系统对数据及其处理的功能要求。使用结构化分析方法,简称 SA(Structured Analysis)方法,用自顶向下、逐步分解的方式分析系统,将整个系统的数据及处理功能需求分解成若干个子系统或子功能,在这个基础上,再继续分解子系统/子功能，直到将系统工作过程表示清楚为止，最后形成若干层次的数据流图（DFD，Data Flow Diagram）和若干数据字典（DD，Data Dictionary）。数据流图表达数据和数据处理的过程，数据字典则是关于数据库中原数据的描述。使用数据流图和数据字典描述的需求分析是数据库系统设计的第一阶段，是进行概念设计的基础。

（2）概念模型设计。将任务需求抽象为概念模型，才能更好地描述和反映事物的本质。概念模型应做到真实、充分地描述事物及事物之间的联系，同时满足用户对数据的处理要求。它应该易于理解和修改，也易于向关系、层次、网状等数据模型转换。E-R（Entity-Relationship Approach）方法是建立概念模型的有力工具，E-R方法建立概念模型的步骤是将整个数据库系统划分成若干个子系统，每个子系统对应一个数据流图和数据字典，数据字典的数据项与实体、实体的属性相对应，数据流图用于确定实体之间的联系和类型。"属性"是不可再分的数据项，一个"实体"可具有多个属性，实体之间的关系是通过模型所提供的"联系"来表达的。各个分E-R模型设计好后，生成初步的E-R图，在消除各个分E-R图中的冲突和冗余后，最后确定总的E-R图。

（3）逻辑模型设计。概念模型是独立于任何一种数据模型的信息结构，逻辑模型设计的任务是将概念模型对应的E-R模型转换为与具体的DBMA产品所支持的数据模型相符合的逻辑结构。也就是使E-R模型向特定的数据模型映射，以得到符合此模型的数据库支持。逻辑设计的结果可能不是唯一的，须根据具体需求做适当的优化。

（4）物理设计。数据库在物理设备中的存储结构和存取方法称为数据库的物理结构，它依赖于具体的计算机系统。为一个给定的逻辑数据模型选取一个合适的物理结构的过程，称之为物理设计。设计内容包括确定关系、索引、日志、备份等的存储安排和结构的确定、系统的配置等。物理设计需要对时间效率、空间效率、维护代价和各种用户等要求进行平衡，结果可能有多种方案，最后选择一种较为合理的物理结构。

（5）数据库的实施和维护。设计人员使用数据库编程语言将数据逻辑设计和物理设计结果严格描述出来，成为DBMS可接受的源代码，经过调试产生目标模式，再实施数据录入和运行，这是数据库实施阶段。经过试运行、修改合格后，转入正式运行阶段。运行阶段要对数据库系统进行维护、调整等工作，主要表现在经常性数据维护，确保数据库系统安全、完整、正常工作；不断适应外部需求和提高本身性能的要求，对数据库系统进行局部的调整和修改。

自动测试数据库系统设计是通用数据库设计方法在自动测试系统中的具体应用。深入了解ATS体系结构特点及各子系统对数据库的具体需求，有助于设计出功能完备、结构合理的数据库系统。

15.7　自动测试系统常用总线及软件开发环境简介

1. 自动测试系统常用总线简介

当前自动测试系统中常用的三种总线为：GPIB，VXI和PXI。另外，对于MXI和IEEE 1394总线则是在以控制器外置方式组建自动测试系统时，才具有重要意义。

例如，GPIB（通用接口总线，General Purpose Interface Bus）为国际通用的可程控仪器的接口标准。在GPIB总线组成的自动测试系统中，对于任一时刻接到系统中的设备信息按其作用划分为听者、讲者、控者。

讲者：如果某一设备在某一时刻为讲者，则该设备向总线发送数据。

听者：某一时刻某设备处于听者状态，则该设备从总线接收数据。

控者：该设备实施对总线的管理或批准某一讲者暂时使用总线。

在 GPIB 总线上传送的有两种信息,一种是为控制接口工作而发送的信息,称为接口信息(如控者为指定谁为讲者、谁为听者而发出的信息);另一种是设备信息,它是讲者向听者发送的数据(如测量值)或程控命令(如量程切换命令)。

2. 软件开发环境简介

软件是自动测试系统运行的核心,它描述了用户的不同的测试需求,实现对系统的控制、管理以及各种类型的被测对象的测试、诊断等。一个适宜的软件开发环境能够帮助开发人员方便地开发整个测试软件,最大程度地减少设计人员的劳动强度,提高工作效率,增强系统运行的可靠性、扩展性和维护性。市场上可供选择的软件开发平台比较多,比如应用非常广泛的微软公司的 Visual C++,Visual BASIC,Borland 公司的 C++等,Agilent 公司的 HPVEE,NI 公司的 LabVIEW,Lab Windows/CVI,TestStand,TYX 公司的 PAWS 等。每种开发平台都有自己的特点。下面简要介绍几种常见的软件开发工具。

例如,Visual C++,Visual BASIC 是微软公司的 Visual Studio 中的两个被广大程序员所采用的开发工具。

Visual C++是面向 C/C++语言的开发平台,提供了面向对象的应用程序框架微软基础类库(MFC,Microsoft Foundation Class),提高了模块的可重用性。Visual C++还提供了基于 CASE 技术的可视化软件自动生成和维护工具 AppWizard、ClassWizard、VisualStudio、WizardBar 等,用来帮助用户直观、可视化设计程序的用户界面。但是,由于 C/C++本身的复杂性,Visual C/C++对编程人员的要求还是相当高的。它首先要求编程者具有丰富的 C/C++语言编程经验,了解面向对象编程的基本概念,同时还必须掌握复杂的 MFC 类库。

VB 之所以叫做"Visual Basic",是因为它使用了 Basic 语言作为代码。它是微软公司自行设计、旨在简化和普及 Windows 应用程序设计的一种使用方便、且具有与 Borland C++功能相同的GUI 面向对象程序设计语言,它是当前一种很好的 GUI 程序设计语言,同时又是一种完全支持结构化程序设计的面向对象的程序设计语言。Visual Basic 是一种可视化的编程语言,利用可视化技术进行编程,可使应用程序的开发简单、快捷;程序员不需要了解更多的关于面向对象的程序设计的细节,即可编写出界面友好、功能强大的应用程序。因此,Visual Basic 在国内外各个领域中应用非常广泛。由于它容易学习、功能强、编程效率高,无论专业人员还是非专业人员,均能非常容易地掌握 Visual Basic 的使用方法。

*15.8　GPIB 的自动测试系统

1. GPIB 系统的组成及工作原理

(1) GPIB 自动测试系统的组成

GPIB 是为分立式仪器及系统互连设计的一种开放式通用计算机接口总线,GPIB 接口是组建自动测试系统的国际标准接口。GPIB 标准接口是美国 IEEE 先后颁布的标准文件 IEEE-488—1975 和 IEEE-488—1978,从此确立了可程控仪器的标准接口。根据标准化的规定,该总线或接口标准也称做 IEEE488、IEE488.1、HP-IB、IEC625 等。GPIB 是一种位(bit)并行、字节(byte)串行的接口系统,采用异步通信方式,最高数据传速率为 1 Mb/s。总线上最多允许连接 15 个器件(含控制计算机),该限制是由总线驱动能力(最大 48 mA 驱动电流)决定的。数据通过总线电缆传输路径的总长度规定不超过 20 m,每两个器件之间电缆一般为 2 m。用 GPIB 可以把任何厂家按本标准制造的任何器件方便地连接在一起,构成一个随时拆散、改建或组装的自动测试系统,它一般适用于有轻微干扰而且系统物理距离有限的实验室及生产测试环境中。

图 15.8.1 是一个典型 GPIB 系统的结构示意图。本系统中有一个器件是具有该标准接口的控制计算机，它负责指挥、管理和协调各器件的工作，响应其他器件提出的请求，并对获得的测量结果进行相关处理，这个器件称为控者（Controller）。在一次数据传输过程中，总有发送和接收方，发送数据

图 15.8.1　一个典型的 GPIB 系统结构示意图

的器件称为讲者（Talker），接收数据的器件称为听者（Listener）。多数器件都既能发送又能接收数据，不过某一时刻不可能同时既为讲者又为听者。少数器件只具有发送或接收数据的能力，这些器件常被称为只讲（Only Talk）或只听（Only Listen）器件。例如，程控打印机就是一个只听器件，DAC 通常是只讲器件，程控数字多用表则是能听能讲的器件。为了确保通信，在同一时刻总线上只能有一个讲者，而听者数目则不限。

　　IEEE488.1 标准对一个系统中的控者数目没有明确的限定，一个最简单的系统只有两个器件——一个只听另一个只讲，这就是所谓的无控者系统。同时，标准也允许一个系统中有多个控者存在，但同一时刻只能有一个器件在控制总线，该控者称之为活动控者（Active Controller）或负责控者；具有控者能力，但当时没有控制总线的控者称非活动控者或非负责控者。负责控者与非负责控者之间的权力交接是通过所谓控者转移（Pass Controller）来实现的。当系统开机或被复位时，标准规定第一个负责控者是系统控者（System Controller），即是最主要的控者，它在任何时候都能主动收回对总线的控制权。

　　标准还要求系统中的总线，以及总线上的所有器件都应有自己的识别号。GPIB 总线的识别号是为了便于与控者的其他接口（如 RS-232）或另外的同类总线（如一台控者有两个 GPIB 接口卡）加以区分，一般称为通道号（Channel Number），如常用的通道号为 7。器件的识别号用来区分系统中不同的器件，称为器件地址（Device Address）。GPIB 允许器件使用的地址范围为 00~30，地址 21 一般保留给控制机使用。仪器的地址通过其背面的地址开关设置，或者通过前面板按键进行软设置。通常负责控者使用一个字节对器件寻址，其中低 5 位用来表示器件地址，5 位全 1 作为"不听"或"不讲"，故实际只能发送 31 个地址，这 31 个地址称为主地址。如果器件由许多子器件构成，那么对子器件的寻址必须再加一个地址，这个地址称为副地址。由于两级地址的有效数字都为 31，所以使用副地址的寻址中，最大地址容量可扩大至 961（31×31）个。

　　在 GPIB 器件内传送的信息（消息）很多。从传递途径看，通过 GPIB 总线传递的消息称为远地消息，反之称为本地消息，它指仅在接口功能和器件功能之间传递的消息；由作用范围规定，影响接口功能的消息称为接口消息，影响器件功能的消息称为器件消息；由传送消息使用信号线的根数规定，使用一根信号线传递的消息称为单线消息，使用多线传递的消息称为多线消息。

　　GPIB 测试系统的器件通过总线互相连接，各器件接口的相同总线信号全部连通，物理上这种连接是通过总线连接器和总线电缆实现的。器件上的总线连接器是标准的（阴型）插座，而总线电缆两端都装有标准的（阳型）插头。插头和插座互相配合，将两个器件用一根电缆连接在一起，这种连接形式，显然不能将更多的器件进行互连。实际上标准总线电缆的每个插头的背面都有一个连通的插座与之结合为一个整体，如图 15.8.2 所示。这样两个器件连接完后还能剩下两个插座，再加一根电缆连接第三个器件。依此类推，用 n 条电缆可将 n+1 个设备连成一个系统。其实从连通的需要考虑，每条总线电缆配一个插座即可。这种系统中的各个器件只能连接成链形（线形）结构，如果多加一个插头它的好处是将系统连接成链形、星形或混合形，特点是更灵活、更方便，如图 15.8.3 所示。

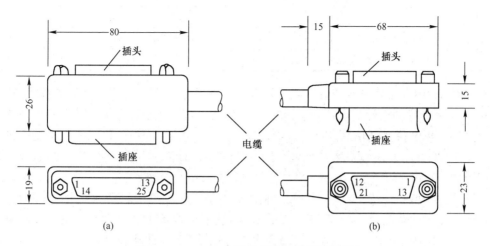

图 15.8.2　GPIB 标准电缆的连接器结构图

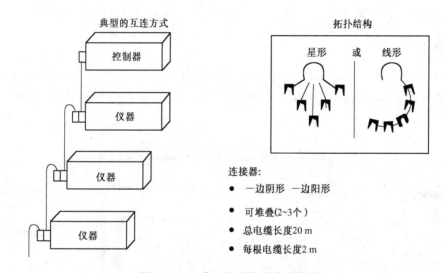

图 15.8.3　典型的连接形式示意图

（2）GPIB 控制器

GPIB 系统中的控制器仍然是一台微型计算机或工作站，既是专用的，又是通用的。其主要特点是具有 GPIB 接口，并至少提供五种 GPIB 标准接口功能，即控者（C）功能、听者（L）功能、讲者（T）功能、源方挂钩（SH）功能、受方挂钩（AH）功能。实际上由于集成电路技术的迅速发展，在一个芯片上实现完善的十种 GPIB 接口功能已很容易做到。因此，几乎所有的 GPIB 控制器都具有 IEEE488.1 规定的十种完善的接口功能，有的还支持 IEEE488.2 标准。

由于 PC 的广泛使用，由通用微型计算机+GPIB 接口卡+驱动软件/测试语言/集成开发工具，便可构成一台性能卓越的 GPIB 控制器。它不仅作为普通计算机使用，同时又解决了 CAT（计算机辅助测试）系统的控制问题，是 GPIB 控制器最行之有效的实现手段之一。常用的 GPIB 接口卡有：HP 公司的 HP2070B、HP2071B（适合工作站使用），HP8233B、HP82340A（适合 PC 使用），以及 NI 公司的 NI68488 等。这些接口卡基本上都支持 IEEE488.2 标准，并且包含配套的软件，也都遵守 SCPI 协议。表 15.8.1 列出了两种典型的 GPIB 接口卡及性能。

表 15.8.1　两种典型的 GPIB 接口卡及性能

型　号	操作系统	I/O	编程系统	总线类型	最大 I/O 能力	缓存器
HP82341B	Win98/NT/DOS	SICL	C++,Visual BAS1C	ISA/EISA,16 位	750kb/s	自带
NI GPIB-AT/TNT	Win98/NT/DOS	SICL	C/C++,Visual BAS1C	ISA/EISA,16 位	1 Mb/s	自带

软件方面,GPIB 控制器或生产接口板的厂商比较注重设备驱动程序和测试编程语言的开发,以简化 CAT 应用程序的设计。设备驱动程序是最低级的 GPIB 软件,它相当于 GPIB 硬件接口的作用,能直接和 GPIB 硬件通信并控制它。设备驱动程序主要有三种设计方法:既能装入的子程序结构驱动程序,又能装入的字符 I/O 结构驱动程序和基于 ROM 的驱动程序。另一种设备驱动程序称为可调用例行程序,一般嵌套在一个测试编程语言中,或在建立专用应用程序时使用。使用传统程序设计语言,如 BASIC、FORTRAN,都能访问设备驱动程序,这种访问具有最大的编程灵活性,既利用各种语言原有的功能,又利用厂商定义的 GPIB 功能。设备驱动程序的调用方法取决于厂商所用的驱动程序结构,例如子程序结构驱动程序由专用子程序(即功能)调用,而字符 I/O 驱动程序由字符串调用。

使用厂商提供的面向测试的编程语言(如 HP BASIC)或集成开发环境(如 HP VEE)时,工作环境比较单一,对驱动程序的访问是隐蔽的,因此更容易为用户所接受。

2. 典型的 GPIB 接口硬件电路

利用 TMS9914 接口芯片组成新一代功能完善的 GPIB 接口卡,如图 15.8.4 所示。该接口卡以 TMS9914 为核心,在其外围电路的支持下,构成了一个适合 PC 使用的 GPIB 接口电路。其电路主要包括以下几个部分:

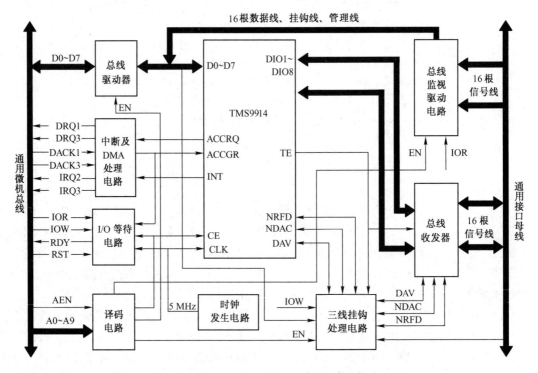

图 15.8.4　GPIB 接口电路原理框图

- TMS9914 接口功能基本电路:它能实现 GPIB 十种标准接口功能。其数据线经驱动器与计算机的数据总线相连,片选信息由译码电路产生,低位地址 A0、A1、A2 配合读写线选择其内部 13 个寄存器之一进行操作,从而实现相应的接口功能。

- 计算机数据总线驱动器:为了防止计算机总线负载过重而出现驱动能力不够,在计算机数据总线与接口板数据总线之间加上一个双向驱动器。驱动器的方向由 I/O 读写控制,使能由地址译码有效及 DMA(直接存储器存取)操作控制。
- 译码电路:其作用是为 GPIB 接口卡分配 I/O 地址,包括 TMS9914 内部寄存器所需的全部地址,及一些辅助性缓冲器和锁存器的接口地址。这些地址的使用应十分慎重,绝对不可与计算机的其他 I/O 设备发生冲突。为此,应设计数位开关或跳线器以提供不同的选择。计算机总线中的 AEN 也必须参加译码,否则,计算机在内部刷新时会影响译码的正确性。由于接口板使用 DMA 数据传输,因此当 DACK(数字音频时钟)信号有效时,TMS9914 的片选信号 CE 也应该有效。具体的译码电路由 GAL(通用阵列逻辑)编程实现。
- 中断及 DMA 处理电路:中断处理电路就是将 TMS9914 的中断提供给计算机,所有的中断源通过计算机扩展槽上的一根中断请求线提出请求。通过微动开关可选择接口板所使用的中断线,如 IRQ2 或 IRQ3。DMA 功能是为 GPIB 进行高速传输而设计的,利用 TMS9914 的 AC-CRQ 和 ACCGR 进行请求和接受应答。传递一次 DMA 将在系统存储器与 TMS9914 的数据输入/输出寄存器间进行。正如中断一样,利用微动开关可选择接口板使用的 DMA 通道,如 CH1 或 CH3。
- I/O 等待电路:I/O 等待电路是为了充分保证接口板与微处理器的读写操作同步而设计的,它利用计算机总线 I/O CH RDY 信号实现。
- 时钟发生电路:为 TMS9914 提供 5 MHz 的时钟信号。通用微机的扩展槽均输出时钟信号,由于 32 位计算机内部的时钟较高,不能直接供给 TMS9914 使用;另一方面不同的机型或同机型在不同的工作方式下,主时钟都可能不一样。因此,最好不借用主机时钟,而用门电路和晶体振荡器来组成时钟发生电路。
- GPIB 总线收发器:它是接口板远地消息的接收器和发送器,用以提供必要的驱动能力,采用四片 MC3448 实现。
- GPIB 总线监视驱动电路:它是一个 16 位的缓冲器,用来实时获取 GPIB 总线上的信息,是为开发 GPIB 总线分析功能而设计的。
- 三线挂钩处理电路:正如其他所有的 LSI GPIB 接口芯片一样,TMS9914 的三线挂钩过程是通过内部硬件自动完成的。作为控制机的设计,不必考虑具体的挂钩过程。为了增强控制机的调试能力,使系统在出现故障时能够仔细观察数据挂钩过程,三线挂钩处理电路分解三线挂钩过程,通过程序完成控制 DAV、NDAC 和 NRFD 信号。其中,GPIB 接口有两种挂钩方式:自动挂钩方式和步进挂钩方式。在控制机正常工作期间,可通过程序屏蔽本电路的功能。而在其他连接方式下,控制机完全模拟一台在软件包的支持下,单独运行的 GPIB 总线分析仪。
- GPIB 控制器的软件:在较多的接口硬件中,GPIB 控制器的接口硬件比较容易实现,且变化不多,但控制机的性能优劣更大程度上取决于软件的开发和配备。GPIB 接口的设备驱动软件是必不可少的,是最低层的软件,它既嵌入到一种面向测试的编程语言中,也以单独的软件包形式提供给用户。它提供四种不同的编程环境:ES-BASIC,C 的 GPIB 库,Windows 下的 GPIB 动态链接库,可视化自动测试环境。以上软件都是供用户编程使用的。

3. GPIB 自动测试系统软件构成

软件是实现自动测试的最终手段和直接体现,是测试系统中最重要的环节。按作用层次,自动测试系统软件构成划分为计算机操作系统、测试编程开发环境以及测试应用软件,如图 15.8.5

所示。

测试编程开发环境是面向用户的软件平台。自 GPIB 积木式自动测试系统推广应用以来的很长时间内,测试编程语言一直占据着主导地位,如 HP BASIC、ATLAS(Abbreviated Testing Language For Avionic System)。这些测试语言的主要特点是具有丰富的面向测试功能的语句或函数。它们是对通用的编程语言进行扩充及修改形成的,也是一种专用的领域性编程程言。使用测试语言,测试人员或用户能像计算机软件人员一样编制自己的测试应用软件,其流程图如图 15.8.6 所示。

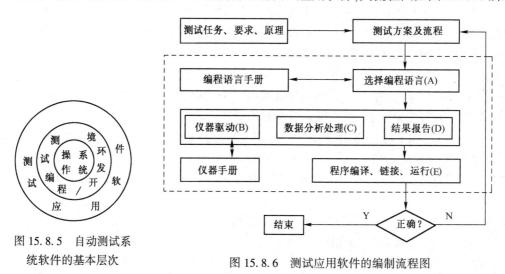

图 15.8.5　自动测试系统软件的基本层次

图 15.8.6　测试应用软件的编制流程图

然而,上述编制方式存在明显的不足:

- 要求测试人员至少掌握一种测试语言及基本的软件编制方法;
- 要求测试人员对系统中涉及的各种接口标准、通信规范有足够的了解和认识;
- 由于测试仪器不断发展、更新,促使编程人员不断熟悉浩繁的仪器手册、查阅千变万化的程控代码;
- 测试系统稍有变化,不得不全面修改原有软件或编制新的应用程序,测试软件的开放性、可重复性、可扩展性差。

目前,随着计算机软件技术的不断发展,一个新的概念在各行各业被提出,这就是"软件的自动生成"。其基本原理是为用户提供一个"毋需编程"的环境,用户能够非常方便地开发自己的应用。其目标就是为测试人员提供一个具有良好的操作界面,包含仪器控制、数据分析与处理、结果报告生成等一系列工具的集成化软件开发环境。

在这种环境下设计测试应用程序,图 15.8.6 中的 A~E 皆由 G(测试系统开发环境)代替,测试人员可以抛开编程工作,完全致力于测试问题的解决,降低了编程难度,缩短了编程周期,从而极大降低了软件开发费用。因此,测试软件自动生成技术日益受到国内外仪器工业界的重视。从一种选择的编程方式,现在逐步发展成为实事上的工业标准,是目前 CAT 系统的主流软件平台。

由于这类测试软件自动生成环境基本上都是通过用鼠标器连接图标的方式来实现测试应用程序的,所以常被称为图形化编程软件、图形化编程工具、可视化测试环境等。它们具有如下特点:

① 良好的用户界面。由于大都采用 Windows 作为运行环境,利用图形用户接口(GUI)提供一个直现的、交互式人机界面,使学习、操作和使用都非常方便。

② 具有完善的数字分析、处理、图形显示、结构报告等功能。利用计算机丰富的软件资源,提供一套统一的运行库函数,完成各种功能。另外,由于 DLL(动态链接库)的使用使软件升级十分

容易,功能也日趋强大。

③具备开放的仪器驱动软件库(IDS)。HP ITG 提供约 200 种不同仪器的驱动软件,HP VEE 提供约 300 多种(含微波测试仪器)驱动软件。NI 公司 1996 年推出的 labVIEW 和 LabWindows/CVI 仪器库包括了 40 多个厂家 500 种以上的仪器驱动软件。而且 LabVIEW 的仪器驱动库体系已经标准化,并被 VXI 即插即用系统联盟的所有主要供应商认可。

④有丰富的接口驱动软件。对不同的应用采用不同的驱动软件,如 NI-488.2、NI-VXI 等,这保证了平台广泛的应用范围。

⑤一般采用以下两种方式生成测试软件:

- 代码生成方式。如 HP ITG、NI LabWindows 和 ES-WATE 等,可自动生成控制仪器的代码,以及一部分数字处理、分析和图形显示的代码。用户根据选择的编程语言,将自动生成的代码嵌入到应用程序中,经编译后运行。这种方式具有一定的灵活性,但仍要求用户对编程语言有所掌握。

- 流程框图(Block Diagram)方式。如 HP VEE 和 NI LabVIEW,利用高度抽象、图形化、结构化的框图构筑测试软件,软件的编写随着流程图设计的全过程而完成。这种方式形象直观、步骤清晰,是理想的高层次软件设计与开发环境。

4. 组建 GPIB 系统的产品

组建 GPIB 自动测试系统的产品划分为三大类。①程控仪器类。它由带 GPIB 接口的各类程控仪器组成,近年来推出的稍高档的产品都带有 GPIB 接口,所以这类产品数量最多。②控制系统类,主要包括 GPIB 控制器及其配套软件或驱动器和测试系统生成平台,这一类是所有组建 GPIB 自动测试系统所必需的产品。③测试软件开发平台类。

*15.9　LXI 总线技术简介

目前,有三个发展趋势在推动测试行业的进程:第一,要有系统完善的硬件,即模块化的产品,经过合理的组合能迅速地构建一个系统。第二,要有基于标准的与 PC 兼容的输入/输出接口,以及输入/输出驱动程序,局域网及互联网等。第三,要有灵活的软件解决方案,不论客户需要的是 Excel 界面、还是文字界面皆提供给客户灵活的选择。国际 LXI(LAN eXtension for Instrument)联盟就是迎合了这个变化而产生的。

自动测试系统一般包括用于测试的一台或多台仪器、主控计算机和测试软件、测试夹具及系统总线。系统总线就像是中枢神经系统,负责控制指令和测试数据的传送。在自动测试领域,总线技术经历了从 GPIB、VXI、PXI,直至目前的 LXI 这几个阶段。LXI 的出现以成熟的以太网技术为基础,是在测试自动化领域中应用的拓展。其具体的设想是将非常成熟的以太网技术用到自动测试系统中,以替代传统的测试总线技术。LXI 为高效能的仪器提供了一个自动测试系统的 LAN 模块式平台,无论是相对 GPIB、VXI 还是 PXI,LXI 都将是未来总线技术的发展趋势。

究其原因,首先是以太网、标准 PC 和软件在测试行业中的广泛使用,这些技术已经非常成熟,得到众多计算机厂商不断的研发投入和升级支持。其次,IEEE1588 网络同步标准的实施,取得在实验室环境中得到纳秒级的时钟同步误差,测试精度非常高。最后就是标准的网络接口已经极为普遍。

从客户的角度出发,首先需要降低系统集成的成本和复杂性,采用容易使用的人机界面;在保证系统紧凑的同时保证仪器的性能和兼容性,减少复杂的连线;希望有多种高速的触发方式和高速的 I/O,还要非常容易地发现系统故障;在编程的时候使用自己最熟悉的软件,利用通用的 PC 接口和总线,而不是昂贵的测试测量专用接口和总线。

与传统的卡式仪器相比,LXI 模块化仪器具有许多优点:

① 集成更为方便,不需要专用的机箱和 0 槽计算机;

② 利用网络界面精心操作,无须编程和其他虚拟面板;

③ 连接和使用更为方便,利用通用的软件进行系统编程;

④ 非常容易实现校准计量和故障诊断;

⑤ 灵活性强,既作为系统仪器,也作为单独仪器使用。

另外,由于 LXI 模块本身配备有处理器、局域网(LAN)连接器、电源供应器和触发输入,因此它不必像模块式卡槽那样必须使用昂贵的电源供应器、背板、控制器及 MXI 插卡和接线。

LXI 标准要求 LXI 单元支持 IEEE802.3 和 TCP/IP 标准,提供一个一致的应用方式以便于用户使用。这样,LXI 就提供了一个全新的自动测试系统的架构,从而克服了传统架构的复杂低效的控制方式。LXI 仪器具有更快的速度和更为简单的编程方式。

作为开放的 PC 标准的中央部分,LAN 成为未来发展的基础。由于 LAN 取代了 GPIB,其他接口要通过简单的 I/O 转换器才能实现相互连接。现在可以提供从 LAN 到 GPIB 和 USB 到 GPIB 的转换器,有很多产品已经拥有内置的 LAN 接口。新的 LXI 规格提供的控制功能将进一步强化这些功能。

LXI 提供三种触发方式:LAN 触发(网络触发)、IEEE 1588 触发和 LXI 触发。LXI 仪器的结构特点是 LAN 的新型网络化仪器模块,LXI 仪器模块基本结构由虚拟仪器和高速 LAN 组成。

● 国际 LXI 联盟

国际 LXI 联盟是一个非营利性的联盟,"L"代表 LAN(局域网),"X"是它的扩展(eXtension),"I"代表仪器(Instrument),LXI 的意思是局域网的标准扩展到仪器里面去的联盟。它是由 VXI Technology Inc. 和安捷伦发起的,旨在致力于测试测量自动化领域的 LXI 标准的建立和发展。

● LXI 仪器等级

国际 LXI 协会初步将基于 LXI 的仪器分为以下三个等级:

等级 C:具有通过 LAN 的编程控制能力,并且与其他厂家的仪器很好地协同工作。

等级 B:拥有等级 C 的一切能力,并且加上了 IEEE1588 网络实践同步标准。

等级 A:拥有等级 B 的一切能力,同时具备硬件触发能力。

*15.10 USB 仪器简介

1. 概述

由于第五代微处理器奔腾的问世,它所使用的 PCI 总线能达到 32 位,时钟 33 MHz,带宽达到 132~266 Mb/s。为解决 PC 传统外设总线不能适应奔腾芯片的瓶颈效应,1995 年以 PC 供应商康柏、DEC、IBM 和软件公司微软为首推出了通用串行总线(USB),成立 USB 实施论坛(USB IF),开始对 USB 进行推广和认证。USB1.1 版的低速数据率是 1.5 Mb/s,全速数据率是 12 Mb/s,主控制器将总线传输时间划分为帧,每帧 1 ms,在一帧时间内将传输多个事件处理到多个器件上。USB 总线的机械连接非常简单,电缆是 4 芯的屏蔽线,一对双绞线(D+,D-)传送信号,另一对双绞线(VBUS,电源地)传送+5 V 的直流电压;连接器有 A 型(或小 A 型)和 B 型(或小 B 型)两种。USB 器件的即插即用(即热插拔)是一个优势,对于用户第一次插入 USB 器件时,通过手动或自动安装驱动程序后即能使用该器件。一个 USB 主控制器端口最多可连接 127 个器件,各器件之间的距离不超过 5 m。2000 年 USB 2.0 版规范推出,将 USB 总线的数据率提高到 480 Mb/s,并向后兼容。在高速 USB 总线上,主控制器将每帧1ms再划分成8个微帧,每个微帧125μs,能完成更多事件处理,使总的数据率提高40倍。

USB接口规范将多种具有相似特性的PC外设归纳为同一类,如鼠标、键盘等属于HID类,音响产品属于Audio类,CD、硬盘、闪存属于MassStorage类。微软的Windows操作系统为常用类别提供驱动程序,实现自动安装。无Windows支持的USB器件(如测量仪器)需要提供自己的驱动程序,或者安装程序将有关应用和驱动程序打包在一起,一次性完成器件的安装。USB IF负责对符合USB接口规范的硬件和程序进行认证,发给认证标志。驱动程序还可获得微软硬件设备质量(WHOL)认证,实现在Windows操作系统下的自动安装。

2000年后,台式PC都增加了USB接口,笔记本电脑甚至安装了两个USB接口。现在数以亿计的带有USB接口的PC在运行,数以十亿计的PC外设和其他设备,其中包括USB测量仪器,使用了USB接口。正是由于USB接口拥有大量PC外设,使得USB接口的支持产品,包括控制芯片、集成器和桥接器、电缆和连接器、驱动程序和安装程序、开发工具等非常普及,加上USB接口的安装方便、数据率较宽、容易扩展、即插即用、成本较低等特点,出现了更多使用USB接口的电子产品。

2. USB测量仪器

USB接口进入测量仪器是从1998年开始的,当时安捷伦和NI两家公司首先在数据采集仪器中使用了USB接口,随后许多著名的仪器公司都接纳了USB接口。最简单的做法是增加USB作为外设接口,因为台式测量仪器大部分装有嵌入式微处理器,并且一部分台式测量仪器采用内置奔腾处理器的Windows平台,所以安装USB接口是顺理成章的事情。2000年,横河电机开始在数字示波器上安装USB接口,之后安捷伦、力科、泰克亦在数字示波器上配备USB接口。2003年,因为安捷伦和NI在广泛应用的虚拟仪器软件结构(VISA)的I/O层增加了对USB的支持,所以USB接口普遍被台式、便携式、模块式测量仪器接受为标准接口之一。传统的IEEE488接口仪器和RS-232接口仪器通过USB-IEEE488和USB-RS232转换器与台试电脑和笔记本电脑连接。

经过实际应用,证明USB接口在测量仪器中确实是简单方便和低成本的互连技术,它特别适用于较高速率的数据采集和传输场合。传统的和PC平台的数据采集系统卡需要占用ISA或PCI插槽,以及从插卡引出至传感器的大量线缆,数据采集量增加时会受PC插槽数目、地址、中断等硬件和软件资源的限制,导致可扩展性较差,抗电磁干扰性能低,安装拆卸困难,成本高等。随着PC配置USB接口和数据率的提高,以及USB接口芯片价格的下降,使USB接插件和电缆比较便宜,由于大量USB数据采集系统的出现,一定会促进USB接口更大的发展。事实上这种借助PC配置的扩充总线或外设总线成果,已经在测量仪器系统中得到了应用,PCI、PXI、VXI和LXI各种总线仪器的扩展应用,都充分发挥了PC的普及率高、产品成本低、使用方便等显著特点。PC应用领域比测量仪器应用领域大得多,投入的开发和制造资源极为丰富,这些都是优势,也是测量仪器领域所不具备的。测量仪器领域在20世纪60年代曾独立开发出GPIB总线(即IEEE488),IEEE488至今仍是台式仪器的首选总线。自IEEE488总线之后,NI公司提出虚拟仪器的概念,充分发挥PC的硬件和软件资源用于测量仪器,带动了测量仪器的发展。

但是,USB接口在测量仪器的扩展应用方面并没有仪器公司或机构的推动,情况与IEEEE488、VXI、PXI等总线有所不同,它们是通过有组织地制定规范和推广,从而对测量仪器领域带来影响和促进作用。在USB2.0发布后,USB测量仪器从数据采集向数字多用表、数字示波器、逻辑分析仪、任意波形发生器、数字化仪器、协议分析仪等方面发展,形成多种多样的体积小、移动轻便、价格实惠、性能适中的一类测量仪器。随着PC的普及,测量仪器中出现了一类以PC为基础的仪器,它借助插入PC外设插槽的测量用卡和PC资源构建成虚拟面板仪器,简称PCI仪器。笔记本PC和口袋式 PC 出现后,它们没有可供测量仪器使用的外设插槽,只有可供测量仪器使用的各种接口,包括软盘、硬盘、PC 卡、红外、并行、串行、1394、以太网、USB 等接口中的 1~4 种。目前,USB 仪器在中低档测量仪器中最受用户欢迎,形成一类 USB 仪器进入测量仪器主流。USB 仪器属于普及型的产品,它以即插即用和经济实惠进入测量仪器市场,它的机械构件(如连接器、线缆)和电气特性(如定时、同步)均不能与 IEEE488、VXI 和 PXI 仪器处于同一水平上,同时,至今为止还没有 USB 仪器规范,只有 USB 规范。

目前,USB 仪器中以 USB 数据采集器应用最早,品种最多,从简单的模块至多插卡的机箱都有产品。另外,USB 数字示波器是 USB 仪器中的一大类产品,大部分是掌上型的结构,可与笔记本电脑组成便携式数字示波器。有多种带宽 200 MHz 以下的产品可供选择,最简单的是单通道的笔型 USB,再复杂一点的是双通道掌上型 USB 数字示波器。

3. 无线 USB 仪器

USB1.1 和 USB2.0 的应用已经十分普遍,现今已有几十亿条 USB 线缆遍布不同的应用领域,主要应用在随身音频产品、数码相机、打印机、移动硬盘、闪存存储器等领域。新的笔记本电脑开始配置无线以太网,大量 USB 外设的应用也促使无线 USB 的发展。为了减少 USB 器件与 PC 的互连线缆,促进无线 USB 的发展,制定无线 USB 规范具有极其重要的现实意义。

无线 USB 规范是构建在超宽带(UWB)的无线多媒体(WiMedia)汇聚平台上的,亦即使用 UWB 作载体,发射和接收 USB 规范的信息。UWB 短距离无线通信方式是无载波的超短脉冲序列调制波,占有 GHz 级的带宽。UWB 已成为 IEEE802.15.3a 标准。无线 USB 通过协议适配层与 WiMedia 汇聚平台连接,构建一个与 USB2.0 兼容的应用软件栈,分享 UWB 的射频协议,并获得 IEEE802.15.3a 的承认。通过 UWB 发射和接收的无线 USB 提供与高速 USB 同样的数据传输率,在 3 m 距离内带宽达到 480 Mb/s,10 m 距离内达到 110 Mb/s。测量仪器经常使用的 IEEE1394 接口的无线方式也是构建在 UWB 规范之上的。可以预见,将有更多设备通过 UWB 射频进行无线收发,它们在 WiMedia 层汇聚,不管它们原来是什么协议的信号,经过汇聚层后都会转换成相同的 UWB 信号,由 UWB 物理层发射,它们各自分享极宽的 UWB 射频。

自从 USB2.0 高速接口推出后,USB 仪器无论在品种、性能、应用等方面都以更快的步伐前进,不仅局限于普通指标的 USB 仪器,已出现具有特色的更高档次的 USB 仪器,如定时和同步扩展,GHz 级时域反射计等。如果 USB 仪器的小型化和微型化取得成功,肯定会出现更多的微型测量仪器。无线 USB 仪器的应用,将使测量仪器的机动性得到提高。USB 仪器开始成为测量仪器的主流,同时推动传统仪器向小型化和微型化方向发展。

习　题

15.1　分析一个典型的 GPIB 系统结构,并说明其工作原理。

15.2　什么是 GPIB 控制器? 它在系统中起何种作用?

15.3　设计一台实用的 GPIB 接口电路。

15.4　GPIB-VXI 转换器的硬件由哪些部件组成? 并分析其工作过程。

15.5　开关模块在 VXI 系统中起什么作用? 详细阐述开关模块各部件的功能。

15.6　简述 LXI 总线和 USB 仪器的主要内容。

15.7　自动测试系统的结构由哪几部分组成?

15.8　数据库的具体设计步骤有哪些?

参 考 文 献

1　林占江.电子测量技术.第3版.北京:电子工业出版社,2012
2　林占江,林放.电子测量仪器原理与使用.北京:电子工业出版社,2006
3　林占江等.电子测量实验教程.北京:电子工业出版社,2010